高等职业教育公共基础课教材

高等数学

（第 2 版）

主　编　鄢青云　黄　明
副主编　涂继平　应六英

南京大学出版社

图书在版编目(CIP)数据

高等数学 / 鄢青云,黄明主编. — 2 版. — 南京：
南京大学出版社,2019.7(2024.8 重印)
ISBN 978 - 7 - 305 - 22368 - 6

Ⅰ. ①高… Ⅱ. ①鄢… ②黄… Ⅲ. ①高等数学
—高等职业教育—教材 Ⅳ. ①O13

中国版本图书馆 CIP 数据核字(2019)第 119498 号

☞扫一扫教师可申请教学资源

☞扫一扫学生可见学习资源

出版发行　南京大学出版社
社　　址　南京市汉口路 22 号　　　　邮　编　210093
书　　名　高等数学
　　　　　　GAODENG SHUXUE
主　　编　鄢青云　黄　明
责任编辑　吴　华　　　　　　　　编辑热线　025 - 83596997
照　　排　南京南琳图文制作有限公司
印　　刷　广东虎彩云印刷有限公司
开　　本　787 mm×1092 mm　1/16　印张 16.5　字数 396 千
版　　次　2019 年 7 月第 2 版　2024 年 8 月第 7 次印刷
ISBN 978 - 7 - 305 - 22368 - 6
定　　价　42.00 元(含习题册)

网址：http://www.njupco.com
官方微博：http://weibo.com/njupco
微信服务号：njuyuexue
销售咨询热线：(025) 83594756

前　言

　　"高等数学"课程是高职院校工科各专业一门必修的公共基础课,也是提升学生综合素质不可缺少的一门重要课程。教材编写的目的,是让在读高职高专学生,有能力看懂一元函数微积分的理论体系,掌握一元函数微积分的基本概念、基本理论和基本运算,培养学生具有初步的抽象概括能力、熟练的运算能力和良好的自学能力。为后续学习"电路与磁路"、"电子技术基础"、"电力系统分析"、"自动控制原理"等专业课程以及为学生专升本打下良好的数学基础。

　　"以应用为目的,以必须、够用为度"作为编写该教材的基本原则。优化课程结构,适应高职高专教育人才培养模式,以能力培养为切入点,充分体现课程的基础性、应用性和发展性。数学是人们生活、劳动和学习必不可少的工具,能够帮助人们处理数据,进行计算、推理和证明,它为其他学科提供语言、思想和方法,因而数学的基础性地位无可替代,更不能偏废。

　　教材在内容的选择上、难易程度的定位上,做了大量的工作,尽可能使用图形,直观明了地进行数学知识的解说。另外,为了配合学院实行的机考制度改革,又不影响学生对于"高等数学"的学习效果,我们做了一些大胆的创新,传统数学注重思维能力的培养,这样的培养模式将花费学生大量的时间和精力,已经没有实用价值。为更好地适应学院培养人才模式,在题型的构建上,我们花了许多心思,希望学生通过这样的训练,能够适应专业课程的学习。

　　限于编者水平,又想与时俱进,难免存在问题与不足。2017 年教材投入使用以来,我们在不断地收集信息,对于学生反馈的问题,认真思索,合理改进。为此,在原有基础上做一次大的修编工作,希望通过修编,达到更完美的效果,努力超越,追求卓越。

编　者

2019 年 3 月

目　录

第一章　函数、极限与连续

函数是现代数学的基本概念之一，是高等数学的主要研究对象。极限概念是微积分的理论基础，极限方法是微积分的基本分析方法。因此，掌握、运用好极限方法是学好微积分的关键。连续是函数的一个重要性态。本章将在复习和深化函数知识的基础上，学习极限的定义，讨论极限的有关性质及其运算，最后介绍连续函数的概念和性质。

第一节　函数的概念

一、预备知识

1. 区间

区间是高等数学常用的实数集，应用比较广泛。根据区间端点 a,b 的值是否有限，分为有限区间和无限区间。设 a,b 都是实数，且 $a<b$，数集 $\{x\,|\,a<x<b\}$ 称为开区间，记为 (a,b)，即 $(a,b)=\{x\,|\,a<x<b\}$。a,b 称为开区间的端点。类似的，数集 $\{x\,|\,a\leqslant x\leqslant b\}$ 称为闭区间，记为 $[a,b]$，即 $[a,b]=\{x\,|\,a\leqslant x\leqslant b\}$，$a,b$ 称为闭区间的端点。$(a,b]=\{x\,|\,a<x\leqslant b\}$ 称为半开半闭区间，同理，$[a,b)=\{x\,|\,a\leqslant x<b\}$ 也称为半开半闭区间。以上都是有限区间。

无限区间是指区间长度是无限的区间，如：$(-\infty,b]=\{x\,|\,x\leqslant b\}$，$(-\infty,b)=\{x\,|\,x<b\}$，$[a,+\infty)=\{x\,|\,x\geqslant a\}$，$(a,+\infty)=\{x\,|\,x>a\}$，$(-\infty,+\infty)=\{x\,|\,x\in \mathbf{R}\}$。

2. 邻域

邻域是集合的另一种表达形式，在微积分的概念、性质及定理中常会提到。设 a 与 δ 是两个实数，且 $\delta>0$，实数轴上和 a 点的距离小于 δ 的点的全体，称为点 a 的 δ **邻域**，记作 $U(a,\delta)$，即 $U(a,\delta)=\{x\,|\,|x-a|<\delta\}$。

其中，点 a 叫作该邻域的中心，δ 叫作该邻域的半径（如图 1.1.1 所示）。

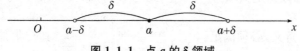

图 1.1.1　点 a 的 δ 领域

若把邻域的中心去掉，所得邻域，顾名思义，称为点 a 的**去心 δ 邻域**，记作 $\mathring{U}(a,\delta)$，即 $\mathring{U}(a,\delta)=\{x\,|\,0<|x-a|<\delta\}$（如图 1.1.2 所示）。

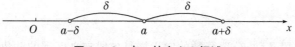

图 1.1.2　点 a 的去心 δ 领域

3. 常量与变量

在某一过程中发生变化的量称为**变量**,不发生变化的量称为**常量**。变量通常用 x、y、z、t 等表示,常量通常用 a、b、c、k 等表示。

二、函数概念

1. 函数概念

在同一自然现象或技术过程中,往往同时存在多个变量,这些变量一般不是孤立的,而是按照一定的规律相互联系相互依存的,当其中一个变量发生变化时另一个变量也跟随变化。如圆的面积 S 与圆的半径 r,当半径 r 变化时圆的面积 S 也随之变化,变化规律是 $S=\pi r^2$。

定义 1.1.1　设 D 是非空实数集,如果对于 D 中的每一个 x,按照某个对应法则 f,都有唯一确定的 y 与之对应,则称 y 是定义在 D 上的 x 的**函数**,记为 $y=f(x)$,$x\in D$。

其中 x 称为**自变量**,y 称为**因变量**,数集 D 就是这个函数的**定义域**。定义域一般有两种:一种是实际问题,由问题的实际意义所确定;另一种在纯数学的研究中,自变量所能取的使算式有意义的一切实数组成的集合。规定:分母不能为 0;负数不能开偶次方;0 和负数没有对数;正弦、余弦的绝对值不超过 1;等等。函数的定义域常用区间来表示,又可称为**定义区间**。

对 $x_0\in D$,按照对应法则 f,总有确定的值 $y_0=f(x_0)$ 与之对应,称 $f(x_0)$ 为函数在点 x_0 处的函数值。因变量与自变量的这种相依关系称为**函数关系**。

当自变量 x 取遍 D 的所有数值时,对应的函数值 $f(x)$ 的全体构成的集合称为函数 f 的**值域**,记作 $f(D)$,或者 M,W 均可。

2. 函数的两大要素

确定函数的两大要素是函数的定义域和对应法则,与其他因素无关。如函数 $y=x^2$ 与 $y=t^2$ 是同一函数;而 $y=\ln x^2$ 与 $y=2\ln x$ 是两个不同的函数,因为它们的定义域不同。

【例 1.1.1】　求下列函数的定义域:

(1) $y=\dfrac{1}{x^2-2x-15}$;

(2) $y=\dfrac{1}{\sqrt{x-2}}+\ln(3x+5)$;

(3) $y=\arccos\dfrac{3x+1}{2}$;

(4) $y=\begin{cases}x^2, & x>0,\\ 3, & x<0.\end{cases}$

解　(1) 要使函数有意义,必须满足:$x^2-2x-15\neq 0$,即 $(x+3)(x-5)\neq 0$,亦即 $x\neq-3$,$x\neq5$,所以函数的定义域为 $(-\infty,-3)\cup(-3,5)\cup(5,+\infty)$。

(2) 要使函数有意义,必须满足:$\begin{cases}x-2>0,\\ 3x+5>0,\end{cases}$ 即 $\begin{cases}x>2,\\ x>-\dfrac{5}{3},\end{cases}$ 其交集是 $x>2$,所以函数的定义域为 $(2,+\infty)$。

(3) 要使函数有意义,必须满足:$\left|\dfrac{3x+1}{2}\right|\leqslant 1$,解得 $-1\leqslant x\leqslant\dfrac{1}{3}$,所以函数的定义域为 $\left[-1,\dfrac{1}{3}\right]$。

(4) 这是一个分段函数,分段函数的定义域是各段定义区间的并集,所以此函数的定义域为 $(-\infty,0)\cup(0,+\infty)$。

【例1.1.2】 下列各对函数是否相同？为什么？

(1) $f(x)=\ln x^2, g(x)=2\ln x$；

(2) $f(x)=x, g(x)=\sqrt{x^2}$；

(3) $f(x)=\sqrt[3]{x^4-x^3}, g(x)=x \cdot \sqrt[3]{x-1}$；

(4) $f(x)=1-\cos^2 x, g(x)=\sin x$。

解 (1) 不相同。因为定义域不同：$D_f=(-\infty,0)\bigcup(0,+\infty), D_g=(0,+\infty)$。

(2) 不相同。因为对应法则不同：$f(x)=x, g(x)=\sqrt{x^2}=|x|$。

(3) 相同。定义域和对应法则都相同。

(4) 不相同。因为对应法则不同：$f(x)=1-\cos^2 x=\sin^2 x, g(x)=\sin x$。

3. 函数的常用表示法

(1) **解析法**：将自变量和因变量之间的关系用数学表达式来表示的方法。根据函数的解析表达式的形式不同，函数也可分为显函数、隐函数和分段函数三种：

① 显函数：函数 y 由 x 的解析表达式直接表示。例如 $y=x^2+1$。

② 隐函数：函数的自变量 x 与因变量 y 的对应关系由方程 $F(x,y)=0$ 来确定。例如，$\ln y=\sin(x+y)$。

③ 分段函数：函数在其定义域的不同范围内，具有不同的解析表达。例如，绝对值函数 $y=|x|=\begin{cases} x, & x\geqslant 0, \\ -x, & x<0, \end{cases}$ 它的定义域是 $D=(-\infty,+\infty)$，值域是 $M=[0,+\infty)$（图1.1.3）。

分段函数 $y=f(x)=\begin{cases} 2\sqrt{x}, & 0\leqslant x\leqslant 1, \\ 1+x, & x>1 \end{cases}$ 的定义域是 $D=[0,+\infty)$，值域是 $M=[0,+\infty)$（图1.1.4）。

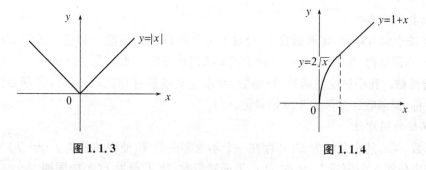

图1.1.3 图1.1.4

(2) **表格法**：将自变量的值与对应的函数值列成表格的方法。例如在实际应用中，我们经常用到的平方表，三角函数表都是用表格法来表示的函数。

(3) **图示法**：在坐标系中用图形来表示函数的方法。

三、函数的特性

1. 函数的有界性

设函数 $f(x)$ 的定义域为 D，数集 $X\subset D$，若存在一个正数 M，使得对一切 $x\in X$，恒有 $|f(x)|\leqslant M$ 成立，则称函数 $f(x)$ 在 X 上**有界**，或称 $f(x)$ 是 X 上的**有界函数**。每一个具有上述性质的正数 M，都是该函数的界。

若具有上述性质的正数 M 不存在,则称 $f(x)$ 在 X 上**无界**,或称 $f(x)$ 是 X 上的**无界函数**。

例如,函数 $y=\sin x$ 在 $(-\infty,+\infty)$ 内有界,因为对任何实数 x,恒有 $|\sin x|\leqslant 1$。函数 $y=\dfrac{1}{x}$ 在区间 $(0,1)$ 上无界,在 $(1,+\infty)$ 上有界。

常见的有界函数有:$y=\sin x$,$y=\cos x$,$y=\arcsin x$,$y=\arccos x$,$y=\arctan x$,$y=\operatorname{arccot}x$。(请熟记这几个函数)

2. 函数的单调性

设函数 $f(x)$ 的定义域为 D,区间 $I\subset D$。如果对于区间 I 上任意两点 x_1 和 x_2,当 $x_1<x_2$ 时,恒有 $f(x_1)\leqslant f(x_2)$,则称函数 $f(x)$ 在区间 I 上是**单调增加函数**。如果对于区间 I 上任意两点 x_1 和 x_2,当 $x_1<x_2$ 时,恒有 $f(x_1)\geqslant f(x_2)$,则称函数 $f(x)$ 在区间 I 上是**单调减少函数**。例如,$y=\dfrac{1}{x}$ 在 $(0,+\infty)$ 内是单调减少的,在 $(-\infty,0)$ 内是单调减少的(图 1.1.5);$y=x^3$ 在 $(-\infty,+\infty)$ 内是单调增加的(图 1.1.6)。

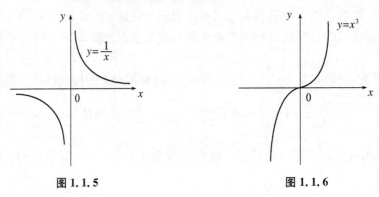

图 1.1.5　　　　　　　　　　　　　图 1.1.6

3. 函数的奇偶性

设 D 关于原点对称,如果函数 $f(x)$ 对于定义域 D 内的任意 x 都满足 $f(-x)=f(x)$,则称 $f(x)$ 为**偶函数**;如果函数 $f(x)$ 对于定义域内的任意 x 都满足 $f(-x)=-f(x)$,则称 $f(x)$ 为**奇函数**。我们讨论偶函数、奇函数,要求定义域是对称区间,另外,奇函数的图像关于原点对称,偶函数的图像关于 y 轴对称。

4. 函数的周期性

设函数 $f(x)$ 的定义域为 D,若存在一个不为零的数 T,使得关系式 $f(x+T)=f(x)$ 对于定义域内任何 x 值都成立,则称 $f(x)$ 为**周期函数**,数 T 称为 $f(x)$ 的**周期**。

通常周期函数的周期是指**最小正周期**。周期函数的图像特征是每隔一定时间(即一个周期)图像重复出现。例如:函数 $y=\sin x$,$y=\cos x$ 是以 2π 为周期的周期函数;函数 $y=\tan x$ 是以 π 为周期的周期函数。

四、反函数

设函数 $y=f(x)$ 的定义域为 D,值域为 W。对于值域 W 中的任一数值 y,在定义域 D 上有唯一确定的数值 x 与之对应,即 $f(x)=y$,如果把 y 作为自变量,x 作为函数,则由上述关系式可确定一个新函数 $x=\varphi(y)$(或 $x=f^{-1}(y)$),这个新函数称为函数 $y=f(x)$ 的**反函数**,反函数的定义域为 W,值域为 D。相对反函数 $x=f^{-1}(y)$ 来说,原来的函数 $y=f(x)$ 称为**直接函数**。

习惯地，$y=f(x)(x\in D)$ 的反函数记为 $y=f^{-1}(x)(x\in W)$，称 $y=f(x)$ 与 $y=f^{-1}(x)$ 互为反函数。在同一坐标平面内，$y=f(x)$ 与 $y=f^{-1}(x)$ 的图形关于直线 $y=x$ 对称。

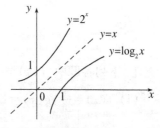

图 1.1.7

如图 1.1.7 所示，函数 $y=2^x$ 与函数 $y=\log_2 x$ 互为反函数，它们的图形关于直线 $y=x$ 对称。

注意：并不是任何一个函数都有反函数。可以证明，单调增加（减少）函数必有反函数，且反函数也是单调增加（减少）的。例如，函数 $y=\sin x$ 当 $x\in\left[-\dfrac{\pi}{2},\dfrac{\pi}{2}\right]$ 时单调增加，它有反函数，记作：$y=\arcsin x,x\in[-1,1]$。

同理，$y=\cos x$ 当 $x\in[0,\pi]$ 时，其反函数记作：$y=\arccos x,x\in[-1,1]$；正切函数 $y=\tan x$ 当 $x\in\left(-\dfrac{\pi}{2},\dfrac{\pi}{2}\right)$ 时，其反函数记作：$y=\arctan x,x\in(-\infty,+\infty)$；余切函数 $y=\cot x$ 当 $x\in(0,\pi)$ 时，其反函数记作：$y=\text{arccot}\,x,x\in(-\infty,+\infty)$。

五、初等函数

1. 基本初等函数

指数函数 $y=a^x(a>0,a\neq1)$、对数函数 $y=\log_a x(a>0,a\neq1)$、幂函数 $y=x^\mu$、三角函数 $y=\sin x,y=\cos x,y=\tan x,y=\cot x,y=\sec x,y=\csc x$ 及反三角函数 $y=\arcsin x,y=\arccos x,y=\arctan x,y=\text{arccot}\,x$ 统称为**基本初等函数**。有关它们的知识点详见附录 1。

2. 复合函数

定义 1.1.2　若 y 是 u 的函数即 $y=f(u)$，定义域是 U_1，而 u 又是 x 的函数 $u=\varphi(x)$，值域是 U_2，其中 $U_2\subset U_1$，则 y 通过变量 u 成为 x 的函数，这个函数称为由函数 $y=f(u)$ 及 $u=\varphi(x)$ 构成的**复合函数**，记作 $y=f[\varphi(x)]$，其中变量 u 叫作**中间变量**。例如，设 $y=\sqrt{u}$，而 $u=x^2+1$，将 $u=x^2+1$ 代入 $y=\sqrt{u}$，得 $y=\sqrt{x^2+1}$。$y=\sqrt{x^2+1}$ 称为由 $y=\sqrt{u}$ 与 $u=x^2+1$ 构成的复合函数。

【例 1.1.3】　指出下列复合函数的复合过程：

(1) $y=\sin(\cos x)$；　　　　　　　　(2) $y=\mathrm{e}^{\tan x^2}$；

(3) $y=\ln 2^x$；　　　　　　　　　　(4) $y=\sqrt{\arctan(2x+3)}$。

解　(1) 函数 $y=\sin(\cos x)$ 是由 $y=\sin u,u=\cos x$ 复合而成的。

(2) 函数 $y=\mathrm{e}^{\tan x^2}$ 是由 $y=\mathrm{e}^u,u=\tan v,v=x^2$ 复合而成的。

(3) 函数 $y=\ln 2^x$ 是由 $y=\ln u,u=2^x$ 复合而成的。

(4) 函数 $y=\sqrt{\arctan(2x+3)}$ 是由 $y=\sqrt{u},u=\arctan v,v=2x+3$ 复合而成的。

3. 初等函数

定义 1.1.3　由基本初等函数与常数经过有限次的四则运算以及有限次复合运算所构成的可用一个式子表示的函数，称为**初等函数**。

例如，$y=\sqrt{x^2+1}$，$y=\dfrac{\mathrm{e}^x}{1+\mathrm{e}^x}$，$y=\ln x+\sin 2(x+1)-5$，$y=\tan^3\mathrm{e}^{2x}$ 都是初等函数。

习题 1-1

1. 下列各题中, $f(x)$ 与 $g(x)$ 是否是同一函数?

(1) $f(x) = \dfrac{x}{x}, g(x) = 1$;

(2) $f(x) = \dfrac{x^2 - 1}{x - 1}, g(x) = x + 1$;

(3) $f(x) = \ln(-x + \sqrt{x^2 + 1}), g(x) = -\ln(x + \sqrt{x^2 + 1})$。

2. 设 $f(x) = \begin{cases} x^2 + 1, & -10 \leqslant x \leqslant 0, \\ \ln x, & x > 0, \end{cases}$ 求 $f(-2), f(0), f(\mathrm{e})$。

3. 设 $f(x) = \dfrac{1}{2x + 1}$, 求 $f(-x) \cdot f(x)$。

4. 求下列函数的定义域:

(1) $y = \dfrac{1}{\sqrt{x^2 - x - 2}}$; 　　(2) $y = \dfrac{1}{x - 1} + \sqrt{x^2 - 1}$;

(3) $y = \arcsin(5x - 1) + \ln(x + 2)$; 　(4) $y = \mathrm{e}^{\sqrt{x+1}}$。

5. 判断函数的奇偶性:

(1) $y = x^3 + \cot x$; 　　(2) $y = x^2 + 5x^3 \sin x$;

(3) $y = \ln \dfrac{1+x}{1-x}$; 　　(4) $y = \sqrt{x + 2}$。

6. 指出下列复合函数的复合过程:

(1) $y = \sin x^2$; 　　(2) $y = (3x + 5)^3$;

(3) $y = \arctan^2(2^x)$; 　(4) $y = \sqrt[3]{\cot(2x + 1)}$;

(5) $y = \cos^2\left(\dfrac{1}{x}\right)$; 　(6) $y = \ln^2(\ln x)$。

第二节　极限的概念

一、数列的极限

1. 数列概念

数列就是按一定顺序排列起来的一行实数: $x_1, x_2, x_3, \cdots, x_n, \cdots$, 第 n 项 x_n 称为数列的通项, 这个数列可以简记为 $\{x_n\}$。例如:

$$1, -\frac{1}{2}, \frac{1}{3}, -\frac{1}{4}, \cdots, (-1)^{n+1} \frac{1}{n}, \cdots$$

$$0, \frac{3}{2}, \frac{2}{3}, \frac{5}{4}, \cdots, \frac{n + (-1)^n}{n}, \cdots$$

$$1, \frac{1}{2}, \frac{1}{4}, \frac{1}{8}, \cdots, \frac{1}{2^{n-1}}, \cdots$$

$$1,-1,1,-1,\cdots,(-1)^{n-1},\cdots$$

都是数列，它们的通项分别是 $(-1)^{n+1}\dfrac{1}{n}$，$\dfrac{n+(-1)^n}{n}$，$\dfrac{1}{2^{n-1}}$，$(-1)^{n-1}$。

数列 $\{x_n\}$ 既可看作数轴上的一个动点，也可看作自变量为正整数 n 的函数，即 $x_n=f(n)$，其定义域是全体正整数。

2. 数列极限

定义 1.2.1　设有数列 $\{x_n\}$ 与常数 a，如果当 n 无限增大时，动点 x_n 无限接近于 a，则称常数 a 为**数列 $\{x_n\}$ 的极限**，或称**数列 $\{x_n\}$ 收敛于 a**，记为 $\lim\limits_{n\to\infty}x_n=a$，或 $x_n\to a(n\to\infty)$。读作：当 n 趋于无穷大时，x_n 趋于 a。如果一个数列没有极限，就称该数列 $\{x_n\}$ 是**发散**的。

根据定义我们可以在数轴上描述判断一些简单数列的极限，如 $\lim\limits_{n\to\infty}\dfrac{1}{n}=0$，$\lim\limits_{x\to\infty}\dfrac{n}{n+1}=1$，$\lim\limits_{n\to\infty}2^{\frac{1}{n}}=1$，$\lim\limits_{n\to\infty}(-1)^n$ 不存在。

3. 收敛数列的性质

定理 1.2.1　（极限的唯一性）收敛数列的极限值是唯一的。

定理 1.2.2　（收敛数列的有界性）收敛的数列必定有界。

注：有界的数列不一定收敛。例如：数列 $1,-1,1,-1,\cdots,(-1)^{n+1},\cdots$ 是有界的，但它是发散的。

二、函数极限

关于函数的极限概念，我们用直观描述性的语言来做介绍。

1. 当 $x\to\infty$ 时，函数 $f(x)$ 的极限

定义 1.2.2　设函数 $y=f(x)$ 在 $|x|>M$（M 为某一正数）时有定义，如果当 $|x|$ 无限增大时，y 无限地趋向某个常数 A，则称 A 为函数 $y=f(x)$ 当 x 趋向无穷大时的极限，记作：$\lim\limits_{x\to\infty}f(x)=A$ 或 $f(x)\to A(x\to\infty)$。

$x\to\infty$ 既包含 x 沿着正方向趋向于无穷大，记作 $x\to+\infty$，又包含 x 沿着负方向趋向于无穷大，记作 $x\to-\infty$。

当 $x\to+\infty$ 时，函数 $f(x)$ 的极限是 B，记作 $\lim\limits_{x\to+\infty}f(x)=B$；

当 $x\to-\infty$ 时，函数 $f(x)$ 的极限是 C，记作 $\lim\limits_{x\to-\infty}f(x)=C$。

定理 1.2.3　$\lim\limits_{x\to\infty}f(x)=A$ 成立的充分必要条件是 $\lim\limits_{x\to+\infty}f(x)=\lim\limits_{x\to-\infty}f(x)=A$。

【例 1.2.1】　设 $y=\arctan x$，求 $\lim\limits_{x\to+\infty}f(x)$，$\lim\limits_{x\to-\infty}f(x)$，$\lim\limits_{x\to\infty}f(x)$。

解　如图 1.2.1 所示：

$$\lim\limits_{x\to+\infty}f(x)=\dfrac{\pi}{2}$$

$$\lim\limits_{x\to-\infty}f(x)=-\dfrac{\pi}{2}$$

由于　　　　$\lim\limits_{x\to+\infty}f(x)\neq\lim\limits_{x\to-\infty}f(x)$

所以 $\lim\limits_{x\to\infty}f(x)$ 不存在。

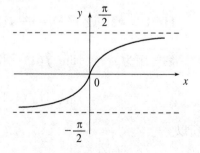

图 1.2.1

2. 当 $x \to x_0$ 时,函数 $f(x)$ 的极限

定义 1.2.3　设函数 $f(x)$ 在 x_0 的某一去心邻域 $\mathring{U}(a, \delta)$ 内有定义,如果 x 在该邻域内向 x_0 无限接近时,函数 $f(x)$ 的值无限趋近于一个确定的常数 A(或者说 $|f(x) - A|$ 无限趋向于 0),则称函数 $y = f(x)$ 当 $x \to x_0$ 时的**极限**为 A,记作 $\lim\limits_{x \to x_0} f(x) = A$ 或 $f(x) \to A(x \to x_0)$。

当自变量 x 从 x_0 的左侧(或右侧)趋于 x_0 时,函数 $f(x)$ 趋于常数 A,则称 A 为 $f(x)$ 在点 x_0 处的左极限(或右极限),记作

$$\lim_{x \to x_0^-} f(x) = A (\text{或} \lim_{x \to x_0^+} f(x) = A)$$

有时也记作

$$\lim_{x \to x_0 - 0} f(x) = A (\text{或} \lim_{x \to x_0 + 0} f(x) = A); \quad f(x_0 - 0) = A (\text{或} f(x_0 + 0) = A)$$

定理 1.2.4　$\lim\limits_{x \to x_0} f(x) = A$ 的充分必要条件是 $\lim\limits_{x \to x_0^+} f(x) = \lim\limits_{x \to x_0^-} f(x) = A$。

【例 1.2.2】　观察图 1.2.2,写出当 $x \to 2$ 时,函数 $f(x) = 3x - 1$ 的极限。

解　由图 1.2.2 看到,当 x 趋近于 2 时,$f(x)$ 无限趋近于 5,故 $\lim\limits_{x \to 2}(3x - 1) = 5$。

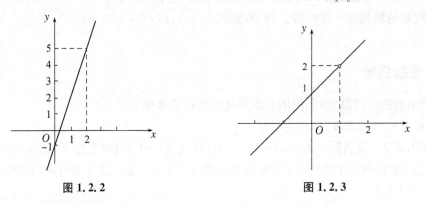

图 1.2.2　　　　　　　　　　　　图 1.2.3

【例 1.2.3】　观察图 1.2.3,写出当 $x \to 1$ 时,函数 $f(x) = \dfrac{x^2 - 1}{x - 1}$ 的极限。

解　由图 1.2.3 看到,当 x 趋近于 1 时,$f(x)$ 无限趋近于 2,故 $\lim\limits_{x \to 1} \dfrac{x^2 - 1}{x - 1} = 2$。函数 $f(x) = \dfrac{x^2 - 1}{x - 1}$ 在 $x = 1$ 处没有定义,但是它的极限存在,说明函数值与极限值没有必然的因果关系。

【例 1.2.4】　设 $f(x) = \dfrac{|x|}{x}$,证明 $\lim\limits_{x \to 0} f(x)$ 不存在。

解　因为

$$\lim_{x \to -0} f(x) = \lim_{x \to -0} \frac{|x|}{x} = \lim_{x \to -0} \frac{-x}{x} = \lim_{x \to -0}(-1) = -1$$

$$\lim_{x \to +0} f(x) = \lim_{x \to +0} \frac{|x|}{x} = \lim_{x \to +0} \frac{x}{x} = \lim_{x \to +0} 1 = 1$$

所以

$$\lim_{x \to -0} f(x) \neq \lim_{x \to +0} f(x)$$

故 $\lim\limits_{x \to 0} f(x)$ 不存在。

【例 1.2.5】 设 $f(x)=\begin{cases}-x, & x<0,\\ 1, & x=0,\\ x, & x>0\text{。}\end{cases}$ (1) 画出该函数的图形；(2) 看图写出 $\lim\limits_{x\to0^{-}}f(x)$

与 $\lim\limits_{x\to0^{+}}f(x)$ 的极限值,并讨论 $\lim\limits_{x\to0}f(x)$ 是否存在。

解 (1) $f(x)$ 的图形如图 1.2.4 所示。

(2) 由图形不难看出：

$$\lim_{x\to-0}f(x)=\lim_{x\to-0}(-x)=0, \quad \lim_{x\to+0}f(x)=\lim_{x\to+0}x=0$$

因为不管 x 从哪个方向趋向于 0,$f(x)$ 的值都趋向于 0,所以 $\lim\limits_{x\to0}f(x)=0$。

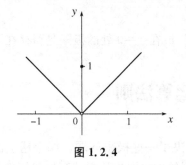
　　　图 1.2.4

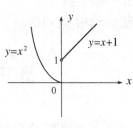
　　　图 1.2.5

【例 1.2.6】 设 $f(x)=\begin{cases}x^2, & x\leqslant0,\\ x+1, & x>0\text{。}\end{cases}$ 画图并讨论当 $x\to0$ 时,函数 $y=f(x)$ 的极限。

解 函数图形如图 1.2.5 所示,由图可知

$$\lim_{x\to-0}f(x)=\lim_{x\to-0}x^2=0$$

$$\lim_{x\to+0}f(x)=\lim_{x\to+0}(x+1)=1$$

当 $x\to0$ 时,函数的左、右极限不相等,即当 $x\to0$ 时,函数 $f(x)$ 不趋近于一个确定的常

数,所以当 $x\to0$ 时,函数 $f(x)=\begin{cases}x^2, & x\leqslant0,\\ x+1, & x>0\end{cases}$ 的极限不存在。

三、极限的两个性质

唯一性：若 $\lim\limits_{x\to x_0}f(x)=A$ 存在,则其极限值是唯一的。

保号性：如果 $\lim\limits_{x\to x_0}f(x)=A>0(A<0)$,则存在 x_0 某去心邻域使 $f(x)>0$（或 $f(x)<0$）；如果在 x_0 某去心邻域内 $f(x)>0$（或 $f(x)<0$）且 $\lim\limits_{x\to x_0}f(x)=A$,则 $A\geqslant0$（或 $A\leqslant0$）。

习题 1-2

1. 观察下列数列的变化趋势,对收敛数列写出它的极限。

(1) $x_n=(-1)^n\dfrac{1}{n}$；

(2) $x_n=\dfrac{n}{n+1}$；

(3) $x_n=1+(-1)^n\dfrac{1}{3}$；

(4) $x_n=1+(-1)^n\dfrac{1}{10^n}$。

2. 分别求出函数 $f(x)=\dfrac{x}{x}$,$\varphi(x)=\dfrac{|x|}{x}$ 当 $x\to 0$ 时的左、右极限,并说明它们在 $x\to 0$ 时的极限是否存在。

3. 设 $g(x)=\begin{cases}\sin x, & x\geqslant 0,\\ -x, & x<0。\end{cases}$

(1) 讨论 $g(x)$ 在 $x=0$ 处的左、右极限;

(2) $\lim\limits_{x\to 0}g(x)$ 是否存在?

4. 设 $f(x)=\begin{cases}x-1, & x\geqslant 0,\\ -x+1, & x<0。\end{cases}$

(1) 画出它的图像;

(2) 求当 $x\to 0$ 时 $f(x)$ 的左、右极限,并说明 $f(x)$ 在 $x=0$ 处的极限是否存在。

第三节　极限运算法则

上一节,我们通过画图,来判断函数的极限,解决了一些极限问题。如果遇上函数的图像非常难画,甚至画不出,怎么办? 能否绕开函数图像求极限? 从本节开始我们将从理论的高度介绍求极限的一些常用方法。先从讨论函数极限的四则运算法则入手。为叙述的方便起见,本章出现的 $x\to\Lambda$ 表达的意思是 $x\to x_0$,或 $x\to\infty$,或 $x\to+\infty$,$x\to-\infty$,等等。

一、极限的四则运算法则

定理 1.3.1　在自变量的同一变化过程中,如果 $\lim\limits_{x\to\Lambda}f(x)=A$,$\lim\limits_{x\to\Lambda}g(x)=B$,则

① $\lim\limits_{x\to\Lambda}(f(x)\pm g(x))=\lim\limits_{x\to\Lambda}f(x)\pm\lim\limits_{x\to\Lambda}g(x)=A\pm B$;

② $\lim\limits_{x\to\Lambda}(f(x)\times g(x))=\lim\limits_{x\to\Lambda}f(x)\times\lim\limits_{x\to\Lambda}g(x)=A\times B$;

③ $\lim\limits_{x\to\Lambda}\dfrac{f(x)}{g(x)}=\dfrac{\lim\limits_{x\to\Lambda}f(x)}{\lim\limits_{x\to\Lambda}g(x)}=\dfrac{A}{B}$　(其中 $B\neq 0$)。

在定理 1.3.1 中,① 可以推广到有限个函数的和,② 可以推广到有限个函数的积。

推论 1　如果 $\lim\limits_{x\to\Lambda}f(x)$ 存在,n 为正整数,则 $\lim\limits_{x\to\Lambda}[f(x)]^n=[\lim\limits_{x\to\Lambda}f(x)]^n$。

推论 2　如果 $\lim\limits_{x\to\Lambda}f(x)$ 存在,c 为常数,$\lim\limits_{x\to\Lambda}cf(x)=c\lim\limits_{x\to\Lambda}f(x)$。

我们知道 $\lim\limits_{x\to x_0}x=x_0$,结合推论1,有 $\lim\limits_{x\to x_0}x^n=(\lim\limits_{x\to x_0}x)^n=x_0^n$,这个结果在后面的例题中会反复用到,请同学们牢记:$\lim\limits_{x\to x_0}x^n=x_0^n$,$\lim\limits_{x\to x_0}c=c$。

一般地,设　　　　　　$p(x)=a_nx^n+a_{n-1}x^{n-1}+\cdots+a_1x+a_0$

则有　　　　　　$\lim\limits_{x\to x_0}p(x)=a_nx_0^n+a_{n-1}x_0^{n-1}+\cdots+a_1x_0+a_0$

多项式函数在 x_0 处的极限等于该函数在 x_0 处的函数值。本章第六节"函数的连续性"会有结论:一切初等函数在其定义域内都是连续的,而连续函数的极限值恰好等于它的函数值。这个论述,直接将求极限的问题转化为求函数值的问题。尽管极限与函数没有必然的因果关系。本节我们用已有的知识来解读极限四则运算法则的应用。

【例 1.3.1】 求 $\lim\limits_{x\to 2}(x^2+2x-2^x)$。

解 $\lim\limits_{x\to 2}(x^2+2x-2^x)=\lim\limits_{x\to 2}x^2+2\lim\limits_{x\to 2}x-\lim\limits_{x\to 2}2^x=2^2+2\times 2-2^2=4$

【例 1.3.2】 求 $\lim\limits_{x\to 2}\dfrac{x^3-1}{x^2-3x+5}$。

解 $\lim\limits_{x\to 2}\dfrac{x^3-1}{x^2-3x+5}=\dfrac{\lim\limits_{x\to 2}x^3-1}{\lim\limits_{x\to 2}x^2-3\lim\limits_{x\to 2}x+5}=\dfrac{2^3-1}{2^2-3\times 2+5}=\dfrac{7}{3}$

上面两个例题我们能顺利地使用运算法则来解决。但有的时候,会遇上分母极限为零的情形。这时,千万别武断地认为极限不存在。只能说明,极限运算法则暂时失效。

【例 1.3.3】 求 $\lim\limits_{x\to 1}\dfrac{x^2-1}{x^2+2x-3}$。

解 观察分母极限:$\lim\limits_{x\to 1}(x^2+2x-3)=\lim\limits_{x\to 1}x^2+2\lim\limits_{x\to 1}x-3=1^2+2\times 1-3=0$;

当分母极限为 0 时,再看分子极限:$\lim\limits_{x\to 1}(x^2-1)=\lim\limits_{x\to 1}x^2-1=1^2-1=0$。

显然,分母、分子极限都为 0,为了叙述的方便起见,我们把这样的题型记为 $\dfrac{0}{0}$ 型,对于 $\dfrac{0}{0}$ 型的极限问题,方法有很多,后面会陆续提到。本题我们先对它因式分解,然后再化简、整理,从而求出结果:

$$\lim\limits_{x\to 1}\dfrac{x^2-1}{x^2+2x-3}=\lim\limits_{x\to 1}\dfrac{(x-1)(x+1)}{(x-1)(x+3)}=\lim\limits_{x\to 1}\dfrac{x+1}{x+3}=\dfrac{1+1}{1+3}=\dfrac{1}{2}$$

【例 1.3.4】 求 $\lim\limits_{x\to 2}\dfrac{-x^2+5x-6}{x^2-4}$。

解 显然,它是一个 $\dfrac{0}{0}$ 型的极限问题,求解方法与例 1.3.3 相同。

$$\lim\limits_{x\to 2}\dfrac{-x^2+5x-6}{x^2-4}=\lim\limits_{x\to 2}\dfrac{(-x+2)(x-3)}{(x-2)(x+2)}=-\lim\limits_{x\to 2}\dfrac{x-3}{x+2}=\dfrac{1}{4}$$

【例 1.3.5】 求 $\lim\limits_{x\to 1}\left(\dfrac{1}{1-x}-\dfrac{3}{1-x^3}\right)$。

解 此题两个分式的分母当 $x\to 1$ 时,都为 0,这时可先通分,再做考虑。

$$\lim\limits_{x\to 1}\left(\dfrac{1}{1-x}-\dfrac{3}{1-x^3}\right)=\lim\limits_{x\to 1}\dfrac{1+x+x^2-3}{1-x^3}=\lim\limits_{x\to 1}\dfrac{(x-1)(x+2)}{(1-x)(1+x+x^2)}=-\lim\limits_{x\to 1}\dfrac{x+2}{1+x+x^2}=-1$$

例 1.3.3~例 1.3.5 我们笼统地归纳为同种题型,统称为 $\dfrac{0}{0}$ 型未定式。针对 $\dfrac{0}{0}$ 型,有很多解决方法,如无穷小的等价代换、洛必达法则,后面会一一解读。如果分子不为 0,我们把它记作 $\dfrac{A}{0}$($A\neq 0$)型。$\dfrac{A}{0}$ 型的极限只有一个,那就是无穷大 ∞。在第四节"无穷小与无穷大"中会有详细介绍。

由于 $\lim\limits_{x\to\infty}\dfrac{1}{x}=0$,根据推论 1,有 $\lim\limits_{x\to\infty}\dfrac{1}{x^n}=0$,当 $x\to\infty$ 或者 $x\to-\infty$ 时,同样成立。

【例 1.3.6】 求 $\lim\limits_{x\to\infty}\dfrac{2x^3+3x^2+5}{7x^3+4x^2-1}$。

解 由于 $\lim\limits_{x\to\infty}\dfrac{1}{x^n}=0$,所以对于分式 $\dfrac{2x^3+3x^2+5}{7x^3+4x^2-1}$,可对其分子、分母同时除以分式的最

高次方 x^3,分式不变,然后利用极限的四则运算法则进行计算。

$$\lim_{x\to\infty}\frac{2x^3+3x^2+5}{7x^3+4x^2-1}=\lim_{x\to\infty}\frac{2+\dfrac{3}{x}+\dfrac{5}{x^3}}{7+\dfrac{4}{x}-\dfrac{1}{x^3}}=\frac{\lim\limits_{x\to\infty}2+3\lim\limits_{x\to\infty}\dfrac{1}{x}+5\lim\limits_{x\to\infty}\dfrac{1}{x^3}}{\lim\limits_{x\to\infty}7+4\lim\limits_{x\to\infty}\dfrac{1}{x}-\lim\limits_{x\to\infty}\dfrac{1}{x^3}}=\frac{2+3\times0+5\times0}{7+4\times0-0}=\frac{2}{7}$$

【例 1. 3. 7】　求 $\lim\limits_{x\to\infty}\dfrac{3x^2-5x+1}{8x^3+4x-3}$。

解　　　　　　　　　　　　$$\lim_{x\to\infty}\frac{3x^2-5x+1}{8x^3+4x-3}=\lim_{x\to\infty}\frac{\dfrac{3}{x}-\dfrac{5}{x^2}+\dfrac{1}{x^3}}{8+\dfrac{4}{x^2}-\dfrac{3}{x^3}}=0$$

例 1.3.6~例 1.3.7 属于当 $x\to\infty$ 时,分子、分母均趋于 ∞ 的类型,统称为 $\dfrac{\infty}{\infty}$ 型未定式。

针对 $\dfrac{\infty}{\infty}$ 型,尽可能制造 $\dfrac{1}{x^a}(a>0)$,因为 $\lim\limits_{x\to\infty}\dfrac{1}{x^a}=0$,并有如下结论:

设 $a_0\neq0,b_0\neq0,m$ 和 n 为正整数,则有

$$\lim_{x\to\infty}\frac{a_0x^m+a_1x^{m-1}+\cdots+a_m}{b_0x^n+b_1x^{n-1}+\cdots+b_n}=\begin{cases}\dfrac{a_0}{b_0} & (n=m)\\[2mm] 0 & (n>m)\\[2mm] \infty & (n<m)\end{cases}$$

注意:此公式只适合于 $x\to\infty$ 或 $x\to+\infty$,$x\to-\infty$ 的情形。

【例 1. 3. 8】　求 $\lim\limits_{x\to\infty}\dfrac{(4x+1)^3(3x^2-7)^2}{(6x-11)^7}$。

解　分子、分母的最高次幂都是 7,根据上述结论,极限值等于最高次幂系数的商,于是有

$$\lim_{x\to\infty}\frac{(4x+1)^3(3x^2-7)^2}{(6x-11)^7}=\frac{4^3\times3^2}{6^7}=\frac{1}{486}$$

【例 1. 3. 9】　若 $\lim\limits_{x\to3}\dfrac{x^2-2x+k}{x-3}=4$,求 k 的值。

解　当 $x\to3$ 时,分母为 0,而极限存在,说明当 $x\to3$ 时,$x^2-2x+k\to0$,从而 $3^2-2\times3+k=0$,所以 $k=-3$。

【例 1. 3. 10】　求 $\lim\limits_{n\to\infty}\left(\dfrac{1}{n^2}+\dfrac{2}{n^2}+\dfrac{3}{n^2}+\cdots+\dfrac{n}{n^2}\right)$。

解　$\lim\limits_{n\to\infty}\left(\dfrac{1}{n^2}+\dfrac{2}{n^2}+\dfrac{3}{n^2}+\cdots+\dfrac{n}{n^2}\right)=\lim\limits_{n\to\infty}\dfrac{1+2+\cdots+n}{n^2}=\lim\limits_{n\to\infty}\dfrac{\dfrac{n}{2}(1+n)}{n^2}=\lim\limits_{n\to\infty}\dfrac{1}{2}\left(1+\dfrac{1}{n}\right)=\dfrac{1}{2}$

二、复合函数的极限法则

定理 1.3.2　设函数 $u=\varphi(x)$ 当 $x\to x_0$ 时极限存在且等于 a,即 $\lim\limits_{x\to x_0}\varphi(x)=a$,而函数 $y=f(u)$ 在点 $u=a$ 处有定义且 $\lim\limits_{u\to a}f(u)=f(a)$,则复合函数 $y=f(\varphi(x))$ 当 $x\to x_0$ 时极限也存在且等于 $f(a)$,即 $\lim\limits_{x\to x_0}f(\varphi(x))=f(a)$。于是有 $\lim\limits_{x\to x_0}f(\varphi(x))=f\left[\lim\limits_{x\to x_0}\varphi(x)\right]$。说明符

合条件的情况下,极限符号与函数运算符号可以互换顺序。

【例 1. 3. 11】　求 $\lim\limits_{x\to 0} e^{\sin x}$。

解　根据定理 1.3.2,有 $\lim\limits_{x\to 0} e^{\sin x}=e^{\lim\limits_{x\to 0}\sin x}=e^0=1$。

【例 1. 3. 12】　求 $\lim\limits_{x\to\infty} 2^{\frac{1}{x}}$。

解　根据定理 1.3.2,有 $\lim\limits_{x\to\infty} 2^{\frac{1}{x}}=2^{\lim\limits_{x\to\infty}\frac{1}{x}}=2^0=1$。

对例 1.3.11 和例 1.3.12 做简单的解读:极限符号具有穿越能力,它可以穿越大多数数学符号,但是不能穿越自变量。

习题 1 - 3

1. 求下列极限:

(1) $\lim\limits_{x\to -2}(3x^2-5x+2)$;

(2) $\lim\limits_{x\to 3}\dfrac{3x^2-5}{x-1}$;

(3) $\lim\limits_{x\to 0}\dfrac{\sqrt{x+1}-1}{x}$;

(4) $\lim\limits_{x\to 3}\dfrac{\sqrt{2x+3}-3}{x-3}$;

(5) $\lim\limits_{x\to 4}\dfrac{\sqrt{x}-2}{x^2-5x+4}$;

(6) $\lim\limits_{x\to 0}\dfrac{x^2}{1-\sqrt{1+x^2}}$;

(7) $\lim\limits_{x\to 1}\left(\dfrac{2}{x^2-1}-\dfrac{1}{x-1}\right)$;

(8) $\lim\limits_{x\to\infty}\dfrac{2x^3+1}{x^5-1}$;

(9) $\lim\limits_{x\to\infty}\dfrac{x^3-2x^2+7}{2x^3+3x-1}$;

(10) $\lim\limits_{x\to\infty}\dfrac{(2x-3)^{20}(3x+2)^{30}}{(5x+1)^{50}}$。

2. 若 $\lim\limits_{x\to -1}\dfrac{x^2+ax+4}{x^2-1}=-\dfrac{3}{2}$,求 a 的值。

3. 若 $\lim\limits_{x\to -2}\dfrac{x^2+mx+2}{x+2}=n$,求 m,n 的值。

4. 若 $\lim\limits_{x\to\infty}\left(\dfrac{x^2+1}{x+1}-ax-b\right)=0$,求 a,b 的值。

第四节　无穷小与无穷大

没有任何问题可以像无穷那样深深地触动人的情感,很少有别的概念能像无穷那样激励理智产生富有成果的思想,然而也没有任何其他的概念能像无穷那样需要加以阐明。

——大卫·希尔伯特

一、无穷小

$\lim\limits_{x\to\infty}\dfrac{1}{x}=0,\lim\limits_{x\to2}(x-2)=0,\lim\limits_{x\to+\infty}\left(\dfrac{1}{2}\right)^{x}=0,\lim\limits_{x\to0}\sin x=0$ 这几个极限,自变量 x 的趋势不同,但它们有个共性,那就是极限值等于 0。我们把极限值为 0 的函数称为**无穷小**。

定义 1.4.1　如果当 $x\to x_0$(或 $x\to\infty$)时,函数 $f(x)$ 的极限为 0,则称 $f(x)$ 为当 $x\to x_0$(或 $x\to\infty$)时的无穷小量,简称**无穷小**。极限值为 0 的数列也称为无穷小。

注意:(1) 根据定义,无穷小本质上是一个变量(函数)。

(2) 无穷小是相对于 x 的某个变化过程而言的。例如,当 $x\to\infty$ 时,$\dfrac{1}{x}$ 是无穷小;当 $x\to2$ 时,$\dfrac{1}{x}$ 不是无穷小。

(3) 不能将一个很小的非零常数说成是无穷小。

(4) 常数中只有零是无穷小。

因此,函数 $\dfrac{1}{x}$ 是当 $x\to\infty$ 时的无穷小;函数 $x-2$ 是当 $x\to2$ 时的无穷小;函数 $\left(\dfrac{1}{2}\right)^{x}$ 是当 $x\to+\infty$ 时的无穷小;函数 $\sin x$ 是当 $x\to0$ 时的无穷小。

二、无穷小的性质

无穷小具有以下三个性质:
(1) 有限个无穷小的和是无穷小。
(2) 有限个无穷小的积是无穷小。
(3) 有界函数与无穷小的积是无穷小。
在这三个性质中,应用较广的是第(3)条,它给了我们求极限的新思路。

【例 1.4.1】　求 $\lim\limits_{x\to0^+}x\arctan\dfrac{1}{x}$。

解　$\arctan\dfrac{1}{x}$ 是有界函数。当 $x\to0^+$ 时,x 是无穷小。根据无穷小的性质(3),得

$$\lim\limits_{x\to0^+}x\arctan\dfrac{1}{x}=0$$

【例 1.4.2】　求 $\lim\limits_{x\to\infty}\dfrac{\sin x}{x}$。

解　$\sin x$ 是有界函数。当 $x\to\infty$ 时，$\dfrac{1}{x}\to 0$，即 $\dfrac{1}{x}$ 是当 $x\to\infty$ 时的无穷小。根据无穷小的性质(3)，得

$$\lim_{x\to\infty}\frac{\sin x}{x}=\lim_{x\to\infty}\frac{1}{x}\cdot\sin x=0$$

三、无穷小的比较

当 $x\to 0$ 时，$x,x^2,2x$ 都是无穷小，在数轴上不难看出各无穷小趋于 0 的快慢程度：x^2 比 x 快些，$2x$ 与 x 大致相同。而 $\lim\limits_{x\to 0}\dfrac{x^2}{x}=0,\lim\limits_{x\to 0}\dfrac{x}{x^2}=\infty,\lim\limits_{x\to 0}\dfrac{2x}{x}=2$，由此可知，无穷小之比的极限值不同，反映了无穷小趋向于零的快慢程度不同。因此，我们给出以下概念。

定义 1.4.2　设 α,β 是同一变化过程中的两个无穷小，我们用数学语言表达为 $\lim\limits_{x\to\Delta}\alpha=\lim\limits_{x\to\Delta}\beta=0$，且 $\alpha\neq 0$：

(1) 如果 $\lim\limits_{x\to\Delta}\dfrac{\beta}{\alpha}=0$，就说 β 是比 α **高阶**的无穷小，记作 $\beta=o(\alpha)$。

(2) 如果 $\lim\limits_{x\to\Delta}\dfrac{\beta}{\alpha}=\infty$，就说 β 是比 α **低阶**的无穷小。

(3) 如果 $\lim\limits_{x\to\Delta}\dfrac{\beta}{\alpha}=c(c\neq 0)$，就说 β 与 α 是**同阶**的无穷小。

特别地，如果 $\lim\limits_{x\to\Delta}\dfrac{\beta}{\alpha}=1$，就说 β 与 α 是**等价**的无穷小，记作 $\alpha\sim\beta$。例如：

因为 $\lim\limits_{x\to 0}\dfrac{2x^2}{x}=0$，所以当 $x\to 0$ 时，$2x^2$ 是比 x 高阶的无穷小；

因为 $\lim\limits_{n\to\infty}\dfrac{\frac{1}{n}}{\frac{1}{n^2}}=\infty$，所以当 $n\to\infty$ 时，$\dfrac{1}{n}$ 是比 $\dfrac{1}{n^2}$ 低阶的无穷小；

因为 $\lim\limits_{x\to 3}\dfrac{x^2-9}{x-3}=6$，所以当 $x\to 3$ 时，x^2-9 与 $x-3$ 是同阶无穷小；

因为 $\lim\limits_{x\to 0}\dfrac{\sin x}{x}=1$，所以当 $x\to 0$ 时，$\sin x$ 与 x 是等价无穷小。

四、等价无穷小

当 $x\to 0$ 时，有下列常用的等价无穷小：

$$\sin x\sim x\qquad \tan x\sim x\qquad \arcsin x\sim x\qquad \arctan x\sim x$$

$$\ln(1+x)\sim x\qquad\qquad e^x-1\sim x\qquad\qquad 1-\cos x\sim\frac{1}{2}x^2$$

定理 1.4.1　设 $\alpha,\alpha',\beta,\beta'$ 是同一变化过程中的无穷小，且 $\alpha\sim\alpha',\beta\sim\beta'$，$\lim\limits_{x\to\Delta}\dfrac{\alpha'}{\beta'}$ 存在，则

$$\lim_{x\to\Delta}\frac{\alpha}{\beta}=\lim_{x\to\Delta}\frac{\alpha'}{\beta'}.$$

定理 1.4.1 表明，求两个无穷小之比的极限时，分子及分母都可用等价无穷小来替换。因此，如果用来代替的无穷小选择适当的话，将大大简化计算过程。

【例 1.4.3】 求 $\lim\limits_{x\to 0}\dfrac{\tan^2 2x}{1-\cos x}$。

解 当 $x\to 0$ 时, $1-\cos x\sim\dfrac{1}{2}x^2$, $\tan 2x\sim 2x$。

根据定理 1.4.1 知:

$$\lim_{x\to 0}\frac{\tan^2 2x}{1-\cos 2x}=\lim_{x\to 0}\frac{(2x)^2}{\dfrac{1}{2}x^2}=8$$

【例 1.4.4】 求 $\lim\limits_{x\to 0}\dfrac{(x+1)\sin x}{\arcsin x}$。

解 当 $x\to 0$ 时, $\sin x\sim x$, $\arcsin x\sim x$。

根据定理 1.4.1 知:

$$\lim_{x\to 0}\frac{(x+1)\sin x}{\arcsin x}=\lim_{x\to 0}\frac{(x+1)x}{x}=\lim_{x\to 0}(x+1)=1$$

由此看来等价无穷小代换是求解 $\dfrac{0}{0}$ 型未定式极限的一种十分有效的方法,但在使用时应注意两点:(1) 任何一个无穷小与本身等价;(2) 两个无穷小的积等价于它们等价无穷小的积,而两个无穷小的和(差)不一定等价于它们等价无穷小的和(差)。等价代换只能够在乘除之间运用,不能在加减运算中使用。

【例 1.4.5】 求 $\lim\limits_{x\to 0}\dfrac{\tan x-\sin x}{\sin^3 x}$。

解 错误解法:

$$\lim_{x\to 0}\frac{\tan x-\sin x}{\sin^3 x}=\lim_{x\to 0}\frac{x-x}{x^3}=0$$

正确解法:

$$\lim_{x\to 0}\frac{\tan x-\sin x}{\sin^3 x}=\lim_{x\to 0}\frac{\sin x(1-\cos x)}{\sin^3 x\cos x}=\lim_{x\to 0}\frac{1}{\cos x}\times\lim_{x\to 0}\frac{1-\cos x}{\sin^2 x}=1\times\lim_{x\to 0}\frac{\dfrac{1}{2}x^2}{x^2}=\frac{1}{2}$$

在极限运算中,貌似合理、实则错误的例子很多,例 1.4.5 属于典型例题。

五、无穷大

定义 1.4.3 如果当 $x\to x_0$(或 $x\to\infty$)时,函数 $f(x)$ 的绝对值无限增大,则称 $f(x)$ 是当 $x\to x_0$(或 $x\to\infty$)时的**无穷大量**,简称**无穷大**。

例如,因为 $\lim\limits_{x\to\frac{\pi}{2}}\tan x=\infty$, $\lim\limits_{x\to 1}\dfrac{1}{x-1}=\infty$, $\lim\limits_{n\to\infty}2^n=+\infty$,所以 $y=\tan x$ 是当 $x\to\dfrac{\pi}{2}$ 时的无穷大, $y=\dfrac{1}{x-1}$ 是当 $x\to 1$ 时的无穷大, $x_n=2^n$ 是当 $n\to\infty$ 时的无穷大。

注意:(1) 说一个函数是无穷大必须指明自变量的变化趋势;

(2) 不能将一个很大的常数说成无穷大。

六、无穷小与无穷大的关系

定理 1.4.2 在自变量的同一变化过程中,如果 $f(x)$ 是无穷大,则 $\dfrac{1}{f(x)}$ 是无穷小,如果

$f(x)$ 是无穷小（$f(x) \neq 0$），则 $\dfrac{1}{f(x)}$ 是无穷大。

比如：$\dfrac{A}{0}$（$A \neq 0$）型的倒数 $\dfrac{0}{A} = 0$ 一定是无穷小，所以，$\dfrac{A}{0}$ 型的极限只有一个，那就是无穷大 ∞。

【例 1.4.6】 求 $\lim\limits_{x \to 1} \dfrac{1}{x^2 - 1}$。

解 $\dfrac{1}{x^2 - 1}$ 的倒数 $x^2 - 1$，当 $x \to 1$ 时，$x^2 - 1 \to 0$，即 $\lim\limits_{x \to 1}(x^2 - 1) = 0$，它是无穷小。根据定理 1.4.2，得 $\lim\limits_{x \to 1} \dfrac{1}{x^2 - 1} = \infty$。

习题 1-4

1. 判断题：

(1) 非常小的数是无穷小。 （　　）

(2) 零是无穷小。 （　　）

(3) 非常大的数是无穷大。 （　　）

(4) 两个无穷小的商是无穷小。 （　　）

(5) $x \to \infty$ 时，$\dfrac{\cos x}{x^2}$ 是无穷小。 （　　）

2. 求下列极限：

(1) $\lim\limits_{x \to 0} \dfrac{(x+2)\sin x}{\arcsin 2x}$；

(2) $\lim\limits_{x \to 0} \dfrac{(\mathrm{e}^x - 1)\sin x}{1 - \cos x}$；

(3) $\lim\limits_{x \to 0} \dfrac{\arctan 3x}{5x}$；

(4) $\lim\limits_{x \to 0} \dfrac{\mathrm{e}^{5x} - 1}{x}$；

(5) $\lim\limits_{x \to 0} \dfrac{\ln(1 + 3x \sin x)}{\tan x^2}$；

(6) $\lim\limits_{x \to 0} \dfrac{\ln(1 + 2x)}{\mathrm{e}^{3x} - 1}$；

(7) $\lim\limits_{x \to 0} \dfrac{\cos ax - \cos bx}{x^2}$；

(8) $\lim\limits_{x \to 0} x^2 \cos \dfrac{1}{x^2}$。

3. 函数 $f(x) = \dfrac{x+1}{x-1}$ 在什么条件下是无穷大？在什么条件下是无穷小？

第五节 两个重要极限

本节主要介绍两个重要极限公式及其使用方法。

一、第一个重要极限 $\lim\limits_{x \to 0} \dfrac{\sin x}{x} = 1$

使用公式 $\lim\limits_{x \to 0} \dfrac{\sin x}{x} = 1$ 时，x 的趋势很重要。当 $x \to \infty$ 时，$\dfrac{1}{x}$ 是无穷小，$\sin x$ 是有界函数，

根据有界函数和无穷小的乘积是无穷小的性质,知 $\lim\limits_{x\to\infty}\dfrac{\sin x}{x}=0$;当 $x\to\dfrac{\pi}{2}$ 时,由于不存在分母为零的情形,故可以直接代入,得 $\lim\limits_{x\to\frac{\pi}{2}}\dfrac{\sin x}{x}=\dfrac{2}{\pi}$。公式 $\lim\limits_{x\to 0}\dfrac{\sin x}{x}=1$ 中,x 必须是趋向于 0 的,或者换元后趋向于 0。其次,公式中的分子、分母都趋于 0,属于 $\dfrac{0}{0}$ 型未定式。

下面用例题讲授它的使用要点及注意事项,同学们用心体会。

【例 1.5.1】 计算 $\lim\limits_{x\to 0}\dfrac{\tan x}{x}$。

解 $$\lim\limits_{x\to 0}\dfrac{\tan x}{x}=\lim\limits_{x\to 0}\dfrac{\sin x}{x}\times\dfrac{1}{\cos x}=\lim\limits_{x\to 0}\dfrac{\sin x}{x}\times\lim\limits_{x\to 0}\dfrac{1}{\cos x}=1\times 1=1$$

【例 1.5.2】 计算 $\lim\limits_{x\to 0}\dfrac{\sin 2x}{x}$。

解法一 $$\lim\limits_{x\to 0}\dfrac{\sin 2x}{x}=\lim\limits_{x\to 0}\dfrac{2\sin x\cos x}{x}=2\lim\limits_{x\to 0}\dfrac{\sin x}{x}\times\lim\limits_{x\to 0}\cos x=2\times 1\times 1=2$$

解法二 $$\lim\limits_{x\to 0}\dfrac{\sin 2x}{x}=\lim\limits_{x\to 0}2\times\dfrac{\sin 2x}{2x}=2\lim\limits_{x\to 0}\dfrac{\sin 2x}{2x}=2$$

【例 1.5.3】 计算 $\lim\limits_{x\to 0}\dfrac{1-\cos x}{x^2}$。

解 $$\lim\limits_{x\to 0}\dfrac{1-\cos x}{x^2}=\lim\limits_{x\to 0}\dfrac{2\sin^2\dfrac{x}{2}}{x^2}=\dfrac{1}{2}\lim\limits_{x\to 0}\dfrac{\sin^2\dfrac{x}{2}}{\left(\dfrac{x}{2}\right)^2}=\dfrac{1}{2}\lim\limits_{x\to 0}\left(\dfrac{\sin\dfrac{x}{2}}{\dfrac{x}{2}}\right)^2=\dfrac{1}{2}\times 1^2=\dfrac{1}{2}$$

【例 1.5.4】 计算 $\lim\limits_{x\to\pi}\dfrac{\sin x}{\pi-x}$。

解 设 $t=\pi-x$,则当 $x\to\pi$ 时,$t\to 0$,则有
$$\lim\limits_{x\to\pi}\dfrac{\sin x}{\pi-x}=\lim\limits_{t\to 0}\dfrac{\sin(\pi-t)}{t}=\lim\limits_{t\to 0}\dfrac{\sin t}{t}=1$$

【例 1.5.5】 计算 $\lim\limits_{x\to 0}\dfrac{\sin 3x-\sin x}{x}$。

解法一 $$\lim\limits_{x\to 0}\dfrac{\sin 3x-\sin x}{x}=\lim\limits_{x\to 0}\dfrac{\sin 3x}{x}-\lim\limits_{x\to 0}\dfrac{\sin x}{x}=3-1=2$$

解法二 $$\lim\limits_{x\to 0}\dfrac{\sin 3x-\sin x}{x}=\lim\limits_{x\to 0}\dfrac{2\cos 2x\sin x}{x}=2\lim\limits_{x\to 0}\cos 2x\times\lim\limits_{x\to 0}\dfrac{\sin x}{x}=2\times 1\times 1=2$$

上述例题,是为了使用重要公式有意设计的解法,其实,用无穷小的等价代换更简便,有兴趣的同学课后尝试着做一做。

二、第二个重要极限 $\lim\limits_{x\to\infty}\left(1+\dfrac{1}{x}\right)^x=\mathrm{e}$ 或 $\lim\limits_{x\to 0}(1+x)^{\frac{1}{x}}=\mathrm{e}$

使用公式 $\lim\limits_{x\to\infty}\left(1+\dfrac{1}{x}\right)^x=\mathrm{e}$ 时,中间必须是“$+$”号,如果是“$-$”号,必须把它改成“$+$”号,“$-$”号往分母放。

【例 1.5.6】 计算 $\lim\limits_{x\to\infty}\left(1-\dfrac{1}{x}\right)^x$。

解
$$\lim_{x\to\infty}\left(1-\frac{1}{x}\right)^x=\lim_{x\to\infty}\left[\left(1+\frac{1}{-x}\right)^{-x}\right]^{-1}=\mathrm{e}^{-1}$$

使用公式 $\lim\limits_{x\to\infty}\left(1+\dfrac{1}{x}\right)^x=\mathrm{e}$ 时，括号里的自变量与指数部位的自变量要保持完全一致。如果不一致，先在指数部位做文章，化成一致，然后再使用公式。

【例 1.5.7】 计算 $\lim\limits_{x\to\infty}\left(1+\dfrac{1}{2x}\right)^x$。

解
$$\lim_{x\to\infty}\left(1+\frac{1}{2x}\right)^x=\lim_{x\to\infty}\left[\left(1+\frac{1}{2x}\right)^{2x}\right]^{\frac{1}{2}}=\mathrm{e}^{\frac{1}{2}}$$

【例 1.5.8】 计算 $\lim\limits_{x\to\infty}\left(1+\dfrac{1}{x}\right)^{x-3}$。

解
$$\lim_{x\to\infty}\left(1+\frac{1}{x}\right)^{x-3}=\lim_{x\to\infty}\left(1+\frac{1}{x}\right)^x\times\left(1+\frac{1}{x}\right)^{-3}$$
$$=\lim_{x\to\infty}\left(1+\frac{1}{x}\right)^x\times\lim_{x\to\infty}\left(1+\frac{1}{x}\right)^{-3}=\mathrm{e}\times1=\mathrm{e}$$

【例 1.5.9】 计算 $\lim\limits_{x\to\infty}\left(1+\dfrac{4}{x}\right)^x$。

解
$$\lim_{x\to\infty}\left(1+\frac{4}{x}\right)^x=\lim_{x\to\infty}\left[\left(1+\frac{1}{x/4}\right)^{x/4}\right]^4=\mathrm{e}^4$$

总之，使用公式 $\lim\limits_{x\to\infty}\left(1+\dfrac{1}{x}\right)^x=\mathrm{e}$ 或 $\lim\limits_{x\to0}(1+x)^{\frac{1}{x}}=\mathrm{e}$ 时，注意以上要领，基本没有太大问题。

【例 1.5.10】 计算 $\lim\limits_{x\to\infty}\left(\dfrac{3+x}{2+x}\right)^{2x}$。

解法一　将分式 $\dfrac{3+x}{2+x}$ 直接往公式方向拆分。
$$\lim_{x\to\infty}\left(\frac{3+x}{2+x}\right)^{2x}=\lim_{x\to\infty}\left[\left(1+\frac{1}{x+2}\right)^{x+2}\right]^2\left(1+\frac{1}{x+2}\right)^{-4}$$
$$=\lim_{x\to\infty}\left[\left(1+\frac{1}{x+2}\right)^{x+2}\right]^2\lim_{x\to\infty}\left(1+\frac{1}{x+2}\right)^{-4}$$
$$=\mathrm{e}^2\times1=\mathrm{e}^2$$

解法二　将分式 $\dfrac{3+x}{2+x}$ 的分子、分母同时除以 x，再用极限的四则运算法则，分别对分子、分母使用第二个重要极限公式。
$$\lim_{x\to\infty}\left(\frac{3+x}{2+x}\right)^{2x}=\lim_{x\to\infty}\frac{\left(1+\dfrac{3}{x}\right)^{2x}}{\left(1+\dfrac{2}{x}\right)^{2x}}=\frac{\lim\limits_{x\to\infty}\left[\left(1+\dfrac{1}{x/3}\right)^{x/3}\right]^6}{\lim\limits_{x\to\infty}\left[\left(1+\dfrac{1}{x/2}\right)^{x/2}\right]^4}=\frac{\mathrm{e}^6}{\mathrm{e}^4}=\mathrm{e}^2$$

解法一在拆分成重要公式的道路上，繁琐。解法二分开考虑，思路更清晰。

习题 1-5

1. 求下列极限:

(1) $\lim\limits_{x \to 0} \dfrac{\sin 3x}{x}$;

(2) $\lim\limits_{x \to 0} \dfrac{\sin 3x}{\sin 5x}$;

(3) $\lim\limits_{n \to \infty} \dfrac{n}{2} R^2 \sin \dfrac{2\pi}{n}$ (R, n 是常数);

(4) $\lim\limits_{x \to \infty} x \sin \dfrac{2}{x}$;

(5) $\lim\limits_{x \to 0^+} \dfrac{x}{\sqrt{1-\cos x}}$;

(6) $\lim\limits_{x \to \infty} x^2 \sin^2 \dfrac{1}{x}$;

(7) $\lim\limits_{x \to 0} x \cot x$;

(8) $\lim\limits_{x \to 1} \dfrac{\sin^2 (x-1)}{x^2 - 1}$;

(9) $\lim\limits_{x \to 0} \dfrac{1 - \cos 4x}{x \sin x}$;

(10) $\lim\limits_{x \to 0} \dfrac{\sin 2x (1 - \cos 2x)}{x^3}$。

2. 求下列极限:

(1) $\lim\limits_{x \to \infty} \left(\dfrac{x}{x-1} \right)^{x-3}$;

(2) $\lim\limits_{x \to \infty} \left(\dfrac{x}{x+1} \right)^{x+2}$;

(3) $\lim\limits_{n \to \infty} \left(\dfrac{n+2}{n+1} \right)^{n+1}$;

(4) $\lim\limits_{x \to \infty} \left(\dfrac{2x-1}{2x+1} \right)^{x}$;

(5) $\lim\limits_{x \to \infty} \left(\dfrac{2x+3}{2x+1} \right)^{x + \frac{1}{2}}$;

(6) $\lim\limits_{x \to \frac{\pi}{2}} (1 - \cos x)^{2\sec x}$;

(7) $\lim\limits_{x \to \frac{\pi}{2}} (1 + 2\cos x)^{-\sec x}$;

(8) $\lim\limits_{x \to 0} (1 - 3x)^{\frac{1}{x}}$;

(9) $\lim\limits_{x \to 0} \left(1 + \dfrac{x}{2} \right)^{-\frac{1}{2x}}$;

(10) $\lim\limits_{x \to 0} \dfrac{\ln(1+x)}{x}$。

第六节　函数的连续性

一、函数的间断点

1. 什么是间断点

我们来组词,"间"-"间歇","断"-"断开",从字面意思理解,**间断点**就是指间歇性断开的点。从函数曲线来看,函数因为种种原因,会造成一个或几个断开的点。下面我们看几个典型例题,然后用数学语言来诠释间断点。

【**例 1.6.1**】　分析函数曲线 $y = \dfrac{x^2 - 1}{x - 1}$ 在 $x = 1$ 处的状况。

解　如图 1.6.1 所示。从图形不难看出,函数曲线 $y = \dfrac{x^2 - 1}{x - 1}$ 在 $x = 1$ 处断开。造成断开的原因是函数 $y = \dfrac{x^2 - 1}{x - 1}$ 在

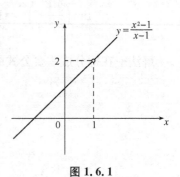

图 1.6.1

$x=1$ 处没有定义。**函数在某点处无意义会产生间断点。**

【例 1.6.2】 分析函数曲线 $f(x)=\begin{cases} -x, & x\leqslant 0, \\ 1+x, & x>0 \end{cases}$ 在 $x=0$ 处的状况。

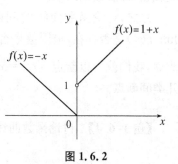

图 1.6.2

解 如图 1.6.2 所示，函数 $f(x)=\begin{cases} -x, & x\leqslant 0, \\ 1+x, & x>0 \end{cases}$ 在 $x=0$ 处是断开的。

而函数 $f(x)=\begin{cases} -x, & x\leqslant 0, \\ 1+x, & x>0 \end{cases}$ 在 $x=0$ 处是有定义的，

但还是断开了，那么造成断开的原因是什么呢?

我们来看函数的极限:

左极限 $$\lim_{x\to -0} f(x)=\lim_{x\to -0}(-x)=0$$

右极限 $$\lim_{x\to +0} f(x)=\lim_{x\to +0}(1+x)=1$$

因为 $\lim\limits_{x\to -0} f(x)\neq \lim\limits_{x\to +0} f(x)$，所以 $\lim\limits_{x\to 0} f(x)$ 不存在。**说明极限不存在也会造成间断点。**

【例 1.6.3】 分析函数曲线 $f(x)=\begin{cases} 2\sqrt{x}, & 0\leqslant x<1, \\ 1, & x=1, \\ 1+x, & x>1 \end{cases}$ 在 $x=1$ 处的状况。

解 如图 1.6.3 所示，不难验证，函数 $f(x)=\begin{cases} 2\sqrt{x}, & 0\leqslant x<1, \\ 1, & x=1, \\ 1+x, & x>1 \end{cases}$ 在 $x=1$ 处既有定义，又有极限，但是，函数

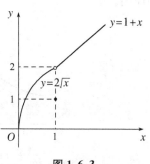

图 1.6.3

曲线 $f(x)=\begin{cases} 2\sqrt{x}, & 0\leqslant x<1, \\ 1, & x=1, \\ 1+x, & x>1 \end{cases}$ 在 $x=1$ 处是断开的。原因又

是什么呢?

我们来看它的极限值是 $\lim\limits_{x\to 1} f(x)=2$，而函数值是 $f(1)=1$，**极限值不等于函数值**，即当 $\lim\limits_{x\to 1} f(x)\neq f(1)$ 时，**也会造成函数曲线断开**。

综上所述，出现以下三种情况之一:

(1) 函数 $f(x)$ 在点 $x=x_0$ 处无定义;

(2) 函数 $f(x)$ 在点 $x=x_0$ 处无极限，即 $\lim\limits_{x\to x_0} f(x)$ 不存在;

(3) 函数值不等于极限值，即 $\lim\limits_{x\to x_0} f(x)\neq f(x_0)$

函数曲线必然断开，则称点 $x=x_0$ 为函数的**间断点**。

2. 间断点的分类

根据左、右极限是否存在，可以分为两大类:左、右极限都存在，称为**第一类间断点**;左、右极限至少有一个不存在，称为**第二类间断点**。在第一类间断点中，左、右极限相等，称为**可去间断点**(如例 1.6.1、例 1.6.3 中的间断点)，左、右极限不相等，称为**跳跃间断点**(如例 1.6.2 中的间断点)。在第二类间断点中，极限是无穷大时，称**无穷间断点**;极限不存在，且呈

现震荡,称**震荡间断点**。

总之,讨论函数曲线的间断点,只要看函数 $f(x)$ 在点 $x=x_0$ 处是否有定义;极限 $\lim\limits_{x \to x_0} f(x)$ 是否存在;极限值是否等于函数值,即 $\lim\limits_{x \to x_0} f(x) \neq f(x_0)$ 是否成立。只要其中之一成立,我们就可以断定,点 $x=x_0$ 是函数 $f(x)$ 的间断点。而且,根据定义还能判断它属于第几类间断点。

【**例 1.6.4**】 讨论函数曲线 $f(x) = \begin{cases} \dfrac{1}{x}, & x>0, \\ x, & x \leqslant 0 \end{cases}$ 在点 $x=0$ 处的情形。

解 如图 1.6.4 所示,

$$\lim_{x \to -0} f(x) = \lim_{x \to -0} x = 0$$

$$\lim_{x \to +0} f(x) = \lim_{x \to +0} \frac{1}{x} = +\infty$$

极限 $\lim\limits_{x \to 0} f(x)$ 不存在,所以点 $x=0$ 是间断点,而且是第二类间断点里的无穷间断点。

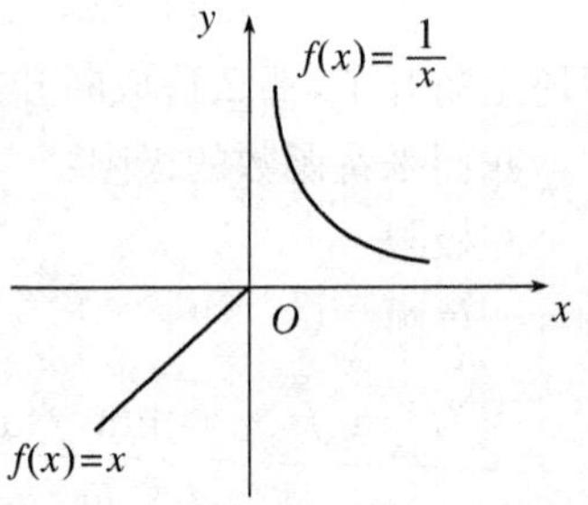

通常,函数的间断点出现在函数无意义的点或分段点处。

图 1.6.4

【**例 1.6.5**】 分别根据图 1.6.5 的 4 幅图形,指出函数的间断点,并说明该点是间断点的原因。

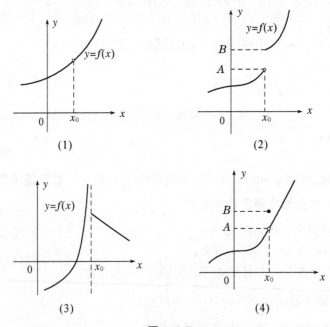

图 1.6.5

解 (1) 函数在 x_0 处没有定义,所以 x_0 是函数 $f(x)$ 的间断点。

(2) 函数在 x_0 处有定义,$f(x_0) = B$。

但 $\lim\limits_{x \to x_0^+} f(x) = B$,$\lim\limits_{x \to x_0^-} f(x) = A$,所以 $\lim\limits_{x \to x_0} f(x)$ 不存在,故 x_0 是函数 $f(x)$ 的间断点。

（3）因为 $\lim\limits_{x \to x_0^-} f(x) = +\infty$，所以 $\lim\limits_{x \to x_0} f(x)$ 不存在，故 x_0 是函数 $f(x)$ 的间断点。

（4）函数在 x_0 处有定义，$f(x_0) = B$，但 $\lim\limits_{x \to x_0} f(x) = A$，所以 $\lim\limits_{x \to x_0} f(x) \neq f(x_0)$，故 x_0 是函数 $f(x)$ 的间断点。

【例 1.6.6】 指出下列函数的间断点并说明间断点的类型；对第一类间断点指出是否可去。

$$(1)\ y = \frac{1}{x}; \qquad (2)\ f(x) = \begin{cases} x+1, & x \geq 0, \\ x, & x < 0 \end{cases}; \qquad (3)\ y = \begin{cases} \dfrac{\sin x}{x}, & x \neq 0, \\ 0, & x = 0。 \end{cases}$$

解 （1）函数在 $x = 0$ 处无定义，且 $\lim\limits_{x \to 0^+} \dfrac{1}{x} = +\infty$，所以 $x = 0$ 是函数的第二类间断点。

（2）函数在 $x = 0$ 的邻域内有定义，因为

$$\lim_{x \to 0^+} f(x) = \lim_{x \to 0^+}(x+1) = 1$$

$$\lim_{x \to 0^-} f(x) = \lim_{x \to 0^-} x = 0$$

左右极限存在但不相等，所以 $x = 0$ 是函数的第一类跳跃间断点（如图 1.6.6 所示）。

（3）函数在 $x = 0$ 的邻域内有定义，因为

$$\lim_{x \to 0} f(x) = \lim_{x \to 0} \frac{\sin x}{x} = 1,\ f(0) = 0$$

故

$$\lim_{x \to 0} f(x) \neq f(0)$$

所以 $x = 0$ 是函数的第一类可去间断点。

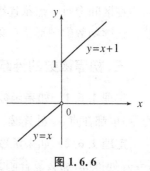

图 1.6.6

二、函数的连续性

1. 函数连续性定义

定义 1.6.1 函数 $f(x)$ 在点 $x = x_0$ 的某领域内有定义，当 $x \to x_0$ 时极限存在，且 $\lim\limits_{x \to x_0} f(x) = f(x_0)$，称函数 $f(x)$ **在点 $x = x_0$ 处是连续的**。

如果函数 $f(x)$ 在某个区间 I 内的每一个点处都是连续的，那么我们就称函数 $f(x)$ 在区间 I 上是连续的。连续函数呈现出来的曲线是连绵不断的。

2. 增量

变量 x 从 x_1 变到 x_2，差 $x_2 - x_1$ 称为变量 x 的**增量**，记作：$\Delta x = x_2 - x_1$。既然增量是个差值，所以增量可正可负。例如，变量 x 从 1 变到 2，增量 $\Delta x = 2 - 1 = 1$；又如，变量 x 从 3 变到 2，增量 $\Delta x = 2 - 3 = -1$，它是个负数。

设函数 $f(x)$ 在点 x_0 的某个邻域 $U(x_0, \delta)$ 内有定义，任意给出 $x \in U(x_0, \delta)$，$\Delta x = x - x_0$ 称为自变量在点 x_0 处的**增量**；$\Delta y = f(x) - f(x_0)$ 称为函数 $f(x)$ 相应于 Δx 的增量。如图 1.6.7 所示，一般地取定 x_0 不变，随着自变量增量 Δx 的变化，相应地 $\Delta y = f(x) - f(x_0) = f(x_0 + \Delta x) - f(x_0)$ 也将发生变化。

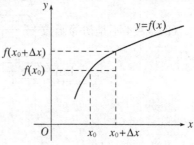

图 1.6.7

3. 函数连续性的另一个定义

定义 1.6.2　设函数 $f(x)$ 在 $U(x_0,\delta)$ 内有定义,如果当自变量的增量 Δx 趋向于零时,对应函数的增量 Δy 也趋向于零,即 $\lim\limits_{\Delta x \to 0}\Delta y=0$ 或 $\lim\limits_{\Delta x \to 0}[f(x_0+\Delta x)-f(x_0)]=0$,那么就称函数 $f(x)$ 在点 x_0 处**连续**,点 x_0 称为 $f(x)$ 的**连续点**。

分析函数的连续性,我们严格按照函数的连续性定义来判断,大部分时候,主要看极限值是否等于函数值,若等于就连续,若不等,必间断。

【例 1.6.7】　讨论函数 $f(x)=\begin{cases} x\sin\dfrac{1}{x}, & x \neq 0, \\ 0, & x=0 \end{cases}$ 在点 $x=0$ 处的连续性。

解　因为 $\lim\limits_{x \to 0} x\sin\dfrac{1}{x}=0$,又 $f(0)=0$,所以 $\lim\limits_{x \to 0}f(x)=f(0)$,由定义 1.6.1 知,函数 $f(x)$ 在 $x=0$ 处连续。

4. 连续函数与连续区间

在区间上每一点都连续的函数,称为在该区间上的**连续函数**,或者说函数在该区间上连续。连续函数的图形是一条连续而不间断的曲线。

三、初等函数的连续性

定理 1.6.1　如果函数 $f(x)$ 与 $g(x)$ 在点 x_0 处连续,那么它们的和、差、积、商(分母不为零)也都在点 x_0 处连续。

定理 1.6.2　如果函数 $u=\varphi(x)$ 在点 $x=x_0$ 处连续,且 $u_0=\varphi(x_0)$,函数 $y=f(u)$ 在点 $u=u_0$ 处连续,那么复合函数 $y=f[\varphi(x)]$ 在点 $x=x_0$ 处连续。

定理 1.6.3　一切初等函数在其定义区间上都是连续的。

上述定理,实际上给我们提供了求极限的方法。综合连续性的概念,在求极限 $\lim\limits_{x \to x_0}f(x)$ 的时候,只要将 x_0 代入函数 $f(x)$ 中,分母不为零,就可以将求极限的问题转化为求函数值的问题。尽管我们曾经强调过,极限与函数没有必然的因果关系,但因为函数连续性的存在,它们之间产生了奇妙的关系。

【例 1.6.8】　求下列极限:

(1) $\lim\limits_{x \to 2}\dfrac{e^x}{2x+1}$;
　　　　　　　　　(2) $\lim\limits_{x \to 4}\dfrac{\sqrt{x+5}-3}{x-4}$。

解　(1) $x=2$ 是初等函数 $\dfrac{e^x}{2x+1}$ 定义区间内的点,所以 $\lim\limits_{x \to 2}\dfrac{e^x}{2x+1}=\dfrac{e^2}{5}$。

(2) $x=4$ 不是初等函数 $\dfrac{\sqrt{x+5}-3}{x-4}$ 定义域区间内的点,故先化简:

$$\lim_{x \to 4}\frac{\sqrt{x+5}-3}{x-4}=\lim_{x \to 4}\frac{(\sqrt{x+5}-3)(\sqrt{x+5}+3)}{(x-4)(\sqrt{x+5}+3)}$$

$$=\lim_{x \to \infty}\frac{x-4}{(x-4)\sqrt{x+5}+3}=\lim_{x \to 4}\frac{1}{\sqrt{x+5}+3}$$

$x=4$ 是函数 $\dfrac{1}{\sqrt{x+5}+3}$ 定义区间内的点,所以

$$\lim_{x\to 4}\frac{\sqrt{x+5}-3}{x-4}=\lim_{x\to 4}\frac{1}{\sqrt{x+5}+3}=\frac{1}{6}$$

四、闭区间上连续函数的性质

定理 1.6.4 （最大值和最小值定理）如果函数 $f(x)$ 在闭区间 $[a,b]$ 上连续，则函数 $f(x)$ 在 $[a,b]$ 上必有最大值和最小值。

开区间内的连续函数不一定有最值。如：$y=x$ 在开区间 $(1,2)$ 内连续，但它在 $(1,2)$ 内既无最大值又无最小值。函数在闭区间上有间断点也不一定有最值。如：函数 $f(x)=$
$\begin{cases} x+1, & -1\leqslant x<0, \\ 0, & x=0, \\ x-1, & 0<x\leqslant 1 \end{cases}$ 在闭区间 $[-1,1]$ 上有间断点 $x=0$，而它在闭区间 $[-1,1]$ 上无最大值和最小值。

定理 1.6.5 （介值定理）如果函数 $f(x)$ 在闭区间 $[a,b]$ 上连续，m,M 分别为 $f(x)$ 在 $[a,b]$ 上的最小值和最大值，则对于满足 $m\leqslant \mu\leqslant M$ 的任何实数 μ，至少存在一点 $\xi\in[a,b]$，使得 $f(\xi)=\mu$。

推论 （零点定理）如果函数 $f(x)$ 在闭区间 $[a,b]$ 上连续，且 $f(a)$ 与 $f(b)$ 异号，则至少存在一点 $\xi\in(a,b)$，使得 $f(\xi)=0$。

【例 1.6.9】 证明：三次代数方程 $x^3-4x+1=0$ 在区间 $(0,1)$ 内至少有一个实根。

证明 设 $f(x)=x^3-4x+1$，因为函数 $f(x)$ 是初等函数，定义域是 $(-\infty,+\infty)$，因此它在闭区间 $[0,1]$ 上连续。

又因为函数 $f(x)$ 在闭区间 $[0,1]$ 的端点处的函数值分别为 $f(0)=1>0$，$f(1)=-2<0$，根据介值定理的推论，至少存在一点 $\xi\in(0,1)$，使 $f(\xi)=0$。

此即说明方程 $x^3-4x+1=0$ 在区间 $(0,1)$ 内至少有一个实根 ξ。

习题 1-6

1. 求下列函数的间断点，并判断其类型。

(1) $y=\dfrac{1}{x+3}$；

(2) $f(x)=\dfrac{x^2-1}{x^2-3x+2}$；

(3) $y=\begin{cases} \dfrac{1-\cos x}{x^2}, & x\neq 0, \\ 0, & x=0; \end{cases}$

(4) $y=\begin{cases} x+1, & x\leqslant 0, \\ x^2-1, & x>0。 \end{cases}$

2. 在下列函数中，当 a 取什么值时，函数 $f(x)$ 在其定义域内连续？

(1) $f(x)=\begin{cases} \dfrac{x^2-16}{x-4}, & x\neq 4, \\ a, & x=4, \end{cases}$

(2) $f(x)=\begin{cases} a\mathrm{e}^x, & x<0, \\ a^2+x, & x\geqslant 0。 \end{cases}$

3. 设 $f(x)=\dfrac{x^2+x-2}{x^2-2x-8}$。

(1) 写出函数的连续区间；(2) 求极限 $\lim\limits_{x\to -2}f(x)$，$\lim\limits_{x\to 4}f(x)$，$\lim\limits_{x\to 1}f(x)$。

4. 设 $f(x) = \begin{cases} \sin x, & x \leqslant 0, \\ x^2 + 2, & x > 0。 \end{cases}$

(1) 画出函数的图像;

(2) 讨论函数在 $x = 0$ 处的连续性,并写出连续区间;

(3) 求极限 $\lim\limits_{x \to 2} f(x)$,$\lim\limits_{x \to -\frac{\pi}{2}} f(x)$。

5. 求下列函数的极限。

(1) $\lim\limits_{x \to 0} \dfrac{e^{x^2} \cos x}{\arcsin(1+x)}$;

(2) $\lim\limits_{x \to +\infty} x[\ln(x+1) - \ln x]$;

(3) $\lim\limits_{x \to +\infty} \sin(\arctan x)$;

(4) $\lim\limits_{x \to 0} \dfrac{\sqrt{1+x+x^2}-1}{\sin 2x}$。

6. 证明:方程 $x \cdot 2^x - 1 = 0$ 至少有一个小于 1 的实根。

7. 设函数 $f(x) = \begin{cases} x^2 - 1, & x < 0, \\ x, & 0 \leqslant x < 1, \\ 2 - x, & 1 \leqslant x \leqslant 2。 \end{cases}$

(1) 讨论函数在 $x = 0$ 及 $x = 1$ 处的连续性;

(2) 若有间断点,指出其类型;

(3) 求函数的连续区间。

第一章归纳小结

求极限的方法,大致有五种。

第一种是 $\lim\limits_{x \to x_0} f(x) = f(x_0)$,说白了,就是求极限值可转化为求函数值,前提条件是函数具有连续性,而一切初等函数在其定义域内都是连续的,说明不在定义域范围内的点,就不能用此法。后面提供的解题方法,是在第一种方法行不通的情况下,寻求的其他解题方法。

第二种方法是针对求极限 $\lim\limits_{x \to x_0} f(x)$ 时,代入函数 $f(x)$ 中,分母为 0,说明 x_0 不属于定义域范畴,故不能使用第一种方法。遇到这种情况,我们再看分子。分子的情况,不外乎等于 0 与不等于 0 两种情形,即 $\dfrac{A}{0}(A \neq 0)$ 型或 $\dfrac{0}{0}$ 型。$\dfrac{A}{0}(A \neq 0)$ 型极限只有一种结果,那就是无穷大 ∞。$\dfrac{0}{0}$ 型的解题思路比较多,比如:因式分解、无穷小的等价代换、洛必达法则等。

第三种方法专门针对 $x \to \infty$ 时的极限 $\lim\limits_{x \to \infty} f(x)$ 问题,对于这一类题型,尽可能制造 $\dfrac{1}{x^a}$ $(a > 0)$,因为 $\lim\limits_{x \to \infty} \dfrac{1}{x^a} = 0 (a > 0)$,再用极限的四则运算法则来求。也可使用洛必达法则。

第四种方法是公式法,利用公式 $\lim\limits_{x \to \infty} \left(1 + \dfrac{1}{x}\right)^x = e$ 或 $\lim\limits_{x \to 0} (1+x)^{\frac{1}{x}} = e$,使用该公式最显著的特点,就是函数的底与指数部分都是关于 x 的表达式。

第五种方法是利用"无穷小与有界函数的积是无穷小"这个性质,比如,$\lim\limits_{x \to 0} x \arctan \dfrac{1}{x} =$

0。解这类题目不要任何解答过程,直接写出结果即可。

间断点的分类:

$$间断点\begin{cases}左、右极限都存在,第一类间断点\begin{cases}左极限=右极限,可去间断点\\左极限\neq右极限,跳跃间断点\end{cases}\\左、右极限至少有一个不存在,第二类间断点\begin{cases}极限趋于无穷,无穷间断点\\极限不存在,可能是震荡间断点\end{cases}\end{cases}$$

无理数 e 是数学中的一个常数,其值为 e=2.718 281 828 459 045…

复习题一

一、填空题。

1. 以 3 为中心,$\dfrac{1}{2}$ 为半径的去心邻域用绝对值不等式表示为_____。

2. 函数 $y=\lg\sin x$ 的定义域是_____。

3. 设 $f(x)=\begin{cases}2+x, & x<0,\\0, & x=0,\\x^2-1, & 0<x\leqslant 4,\end{cases}$ 则 $f(x)$ 的定义域为_____,

$f(-1)=$_____,$f(2)=$_____。

4. 复合函数 $y=5^{\ln(1-x^2)}$ 可分解为_____。

5. 复合函数 $y=\ln\sin^2(3x+1)$ 可分解为_____。

6. 已知 $f(x)$ 在 $x=2$ 点处连续,且 $f(2)=5$,则 $\lim\limits_{x\to 2}f(x)=$_____。

7. 函数 $f(x)=\ln(2-x)$ 的连续区间是_____。

8. 函数 $f(x)=\begin{cases}x-1, & x\leqslant 1,\\2-x, & x>1,\end{cases}$ 的间断点是_____,其类型是_____。

二、判断题。

1. $y=x$ 与 $y=(\sqrt{x})^2$ 是相同的函数。 ( )

2. 函数 $y=x^2$ 的反函数为 $y=\sqrt{x}$。 ( )

3. 函数 $y=\begin{cases}-1, & x\geqslant 0,\\3, & x<0\end{cases}$ 是初等函数。 ( )

4. 若函数 $f(x)$ 在点 x_0 处连续,则 $\lim\limits_{x\to x_0}f(x)=f(x_0)$。 ( )

5. 一切初等函数在其定义区间内连续。 ( )

6. 当 $x\to 0^+$ 时,$\tan x$ 是无穷大。 ( )

三、单项选择题。

1. 函数的两要素为( )。

　　A. 定义域和值域　　　　　　　B. 定义域和对应法则

　　C. 自变量和对应法则　　　　　D. 自变量和因变量

2. 已知 $f(x)=ax+1$,且 $f(2)=2$,则 $a=$( )。

A. $\dfrac{1}{2}$　　　　　　B. 1　　　　　　C. 2　　　　　　D. 4

3. 下列函数中,$f(x)=$(　　)为偶函数。

　　A. $\dfrac{a^x+a^{-x}}{2}$　　　B. $\dfrac{a^x-a^{-x}}{2}$　　　C. $\ln\dfrac{1+x}{1-x}$　　　D. $\dfrac{|x|}{x}$

4. $f(x)=\ln(-x+\sqrt{x^2+1})$ 与 $\varphi(x)=-\ln(x+\sqrt{x^2+1})$ 是否为同一函数?(　　)。

　　A. 是　　　　　　B. 不是　　　　　　C. 不一定　　　　　　D. 不能比较

5. 设 $f(x)=1+x^2$ 与 $\varphi(x)=\sin 3x$,则(　　)。

　　A. $f[\varphi(x)]=1+\sin 3x$　　　　　　B. $f[\varphi(x)]=1+\sin^2 3x$

　　C. $f[\varphi(x)]=\sin^2 3x$　　　　　　D. $f[\varphi(x)]=1+\sin 3x^2$

6. 设 $f(x)=\dfrac{\lg(3-x)}{\sqrt{|x|-1}}$,则 $f(x)$ 的定义域为(　　)。

　　A. $(-\infty,-1)\bigcup(1,3)$　　　　　　B. $(-\infty,-3)\bigcup(1,3)$

　　C. $(-\infty,-1)\bigcup[1,3]$　　　　　　D. $(-\infty,-1]\bigcup(1,3)$

7. 将函数 $f(x)=5-|2x-1|$ 用分段函数的形式表示为(　　)。

　　A. $f(x)=\begin{cases}-2x+6, & x\geqslant\dfrac{1}{2} \\ 2x+6, & x<\dfrac{1}{2}\end{cases}$　　　　B. $f(x)=\begin{cases}-2x+6, & x\geqslant\dfrac{1}{2} \\ 2x+4, & x\leqslant\dfrac{1}{2}\end{cases}$

　　C. $f(x)=\begin{cases}-2x+6, & x\geqslant 1 \\ 2x+4, & x<1\end{cases}$　　　　D. $f(x)=\begin{cases}-2x+6, & x\geqslant\dfrac{1}{2} \\ 2x+4, & x<\dfrac{1}{2}\end{cases}$

8. 设函数 $f(x)=\begin{cases}1-e^x, & x<0, \\ a+x, & x\geqslant 0。\end{cases}$ 当 $a=$(　　)时,可使 $f(x)$ 在其定义域内连续。

　　A. 2　　　　　　B. -1　　　　　　C. 0　　　　　　D. 1

9. 函数 $f(x)=\begin{cases}x-a, & x\geqslant 0, \\ 3^x, & x<0\end{cases}$ 在 $x=0$ 处连续,则 $a=$(　　)。

　　A. -3　　　　　　B. 0　　　　　　C. 3　　　　　　D. -1

10. $x=1$ 是函数 $f(x)=\dfrac{1}{(x-1)^2}$ 的(　　)。

　　A. 无穷间断点　　B. 跳跃间断点　　C. 可去间断点　　D. 连续点

11. 设函数 $f(x)=\begin{cases}4x, & 0\leqslant x\leqslant 2, \\ 1+x^2, & 2<x\leqslant 4。\end{cases}$ $x=2$ 是函数的(　　)。

　　A. 连续点　　　　B. 可去间断点　　C. 跳跃间断点　　D. 无穷间断点

12. 当 $x\to 0$ 时,$\ln(1+x)$ 与 x 是(　　)。

　　A. 高阶无穷小　　B. 低阶无穷小　　C. 无穷大　　　　D. 等价无穷小

四、设函数 $f(x)=\begin{cases}x^2-1, & x<0, \\ x, & 0\leqslant x<1, \\ 2-x, & 1\leqslant x\leqslant 2。\end{cases}$ (1) 讨论函数在 $x=0$ 及 $x=1$ 处的连续性;

(2) 若有间断点,指出其类型;(3) 求函数的连续区间。

五、求下列各极限。

(1) $\lim\limits_{x\to 0}\dfrac{x+\sin 2x}{2x-\sin x}$;

(2) $\lim\limits_{x\to 2}\left(\dfrac{1}{x-2}-\dfrac{4}{x^2-4}\right)$;

(3) $\lim\limits_{x\to 1}\dfrac{x\sin(x-1)}{x^2-1}$;

(4) $\lim\limits_{x\to\infty}\dfrac{(x-3)(2x^2+1)}{2-7x^3}$;

(5) $\lim\limits_{x\to 0}(1+x)^{\cot x}$;

(6) $\lim\limits_{x\to\infty}\left(1-\dfrac{2}{x}\right)^{x+3}$;

(7) $\lim\limits_{n\to\infty}\dfrac{2^{n+1}+3^{n+1}}{2^n+3^n}$;

(8) $\lim\limits_{x\to\infty}\left(\dfrac{x+3}{x-1}\right)^x$;

(9) $\lim\limits_{x\to\sqrt{3}}\dfrac{x^2-3}{x^4+x^2+1}$;

(10) $\lim\limits_{x\to 2}\dfrac{x^2-3}{x-2}$;

(11) $\lim\limits_{x\to 1}\dfrac{x^2-1}{2x^2-x-1}$;

(12) $\lim\limits_{h\to 0}\dfrac{(x+h)^3-x^3}{h}$;

(13) $\lim\limits_{x\to 0^+}\dfrac{2^{\frac{1}{x}}-1}{2^{\frac{1}{x}}+1}$;

(14) $\lim\limits_{x\to 0^-}\dfrac{2^{\frac{1}{x}}-1}{2^{\frac{1}{x}}+1}$。

习题、复习题一参考答案

习题 1-1

1. (1) 不同。定义域不同。 (2) 不同。定义域不同。 (3) 相同。定义域与对应关系完全一样。

2. $f(-2)=5, f(0)=1, f(\mathrm{e})=1$。

3. $f(-x)\times f(x)=\dfrac{1}{1-4x^2}$。

4. (1) $(-\infty,-1)\bigcup(2,+\infty)$; (2) $(-\infty,-1]\bigcup(1,+\infty)$; (3) $\left[0,\dfrac{2}{5}\right]$; (4) $[-1,+\infty)$。

5. (1) 奇函数; (2) 偶函数; (3) 奇函数; (4) 非奇非偶函数。

6. (1) $y=\sin x^2$ 由 $y=\sin u, u=x^2$ 复合而成; (2) $y=(3x+5)^3$ 由 $y=u^3, u=3x+5$ 复合而成;
(3) $y=\arctan^2(2^x)$ 由 $y=u^2, u=\arctan v, v=2^x$ 复合而成; (4) $y=\sqrt[3]{\cot(2x+1)}$ 由 $y=\sqrt[3]{u}, u=\cot v, v=2x+1$ 复合而成; (5) $y=\cos^2\left(\dfrac{1}{x}\right)$ 由 $y=u^2, u=\cos v, v=\dfrac{1}{x}$ 复合而成; (6) $y=\ln^2(\ln x)$ 由 $y=u^2, u=\ln v, v=\ln x$ 复合而成。

习题 1-2

1. (1) $\lim\limits_{n\to\infty}(-1)^n\dfrac{1}{n}=0$; (2) $\lim\limits_{n\to\infty}\dfrac{n}{n+1}=1$; (3) 不存在; (4) $\lim\limits_{n\to\infty}\left[1+(-1)^n\dfrac{1}{10^n}\right]=1$。

2. 因为 $\lim\limits_{x\to 0^+}f(x)=\lim\limits_{x\to 0^+}\dfrac{x}{x}=1$, $\lim\limits_{x\to 0^-}f(x)=\lim\limits_{x\to 0^-}\dfrac{x}{x}=1$, 所以 $\lim\limits_{x\to 0}f(x)=\lim\limits_{x\to 0}\dfrac{x}{x}=1$。

因为 $\lim\limits_{x\to 0^+}\varphi(x)=\lim\limits_{x\to 0^+}\dfrac{|x|}{x}=1$, $\lim\limits_{x\to 0^-}\varphi(x)=\lim\limits_{x\to 0^-}\dfrac{|x|}{x}=-1$, 所以 $\lim\limits_{x\to 0}\varphi(x)$ 不存在。

3. (1) $\lim\limits_{x\to 0^+}g(x)=\lim\limits_{x\to 0^+}\sin x=0$, $\lim\limits_{x\to 0^-}g(x)=\lim\limits_{x\to 0^-}(-x)=0$。

(2) $\lim\limits_{x\to 0}g(x)$ 存在, $\lim\limits_{x\to 0}g(x)=0$。

4. (1) 略。 (2) 因为 $\lim\limits_{x\to 0^+}f(x)=\lim\limits_{x\to 0^+}(x-1)=-1$, $\lim\limits_{x\to 0^-}f(x)=\lim\limits_{x\to 0^-}(-x+1)=1$, 所以 $\lim\limits_{x\to 0}f(x)$ 不存在。

习题 1-3

1. (1) 24; (2) 11; (3) $\dfrac{1}{2}$; (4) $\dfrac{1}{3}$; (5) $\dfrac{1}{12}$; (6) -2; (7) $-\dfrac{1}{2}$; (8) 0; (9) $\dfrac{1}{2}$;

(10) $\dfrac{2^{20}\times3^{30}}{5^{50}}$。

2. $a=5$　3. $m=3,n=-1$　4. $a=1,b=-1$

习题 1-4

1. (1) 错；　(2) 对；　(3) 错；　(4) 错；　(5) 对。

2. (1) 1；　(2) 2；　(3) $\dfrac{3}{5}$；　(4) 5；　(5) 3；　(6) $\dfrac{2}{3}$；　(7) $\dfrac{b^2-a^2}{2}$；　(8) 0。

3. 当 $x\to1$ 时,函数 $f(x)=\dfrac{x+1}{x-1}$ 是无穷大;当 $x\to-1$ 时,函数 $f(x)=\dfrac{x+1}{x-1}$ 是无穷小。

习题 1-5

1. (1) 3；　(2) $\dfrac{3}{5}$；　(3) πR^2 $\left(\text{提示：令 }t=\dfrac{2\pi}{n}\right)$；　(4) 2 $\left(\text{提示：令 }t=\dfrac{2}{x}\right)$；　(5) $\sqrt{2}$ $\left(\text{提示：使用公式 }1-\cos x=2\sin^2\dfrac{x}{2}\right)$；　(6) 1 $\left(\text{提示：令 }t=\dfrac{1}{x}\right)$；　(7) 1 $\left(\text{提示：使用公式 }\cot x=\dfrac{\cos x}{\sin x}\right)$；

(8) 0(提示：令 $t=x-1$)；　(9) 8(提示：使用公式 $1-\cos4x=2\sin^22x,\sin2x=2\sin x\cos x$)；　(10) 4(提示：使用公式 $1-\cos2x=2\sin^2x$)。

2. (1) e；　(2) e^{-1}；　(3) e；　(4) e^{-1}；　(5) e；　(6) e^{-2}(提示：令 $t=-\cos x$)；　(7) $e^{-\frac{1}{2}}$(提示：令 $t=2\cos x$)；　(8) e^{-3}；　(9) $e^{-\frac{1}{4}}$；　(10) 1 $\left(\text{提示：}\dfrac{\ln(1+x)}{x}=\ln(1+x)^{\frac{1}{x}}\right)$。

习题 1-6

1. (1) $x=-3$ 是间断点。第二类间断点,无穷间断点。　(2) $x=1$ 和 $x=2$ 是间断点。$x=1$ 是第一类间断点,可去间断点。$x=2$ 是第二类间断点,无穷间断点。　(3) $x=0$ 是间断点。第一类间断点,可去间断点。　(4) $x=0$ 是间断点。第一类间断点,跳跃间断点。

2. (1) $a=8$；　(2) $a=0$ 或 $a=1$。

3. (1) $(-\infty,-2)\cup(-2,4)\cup(4,+\infty)$；　(2) $\lim\limits_{x\to-2}f(x)=\dfrac{1}{2}$,$\lim\limits_{x\to4}f(x)=\infty$,$\lim\limits_{x\to1}f(x)=0$。

4. (1) 略；

(2) 函数在 $x=0$ 处间断,连续区间是 $(-\infty,0)\cup(0,+\infty)$;$\lim\limits_{x\to2}f(x)=6$,$\lim\limits_{x\to-\frac{\pi}{2}}f(x)=-1$。

5. (1) $\dfrac{2}{\pi}$；　(2) 1；　(3) 1；　(4) $\dfrac{1}{4}$。

6. 略。

7. (1) 在 $x=0$ 处间断,在 $x=1$ 处连续；　(2) $x=0$ 是第一类间断点,跳跃间断点；　(3) $(-\infty,0)\cup(0,2]$。

复习题一

一、1. $0<|x-3|<\dfrac{1}{2}$；　2. $2k\pi<x<(2k+1)\pi,(k\in\mathbf{Z})$；　3. $(-\infty,4],1,3$；　4. $y=5^u,u=\ln v,v=1-x^2$；　5. $y=\ln u,u=v^t,v=\sin t,t=3x+1$；　6. 5；　7. $(-\infty,2)$；　8. $x=1$,第一类间断点,跳跃间断点。

二、1. 错；　2. 错；　3. 错；　4. 对；　5. 对；　6. 错。

三、1. B；　2. A；　3. A；　4. A；　5. B；　6. A；　7. D；　8. C；　9. D；　10. A；　11. C；　12. D。

四、(1) 在 $x=0$ 处间断,在 $x=1$ 处连续；　(2) $x=0$ 是第一类间断点,跳跃间断点；　(3) $(-\infty,0)\cup(0,2]$。

五、(1) 3；　(2) $\dfrac{1}{4}$；　(3) $\dfrac{1}{2}$；　(4) $-\dfrac{2}{7}$；　(5) e；　(6) e^{-2}；　(7) 3；　(8) e^4；　(9) 0；　(10) ∞；

(11) $\dfrac{2}{3}$；　(12) $3x^2$；　(13) 1；　(14) -1。

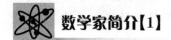

数学家简介【1】

阿基米德
——数学之神

阿基米德(Archimedes,公元前287—前212)生于西西里岛(Sicilia,今属意大利)的叙拉古。阿基米德从小热爱学习,善于思考,喜欢辩论。他刚满十一岁时,借助与王室的关系,漂洋过海到埃及的亚历山大求学。他向当时著名的科学家欧几里得的学生柯农学习哲学、数学、天文学、物理学等知识,最后博古通今,掌握了丰富的希腊文化遗产。回到叙拉古后,他坚持和亚力山大的学者们联系,交流科学研究成果。他继承了欧几里得证明定理时的严谨性,但他的才智和成就远远高于欧几里得。他把数学研究和力学、机械学紧密结合起来,用数学研究力学和其他实际问题。

阿基米德的主要成就是在纯几何方面,他善于继承和创造,他运用穷竭法解决了几何图形的面积、体积、弧长等大量计算问题,这些问题是微积分的先导,其结果也与微积分相一致。阿基米德在数学上的成就在当时达到了登峰造极的地步,对后世的影响深远程度也是其他任何一位数学家无可比肩的。阿基米德被后世的数学家尊称为"数学之神"。任何一张人类有史以来三位最伟大的数学家名单中,必定会包含阿基米德。

最引人入胜,也是阿基米德最为人称道的是他从智破金冠案中发现了一个科学基本原理。国王让金匠做一顶新的纯金王冠,金匠如期完成了任务,理应得到奖赏,只是有人告密说金匠从金冠中偷去了一部分金子,以等重的银子掺入。可是,做好的王冠从重量和外形上都看不出问题。国王把这个难题交给了阿基米德。

阿基米德日思夜想。一天,他去澡堂洗澡,当他慢慢坐入澡盆时,水从盆边溢了出来,他望着溢出来的水,突然大叫一声:"我知道了!"。竟然一丝不挂地跑回家中。原来他想出办法了。阿基米德把金王冠放进一个装满水的缸中,一些水溢出来了。他取了王冠,把水装满,再将一块同王冠一样重的金子放进水里,又有一些水溢出来。他把两次的水作比较,发现第一次溢出来的水多于第二次,于是,断定金冠中掺了银子。经过一番试验,他算出了银子的重量。当他宣布他的发现时,金匠目瞪口呆。

这次试验的意义远远大过查出金匠欺骗国王。阿基米德从中发现了一条原理,即物体在液体中减轻的重量,等于它所排出的液体重量。后人把这条原理以阿基米德的名字命名。一直到现代,人们还在利用这条原理测定船舶载重量等。

公元前215年,罗马将领马塞拉斯率领大军,乘坐战舰来到了历史名城叙拉古城下,马塞拉斯以为小小的叙拉古城会不攻自破。听到罗马大军的显赫名声,城里人还不开城投降?然而,回答罗马大军的是一阵阵密集可怕的镖箭和石头。罗马人的小盾牌抵挡不住数不清的大大小小的石头,他们被打得魂飞魄散,争相逃窜。突然,从城墙上伸出无数巨大的起重机式的机械巨手,它们分别抓住罗马人的战船,把船吊在半空中摇来晃去,最后甩在海边的岩石上,或是把船重重地摔进海里,船毁人亡。马塞拉斯侥幸没有受伤,但惊恐万分,完全失去了刚来时的骄傲和狂妄,变得不知所措。最后他只好下令撤退,把船开到安全地带。罗马军队死伤无数,被叙拉古人打得晕头转向。可是敌人在哪里呢?他们连影子也找不到。马塞拉斯最后感慨万千地对身边的士兵说:"怎么样? 在这位几何学'百手巨人'面前,我们只得放弃作战。他拿我们的战船当游戏扔着玩。刹那间,他向我们投射了这么多镖、箭和石块,他难道不比神话里的百手巨人还要厉害吗?"

传说,阿基米德还曾利用抛物镜面的聚光作用,把集中的阳光照射入侵叙拉古的罗马船上,让它们自己燃烧起来。罗马的许多船只都被烧毁了,但罗马人找不到失火的原因。900多年后,有位科学家据史书介绍的阿基米德的方法制造了一面凹凸镜,成功地点着了距离镜子45米远的木头,而且烧化了距离镜子42米远的铝。所以许多科学家通常都把阿基米德看成人类利用太阳能的始祖。

马塞拉斯进攻叙拉古时屡受袭击,在万般无奈下,他带着舰队远远离开了叙拉古附近海域。他们采取了围而不攻的方法,断绝城内和外界的联系。3年以后,叙拉古城终因粮尽和内讧陷落了。马塞拉斯十分敬佩阿基米德的聪明才智,下令不许伤害他,还派一名士兵去请他。此时阿基米德不知城门已破,还在凝视着木板上的几何图形沉思呢。当士兵的利剑指向他时,他却用身子护住木板,大叫:"不要动我的图形!"他要求把原理证明完再走,但激怒了那个鲁莽无知的士兵,他竟将利剑刺入阿基米德的胸膛,就这样,一位彪炳千秋的科学巨人惨死在野蛮的罗马士兵手下。阿基米德之死标志着古希腊灿烂文化毁灭的开始。

第二章 导数与微分

数学中研究导数、微分及其应用的部分称为**微分学**,研究不定积分、定积分及其应用的部分称为**积分学**,微分学与积分学统称为**微积分学**。

微积分学是高等数学最基本、最重要的组成部分,是现代数学许多分支的基础,是人类认识客观世界、探索宇宙奥秘乃至人类自身的典型数学模型之一。

第二章和第三章将介绍一元函数微分学及其应用的内容。

第一节 导数的概念

一、引例

1. 切线的斜率

用极限理念,我们从几何上来分析连续曲线 $y=f(x)$ 上过点 $M(x_0,f(x_0))$ 的切线斜率问题,如图 2.1.1 所示。

在 x_0 处给出增量 Δx,自变量 x 由 x_0 变到 $x_0+\Delta x$,函数由 $f(x_0)$ 变到 $f(x_0+\Delta x)$。直线 MN 的斜率 $k_{MN}=\dfrac{f(x_0+\Delta x)-f(x_0)}{\Delta x}$,当 $\Delta x\to 0$ 时,点 N 无限趋向于点 M,最终的极限状态就是过点 M 的切线。所以,切线的斜率是

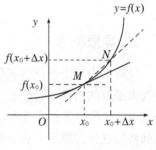

图 2.1.1

$$k_{切线}=\lim_{\Delta x\to 0}\frac{f(x_0+\Delta x)-f(x_0)}{\Delta x}=\lim_{\Delta x\to 0}\frac{\Delta y}{\Delta x}$$

就是说,切线的斜率是函数的增量与自变量的增量的比值当 $\Delta x\to 0$ 时的极限。

2. 瞬时速度

一个物体沿着直线做变速直线运动,已知物体运动的路程与时间的函数关系是 $s=s(t)$,求物体在时刻 t_0 的瞬时速度。

图 2.1.2

如图 2.1.2 所示,在时刻 t_0 处给出一个时间段 Δt,物体运动的时间由 t_0 变到 $t_0+\Delta t$,所经过的路程是

$$\Delta s=s(t_0+\Delta t)-s(t_0)$$

在 Δt 的时间段里,物体共走过 $\Delta s=s(t_0+\Delta t)-s(t_0)$ 的路程,平均速度是

$$\bar{v}=\frac{\Delta s}{\Delta t}=\frac{s(t_0+\Delta t)-s(t_0)}{\Delta t}$$

当 $\Delta t \to 0$ 时,图 2.1.2 中的两个球几乎重合,此时的极限状态就是物体在时刻 t_0 的瞬时速度 $v(t_0)$,即

$$v(t_0) = \lim_{\Delta t \to 0} \frac{\Delta s}{\Delta t} = \lim_{\Delta t \to 0} \frac{s(t_0 + \Delta t) - s(t_0)}{\Delta t}$$

原来,瞬时速度也是增量比值的极限。

3. 平均电流强度与电流强度

单位时间内通过导体横截面的电荷量的多少称为电流强度。

对于直流电来说,电流强度 $= \dfrac{\text{电荷量}}{\text{时间}}$(常数)。对于交流电来说,电流强度却不是常数,那么如何求交流电的瞬时电流强度呢?

设流过导体横切面的电荷量 Q(C)与时间 t(s)的关系为 $Q = Q(t)$,求 t_0 时刻的电流强度 $i(t_0)$。

当时间 t 在 t_0 时刻取得增量 Δt 时,流过导体的电荷量的相应增量为 $\Delta Q = Q(t_0 + \Delta t) - Q(t_0)$,从而在时间段 Δt 内的平均电流强度为

$$\bar{i} = \frac{\Delta Q}{\Delta t} = \frac{Q(t_0 + \Delta t) - Q(t_0)}{\Delta t}$$

当 $\Delta t \to 0$ 时,$\bar{i} \to i(t_0)$,即

$$i(t_0) = \lim_{\Delta t \to 0} \bar{i} = \lim_{\Delta t \to 0} \frac{\Delta Q}{\Delta t} = \lim_{\Delta t \to 0} \frac{Q(t_0 + \Delta t) - Q(t_0)}{\Delta t}$$

二、导数概念

虽然上面三个引例的实际意义不同,但从数学结构上看,它们的本质是一样的,都可归结为求函数的增量与自变量增量之比当自变量增量趋于零时的极限。即函数在某点的平均变化率的极限就是函数在相应点的变化率(瞬时值)。在科学研究和工程技术中,有许多问题都要用这样的思想方法去解决,正是在解决这些实际问题的过程中,抽出了微分学中的导数概念。

1. 函数 $y = f(x)$ 在点 $x = x_0$ 处的导数

定义 2.1.1 设函数 $y = f(x)$ 在点 $x = x_0$ 的某个邻域 $U(x_0, \delta)$ 内有定义,在点 x_0 处给出增量 Δx,相应的函数增量 $\Delta y = f(x_0 + \Delta x) - f(x_0)$,如果当 $\Delta x \to 0$ 时,$\dfrac{\Delta y}{\Delta x} \to A$,即极限 $\lim\limits_{\Delta x \to 0} \dfrac{\Delta y}{\Delta x}$ 存在,称极限值为函数 $y = f(x)$ 在点 $x = x_0$ 处的**导数**。(此时,也称函数 $y = f(x)$ 在点 $x = x_0$ 处可导),记为 $f'(x_0)$、$y'|_{x=x_0}$、$\dfrac{\mathrm{d}f(x)}{\mathrm{d}x}\Big|_{x=x_0}$ 或 $\dfrac{\mathrm{d}y}{\mathrm{d}x}\Big|_{x=x_0}$,即

$$f'(x_0) = \lim_{\Delta x \to 0} \frac{f(x_0 + \Delta x) - f(x_0)}{\Delta x} \tag{2.1.1}$$

或

$$f'(x_0) = \lim_{x \to x_0} \frac{f(x) - f(x_0)}{x - x_0} \tag{2.1.2}$$

注意:当极限 $\lim\limits_{\Delta x \to 0} \dfrac{\Delta y}{\Delta x}$ 不存在时(函数 $y = f(x)$ 在点 $x = x_0$ 处的平均变化率不存在极限

时),称函数 $y=f(x)$ 在点 $x=x_0$ 处不可导(或称函数 $y=f(x)$ 在点 $x=x_0$ 处的导数不存在)。

2. 导函数

如果函数 $y=f(x)$ 在开区间 (a,b) 内的任意一点处都可导,则称函数在开区间 (a,b) 内可导。由式(2.1.1)知,对于每一个 $x\in(a,b)$,都有一个确定的导数值 $f'(x)$ 与之对应,根据函数概念,$f'(x)$ 构成了以 x 为自变量的一个新的函数,这个新的函数称为 $y=f(x)$ 的**导函数**,简称导数。

$$f'(x)=\lim_{\Delta x\to 0}\frac{f(x+\Delta x)-f(x)}{\Delta x} \tag{2.1.3}$$

除了 $f'(x)$ 记号外,还可记为 y'、$\dfrac{\mathrm{d}f(x)}{\mathrm{d}x}$ 或 $\dfrac{\mathrm{d}y}{\mathrm{d}x}$。由式(2.1.1)和式(2.1.3)有

$$f'(x_0)=f'(x)|_{x=x_0}$$

3. 根据定义求导数的步骤

(1) 求函数增量:$\Delta y=f(x+\Delta x)-f(x)$;

(2) 算比值:$\dfrac{\Delta y}{\Delta x}=\dfrac{f(x+\Delta x)-f(x)}{\Delta x}$;

(3) 求极限:$\lim\limits_{\Delta x\to 0}\dfrac{f(x+\Delta x)-f(x)}{\Delta x}$。

通常用定义计算导数,会把以上三步糅合到一起,直接在极限式子中体现。

【例 2.1.1】 求一次函数 $f(x)=2x+1$ 的导数 $f'(x)$。

解 由式 2.1.3 得

$$f'(x)=\lim_{\Delta x\to 0}\frac{f(x+\Delta x)-f(x)}{\Delta x}=\lim_{\Delta x\to 0}\frac{2(x+\Delta x)+1-(2x+1)}{\Delta x}=2$$

由此可知,一次函数的导数就是该直线的斜率。

一般地,若 $f(x)=ax+b(a,b$ 为常数$)$,则 $f'(x)=(ax+b)'=a$。

【例 2.1.2】 求二次函数 $y=x^2$ 在 $x=-1,x=2$ 处的导数 $y'|_{x=-1}$,$y'|_{x=2}$。

解 先利用式(2.1.3)求出导数 y'。

$$y'=\lim_{\Delta x\to 0}\frac{f(x+\Delta x)-f(x)}{\Delta x}=\lim_{\Delta x\to 0}\frac{(x+\Delta x)^2-x^2}{\Delta x}$$
$$=\lim_{\Delta x\to 0}(2x+\Delta x)=2x$$

再将 $x=-1,x=2$ 分别代入导数 y' 中,得

$$y'|_{x=-1}=-2,\quad y'|_{x=2}=4$$

【例 2.1.3】 求三次函数 $y=x^3$ 的导数 y'。

解 由式(2.1.3),记 $\Delta x=h$,得

$$y'=\lim_{h\to 0}\frac{f(x+h)-f(x)}{h}=\lim_{h\to 0}\frac{(x+h)^3-x^3}{h}=\lim_{h\to 0}(3x^2+3xh+h^2)=3x^2$$

即 $(x^3)'=3x^2$。

【例 2.1.4】 求正弦函数 $y=\sin x$ 的导数 y'。

解 此题用到了积化和差公式,见附录 3。

$$y'=(\sin x)'=\lim_{\Delta x\to 0}\frac{\sin(x+\Delta x)-\sin x}{\Delta x}=\lim_{\Delta x\to 0}\frac{2\cos\dfrac{2x+\Delta x}{2}\sin\dfrac{\Delta x}{2}}{\Delta x}$$

$$= \lim_{\Delta x \to 0} \cos \frac{2x + \Delta x}{2} \lim_{\Delta x \to 0} \frac{\sin \frac{\Delta x}{2}}{\frac{\Delta x}{2}} = \cos x$$

即
$$(\sin x)' = \cos x$$

同理
$$(\cos x)' = -\sin x$$

三、导数的意义

1. 物理意义

(1) 路程函数 $s = s(t)$ 在时刻 t_0 的导数 $s'(t_0)$ 表示该运动物体在 t_0 时刻的瞬时速度 $v(t_0)$，即

$$v(t_0) = s'(t_0)$$

【例 2.1.5】 设物体运动的位置函数为 $s = -2t^2 + 3t + 10$，求物体在 $t = 3$ 时的速度。

解

$$v(3) = s'(3) = \lim_{\Delta t \to 0} \frac{s(3 + \Delta t) - s(3)}{\Delta t}$$

$$= \lim_{\Delta t \to 0} \frac{[-2(3 + \Delta t)^2 + 3(3 + \Delta t) + 10] - [-2 \times 3^2 + 3 \times 3 + 10]}{\Delta t}$$

$$= \lim_{\Delta t \to 0} (-9 - 2\Delta t) = -9$$

(2) 电荷量 $Q = Q(t)$ 在时刻 t_0 的导数 $Q'(t_0)$ 表示非恒定电流在 t_0 时刻的瞬时电流强度 $i(t_0)$，即

$$i(t_0) = Q'(t_0)$$

2. 几何意义

函数 $y = f(x)$ 在点 $x = x_0$ 处的导数 $f'(x_0)$ 表示曲线 $y = f(x)$ 上过点 $M(x_0, f(x_0))$ 的切线斜率。根据直线的点斜式方程，得曲线 $y = f(x)$ 过点 $M(x_0, f(x_0))$ 的切线方程为

$$y - f(x_0) = f'(x_0)(x - x_0) \tag{2.1.4}$$

称曲线 $y = f(x)$ 上过点 $M(x_0, f(x_0))$，且与过点 $M(x_0, f(x_0))$ 的切线垂直的直线为曲线 $y = f(x)$ 过点 $M(x_0, f(x_0))$ 的法线，则当 $f'(x_0) \neq 0$ 时，法线方程为

$$y - f(x_0) = -\frac{1}{f'(x_0)}(x - x_0) \tag{2.1.5}$$

【例 2.1.6】 求抛物线 $y = x^2$ 上过点 $M(2, 4)$ 的切线方程和法线方程。

解 由例 2.1.2 知 $\qquad y'|_{x=2} = f'(2) = 4$

由式 2.1.4 得所求切线方程为

$$y - 4 = 4(x - 2)，即 y = 4x - 4$$

由式 2.1.5 得所求法线方程为

$$y - 4 = -\frac{1}{4}(x - 2)，即 x + 4y - 18 = 0$$

四、可导与连续的关系

定理 2.1.1 如果函数 $f(x)$ 在点 x_0 处可导，则 $f(x)$ 在点 x_0 处必连续。

注意：函数 $f(x)$ 在点 x_0 处连续，不一定在点 x_0 处可导。即可导必连续，但连续不一定

可导。

【**例 2.1.7**】　讨论函数 $y=\sqrt[3]{x}$ 在 $x=0$ 处的连续性与可导性。

解　因为 $\lim\limits_{x\to0}\sqrt[3]{x}=\sqrt[3]{0}=0$，所以 $y=\sqrt[3]{x}$ 在 $x=0$ 处连续。

如图 2.1.3 所示，又因为

$$\lim_{\Delta x\to0}\frac{\sqrt[3]{0+\Delta x}-0}{\Delta x}=\lim_{\Delta x\to0}\frac{1}{\Delta x^{\frac{2}{3}}}=\infty$$

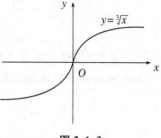

曲线 $y=\sqrt[3]{x}$ 在 $x=0$ 处有垂直于 x 轴的切线 $x=0$，所以函数 $y=\sqrt[3]{x}$ 在 $x=0$ 处不可导。

【**例 2.1.8**】　讨论函数 $y=|x|$ 在 $x=0$ 处的连续性与可导性。

图 2.1.3

解　如图 2.1.4 所示，

$$\Delta y=|0+\Delta x|-|0|=|\Delta x|$$
$$\lim_{\Delta x\to0}\Delta y=\lim_{\Delta x\to0}|\Delta x|=0$$

根据连续性定义，知函数 $y=|x|$ 在 $x=0$ 处是连续的。

由于 $\dfrac{\Delta y}{\Delta x}=\dfrac{|\Delta x|}{\Delta x}$，所以

$$\lim_{\Delta x\to0^+}\frac{\Delta y}{\Delta x}=\lim_{\Delta x\to0^+}\frac{|\Delta x|}{\Delta x}=1,\ \lim_{\Delta x\to0^-}\frac{\Delta y}{\Delta x}=\lim_{\Delta x\to0^-}\frac{|\Delta x|}{\Delta x}=-1$$

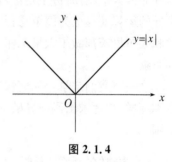

图 2.1.4

故 $\lim\limits_{\Delta x\to0}\dfrac{\Delta y}{\Delta x}$ 不存在，即函数 $y=|x|$ 在 $x=0$ 处不可导。

综上所述，讨论函数的连续性，只要验证等式 $\lim\limits_{x\to x_0}f(x)=f(x_0)$ 或 $\lim\limits_{\Delta x\to0}\Delta y=0$ 是否成立；讨论函数的可导性，只要验证极限 $\lim\limits_{\Delta x\to0}\dfrac{\Delta y}{\Delta x}$ 是否存在。上述例题更进一步说明，连续不一定可导。

习题 2-1

1. 根据导数定义，求函数 $y=x^2+2x$ 在 $x=1$ 处的导数 $y'|_{x=1}$。

2. 求对数函数 $y=\log_a x$ 的导数 y'。

3. 设 $f'(x_0)=a$，求 $\lim\limits_{h\to0}\dfrac{f(x_0+2h)-f(x_0)}{h}$。

4. 求抛物线 $y=x^2$ 上对应于 $x=-2$ 的点的切线方程和法线方程。

5. 讨论函数 $y=\begin{cases}x^2+x, & x\geqslant0,\\ 2x^3, & x<0\end{cases}$ 在 $x=0$ 处的连续性与可导性。

6. 将一个物体竖直上抛，经过时间 t s 后，物体上升的高度为 $s=10t-\dfrac{1}{2}gt^2(\mathrm{m})$，试求：

(1) 物体在 1 s 到 $(1+\Delta t)$s 这段时间内的平均速度；

(2) 物体在 1 s 时的瞬时速度；

（3）物体在 t_0 s 到 $(t_0+\Delta t)$ s 这段时间内的平均速度；

（4）物体在 t_0 s 时的瞬时速度。

第二节　函数的求导法则与求导公式

> 要发明,就要挑选恰当的符号,要做到这一点,就要用含义简明的少量符号来表达和比较忠实地描绘事物的内在本质,从而最大限度地减少人的思维活动。
>
> ——G. W. 莱布尼茨

函数的变化率——导数,是理论研究和实践应用中经常遇到的一个问题。但根据定义求导非常繁琐,有时甚至是不可行的。能否找到求导的一般法则或常用函数的求导公式,使求导的运算变得更为简单易行呢？从微积分诞生之日起,数学家们就在探求这一途径。牛顿和莱布尼茨都做了大量工作。特别是博学多才的数学符号大师莱布尼茨对此做出了不朽的贡献。

这一节我们来学习如何快速地求出函数的导数。就像做任何事情先准备工具才能提高效率一样,快速求出函数导数的工具就是下面这些简单函数的导数公式和复杂函数的求导法则。

一、导数的运算法则

定理 2.2.1　设函数 $u(x), v(x)$ 在 x 处可导,则它们的和、差、积、商 $\dfrac{u(x)}{v(x)}(v(x)\neq 0)$ 在 x 处也可导,且：

（1）$[u(x)\pm v(x)]'=u'(x)\pm v'(x)$；

（2）$[u(x)v(x)]'=u'(x)v(x)+u(x)v'(x)$；

（3）$\left[\dfrac{u(x)}{v(x)}\right]'=\dfrac{u'(x)v(x)-u(x)v'(x)}{v^2(x)}(v(x)\neq 0)$。

推论 1　$[Cu(x)]'=Cu'(x)$　（C 是常数）；

推论 2　$\left[\dfrac{1}{v(x)}\right]'=-\dfrac{v'(x)}{v^2(x)}$；

推论 3　$[u(x)v(x)w(x)]'=u'(x)v(x)w(x)+u(x)v'(x)w(x)+u(x)v(x)w'(x)$。

【例 2.2.1】　求 $f(x)=C$ 的导数。

解
$$f'(x)=\lim_{h\to 0}\frac{f(x+h)-f(x)}{h}=\lim_{h\to 0}\frac{C-C}{h}=0$$

即 $(C)'=0(C$ 为常数$)$。

【例 2.2.2】　求 $f(x)=\tan x$ 的导数 $f'(x)$。

解
$$f'(x)=(\tan x)'=\left(\frac{\sin x}{\cos x}\right)'=\frac{(\sin x)'\cos x-\sin(\cos x)'}{\cos^2 x}$$

$$=\frac{\cos^2 x+\sin^2 x}{\cos^2 x}=\frac{1}{\cos^2 x}=\sec^2 x$$

即$(\tan x)'=\sec^2 x$,同理可得$(\cot x)'=-\dfrac{1}{\sin^2 x}=-\csc^2 x$。

【例 2.2.3】　求函数 $f(x)=\sec x$ 的导数 $f'(x)$。

解　　　　$f'(x)=(\sec x)'=\left(\dfrac{1}{\cos x}\right)'=-\dfrac{(\cos x)'}{\cos^2 x}=-\dfrac{-\sin x}{\cos^2 x}=\tan x\sec x$

即$(\sec x)'=\tan x\sec x$,同理可得$(\csc x)'=-\cot x\csc x$。

二、基本初等函数的求导公式

基本初等函数的求导公式有十六个,有的根据定义,在第一节中推导过,有的将在后面提到。读者先行熟记。

(1) $(C)'=0$　（C 为常数）；　　　　　　(2) $(x^\mu)'=\mu x^{\mu-1}$　（μ 为常数）；

(3) $(a^x)'=a^x\ln a$　（$a>0,a\neq 1$）；　　(4) $(\mathrm{e}^x)'=\mathrm{e}^x$；

(5) $(\log_a x)'=\dfrac{1}{x\ln a}$　（$a>0,a\neq 1$）；　　(6) $(\ln x)'=\dfrac{1}{x}$；

(7) $(\sin x)'=\cos x$；　　　　　　　　(8) $(\cos x)'=-\sin x$；

(9) $(\tan x)'=\sec^2 x$；　　　　　　　(10) $(\cot x)'=-\csc^2 x$；

(11) $(\sec x)'=\sec x\tan x$；　　　　　(12) $(\csc x)'=-\csc x\cot x$；

(13) $(\arcsin x)'=\dfrac{1}{\sqrt{1-x^2}}$；　　(14) $(\arccos x)'=-\dfrac{1}{\sqrt{1-x^2}}$；

(15) $(\arctan x)'=\dfrac{1}{1+x^2}$；　　　(16) $(\mathrm{arccot}\, x)'=-\dfrac{1}{1+x^2}$。

由$(x^\mu)'=\mu x^{\mu-1}$（μ 为常数）得下面常用幂函数的导数：

$$(x)'=1,\ (x^2)'=2x,\ (x^3)'=3x^2$$

$$\left(\dfrac{1}{x}\right)'=(x^{-1})'=-x^{-2}=-\dfrac{1}{x^2}$$

$$(\sqrt{x})'=(x^{\frac{1}{2}})'=\dfrac{1}{2}x^{\frac{1}{2}-1}=\dfrac{1}{2}x^{-\frac{1}{2}}=\dfrac{1}{2\sqrt{x}}$$

【例 2.2.4】　求多项式函数 $f(x)=a_n x^n+a_{n-1}x^{n-1}+\cdots+a_2 x^2+a_1 x+a_0$ 的导数 $f'(x)$,其中 $a_n,a_{n-1},\cdots,a_2,a_1,a_0$ 均为常数。

解　　　$f'(x)=(a_n x^n+a_{n-1}x^{n-1}+\cdots+a_2 x^2+a_1 x+a_0)'$

$\qquad\quad =(a_n x^n)'+(a_{n-1}x^{n-1})'+\cdots+(a_2 x^2)'+(a_1 x)'+(a_0)'$

$\qquad\quad =a_n(x^n)'+a_{n-1}(x^{n-1})'+\cdots+a_2(x^2)'+a_1(x)'+0$

$\qquad\quad =a_n n x^{n-1}+a_{n-1}(n-1)x^{n-2}+\cdots+a_2 2x+a_1$

$\qquad\quad =n a_n x^{n-1}+(n-1)a_{n-1}x^{n-2}+\cdots+2a_2 x+a_1$

如：　　　　　　　　　$(3x^2+4x-3)'=6x+4$

$$(2x^3-3x^2-2x+5)'=6x^2-6x-2$$

【例 2.2.5】　求 $f(x)=x\mathrm{e}^x$ 的导数 $f'(x)$。

解　　　$f'(x)=(x\mathrm{e}^x)'=(x)'\mathrm{e}^x+x(\mathrm{e}^x)'=\mathrm{e}^x+x\mathrm{e}^x=(1+x)\mathrm{e}^x$

【例 2.2.6】　求 $f(x)=\mathrm{e}^x\sin x$ 的导数 $f'(x)$。

解　　　$f'(x)=(\mathrm{e}^x\sin x)'=\mathrm{e}^x\sin x+\mathrm{e}^x\cos x=\mathrm{e}^x(\sin x+\cos x)$

【例 2.2.7】　求 $f(x)=\dfrac{\ln x}{x}$ 的导数 $f'(x)$。

解
$$f'(x)=\left(\frac{\ln x}{x}\right)'=\frac{\frac{1}{x}\cdot x-\ln x\cdot 1}{x^2}=\frac{1-\ln x}{x^2}$$

【例 2.2.8】　设 $f(x)=x^2+2x-\ln 5$，求 $f'(1)$。

解
$$f'(x)=(x^2)'+2(x)'-(\ln 5)'=2x+2$$
$$f'(1)=2\times 1+2=4$$

注意：$(\ln 5)'\neq\dfrac{1}{5}$，因为 $\ln 5$ 是常数，套用求导公式 $(c)'=0$，所以 $(\ln 5)'=0$。

【例 2.2.9】　已知某火电厂某台机组的耗量特性函数为
$$F=3+0.3P_G+0.0015P_G^2,$$
其中 $F(\text{t/h})$，$P_G(\text{MW})$，求耗量特性率。

解　$F'=(3+0.3P_G+0.0015P_G^2)'=0.3+0.0015\times 2P_G=0.3+0.003P_G$

【例 2.2.10】　设某细菌种群的初始总量为 10000，t 小时后，该种群数量为 $y(t)=10000(1+0.78t+t^2)$，求：(1) 种群数量 $y(t)$ 的变化率 $y'(t)$；(2) 24 小时后该种群的总量和 $t=24$ 时的增长率。

解　(1)　　　　　　$y'(t)=10000(0.78+2t)$

(2)　　　　　　$y(24)=10000\times(1+0.78\times 24+24^2)=5957200$
$$y'(24)=10000\times(0.78+2\times 24)=487800$$

所以，24 小时后该种群的总量为 5957200，$t=24$ 时的增长率为 487800。

习题 2-2

1. 求下列函数的导数 y'。

(1) $y=x^3+4x^2-6x+2$；

(2) $y=x^2\mathrm{e}^x$；

(3) $y=\mathrm{e}^x\cos x$；

(4) $y=\dfrac{\ln x}{\mathrm{e}^x}$；

(5) $y=\dfrac{x^2}{\mathrm{e}^x}$；

(6) $y=4x^3-\dfrac{2}{x^2}+5$；

(7) $y=x^2(2+\sqrt{x})$；

(8) $y=\dfrac{x^5+\sqrt{x}+1}{x^3}$；

(9) $y=x\tan x-2\sec x$；

(10) $y=a^x\cdot x^a$。

2. 求下列各函数在给定点处的导数值。

(1) $y=\sin x\cos x$，求 $y'|_{x=\frac{\pi}{6}}$，$y'|_{x=\frac{\pi}{4}}$；

(2) $p=\varphi\tan\varphi+\dfrac{1}{2}\cos\varphi$，求 $p'|_{\varphi=\frac{\pi}{4}}$；

(3) $f(t)=\dfrac{1-\sqrt{t}}{1+\sqrt{t}}$，求 $f'(4)$；

(4) $f(x)=\dfrac{3}{5-x}$,求 $f'(0)$,$f'(2)$。

3. 设物体以初速度 v_0 做上抛运动,其运动方程为:$s=s(t)=v_0t-\dfrac{1}{2}gt^2$ $(v_0>2$,且为常数$)$。

(1) 求质点在 t 时刻的速度;

(2) 质点何时速度为 0?

(3) 求质点向上运动的最大高度。

4. 若某导体的电荷量与时间的函数关系为 $Q=2t^2+4t+1$(C),求电流强度 $i(t)$ 和 $t=5$(s)时的电流强度。

5. 已知某水电厂某台机组的耗量特性函数为 $Q=5+P_{GH}+0.02P_{GH}^2$,其中 Q(m³/s),P_{GH}(MW),求耗量特性率。

第三节 函数的求导方法

求导方法主要针对反函数、复合函数、隐函数及参数方程的求导问题做个简单介绍。

一、反函数的求导方法

定理 2.3.1 如果函数 $x=f(y)$ 在某区间 I_y 内单调、可导,且 $f'(y)\neq0$,那么它的反函数 $y=f^{-1}(x)$ 在对应区间 I_x 内也可导,且 $[f^{-1}(x)]'=\dfrac{1}{f'(y)}$ 或 $\dfrac{\mathrm{d}x}{\mathrm{d}y}=\dfrac{1}{\dfrac{\mathrm{d}y}{\mathrm{d}x}}$。

【例 2.3.1】 求指数函数 $y=a^x$ $(a>0,a\neq1)$ 的导数 y'。

解 指数函数 $y=a^x$ $(a>0,a\neq1)$ 的反函数是对数函数

$$x=\log_a y \quad (a>0,a\neq1)$$

$$(x_y)'=(\log_a y)'=\dfrac{1}{y\ln a}$$

根据反函数的求导法则,有

$$y'_x=(a^x)'=\dfrac{1}{(x_y)'}=y\ln a$$

将 $y=a^x$ 代入,得 $y'_x=a^x\ln a$,即 $(a^x)'=a^x\ln a$。

【例 2.3.2】 求反正切函数 $y=\arctan x$ 的导数 y'。

解 反正切函数 $y=\arctan x$ 是正切函数 $x=\tan y$ 的反函数。

而 $(x_y)'=(\tan y)'_y=\sec^2 y$,根据反函数的求导法则,有

$$y'_x=(\arctan x)'=\dfrac{1}{x'_y}=\dfrac{1}{\sec^2 y}=\dfrac{1}{1+\tan^2 y}=\dfrac{1}{1+x^2}$$

二、复合函数的求导法则

定理 2.3.2 如果 $u=\varphi(x)$ 在 x 处可导,$y=f(u)$ 在与 x 相对应的 u 处也可导,则复合函数 $y=f[\varphi(x)]$ 在 x 处也可导,且其导数为

$$y'_x = y'_u \times u'_x \text{ 或 } y'_x = f'(u) \times \varphi'(x) \text{ 或 } \frac{dy}{dx} = \frac{dy}{du} \times \frac{du}{dx}$$

【例 2.3.3】 求 $y = \ln\tan x$ 的导数 y'。

解 $y = \ln\tan x$ 由 $y = \ln u, u = \tan x$ 复合而成。

$y'_x = y'_u \times u'_x = \frac{1}{u} \times \sec^2 x$,将 $u = \tan x$ 代入并化简整理:

$$y' = (\ln\tan x)' = \frac{1}{\tan x} \times \sec^2 x = \frac{2}{\sin 2x}$$

【例 2.3.4】 求 $y = e^{x^3}$ 的导数 y'。

解 $y = e^{x^3}$ 由 $y = e^u, u = x^3$ 复合而成。$y'_x = y'_u \times u'_x = e^u \times 3x^2$,将 $u = x^3$ 代入并化简整理:

$$y' = (e^{x^3})' = 3x^2 e^{x^3}$$

对复合函数的求导过程比较熟练以后,可以不写出中间变量,而将中间变量隐藏在解题过程中,视为一个整体来处理。

【例 2.3.5】 求 $y = e^{-x}$ 的导数 y'。

解 $y' = (e^{-x})' = e^{-x}(-x)' = -e^{-x}$

【例 2.3.6】 求幂函数 $y = x^\mu$ (μ 为常数,$x > 0$)的导数 y'。

解 $$y = x^\mu = e^{\mu\ln x}$$

$$y' = (e^{\mu\ln x})' = e^{\mu\ln x} \times (\mu\ln x)' = x^\mu \times \frac{\mu}{x} = \mu x^{\mu-1}$$

复合函数的中间变量可以推广到三个及以上。

【例 2.3.7】 求 $y = \sin^3(x^2 + 1)$ 的导数 y'。

解 $y = \sin^3(x^2 + 1)$ 由 $y = u^3, u = \sin t, t = x^2 + 1$ 复合而成。

$$\begin{aligned}
y' &= [\sin^3(x^2 + 1)]' = 3\sin^2(x^2 + 1) \times [\sin(x^2 + 1)]' \\
&= 3\sin^2(x^2 + 1)\cos(x^2 + 1) \times (x^2 + 1)' \\
&= 3\sin^2(x^2 + 1)\cos(x^2 + 1) \times 2x \\
&= 6x\sin^2(x^2 + 1)\cos(x^2 + 1)
\end{aligned}$$

【例 2.3.8】 某导体的电荷量与时间的函数关系为 $Q(t) = 5\sin\left(100\pi t + \frac{\pi}{6}\right)$ (C),求电流强度 $i(t)$ 和 $i(2)$。

解 $i(t) = Q'(t) = 5\cos\left(100\pi t + \frac{\pi}{6}\right)\left(100\pi t + \frac{\pi}{6}\right)' = 500\pi\cos\left(100\pi t + \frac{\pi}{6}\right)$

$i(2) = 500\pi\cos\left(100\pi t + \frac{\pi}{6}\right)\Big|_{t=2} = 500\pi\cos\left(200\pi + \frac{\pi}{6}\right) = 500\pi\cos\frac{\pi}{6} = 250\sqrt{3}\pi$

三、隐函数的导数

隐函数就是函数的自变量 x 与因变量 y 的对应关系由方程 $F(x, y) = 0$ 来确定。对方程两边求导,自变量 x 常规求导,因变量 y 把它视为一个整体,利用复合函数的求导法则来解决。在隐函数的导数结果中,允许出现因变量 y。

【例 2.3.9】 设方程 $y^5 + 2y - x - 3x^7 = 0$ 确定了隐函数 $y = y(x)$,求 $\dfrac{dy}{dx}\Big|_{\substack{x=0 \\ y=0}}$。

解 对方程 $y^5+2y-x-3x^7=0$ 两边求导：

$$5y^4y'+2y'-1-21x^6=0$$

整理：

$$y'=\frac{1+21x^6}{5y^4+2}, 故\frac{\mathrm{d}y}{\mathrm{d}x}\Big|_{\substack{x=0\\y=0}}=\frac{1}{2}$$

隐函数的求导方法可以推广到显函数，最常用的是对函数两边取对数，将显函数转化为隐函数，然后求导。这种方法叫作**对数求导法**。比如：$y=x^x$，$y=\sqrt{\frac{(x-1)(x-2)}{(x-3)(x-4)}}$ 等题型都可以用对数求导法来做。

【例 2.3.10】 求 $y=x^{\sin x}(x>0)$ 的导数。

解 等式两边取对数 $\qquad \ln y=\sin x \cdot \ln x$

上式两边对 x 求导(注意：y 是 x 的函数)，得

$$\frac{1}{y} \cdot y'=\cos x \cdot \ln x+\frac{\sin x}{x}$$

所以 $\qquad y'=y\Big(\cos x \cdot \ln x+\frac{\sin x}{x}\Big)=x^{\sin x}\Big(\cos x \cdot \ln x+\frac{\sin x}{x}\Big)$

【例 2.3.11】 求 $y=\frac{\sqrt{x+1}}{(x+3)^2\sqrt[3]{x+2}}$ 的导数。

解 等式两边取对数，得

$$\ln y=\frac{1}{2}\ln(x+1)-2\ln(x+3)-\frac{1}{3}\ln(x+2)$$

上式两边对 x 求导，得

$$\frac{1}{y} \cdot y'=\frac{1}{2(x+1)}-\frac{2}{x+3}-\frac{1}{3(x+2)}$$

所以

$$y'=y\Big[\frac{1}{2(x+1)}-\frac{2}{x+3}-\frac{1}{3(x+2)}\Big]=\frac{\sqrt{x+1}}{(x+3)^2\sqrt[3]{x+2}}\Big[\frac{1}{2(x+1)}-\frac{2}{x+3}-\frac{1}{3(x+2)}\Big]$$

四、参数方程的导数

定理 2.3.3 如果参数方程 $\begin{cases}x=\varphi(t),\\y=\Psi(t),\end{cases}$ (其中 t 是参数)确定了 y 与 x 的函数关系，且 $x=\varphi(t)$ 可导，$y=\Psi(t)$ 可导，$x_t'=\varphi'(t)\neq0$，那么由参数方程确定的函数可导，其导数为

$$\frac{\mathrm{d}y}{\mathrm{d}x}=\frac{\Psi'(t)}{\varphi'(t)}$$

【例 2.3.12】 求由参数方程 $\begin{cases}x=\ln(1+t^2)\\y=\dfrac{1}{1+t^2}\end{cases}$ 所确定的函数的导数 $\dfrac{\mathrm{d}y}{\mathrm{d}x}$。

解 $\qquad \dfrac{\mathrm{d}y}{\mathrm{d}x}=\dfrac{\Big(\dfrac{1}{1+t^2}\Big)'}{\big[\ln(1+t^2)\big]'}=\dfrac{-\dfrac{2t}{(1+t^2)^2}}{\dfrac{2t}{1+t^2}}=-\dfrac{1}{1+t^2}$

【例 2.3.13】 已知椭圆的参数方程为 $\begin{cases} x = a\cos t & (a > 0), \\ y = b\sin t & (b > 0), \end{cases}$ 求椭圆在 $t = \dfrac{\pi}{4}$ 处的切线方程。

解 当 $t = \dfrac{\pi}{4}$ 时,椭圆上相应的点 M_0 的坐标是 $\left(\dfrac{\sqrt{2}}{2}a, \dfrac{\sqrt{2}}{2}b \right)$。

椭圆在点 M_0 处的切线的斜率为

$$k = \frac{\mathrm{d}y}{\mathrm{d}x}\bigg|_{t=\frac{\pi}{4}} = \frac{(b\sin t)'}{(a\cos t)'}\bigg|_{t=\frac{\pi}{4}} = \frac{b\cos t}{-a\sin t}\bigg|_{t=\frac{\pi}{4}} = -\frac{b}{a}$$

所以,椭圆在 $t = \dfrac{\pi}{4}$ 处的切线方程是

$$y - \frac{\sqrt{2}}{2}b = -\frac{b}{a}\left(x - \frac{\sqrt{2}}{2}a \right),\text{ 即 } bx + ay - \sqrt{2}ab = 0$$

习题 2 - 3

1. 求下列函数的导数 y'。

(1) $y = (x^2 - 3x + 2)^4$;

(2) $y = \mathrm{e}^{(-x^2+2)}$;

(3) $y = 3\cos\left(20\pi t + \dfrac{\pi}{3} \right)$;

(4) $y = \dfrac{x}{\sqrt{1+x^2}}$。

2. 求下列方程所确定的隐函数的导数 $\dfrac{\mathrm{d}y}{\mathrm{d}x}$。

(1) $\dfrac{x}{y} = \ln(xy)$;

(2) $\mathrm{e}^{x+y} = x - y$;

(3) $2x^2 y - xy^2 + y^3 = 0$;

(4) $y = 1 - x\sin y$。

3. 用对数求导法求下列函数的导数。

(1) $y = x^{x^2}$;

(2) $y = (1 + \cos x)^{\frac{1}{x}}$;

(3) $y = (3 - x) \times \sin x \times \mathrm{e}^x$;

(4) $y = \sqrt{\dfrac{(x+1)(x+3)}{(x+2)(x+4)}}$。

4. 求由下列参数方程所确定的函数的导数 $\dfrac{\mathrm{d}y}{\mathrm{d}x}$。

(1) $\begin{cases} x = \theta(1 - \sin\theta), \\ y = \theta\cos\theta; \end{cases}$

(2) $\begin{cases} x = 2\mathrm{e}^t, \\ y = \mathrm{e}^{-t}. \end{cases}$

5. 设某质点的运动方程为 $s = A\sin\dfrac{2\pi}{T}t\,(\mathrm{m})$,求质点在 $t = \dfrac{T}{4}\,(\mathrm{s})$ 时的瞬时速度。

6. 求曲线 $x^{\frac{2}{3}} + y^{\frac{2}{3}} = a^{\frac{2}{3}}$ 在 $\left(\dfrac{\sqrt{2}}{4}a, \dfrac{\sqrt{2}}{4}a \right)$ 处的切线方程与法线方程。

7. 求曲线 $\begin{cases} x = \dfrac{3at}{1+t^2}, \\ y = \dfrac{3at^2}{1+t^2} \end{cases}$ 在 $t = 2$ 处的切线方程与法线方程。

第四节　高阶导数

在第一节中说过，如果函数 $y=f(x)$ 在区间 I 上可导，则其导数 $y'=f'(x)$ 仍是 x 的函数。如果这个函数仍是可导的，则其导数称为原来函数 $y=f(x)$ 的二阶导数，记为 y''，$f''(x)$ 或 $\dfrac{\mathrm{d}^2 y}{\mathrm{d}x^2}$，即

$$f''(x)=(f'(x))' \quad \text{或} \quad \frac{\mathrm{d}^2 y}{\mathrm{d}x^2}=\frac{\mathrm{d}}{\mathrm{d}x}\left(\frac{\mathrm{d}y}{\mathrm{d}x}\right)$$

类似地，称二阶导数 $y''=f''(x)$ 的导数为 $y=f(x)$ 的三阶导数，记为 y'''，$f'''(x)$ 或 $\dfrac{\mathrm{d}^3 y}{\mathrm{d}x^3}$，即

$$f'''(x)=(f''(x))' \quad \text{或} \quad \frac{\mathrm{d}^3 y}{\mathrm{d}x^3}=\frac{\mathrm{d}}{\mathrm{d}x}\left(\frac{\mathrm{d}^2 y}{\mathrm{d}x^2}\right)$$

一般地，称函数 $y=f(x)$ 的 $n-1$ 阶导数的导数为 $y=f(x)$ 的 **n 阶导数**，记为 $y^{(n)}$，$f^{(n)}(x)$ 或 $\dfrac{\mathrm{d}^n y}{\mathrm{d}x^n}$，即

$$f^{(n)}(x)=(f^{(n-1)}(x))' \quad \text{或} \quad \frac{\mathrm{d}^n y}{\mathrm{d}x^n}=\frac{\mathrm{d}}{\mathrm{d}x}\left(\frac{\mathrm{d}^{n-1} y}{\mathrm{d}x^{n-1}}\right)$$

我们把二阶及二阶以上的各阶导数统称为**高阶导数**。

根据上述定义知，求高阶导数，只需用求导数的方法逐次进行求导即可。

【例 2.4.1】　求下列函数的二阶导数 y''。

(1) $y=x^3+3x^2-9x+1$；　　(2) $y=\mathrm{e}^{-x}$；　　(3) $y=\mathrm{e}^x \sin x$。

解　(1) $y'=3x^2+6x-9, y''=6x+6$；

(2) $y'=-\mathrm{e}^{-x}, y''=-(-\mathrm{e}^{-x})=\mathrm{e}^{-x}$；

(3) $y'=\mathrm{e}^x \sin x+\mathrm{e}^x \cos x, y''=\mathrm{e}^x \sin x+\mathrm{e}^x \cos x+\mathrm{e}^x \cos x-\mathrm{e}^x \sin x=2\mathrm{e}^x \cos x$。

【例 2.4.2】　求下列函数的 n 阶导数 $y^{(n)}$。

(1) $y=x^n$；　　(2) $y=\mathrm{e}^x$；　　(3) $y=\sin x$；　　(4) $y=\dfrac{1}{x-a}$。

解　(1)
$$y'=nx^{n-1}, y''=n(n-1)x^{n-2}, y'''=n(n-1)(n-2)x^{n-3}, \cdots$$
$$y^{(n)}=n(n-1)\cdots 1 \cdot x^{(n-n)}=n!$$

当 $k>n$ 时，有 $(x^n)^{(k)}=0$。

(2)
$$y'=\mathrm{e}^x, y''=\mathrm{e}^x, y'''=\mathrm{e}^x, \cdots, y^{(n)}=\mathrm{e}^x$$

(3)
$$y=\sin x, y'=\cos x=\sin\left(x+\frac{1}{2}\pi\right)$$

$$y''=\cos\left(x+\frac{1}{2}\pi\right)=\sin\left(x+\frac{1}{2}\pi+\frac{1}{2}\pi\right)=\sin\left(x+\frac{2}{2}\pi\right)$$

$$y'''=\cos\left(x+\frac{2}{2}\pi\right)=\sin\left(x+\frac{2}{2}\pi+\frac{1}{2}\pi\right)=\sin\left(x+\frac{3}{2}\pi\right)$$

$$y^{(4)}=\cos\left(x+\frac{3}{2}\pi\right)=\sin\left(x+\frac{3}{2}\pi+\frac{1}{2}\pi\right)=\sin\left(x+\frac{4}{2}\pi\right)$$

......

$$y^{(n)}=(\sin x)^{(n)}=\sin\left(x+\frac{n}{2}\pi\right)$$

类似有：$y^{(n)}=(\cos x)^{(n)}=\cos\left(x+\frac{n}{2}\pi\right)$。

(4)
$$y=\frac{1}{x-a},y'=-\frac{1}{(x-a)^2}=(-1)^1\frac{1}{(x-a)^2}$$

$$y''=\frac{1\times2}{(x-a)^3}=\frac{2!}{(x-a)^3}=(-1)^2\frac{2!}{(x-a)^3}$$

$$y'''=-\frac{1\times2\times3}{(x-a)^4}=(-1)^3\frac{3!}{(x-a)^4}$$

$$y^{(4)}=\frac{1\times2\times3\times4}{(x-a)^5}=(-1)^4\frac{4!}{(x-a)^5}$$

......

$$y^{(n)}=(-1)^n\frac{n!}{(x-a)^{n+1}}$$

【例 2.4.3】 设 $y=\ln(1+x)$，求 $y'(0),y''(0),y'''(0),\cdots,y^{(n)}(0)$。

解
$$y'=\frac{1}{1+x},y'(0)=1$$

$$y''=-\frac{1}{(1+x)^2},y''(0)=-1$$

$$y'''=\frac{1\times2}{(1+x)^3}=\frac{2!}{(1+x)^3},y'''(0)=2!$$

$$y^{(4)}=-\frac{1\times2\times3}{(1+x)^4}=-\frac{3!}{(1+x)^4},y^{(4)}(0)=-3!$$

......

$$y^{(n)}=(-1)^{n-1}\frac{1\times2\times3\times\cdots\times(n-1)}{(1+x)^n}=(-1)^{n-1}\frac{(n-1)!}{(1+x)^n},y^{(n)}(0)=(-1)^{n-1}(n-1)!$$

　　二阶导数的物理意义：我们已经知道,物体运动的位置函数 $s=s(t)$ 对时间 t 的导数 $s'(t)$ 为物体运动的速度 $v(t)$,即 $v(t)=s'(t)$。由物理学还知,速度对时间 t 的导数 $v'(t)$ 为物体运动的加速度 $a(t)$,即 $a(t)=v'(t)$,从而得 $a(t)=v'(t)=s''(t)$。也就是说,**物体运动的加速度是物体运动的位置函数 $s=s(t)$ 对时间 t 的二阶导数**。

【例 2.4.4】 设物体的运动方程为：$s=6\sin\dfrac{\pi t}{2}$,求物体运动的速度 $v(t)$ 和加速度 $a(t)$。

解
$$s=6\sin\frac{\pi t}{2}$$

$$v(t)=6\cos\frac{\pi t}{2}\cdot\frac{\pi}{2}=3\pi\cos\frac{\pi t}{2}$$

$$a(t)=3\pi\left(-\sin\frac{\pi t}{2}\right)\cdot\frac{\pi}{2}=-\frac{3}{2}\pi^2\sin\frac{\pi t}{2}$$

习题 2-4

1. 求下列函数的二阶导数 y''。

(1) $y=2x^2+\ln x$;

(2) $y=\sin^2 x$;

(3) $y=\dfrac{2x^3+\sqrt{x}+4}{x}$;

(4) $y=\ln(1-x^2)$;

(5) $y=2x^3+3x^2-12x+5$;

(6) $y=5\sin\left(100\pi t+\dfrac{\pi}{4}\right)$;

(7) $y=x\ln x$;

(8) $y=e^{-x}\cos 2x$;

(9) $y=e^x\cdot\sin 3x$;

(10) $y=x^2\cdot\ln x$.

2. 求下列函数在指定点的二阶导数。

(1) $f(x)=x\sqrt{x^2-16}$，求 $f''(5)$;

(2) $y=(\cos\ln x)^2$，求 $y''|_{x=1}$。

3. 求下列函数的 n 阶导数 $y^{(n)}$。

(1) $y=xe^x$;

(2) $y=\sin^2 x$;

(3) $y=\sqrt[m]{1+x}$;

(4) $y=\dfrac{1}{x^2-3x+2}$。

4. 设物体的运动方程为：$s=t^3+3t^2-12t+4$，求物体运动的速度 $v(2)$ 和加速度 $a(2)$。

第五节 函数的微分及其应用

一、微分概念

定义 2.5.1 设函数 $y=f(x)$ 在点 x 处可导，则称 $y'\Delta x$ 或 $f'(x)\Delta x$ 为函数 $y=f(x)$ 在点 x 处的**微分**，记为 dy，即 $dy=y'\Delta x$ 或 $dy=f'(x)\Delta x$。

当 $y=x$ 时，有 $dx=\Delta x$，即自变量的微分就是自变量的增量。从而有函数 $y=f(x)$ 在点 x 处的微分为：$dy=y'dx$ 或 $dy=f'(x)dx$。由此可见，求函数的微分可归结为求函数的导数。

【例 2.5.1】 求下列函数的微分：

(1) $y=x^2-3x+5$; (2) $u=e^{-2t}$; (3) $Q=\sin\left(100\pi t+\dfrac{\pi}{4}\right)$。

解 (1) $y'=2x-3$，$dy=(2x-3)dx$;

(2) $u'=-2e^{-2t}$，$du=-2e^{-2t}dt$;

(3) $Q'=100\pi\cos\left(100\pi t+\dfrac{\pi}{4}\right)$，$dQ=100\pi\cos\left(100\pi t+\dfrac{\pi}{4}\right)dt$。

二、微分的几何意义

如图 2.5.1 所示,曲线 $y=f(x)$ 上过点 $M(x_0,f(x_0))$ 的切线为 MT,当 x 在 x_0 取得增量 Δx 时,切线 MT 上的纵坐标的增量 PQ 就是函数 $y=f(x)$ 在点 x_0 处的微分。

显然,当 $\Delta x \to 0$ 时,$\Delta y - \mathrm{d}y \to 0$。因此,在点 M 邻近,我们可以用过点 M 的切线来近似代替曲线,这就是数学上的"以直代曲"思想,在工程技术中,也称为在一点邻近把曲线"线性化"或"拉直"。

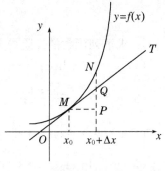

图 2.5.1

三、微分的运算法则

1. 微分基本公式

(1) $\mathrm{d}(C)=0$ (C 为常数);

(2) $\mathrm{d}(x^{\mu})=\mu x^{\mu-1}\mathrm{d}x$ (μ 为常数);

(3) $\mathrm{d}(a^x)=a^x\ln a\mathrm{d}x$;

(4) $\mathrm{d}(\mathrm{e}^x)=\mathrm{e}^x\mathrm{d}x$;

(5) $\mathrm{d}(\log_a x)=\dfrac{1}{x\ln a}\mathrm{d}x$;

(6) $\mathrm{d}(\ln x)=\dfrac{1}{x}\mathrm{d}x$;

(7) $\mathrm{d}(\sin x)=\cos x\mathrm{d}x$;

(8) $\mathrm{d}(\cos x)=-\sin x\mathrm{d}x$;

(9) $\mathrm{d}(\tan x)=\sec^2 x\mathrm{d}x$;

(10) $\mathrm{d}(\cot x)=-\csc^2 x\mathrm{d}x$;

(11) $\mathrm{d}(\sec x)=\sec x\tan x\mathrm{d}x$;

(12) $\mathrm{d}(\csc x)=-\csc x\cot x\mathrm{d}x$;

(13) $\mathrm{d}(\arcsin x)=\dfrac{1}{\sqrt{1-x^2}}\mathrm{d}x$;

(14) $\mathrm{d}(\arccos x)=-\dfrac{1}{\sqrt{1-x^2}}\mathrm{d}x$;

(15) $\mathrm{d}(\arctan x)=\dfrac{1}{1+x^2}\mathrm{d}x$;

(16) $\mathrm{d}(\mathrm{arccot}\,x)=-\dfrac{1}{1+x^2}\mathrm{d}x$。

2. 微分运算法则

(1) $\mathrm{d}[u(x)\pm v(x)]=\mathrm{d}[u(x)]\pm\mathrm{d}[v(x)]$;

(2) $\mathrm{d}[u(x)v(x)]=v(x)\mathrm{d}[u(x)]+u(x)\mathrm{d}[v(x)]$;

(3) $\mathrm{d}\left[\dfrac{u(x)}{v(x)}\right]=\dfrac{v(x)\mathrm{d}[u(x)]-u(x)\mathrm{d}[v(x)]}{v^2(x)}$ $(v(x)\neq 0)$。

3. 复合函数的微分法则

复合函数 $y=f[\varphi(x)]$ 的微分为

$$\mathrm{d}y=f'[\varphi(x)]\times\varphi'(x)\mathrm{d}x$$

由复合函数的微分公式知:$\mathrm{d}y=f'(u)\mathrm{d}u$ $(u=\varphi(x))$。这说明不管 u 是自变量还是中间变量,其微分形式是一样的,称为**微分形式的不变性**。

【例 2.5.2】 应用微分基本公式求下列函数的微分:

(1) $y=x+\mathrm{e}^x-\cos x$;

(2) $Q=\sin\left(100\pi t+\dfrac{\pi}{4}\right)$。

解 (1) $\mathrm{d}y=\mathrm{d}x+\mathrm{d}\mathrm{e}^x-\mathrm{d}\cos x=\mathrm{d}x+\mathrm{e}^x\mathrm{d}x+\sin x\mathrm{d}x=(1+\mathrm{e}^x+\sin x)\mathrm{d}x$;

(2) $\mathrm{d}Q=\cos\left(100\pi t+\dfrac{\pi}{4}\right)\mathrm{d}\left(100\pi t+\dfrac{\pi}{4}\right)=100\pi\cos\left(100\pi t+\dfrac{\pi}{4}\right)\mathrm{d}t$。

【例 2.5.3】 在括号内填入适当的函数,使等式成立。

(1) d( )$=3x\mathrm{d}x$; (2) d( )$=\cos\left(100\pi t+\dfrac{\pi}{4}\right)\mathrm{d}t$。

解 (1) 因为$\left(\dfrac{3}{2}x^2\right)'=3x$,所以 $\mathrm{d}\left(\dfrac{3}{2}x^2+C\right)=3x\mathrm{d}x$($C$ 为任意常数);

(2) 因为 $$\left[\frac{1}{100\pi}\sin\left(100\pi t+\frac{\pi}{4}\right)\right]'=\cos\left(100\pi t+\frac{\pi}{4}\right)$$

所以 $$\mathrm{d}\left(\frac{1}{100\pi}\sin\left(100\pi t+\frac{\pi}{4}\right)+C\right)=\cos\left(100\pi t+\frac{\pi}{4}\right)\mathrm{d}t \quad (C\text{ 为任意常数})$$

四、微分在近似计算中的应用

根据微分的几何意义我们知道,若函数 $y=f(x)$ 在点 x_0 处可导,则当$|\Delta x|$很小时,函数在点 x_0 处的增量可以用函数在点 x_0 处的微分来近似代替,即 $\Delta y\approx f'(x_0)\Delta x$。

又因为 $$\Delta y=f(x_0+\Delta x)-f(x_0)$$
所以 $$f(x_0+\Delta x)\approx f(x_0)+f'(x_0)\Delta x$$
此式可求函数在点 x_0 邻近的近似值。

特别地,取 $x_0=0$,$\Delta x=x$ 时,有 $f(x)\approx f(0)+f'(0)x$。

此式可求函数在原点邻近的近似值,并由它可得如下常用近似公式(其中$|x|$很小):

(1) $\sin x\approx x$; (2) $\mathrm{e}^x\approx 1+x$; (3) $\ln(1+x)\approx x$; (4) $\sqrt[n]{1+x}\approx 1+\dfrac{x}{n}$。

注意:近似公式中的(1)(2)(3)式,同学们回忆一下等价无穷小,它们神奇地相似,这充分说明,知识总是相通的。

【例 2.5.4】 求$\sqrt[3]{1-\dfrac{1}{1000}}$的近似值。

解 由近似公式 $\sqrt[n]{1+x}\approx 1+\dfrac{x}{n}$,得$\sqrt[3]{1-\dfrac{1}{1000}}\approx 1-\dfrac{1}{3000}\approx 0.9997$。

【例 2.5.5】 求 $\sin\left(\dfrac{\pi}{3}+\dfrac{\pi}{360}\right)$的近似值。

解 由公式 $f(x_0+\Delta x)\approx f(x_0)+f'(x_0)\Delta x$,得

$$\sin\left(\frac{\pi}{3}+\frac{\pi}{360}\right)\approx\sin\frac{\pi}{3}+\cos\frac{\pi}{3}\cdot\frac{\pi}{360}=\frac{\sqrt{3}}{2}+\frac{1}{2}\cdot\frac{\pi}{360}\approx 0.8704$$

习题 2-5

1. 设 $y=x^3+x^2+1$,求当 $x=1$,$\Delta x=0.0001$ 时的函数增量 Δy 和函数微分 $\mathrm{d}y$。

2. 求下列函数的微分 $\mathrm{d}y$:

(1) $y=x^4+2x+\mathrm{e}^x+\ln 3$; (2) $y=5\cos 3x$;

(3) $y=\cos\left(100\pi x+\dfrac{\pi}{6}\right)$; (4) $y=\mathrm{e}^{-x}\sin 2x$;

(5) $y=\dfrac{1}{x}+2\sqrt{x}$; (6) $y=x\sin 2x$;

(7) $y=\dfrac{x}{\sqrt{x^2+1}}$；

(8) $y=[\ln(1-x)]^2$；

(9) $y=e^{-x}\cos(3-x)$；

(10) $y=\tan^2(1+2x^2)$。

3. 在括号内填入适当的函数,使等式成立:

(1) $d(\quad)=2x\,dx$；

(2) $d(\quad)=5\sin 2x\,dx$；

(3) $d(\quad)=e^{-x}\,dx$；

(4) $d(\quad)=\cos\left(100\pi x+\dfrac{\pi}{6}\right)dx$；

(5) $d(\quad)=3x^2\,dx$；

(6) $d(\quad)=\dfrac{1}{\sqrt{x}}dx$；

(7) $d(\quad)=\dfrac{1}{1+x}dx$；

(8) $d(\quad)=e^{-2x}\,dx$；

(9) $d(\quad)=\sin 2x\,dx$；

(10) $d(\quad)=\dfrac{1}{\sqrt{1-4x^2}}dx$。

4. 利用微分求下列函数的近似值:

(1) $e^{-0.0005}$；

(2) $\ln(1+0.0001)$；

(3) $\cos 59°$；

(4) $e^{1.01}$；

(5) $\sqrt[3]{996}$；

(6) $\sqrt{1.05}$；

(7) $\sqrt[3]{998.5}$；

(8) $\sqrt[3]{1010}$；

(9) $e^{-0.005}$。

第二章归纳小结

本章由公式、法则构建而成,熟记以下内容是学好本章的关键。

1. 基本初等函数的求导公式

(1) $(C)'=0$　（C 为常数）；

(2) $(x^{\mu})'=\mu x^{\mu-1}$　（μ 为常数）；

(3) $(a^x)'=a^x\ln a$　（$a>0,a\neq1$）；

(4) $(e^x)'=e^x$；

(5) $(\log_a x)'=\dfrac{1}{x\ln a}$　（$a>0,a\neq1$）；

(6) $(\ln x)'=\dfrac{1}{x}$；

(7) $(\sin x)'=\cos x$；

(8) $(\cos x)'=-\sin x$；

(9) $(\tan x)'=\sec^2 x$；

(10) $(\cot x)'=-\csc^2 x$；

(11) $(\sec x)'=\sec x\tan x$；

(12) $(\csc x)'=-\csc x\cot x$；

(13) $(\arcsin x)'=\dfrac{1}{\sqrt{1-x^2}}$；

(14) $(\arccos x)'=-\dfrac{1}{\sqrt{1-x^2}}$；

(15) $(\arctan x)'=\dfrac{1}{1+x^2}$；

(16) $(\text{arccot}\,x)'=-\dfrac{1}{1+x^2}$。

2. 导数的运算法则(函数 $u(x),v(x)$ 都可导)

(1) $[u(x)\pm v(x)]'=u'(x)\pm v'(x)$；

(2) $[u(x)v(x)]'=u'(x)v(x)+u(x)v'(x)$　（可推广至 3 个以上函数的积）；

(3) $\left[\dfrac{u(x)}{v(x)}\right]'=\dfrac{u'(x)v(x)-u(x)v'(x)}{v^2(x)}$　（$v(x)\neq0$）；

(4) $[Cu(x)]'=Cu'(x)$　（C 是常数）；

(5) $\left[\dfrac{1}{v(x)}\right]' = -\dfrac{v'(x)}{v^2(x)}$。

3. 微分基本公式(结合求导公式,换成微分形式即可)

(1) $\mathrm{d}(C) = 0$ (C 为常数);

(2) $\mathrm{d}(x^\mu) = \mu x^{\mu-1}\mathrm{d}x$ (μ 为常数);

(3) $\mathrm{d}(a^x) = a^x \ln a \mathrm{d}x$;

(4) $\mathrm{d}(e^x) = e^x \mathrm{d}x$;

(5) $\mathrm{d}(\log_a x) = \dfrac{1}{x \ln a}\mathrm{d}x$;

(6) $\mathrm{d}(\ln x) = \dfrac{1}{x}\mathrm{d}x$;

(7) $\mathrm{d}(\sin x) = \cos x \mathrm{d}x$;

(8) $\mathrm{d}(\cos x) = -\sin x \mathrm{d}x$;

(9) $\mathrm{d}(\tan x) = \sec^2 x \mathrm{d}x$;

(10) $\mathrm{d}(\cot x) = -\csc^2 x \mathrm{d}x$;

(11) $\mathrm{d}(\sec x) = \sec x \tan x \mathrm{d}x$;

(12) $\mathrm{d}(\csc x) = -\csc x \cot x \mathrm{d}x$;

(13) $\mathrm{d}(\arcsin x) = \dfrac{1}{\sqrt{1-x^2}}\mathrm{d}x$;

(14) $\mathrm{d}(\arccos x) = -\dfrac{1}{\sqrt{1-x^2}}\mathrm{d}x$;

(15) $\mathrm{d}(\arctan x) = \dfrac{1}{1+x^2}\mathrm{d}x$;

(16) $\mathrm{d}(\operatorname{arccot} x) = -\dfrac{1}{1+x^2}\mathrm{d}x$。

4. 微分运算法则(结合求导法则,把"导"一下换成"微"一下来记忆)

(1) $\mathrm{d}[u(x) \pm v(x)] = \mathrm{d}[u(x)] \pm \mathrm{d}[v(x)]$;

(2) $\mathrm{d}[u(x)v(x)] = v(x)\mathrm{d}[u(x)] + u(x)\mathrm{d}[v(x)]$;

(3) $\mathrm{d}\left[\dfrac{u(x)}{v(x)}\right] = \dfrac{v(x)\mathrm{d}[u(x)] - u(x)\mathrm{d}[v(x)]}{v^2(x)}$ ($v(x) \neq 0$)。

5. 复合函数的微分法则

复合函数 $y = f[\varphi(x)]$ 的微分 $\mathrm{d}y = f'[\varphi(x)] \times \varphi'(x)\mathrm{d}x$。

由复合函数的微分公式知:$\mathrm{d}y = f'(u)\mathrm{d}u$ ($u = \varphi(x)$)。这说明不管 u 是自变量还是中间变量,其微分形式是一样的,称为**微分形式的不变性**。

复习题二

一、填空题。

1. 若 $f'(x_0) = 3$,则 $\lim\limits_{x \to x_0} \dfrac{f(x) - f(x_0)}{x - x_0} = $ _____。

2. $f'(0)$ 存在,且 $f(0) = 0$,则 $\lim\limits_{x \to 0} \dfrac{f(x)}{x} = $ _____。

3. $y = \pi^2 + x^n + \arctan\dfrac{1}{\pi}$,则 $y'|_{x=1} = $ _____。

4. 若 $\lim\limits_{x \to 0} \dfrac{f\left(x + \dfrac{\pi}{2}\right) - f\left(\dfrac{\pi}{2}\right)}{2x} = \dfrac{1}{4}$,则 $f'\left(\dfrac{\pi}{2}\right) = $ _____。

5. 过曲线 $y = \dfrac{4+x}{4-x}$ 上的点 $(2,3)$ 处的法线的斜率为 _____。

6. 设 $f(x) = x(x-1)(x-2)(x-3)(x-4)$,则 $f'(0) = $ _____。

7. 曲线 $y = x^3$ 上对应于 $x = 1$ 处的切线方程是 _____。

8. 某质点的运动规律为 $s = \dfrac{2}{9} \sin \dfrac{\pi t}{2} + 2 \, (\text{m})$，该质点在 $t = 1$ 秒时的加速度为

_____。

9. d _____ $= \mathrm{e}^{2x} \mathrm{d}x$。

10. $\ln 0.98 \approx$ _____。

二、单项选择题。

1. 设 $f(x) = \ln 3$，则 $\lim\limits_{\Delta x \to 0} \dfrac{f(x + \Delta x) - f(x)}{\Delta x} = ($　　$)$。

    A. $\dfrac{1}{x}$　　　　　B. $\dfrac{1}{x + \Delta x}$　　　　　C. $\dfrac{1}{3}$　　　　　D. 0

2. 已知流过某导体的电荷量为 $Q = Q(t)$，在任意时刻 t 的电流强度是($　　$)。

    A. $\dfrac{Q}{t}$　　　　　B. $\dfrac{\Delta Q}{\Delta t}$　　　　　C. $\dfrac{\mathrm{d}Q}{\mathrm{d}t}$　　　　　D. $Q(t)$

3. 已知函数 $f(x) = \begin{cases} 1 - x, & x \leqslant 0, \\ \mathrm{e}^{-x}, & x > 0, \end{cases}$ 则 $f(x)$ 在 $x = 0$ 处($　　$)。

    A. 间断　　　B. 连续但不可导　　　C. $f'(0) = -1$　　　D. $f'(0) = 1$

4. $f(x)$ 在点 x_0 处可导是 $f(x)$ 在点 x_0 处连续的($　　$)。

    A. 必要条件　　　B. 充分条件　　　C. 充要条件　　　D. 无关条件

5. $y = \ln(1 + x)$，则 $y^{(5)} = ($　　$)$。

    A. $\dfrac{4!}{(1+x)^5}$　　　B. $-\dfrac{4!}{(1+x)^5}$　　　C. $\dfrac{5!}{(1+x)^5}$　　　D. $-\dfrac{5!}{(1+x)^5}$

6. 设 $y = \dfrac{\varphi(x)}{x}$，$\varphi(x)$ 可导，则 $\mathrm{d}y = ($　　$)$。

    A. $\dfrac{x\mathrm{d}\varphi(x) - \varphi(x)\mathrm{d}x}{x^2}$　　　　　　　B. $\dfrac{\varphi'(x) - \varphi(x)}{x^2}\mathrm{d}x$

    C. $-\dfrac{\mathrm{d}\varphi(x)}{x^2}$　　　　　　　D. $\dfrac{x\mathrm{d}\varphi(x) - \mathrm{d}\varphi(x)}{x^2}$

7. 设 $f(x)$ 可导，则 $\lim\limits_{\Delta x \to 0} \dfrac{f^2(x + \Delta x) - f^2(x)}{\Delta x} = ($　　$)$。

    A. 0　　　　B. $2f(x)$　　　　C. $2f'(x)$　　　　D. $2f(x) \cdot f'(x)$

8. 函数 $y = f(x)$ 在点 x_0 处可导，且曲线 $y = f(x)$ 在点 $(x_0, f(x_0))$ 处的切线平行于 x 轴，则 $f'(x_0)($　　$)$。

    A. 等于零　　　B. 大于零　　　C. 小于零　　　D. 不存在

9. 直线 l 与 x 轴平行，且与曲线 $y = x - \mathrm{e}^x$ 相切，则切点坐标为($　　$)。

    A. $(1,1)$　　　B. $(-1,1)$　　　C. $(0,-1)$　　　D. $(0,1)$

10. 可导与连续的关系正确的说法是($　　$)。

    A. 可导一定连续　　　　　　　B. 连续一定可导

    C. 可导一定不连续　　　　　　D. 不连续一定可导

11. 已知函数 $y = x^2 + \sin\dfrac{\pi}{3}$，则 $y' = ($　　$)$。

    A. $2x + \cos\dfrac{\pi}{3}$　　B. $2x$　　　　C. $2x + \dfrac{1}{3}\cos\dfrac{\pi}{3}$　　D. $x^2 \ln x + \dfrac{1}{3}\cos\dfrac{\pi}{3}$

12. $[\cos(-x)]' = ($　　$)$。

　　A. $\cos x$　　　　B. $-\cos x$　　　　C. $\sin x$　　　　D. $\sin(-x)$

13. $\mathrm{d}($　　$) = \mathrm{e}^{-x}\mathrm{d}x$。

　　A. $-\mathrm{e}^{-x}$　　　　B. $-\mathrm{e}^{x}+C$　　　　C. e^{-x}　　　　D. $\mathrm{e}^{-x}+C$

14. 当$|x|$很小时，$f(x) \approx ($　　$)$。

　　A. $f(0)$　　　　B. $f'(0)\Delta x$　　　　C. $f'(0)$　　　　D. $f(0)+f'(0)\Delta x$

三、求下列函数的导数。

1. $f(x) = 1+x+\dfrac{x^2}{2}+\dfrac{x^3}{3}+\dfrac{x^4}{4}+\dfrac{x^5}{5}+\dfrac{x^6}{6}$；　

2. $y = \dfrac{1}{x}+\sqrt{x}+\ln x+\mathrm{e}^2$；

3. $y = x\sin x - \tan x$；

4. $y = \dfrac{\sin x}{\sin x+\cos x}$；

5. $y = x\ln x+\dfrac{\ln x}{x}$；

6. $f(x) = (2x^2+x+1)^5$；

7. $y = (1-3x^2)^3$；

8. $y = \dfrac{1}{(1-2x)^2}$；

9. $y = \cos^2 x$；

10. $y = \ln\sin(2x-1)$；

11. $y = \ln(x+\sqrt{1+x^2})$；

12. $y = \arcsin\dfrac{1-x^2}{1+x^2}$；

13. $y = \mathrm{e}^{2x}\cdot\sin x\cdot\ln(-3x)$；

14. $y = \dfrac{(1+x^2)\arctan x}{1+x}$；

15. $y = \dfrac{x}{2}\sqrt{a^2-x^2}+\arcsin\dfrac{x}{a}$　$(a>0)$；

16. $y = (1+2x)^{\tan x}$；

17. $x^y = y^x$；

18. $xy-\mathrm{e}^{x+y} = 2$；

19. $\begin{cases} x = \ln(1+t^2), \\ y = t-\arctan t; \end{cases}$

20. $\begin{cases} x = 3t^2+2t+3, \\ \mathrm{e}^y\sin t-y+1=0。 \end{cases}$

四、求下列各函数在指定点处的导数值。

1. $y = \cos x\cdot\sin x$，求 $y'|_{x=\frac{\pi}{6}}$，$y'|_{x=\frac{\pi}{4}}$；

2. $y = x\cdot\tan x+\dfrac{1}{2}\cos x$，求 $y'|_{x=\frac{\pi}{4}}$；

3. $f(x) = \dfrac{1-\sqrt{x}}{1+\sqrt{x}}$，求 $f'(4)$；

4. $f(x) = \dfrac{3}{5-x}+\dfrac{x^2}{5}$，求 $f'(0)$，$f'(2)$。

五、求下列函数的二阶导数。

1. $y = \dfrac{x}{1+x^2}$；

2. $y = (1+x)(1+2x)(1+3x)$；

3. $y = \mathrm{e}^x\cdot\cos x$；

4. $y = \mathrm{e}^{x^2}$。

六、求下列函数的 $n(n\geqslant 3)$ 阶导数。

1. $y = \mathrm{e}^{2x}+\mathrm{e}^{-x}$；

2. $y = \ln(1+2x)$；

3. $y = x\ln x$；

4. $y = \cos 3x$；

5. $y = \dfrac{1-x}{1+x}$；

6. $y = \sin 3x$。

7. $y = \dfrac{1}{x^2 - 1}$;

8. $y = \cos^2 x$。

七、求下列函数的微分。

1. $y = \ln x - \cos x + \mathrm{e}^x$;

2. $y = \dfrac{1-x}{1+x}$;

3. $y = \sin^2 x + \cos 2x$;

4. $y = \mathrm{e}^{-x} \sin(2-x)$;

5. $y = (x - \cot x)\cos x$;

6. $y = \dfrac{\sqrt{x}+1}{\sqrt{x}-1}$;

7. $y = (2x-7)^7$;

8. $y = \mathrm{e}^{\frac{-(x-1)^2}{2}}$。

八、求下列曲线在给定点处的切线与法线方程。

1. $y = \mathrm{e}^x + \ln(x+1), x = 0$;

2. $\begin{cases} x = t\mathrm{e}^{-t} + 1, \\ y = (2t^2 - t)\mathrm{e}^{-t}, \end{cases} t = 0$。

九、讨论函数 $f(x) = \begin{cases} x^2 \sin \dfrac{1}{x}, & x \neq 0, \\ 0, & x = 0 \end{cases}$ 在 $x = 0$ 处的连续性与可导性。

十、求 a, b 的值,使得函数 $f(x) = \begin{cases} x^2, & x \leqslant x_0, \\ ax + b, & x > x_0 \end{cases}$ 在 x_0 处可导。

习题、复习题二参考答案

习题 2 - 1

1. $y'|_{x=1} = 4$。　2. $y' = \dfrac{1}{x \ln a}$。　3. $2a$。

4. 切线方程:$4x + y + 4 = 0$;法线方程:$x - 4y + 18 = 0$。

5. 函数 $y = \begin{cases} x^2 + x, & x \geqslant 0, \\ 2x^3, & x < 0 \end{cases}$ 在 $x = 0$ 处连续,但不可导。

6. (1) $10 - g - \dfrac{1}{2} g \cdot \Delta t$;

(2) $10 - g$;

(3) $10 - gt_0 - \dfrac{1}{2} g \cdot \Delta t$;

(4) $10 - gt_0$。

习题 2 - 2

1. (1) $y' = 3x^2 + 8x - 6$;

(2) $y' = x(2+x)\mathrm{e}^x$;

(3) $y' = (\cos x - \sin x)\mathrm{e}^x$;

(4) $y' = \dfrac{1 - x \ln x}{x \mathrm{e}^x}$;

(5) $y' = \dfrac{x(2-x)}{\mathrm{e}^x}$;

(6) $y' = 12x^2 + \dfrac{4}{x^3}$;

(7) $y' = x\left(4 + \dfrac{5}{2}\sqrt{x}\right)$;

(8) $y' = 2x - \dfrac{5}{2} x^{-\frac{7}{2}} - 3x^{-4}$;

(9) $y' = \tan x + x \sec^2 x - 2\sec x \tan x$;

(10) $y' = a^x \ln a \times x^a + a x^{a-1} \times a^x$。

2. (1) $y'|_{x=\frac{\pi}{6}} = \dfrac{1}{2}, y'|_{x=\frac{\pi}{4}} = 0$;

(2) $p'|_{x=\frac{\pi}{4}} = 1 + \dfrac{\pi}{2} - \dfrac{\sqrt{2}}{4}$;

(3) $f'(4) = -\dfrac{1}{18}$;

(4) $f'(0) = \dfrac{3}{25}, f'(2) = \dfrac{1}{3}$。

3. (1) $v=v_0-gt$; (2) $t=\dfrac{v_0}{g}$; (3) $s_{\max}=\dfrac{v_0^2}{2g}$。

4. $i(t)=4t+4$;$t=5$(s)时的电流强度 $i(5)=24$。

5. 耗量特性率 $Q'=1+0.04P_{GH}$。

习题 2-3

1. (1) $y'=4(2x-3)(x^2-3x+2)^3$;   (2) $y'=-2xe^{(-x^2+2)}$;

    (3) $y'=-60\pi\sin\left(20\pi t+\dfrac{\pi}{3}\right)$;   (4) $y'=\dfrac{1}{(1+x^2)\sqrt{1+x^2}}$。

2. (1) $y'=\dfrac{xy-y^2}{xy+x^2}$;   (2) $y'=\dfrac{1-e^{x+y}}{1+e^{x+y}}$;

    (3) $y'=\dfrac{y^2-4xy}{2x^2-2xy+3y^2}$;   (4) $y'=\dfrac{-\sin y}{1+x\cos y}$。

3. (1) $y'=x^{x^2}(2x\ln x+x)$;

    (2) $y'=(1+\cos x)^{\frac{1}{x}}\left[\dfrac{-\sin x}{x(1+\cos x)}-\dfrac{\ln(1+\cos x)}{x^2}\right]$;

    (3) $y'=e^x[(2-x)\sin x+(3-x)\cos x]$;

    (4) $y'=\dfrac{1}{2}\sqrt{\dfrac{(x+1)(x+3)}{(x+2)(x+4)}}\left(\dfrac{1}{x+1}+\dfrac{1}{x+3}-\dfrac{1}{x+2}-\dfrac{1}{x+4}\right)$。

4. (1) $\dfrac{dy}{dx}=\dfrac{\cos\theta-\theta\sin\theta}{1-\sin\theta-\theta\cos\theta}$;   (2) $\dfrac{dy}{dx}=-\dfrac{1}{2}e^{-2t}$。

5. 质点在 $t=\dfrac{T}{4}$(s)时的瞬时速度是 0。

6. 切线方程为 $x+y-\dfrac{\sqrt{2}}{2}a=0$,法线方程为 $x-y=0$。

7. 切线方程 $4x+3y-12a=0$,法线方程 $3x-4y+6a=0$。

习题 2-4

1. (1) $y''=4-\dfrac{1}{x^2}$;   (2) $y''=2\cos 2x$;

    (3) $y''=4+\dfrac{3}{4}x^{-\frac{5}{2}}+8x^{-3}$;   (4) $y''=-\dfrac{2(1+x^2)}{(1-x^2)^2}$;

    (5) $y''=12x+6$;   (6) $y''=-50000\pi^2\sin\left(100\pi t+\dfrac{\pi}{4}\right)$;

    (7) $y''=\dfrac{1}{x}$;   (8) $y''=e^{-x}(4\sin 2x-3\cos 2x)$;

    (9) $y''=2e^x(3\cos 3x-4\sin 3x)$;   (10) $y''=2\ln x+3$。

2. (1) $f''(5)=\dfrac{10}{27}$;   (2) $y''|_{x=1}=-2$。

3. (1) $y^{(n)}=(x+n)e^x$;

    (2) $y^{(n)}=2^{n-1}\sin\left(2x+\dfrac{n-1}{2}\pi\right)$;

    (3) $y^{(n)}=\dfrac{1}{m}\left(\dfrac{1}{m}-1\right)\left(\dfrac{1}{m}-2\right)\cdots\left(\dfrac{1}{m}-n+1\right)(1+x)^{\frac{1}{m}-n}$;

    (4) $y^{(n)}=(-1)^n n!\left[\dfrac{1}{(x-1)^{n+1}}+\dfrac{1}{(x-2)^{n+1}}\right]$。

4. 因为 $v(t)=s'=3t^2-6t-12$,$a(t)=s''=6t-6$,所以 $v(2)=-12$,$a(2)=6$。

习题 2-5

1. $\Delta y=0.00050004$,$dy=0.0005$。

2. (1) $dy=(4x^3+2+e^x)dx$;　　　　　　(2) $dy=-15\sin 3x dx$;

(3) $dy=-100\pi\sin\left(100\pi x+\dfrac{\pi}{6}\right)dx$;　　(4) $dy=e^{-x}(2\cos 2x-\sin 2x)dx$;

(5) $dy=\left(-\dfrac{1}{x^2}+\dfrac{1}{\sqrt{x}}\right)dx$;　　　(6) $dy=(\sin 2x+2x\cos 2x)dx$;

(7) $dy=\dfrac{1}{(x^2+1)\sqrt{x^2+1}}dx$;　　(8) $dy=-\dfrac{2\ln(1-x)}{1-x}dx$;

(9) $dy=e^{-x}[\sin(3-x)-\cos(3-x)]dx$;

(10) $dy=8x\tan(1+2x^2)\sec^2(1+2x^2)dx$。

3. (1) x^2+C;　　　　　　　　　(2) $-\dfrac{5}{2}\cos 2x+C$;

(3) $-e^{-x}+C$;　　　　　　　(4) $\dfrac{1}{100\pi}\sin\left(100\pi x+\dfrac{\pi}{6}\right)+C$;

(5) x^3+C;　　　　　　　　　(6) $2\sqrt{x}+C$;

(7) $\ln|1+x|+C$;　　　　　　(8) $-\dfrac{1}{2}e^{-2x}+C$;

(9) $-\dfrac{1}{2}\cos 2x+C$;　　　　(10) $\dfrac{1}{2}\arcsin 2x+C$。

4. (1) 0.9995;　　(2) 0.0001;　　(3) 0.5151;

(4) 2.7455;　　(5) 9.9867;　　(6) 1.025;

(7) 9.995;　　(8) 10.033;　　(9) 0.995。

复习题二

一、1. 3;　2. $f'(0)$;　3. $y'|_{x=1}=n$;　4. $f'\left(\dfrac{\pi}{2}\right)=\dfrac{1}{2}$;　5. $-\dfrac{1}{2}$;　6. $f'(0)=24$;

7. $3x-y-2=0$;　8. $-\dfrac{\pi^2}{18}$;　9. $\dfrac{1}{2}e^{2x}+C$;　10. -0.02。

二、1. D;　2. C;　3. C;　4. B;　5. A;　6. A;　7. D;　8. A;　9. C;　10. A;　11. B;　12. D;

13. B;　14. D。

三、1. $f'(x)=1+x+x^2+x^3+x^4+x^5$;　　2. $y'=-\dfrac{1}{x^2}+\dfrac{1}{2\sqrt{x}}+\dfrac{1}{x}$;

3. $y'=\sin x+x\cos x-\sec^2 x$;　　　　4. $y'=\dfrac{1}{(\sin x+\cos x)^2}$;

5. $y'=\ln x+1+\dfrac{1-\ln x}{x^2}$;　　　　6. $f'(x)=5(4x+1)(2x^2+x+1)^4$;

7. $y'=-18x(1-3x^2)^2$;　　　　　　8. $y'=\dfrac{4}{(1-2x)^3}$;

9. $y'=-\sin 2x$;　　　　　　　　　10. $y'=2\cot(2x-1)$;

11. $y'=\dfrac{1}{\sqrt{1+x^2}}$;　　　　　　　12. $y'=\dfrac{-2x}{(1+x^2)\cdot|x|}$;

13. $y=e^{2x}\left[2\sin x\cdot\ln(-3x)+\cos x\cdot\ln(-3x)+\dfrac{\sin x}{x}\right]$;

14. $y'=\dfrac{(x^2+2x-1)\arctan x+(1+x)}{(1+x)^2}$;

15. $y'=\dfrac{a^2-2x^2+2}{2\sqrt{a^2-x^2}}$;　　　　16. $y'=(1+2x)^{\tan x}\left[\sec^2 x\ln(1+2x)+\dfrac{2\tan x}{1+2x}\right]$;

17. $\dfrac{dy}{dx}=\dfrac{xy\ln y-y^2}{xy\ln x-x^2}$;　　　　18. $\dfrac{dy}{dx}=\dfrac{e^{x+y}-y}{x-e^{x+y}}$;

19. $\dfrac{\mathrm{d}y}{\mathrm{d}x}=\dfrac{t}{2}$；

20. $\dfrac{\mathrm{d}y}{\mathrm{d}x}=\dfrac{\mathrm{e}^y\cos t}{(6t+2)(1-\mathrm{e}^y\sin t)}$。

四、1. $y'|_{x=\frac{\pi}{6}}=\dfrac{1}{2}$，$y'|_{x=\frac{\pi}{4}}=0$；

2. $y'|_{x=\frac{\pi}{4}}=1+\dfrac{\pi}{2}-\dfrac{\sqrt{2}}{4}$；

3. $f'(4)=-\dfrac{1}{18}$；

4. $f'(0)=\dfrac{3}{25}$，$f'(2)=\dfrac{17}{15}$。

五、1. $y''=\dfrac{-2x(3-x^2)}{(1+x^2)^3}$；

2. $y''=2(18x+11)$；

3. $y''=-2\mathrm{e}^x\sin x$；

4. $y''=2(1+2x^2)\mathrm{e}^{x^2}$。

六、1. $y^{(n)}=2^n\mathrm{e}^{2x}+(-1)^n\mathrm{e}^{-x}$；

2. $y^{(n)}=(-1)^{n+1}\dfrac{2^{n-1}\cdot(n-1)!}{(1+2x)^n}$；

3. $y^{(n)}=(-1)^{n+1}\dfrac{(n-2)!}{x^{n-1}}$；

4. $y^{(n)}=3^n\cos\left(3x+\dfrac{n\pi}{2}\right)$；

5. $y^{(n)}=(-1)^n\dfrac{2n!}{(1+x)^{n+1}}$；

6. $y^{(n)}=3^n\sin\left(3x+\dfrac{n\pi}{2}\right)$；

7. $y^{(n)}=\dfrac{(-1)^n n!}{2}\left[\dfrac{1}{(x-1)^{n+1}}-\dfrac{1}{(x+1)^{n+1}}\right]$；

8. $y^{(n)}=2^{n-1}\cos\left(2x+\dfrac{n\pi}{2}\right)$。

七、1. $\mathrm{d}y=\left(\dfrac{1}{x}+\sin x+\mathrm{e}^x\right)\mathrm{d}x$；

2. $\mathrm{d}y=\dfrac{-2}{(1+x)^2}\mathrm{d}x$；

3. $\mathrm{d}y=-\sin 2x\,\mathrm{d}x$；

4. $\mathrm{d}y=-\mathrm{e}^{-x}[\sin(2-x)+\cos(2-x)]\mathrm{d}x$；

5. $\mathrm{d}y=[(1+\csc^2 x)\cos x-\sin x(x-\cot x)]\mathrm{d}x$；

6. $\mathrm{d}y=\dfrac{-1}{\sqrt{x}(\sqrt{x}-1)^2}\mathrm{d}x$；

7. $\mathrm{d}y=14(2x-7)^6\mathrm{d}x$；

8. $\mathrm{d}y=(1-x)\mathrm{e}^{\frac{-(x-1)^2}{2}}\mathrm{d}x$。

八、1. 切线方程是 $2x-y+1=0$，法线方程是 $x+2y-2=0$；

2. 切线方程是 $x+y-1=0$，法线方程是 $x-y-1=0$。

九、$f(x)$ 在 $x=0$ 处既连续又可导。

十、$a=2x_0$，$b=-x_0^2$。

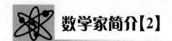

数学家简介【2】

柯 西

——业绩永存的数学大师

柯西(Cauchy，1789—1857)，法国数学家、物理学家。19 世纪初期，微积分已发展成一个庞大的分支，内容丰富，应用非常广泛，与此同时，它的薄弱之处也越来越暴露出来，微积分的理论基础并不严格。为解决新问题并理清微积分概念，数学家们展开了数学分析严谨化的工作，在分析基础的奠基工作中，做出卓越贡献的要首推伟大的数学家柯西。

柯西 1789 年 8 月 21 日出生于巴黎。父亲是一位精通古典文学的律师，与当时法国的大数学家拉格朗日和拉普拉斯交往密切。柯西少年时代的数学才华颇受这两位数学家的赞赏，并预言柯西日后必成大器。拉格朗日向其父亲建议"赶快给柯西一种坚实的文学教育"，以便他的爱好不致把他引入歧途。父亲因此加强了对柯西的文学教养，使他在诗歌方面也表现出很高的才华。

1807—1810 年，柯西在工学院学习。他曾当过交通道路工程师，由于身体欠佳，他接受了拉格朗日和拉普拉斯的劝告，放弃工程师工作而致力于纯数学的研究。柯西在数学上的最大贡献是在微积分中引进了极限概念，并以极限为基础建立了逻辑清晰的分析体系。这是微积分发展史上的精华，也是柯西对人类科学发展所做的巨大贡献。

1821 年，柯西提出极限定义的 ε 方法，把极限过程用不等式来刻画，后经威尔斯特拉斯改进，成为现在所说的柯西极限定义或叫 $\varepsilon-\delta$ 定义。当今所有微积分的教科书都还(至少是在本质上)沿用着柯西等人关于极限、连续、导数、收敛等概念的定义。他对微积分的解释被后人普遍采用。柯西对定积分作了最系统的开创性工作，他把定积分定义为和的"极限"。在定积分运算之前，强调必须确立积分的存在性。他利用中值定理首先严格证明了微积分基本定理。通过柯西以及后来威尔斯特拉斯的艰苦工作，使数学分析的基本概念得到严格的论述。从而结束了微积分两百年来思想上的混乱局面，把微积分及其推广从对几何概念、运动和直观了解的完全依赖中解放出来，并使微积分发展成现代数学最基本、最庞大的数学学科。

数学分析严谨化的工作一开始就产生了很大的影响。在一次学术会议上，柯西提出了级数收敛性理论。会后，拉普拉斯急忙赶回家中，根据柯西的严谨判别法，逐一检查其巨著《天体力学》中所用到的级数是否都收敛。

柯西在其他方面的研究成果也很丰富。复变函数的微积分理论就是由他创立的。在代数、理论力学、光学、弹性理论等方面，柯西也有突出贡献。柯西的数学成就不仅辉煌，而且数量惊人，《柯西全集》有 27 卷，其论著有 800 多篇。在数学史上是仅次于欧拉的多产数学家。他的光辉名字与许多定理、准则一起铭记在当今许多教材中。

作为一位学者，他思路敏捷，功绩卓著。但柯西是个具有复杂性格的人。他是忠诚的保皇党人，热心的天主教徒，落落寡合的学者。尤其作为久负盛名的科学泰斗，他常常忽视青年学者的创造。例如，由于柯西"失落"了才华出众的年轻数学家阿贝尔与伽罗华的开创性的论文手稿，造成群论晚问世约半个世纪。

1857 年 5 月 23 日，柯西在巴黎病逝。他临终的一句名言"人总是要死的，但是，他们的业绩永存"长久地叩击着一代又一代学者的心扉。

第三章 导数的应用

> 只有将数学应用于社会科学的研究后，才能使得文明社会的发展成为可控制的现实。
>
> ——怀特黑德

本章主要介绍一阶导数如何解决函数的单调性、极值、最值问题；二阶导数如何解决函数的凹凸及拐点问题。针对 $\frac{0}{0}$ 型或 $\frac{\infty}{\infty}$ 型的极限问题，我们将详细介绍洛必达法则及其应用。

第一节 中值定理

要利用导数来研究函数的性质，首先就要了解导数值与函数值之间的关系，反映这些关系的是微分学中的三个中值定理。

一、罗尔(Rolle)定理

定理 3.1.1 如果函数 $y=f(x)$ 满足：

(1) 在闭区间 $[a,b]$ 上连续；

(2) 在开区间 (a,b) 内可导；

(3) $f(a)=f(b)$。

那么，在 (a,b) 内至少存在一点 ξ，使得 $f'(\xi)=0$。

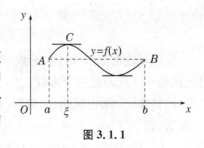

图 3.1.1

这个定理的几何解释如图 3.1.1 所示，如果连续曲线 $y=f(x)$ 在开区间 (a,b) 内的每一点处都存在不垂直于 x 轴的切线，并且两个端点 A、B 处的纵坐标相等，即连接两端点的直线 AB 平行于 x 轴，则在此曲线上至少存在一点 $C(\xi,f(\xi))$，使得曲线 $y=f(x)$ 在点 C 处的切线与 x 轴平行。

【例 3.1.1】 验证函数 $y=x^2-3x-4$ 在区间 $[-1,4]$ 上满足罗尔定理，并求出相应的 ξ 点。

解 函数 $y=x^2-3x-4$ 为初等函数，在闭区间 $[-1,4]$ 上连续，且导数 $y'=2x-3$ 在开区间 $(-1,4)$ 内存在，且 $f(-1)=f(4)=0$，所以函数 $y=x^2-3x-4$ 在区间 $[-1,4]$ 上满足罗尔定理的三个条件。因此，在开区间 $(-1,4)$ 内一定存在 ξ 点，使得 $f'(\xi)=0$。

事实上，令 $f'(x)=2x-3=0$，解得 $x=\frac{3}{2}$，且 $\frac{3}{2}\in(-1,4)$，即 $\xi=\frac{3}{2}$，使得 $f'(\xi)=$

$$f'\left(\frac{3}{2}\right)=0。$$

二、拉格朗日(Lagrange)中值定理

定理 3.1.2　如果函数 $y=f(x)$ 满足:

(1) 在闭区间 $[a,b]$ 上连续;

(2) 在开区间 (a,b) 内可导。

那么,在 (a,b) 内,至少存在一点 ξ,使得 $f'(\xi)=\dfrac{f(b)-f(a)}{b-a}$。

也可以写成 $f(b)-f(a)=f'(\xi)(b-a)$。

在此定理中,如果区间 $[a,b]$ 的两个端点处的函数值相等,就变成了罗尔定理。也就是说,罗尔定理是拉格朗日定理的特殊情况。

拉格朗日定理的几何解释如图 3.1.2 所示,若 $y=f(x)$ 是闭区间 $[a,b]$ 上的连续曲线弧段 AB,连接点 $A(a,f(a))$ 和点 $B(b,f(b))$ 的弦 AB 的斜率为 $\dfrac{f(b)-f(a)}{b-a}$,

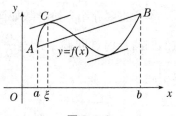

图 3.1.2

而弧段 AB 上某点 $C(\xi,f(\xi))$ 的斜率为 $f'(\xi)$。

定理 3.1.2 的结论表明:在曲线弧段 AB 上至少存在一点 $C(\xi,f(\xi))$,使得曲线在点 C 处的切线与曲线的两个端点连线 AB 平行。

拉格朗日定理有两个推论:

推论 1　如果在区间 (a,b) 内,函数 $y=f(x)$ 的导数 $f'(x)$ 恒等于零,那么在区间 (a,b) 内,函数 $y=f(x)$ 是一个常数。

证明　在区间 (a,b) 内任取两点 $x_1,x_2(x_1<x_2)$,在 $[x_1,x_2]$ 上,用拉格朗日中值定理,有

$$f(x_2)-f(x_1)=f'(\xi)(x_2-x_1)\quad(x_1<\xi<x_2)$$

由于函数 $y=f(x)$ 的导数 $f'(x)$ 恒等于零,所以

$$f(x_2)=f(x_1)$$

这说明在区间 (a,b) 内,函数 $y=f(x)$ 在任何两点处的函数值都相等。故在区间 (a,b) 内,函数 $y=f(x)$ 是一个常数。

推论 2　如果在区间 (a,b) 内,$f'(x)\equiv g'(x)$,则在区间 (a,b) 内,$f(x)$ 与 $g(x)$ 只相差一个常数,即

$$f(x)=g(x)+C(C \text{ 为一常数})$$

证明　令 $h(x)=f(x)-g(x)$,则

$$h'(x)=f'(x)-g'(x)=0$$

由推论 1 知,$h(x)$ 为一常数,于是有

$$f(x)=g(x)+C(C \text{ 为常数})$$

【例 3.1.2】　对于函数 $f(x)=\ln x$,在闭区间 $[1,e]$ 上验证拉格朗日定理的正确性。

解　因为函数 $f(x)=\ln x$ 在闭区间 $[1,e]$ 上连续,在开区间 $(1,e)$ 内可导,又

$$f(1)=\ln 1=0,f(\mathrm{e})=\ln \mathrm{e}=1,f'(x)=\frac{1}{x}$$

由拉格朗日中值定理,存在 $\xi\in(1,\mathrm{e})$,使得

$$\frac{\ln \mathrm{e}-\ln 1}{\mathrm{e}-1}=\frac{1}{\xi}$$

从而解得

$$\xi=\mathrm{e}-1\in(1,\mathrm{e})$$

*三、柯西(Cauchy)中值定理

定理 3.1.3 设函数 $f(x)$ 与函数 $g(x)$ 满足:

(1) 在闭区间 $[a,b]$ 上连续;

(2) 在开区间 (a,b) 内可导;

(3) 在区间 (a,b) 内 $g'(x)\neq 0$。

那么,在 (a,b) 内,至少存在一点 ξ,使得

$$\frac{f(b)-f(a)}{g(b)-g(a)}=\frac{f'(\xi)}{g'(\xi)}$$

在此定理中,若 $g(x)=x$,则其就变成了拉格朗日定理,说明拉格朗日定理是柯西定理的特殊情况。

习题 3-1

1. 验证函数 $y=\sin x$ 在区间 $\left[\frac{\pi}{4},\frac{3\pi}{4}\right]$ 上满足罗尔定理,并求出 ξ 值。

2. 验证函数 $y=\ln \sin x$ 在区间 $\left[\frac{\pi}{6},\frac{5\pi}{6}\right]$ 上满足罗尔定理,并求出 ξ 值。

3. 验证函数 $y=\arctan x$ 在区间 $[0,1]$ 上满足拉格朗日定理,并求出 ξ 值。

第二节 洛必达法则

一、未定式 $\frac{0}{0}$ 型和 $\frac{\infty}{\infty}$ 型的洛必达法则

定理 3.2.1 如果 $f(x),g(x)$ 满足以下条件:

(1) $\lim\limits_{x\to x_0}f(x)=\lim\limits_{x\to x_0}g(x)=0$(或 ∞);

(2) 在点 x_0 的某一去心邻域内 $f(x),g(x)$ 可导,且 $g'(x)\neq 0$;

(3) $\lim\limits_{x\to x_0}\dfrac{f'(x)}{g'(x)}=A$(或为 ∞),

则 $\lim\limits_{x\to x_0}\dfrac{f(x)}{g(x)}=\lim\limits_{x\to x_0}\dfrac{f'(x)}{g'(x)}=A$(或为 ∞)。

【例 3.2.1】 用洛必达法则求下列极限：

(1) $\lim\limits_{x \to 1} \dfrac{x-1}{x^2+2x-3}$；   (2) $\lim\limits_{x \to \infty} \dfrac{2x^3-1}{x^3+2x-3}$；   (3) $\lim\limits_{x \to +\infty} \dfrac{\ln(x+1)}{\mathrm{e}^x}$。

解 (1) $\lim\limits_{x \to 1} \dfrac{x-1}{x^2+2x-3} = \lim\limits_{x \to 1} \dfrac{1}{2x+2} = \dfrac{1}{4}$；

(2) $\lim\limits_{x \to \infty} \dfrac{2x^3-1}{x^3+2x-3} = \lim\limits_{x \to \infty} \dfrac{6x^2}{3x^2+2} = \lim\limits_{x \to \infty} \dfrac{12x}{6x} = 2$；

(3) $\lim\limits_{x \to +\infty} \dfrac{\ln(x+1)}{\mathrm{e}^x} = \lim\limits_{x \to +\infty} \dfrac{\dfrac{1}{x+1}}{\mathrm{e}^x} = \lim\limits_{x \to +\infty} \dfrac{1}{(x+1)\mathrm{e}^x} = 0$。

【例 3.2.2】 求 $\lim\limits_{x \to 0} \dfrac{\sqrt{1+x}-1}{2x}$。

解 因为 $\lim\limits_{x \to 0} \dfrac{\sqrt{1+x}-1}{2x}$ 为 $\dfrac{0}{0}$ 型未定式，所以

$$\lim\limits_{x \to 0} \dfrac{\sqrt{1+x}-1}{2x} = \lim\limits_{x \to 0} \dfrac{\dfrac{1}{2\sqrt{1+x}}}{2} = \lim\limits_{x \to 0} \dfrac{1}{4\sqrt{1+x}} = \dfrac{1}{4}$$

【例 3.2.3】 求 $\lim\limits_{x \to 0} \dfrac{\ln(1+4x)}{x^2}$。

解 因为 $\lim\limits_{x \to 0} \dfrac{\ln(1+4x)}{x^2}$ 为 $\dfrac{0}{0}$ 型未定式，所以

$$\lim\limits_{x \to 0} \dfrac{\ln(1+4x)}{x^2} = \lim\limits_{x \to 0} \dfrac{\dfrac{4}{1+4x}}{2x} = \lim\limits_{x \to 0} \dfrac{2}{x(1+4x)} = \infty$$

二、使用洛必达法则注意事项

(1) 满足定理条件可多次使用此法则，如例 1 中的第(2)小题。

(2) 当 $\lim\limits_{x \to x_0} \dfrac{f(x)}{g(x)}$ 不属于 $\dfrac{0}{0}$ 型和 $\dfrac{\infty}{\infty}$ 型时不能用此法则，如 $\lim\limits_{x \to 0} \dfrac{\cos x}{x^2}$ 不能使用洛必达法则，它属于 $\dfrac{A}{0}$ 型，结果是 ∞。

(3) 当 $\lim\limits_{x \to x_0} \dfrac{f'(x)}{g'(x)}$ 不存在且不为 ∞ 时，也不能用此法则，如 $\lim\limits_{x \to \infty} \dfrac{x+\sin x}{x-\sin x}$ 使用洛必达法则后，极限不存在，这时，不能推出原极限 $\lim\limits_{x \to \infty} \dfrac{x+\sin x}{x-\sin x}$ 不存在，只能说明洛必达法则在此题中失效。

(4) 当 $\lim\limits_{x \to x_0} \dfrac{f'(x)}{g'(x)}$ 出现循环时，此法则无效，如 $\lim\limits_{x \to +\infty} \dfrac{\mathrm{e}^x+\mathrm{e}^{-x}}{\mathrm{e}^x-\mathrm{e}^{-x}}$。

(5) 此法则不能与商的求导法则混淆，它是对分子、分母分别求导，不是对整个分式求导。

(6) 除了未定式 $\dfrac{0}{0}$ 型和 $\dfrac{\infty}{\infty}$ 型外，还有 $0 \cdot \infty$，$\infty - \infty$，0^0，1^{∞}，∞^0 等类型的未定式，它们都可通过恒等变形，转化为 $\dfrac{0}{0}$ 型或 $\dfrac{\infty}{\infty}$ 型的未定式再求解。

【例 3. 2. 4】 求 $\lim\limits_{x \to 0}\dfrac{x^2 \sin \frac{1}{x}}{\sin x}$。

解 $\lim\limits_{x \to 0}\dfrac{x^2 \sin \frac{1}{x}}{\sin x} = \lim\limits_{x \to 0}\dfrac{x}{\sin x} \times x \sin \frac{1}{x} = \lim\limits_{x \to 0}\dfrac{x}{\sin x} \times \lim\limits_{x \to 0} x \sin \frac{1}{x} = 1 \times 0 = 0$

错误解法：$\lim\limits_{x \to 0}\dfrac{x^2 \sin \frac{1}{x}}{\sin x} = \lim\limits_{x \to 0}\dfrac{2x \sin \frac{1}{x} - \cos \frac{1}{x}}{\cos x}$，极限$\lim\limits_{x \to 0}\dfrac{2x \sin \frac{1}{x} - \cos \frac{1}{x}}{\cos x}$不存在，不满足

洛必达法则的第(3)条，不能推出原极限$\lim\limits_{x \to 0}\dfrac{x^2 \sin \frac{1}{x}}{\sin x}$不存在，此题洛必达法则失效。

【例 3. 2. 5】 求 $\lim\limits_{x \to 0}\dfrac{x - \sin x}{\tan x^3}$。

解 $\lim\limits_{x \to 0}\dfrac{x - \sin x}{\tan x^3} \underset{(\tan x^3 \sim x^3)}{=} \lim\limits_{x \to 0}\dfrac{x - \sin x}{x^3} \overset{(\frac{0}{0}型)}{=} \lim\limits_{x \to 0}\dfrac{1 - \cos x}{3x^2} = \lim\limits_{x \to 0}\dfrac{\frac{1}{2}x^2}{3x^2} = \dfrac{1}{6}$

此题将洛必达法则与无穷小的等价交换巧妙地使用，让解答显得干净、利落。

三、其他类型未定式

【例 3. 2. 6】 求 $\lim\limits_{x \to 0^+} x \ln x$。

解 $\lim\limits_{x \to 0^+} x \ln x$ 属于 $0 \cdot \infty$ 型未定式，我们把它转化为 $\dfrac{\infty}{\infty}$ 型的未定式来求。

$$\lim\limits_{x \to 0^+} x \ln x = \lim\limits_{x \to 0}\dfrac{\ln x}{\frac{1}{x}} \overset{(\frac{\infty}{\infty}型)}{=} \lim\limits_{x \to 0^+}\dfrac{\frac{1}{x}}{-\frac{1}{x^2}} = \lim\limits_{x \to 0^+}(-x) = 0$$

【例 3. 2. 7】 求 $\lim\limits_{x \to 0}\left(\dfrac{1}{e^x - 1} - \dfrac{1}{x}\right)$。

解 $\lim\limits_{x \to 0}\left(\dfrac{1}{e^x - 1} - \dfrac{1}{x}\right)$ 属于 $\infty - \infty$ 型未定式，通分后，把它转化为 $\dfrac{0}{0}$ 型的未定式来求。

$\lim\limits_{x \to 0}\left(\dfrac{1}{e^x - 1} - \dfrac{1}{x}\right) = \lim\limits_{x \to 0}\dfrac{x - e^x + 1}{x(e^x - 1)} = \lim\limits_{x \to 0}\dfrac{1 - e^x}{e^x - 1 + x e^x} = \lim\limits_{x \to 0}\dfrac{-e^x}{e^x + e^x + x e^x} = -\dfrac{1}{2}$

【例 3. 2. 8】 求 $\lim\limits_{x \to 0^+} x^x$。

解 $\lim\limits_{x \to 0^+} x^x$ 属于 0^0 型未定式，利用恒等关系 $y = e^{\ln y}$，把它转化为 $\dfrac{\infty}{\infty}$ 型的未定式来求。

首先做极限转换： $\lim\limits_{x \to 0^+} x^x = \lim\limits_{x \to 0} e^{x \ln x} = e^{\lim\limits_{x \to 0^+} x \ln x}$

然后求极限： $\lim\limits_{x \to 0^+} x \ln x = \lim\limits_{x \to 0^+}\dfrac{\ln x}{\frac{1}{x}} = \lim\limits_{x \to 0^+}\dfrac{\frac{1}{x}}{-\frac{1}{x^2}} = \lim\limits_{x \to 0^+}(-x) = 0$

最后得出结论： $\lim\limits_{x \to 0^+} x^x = e^{\lim\limits_{x \to 0^+} x \ln x} = e^0 = 1$

习题 3-2

用洛必达法则求下列极限:

1. $\lim\limits_{x\to\frac{\pi}{2}}\dfrac{\cos x}{x-\dfrac{\pi}{2}}$;

2. $\lim\limits_{x\to\infty}\dfrac{x^2-x+2}{2x^2-x+1}$;

3. $\lim\limits_{x\to0}\dfrac{\sqrt{x+4}-2}{\sqrt[3]{x+8}-2}$;

4. $\lim\limits_{x\to1}\dfrac{x^3-3x+2}{x^3-x^2-x+1}$;

5. $\lim\limits_{x\to0}x\cot x$;

6. $\lim\limits_{x\to0}\dfrac{e^x-e^{-x}}{\sin x}$;

7. $\lim\limits_{x\to a}\dfrac{\sin x-\sin a}{x-a}$;

8. $\lim\limits_{x\to0}\dfrac{a^x-b^x}{x}$;

9. $\lim\limits_{x\to+0}\dfrac{\ln\cot x}{\ln x}$;

10. $\lim\limits_{x\to+\infty}x\left(\dfrac{\pi}{2}-\arctan x\right)$;

11. $\lim\limits_{x\to1}\left(\dfrac{1}{x-1}-\dfrac{2}{x^2-1}\right)$;

12. $\lim\limits_{x\to\frac{\pi}{2}}(\sec x-\tan x)$;

13. $\lim\limits_{x\to1}x^{\frac{1}{1-x}}$;

14. $\lim\limits_{x\to0^+}\left(\dfrac{1}{x}\right)^{\tan x}$;

15. $\lim\limits_{x\to0}(\cos x)^{\frac{1}{x^2}}$;

16. $\lim\limits_{x\to0^+}(\cot x)^{\frac{1}{\ln x}}$.

第三节 函数的单调性与极值

一、函数的单调性

如图 3.3.1 所示,如果函数 $y=f(x)$ 在 (a,b) 上单调增加,那么它的图像是一条沿 x 轴正向上升的曲线,用向上的箭头↗来表示。这时函数曲线 $y=f(x)$ 上任意点 (x,y) 处切线的倾斜角 α 是锐角,因而切线斜率都为正值,导数的几何意义告诉我们,此时 $y'>0$。

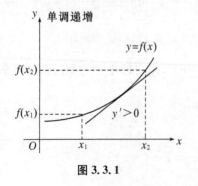

图 3.3.1

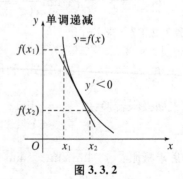

图 3.3.2

如图 3.3.2 所示,如果函数 $y=f(x)$ 在 (a,b) 上单调减少,那么它的图像是一条沿 x 轴正向下降的曲线,用向下的箭头↘来表示。这时函数曲线 $y=f(x)$ 上任意点 (x,y) 处切线

的倾斜角 β 是钝角,因而切线斜率都为负值,导数的几何意义告诉我们,此时 $y'<0$。

定理 3.3.1　设函数 $y=f(x)$ 在 (a,b) 内可导,则

(1) 若在 (a,b) 内 $y'>0$,则函数 $y=f(x)$ 在 (a,b) 内单调递增;

(2) 若在 (a,b) 内 $y'<0$,则函数 $y=f(x)$ 在 (a,b) 内单调递减。

注意:在区间内单个点处导数等于零,不影响函数的单调性。如幂函数 $y=x^3$,其导数 $y'=3x^2$ 在原点处为 0,但它在其定义域 $(-\infty,+\infty)$ 内是单调增加的。

求解函数单调性的解题步骤:

(1) 函数的定义域;

(2) 函数的一阶导数;

(3) 找点:驻点(使得 $y'=0$ 的点)及一阶导数不存在的点(这种点称为尖点);

(4) 列表分析:用找到的点将定义域划分成若干个小区间,在每个小区间上判断一阶导数的正、负号,最后写出结论。

【例 3.3.1】　判断函数 $y=e^x$ 的单调性。

解　函数 $y=e^x$ 的定义域为 $(-\infty,+\infty)$,又 $y'=e^x>0$,故 $y=e^x$ 在 $(-\infty,+\infty)$ 内单调递增。

【例 3.3.2】　求函数 $y=x^3-3x^2-9x+1$ 的单调区间。

解　函数 $y=x^3-3x^2-9x+1$ 的定义域为 $(-\infty,+\infty)$,

又 $y'=3x^2-6x-9=3(x+1)(x-3)$ 在 $(-\infty,+\infty)$ 内的符号有正有负,

因此先令 $y'=0$,得 $x=-1,x=3$。

列表分析如下:

x	$(-\infty,-1)$	-1	$(-1,3)$	3	$(3,+\infty)$
y'	$+$	0	$-$	0	$+$
y	↗		↘		↗

由表知,函数 $y=x^3-3x^2-9x+1$ 的单调增加区间为 $(-\infty,-1)$ 和 $(3,+\infty)$,单调减少区间为 $(-1,3)$。

【例 3.3.3】　求函数 $y=\dfrac{3}{8}x^{\frac{8}{3}}-\dfrac{3}{2}x^{\frac{2}{3}}$ 的单调区间。

解　函数的定义域为 $(-\infty,+\infty)$,又

$$y'=x^{\frac{5}{3}}-x^{-\frac{1}{3}}=\frac{(x+1)(x-1)}{\sqrt[3]{x}}\quad(x\neq0)$$

令 $y'=0$,得

$$x=-1,x=1$$

而当 $x=0$ 时,y' 不存在。

列表分析如下:

x	$(-\infty,-1)$	-1	$(-1,0)$	0	$(0,1)$	1	$(1,+\infty)$
y'	$-$	0	$+$	不存在	$-$	0	$+$
y	↘		↗		↘		↗

由表知,函数 $y=\dfrac{3}{8}x^{\frac{8}{3}}-\dfrac{3}{2}x^{\frac{2}{3}}$ 的单调增加区间为 $(-1,0)$ 和 $(1,+\infty)$,单调减少区间为 $(-\infty,-1)$ 和 $(0,1)$。

函数的单调性是函数的一个重要特征。要确定函数 $y=f(x)$ 的单调性,重点是找出使 $y'=0$ 的点(称为 $f(x)$ 的驻点)或 y' 不存在的点(称为 $f(x)$ 的尖点),然后列表分析导数符号和函数增减性,就可得函数 $y=f(x)$ 的单调区间。

二、函数的极值及其求法

我们知道,驻点 $x_1=-1$ 和点 $x_2=3$ 是函数 $f(x)=x^3-3x^2-9x+1$ 的单调区间分界点。自变量 x 在点 $x_1=-1$ 的左侧邻域变到右侧邻域时,$f(x)=x^3-3x^2-9x+1$ 由单调增加变成单调减少,在点 $x_1=-1$ 的邻域恒有 $f(-1)>f(x)$,称函数 $f(x)$ 在点 $x_1=-1$ 处取得极大值;函数 $f(x)=x^3-3x^2-9x+1$ 在点 $x_2=3$ 的邻域恒有 $f(3)<f(x)$,称函数 $f(x)$ 在点 $x_2=3$ 处取得极小值。

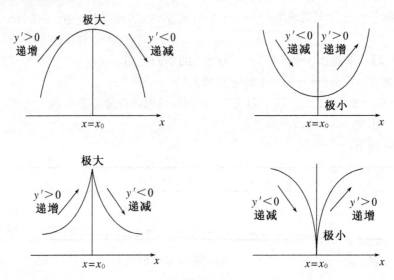

图 3.3.3

如图 3.3.3 所示:设函数 $f(x)$ 在 $x=x_0$ 处的左、右邻域可导,则当在 $x=x_0$ 处的左、右邻域 $f'(x)$ 由正变负,或者说 $f(x)$ 由递增变递减时,$f(x_0)$ 为极大值;当在 $x=x_0$ 处的左、右邻域 $f'(x)$ 由负变正,或者说 $f(x)$ 由递减变递增时,$f(x_0)$ 为极小值;而在极值点 $x=x_0$ 处要么 $f'(x_0)=0$,要么 $f'(x_0)$ 不存在,或者说极值点 x_0 要么为 $f(x)$ 的驻点,要么为 $f(x)$ 的尖点。

定义 3.3.1　设函数 $f(x)$ 在 x_0 的某个领域内有定义,如果对于该邻域内的任意一点 x($x\neq x_0$),均有(1) $f(x_0)>f(x)$,则称 $f(x_0)$ 为函数 $f(x)$ 的**极大值**,x_0 称为函数 $f(x)$ 的**极大值点**;(2) $f(x_0)<f(x)$,则称 $f(x_0)$ 为函数 $f(x)$ 的**极小值**,x_0 称为函数 $f(x)$ 的**极小值点**。

函数的极大值与极小值统称为函数的**极值**,极大值点与极小值点统称为**极值点**。

定理 3.3.2(极值的必要条件)　设函数 $f(x)$ 在点 x_0 处可导,且 $f(x_0)$ 为极值,则 $f'(x_0)=0$。

定理 3.3.3(极值的充分条件) 设函数 $f(x)$ 在点 x_0 的一个邻域内可导且 $f'(x_0)=0$：

(1) 如果当 $x<x_0$ 时，$f'(x)>0$；当 $x>x_0$ 时，$f'(x)<0$；则函数 $f(x)$ 在点 x_0 处取得极大值，x_0 为极大值点。

(2) 如果当 $x<x_0$ 时，$f'(x)<0$；当 $x>x_0$ 时，$f'(x)>0$；则函数 $f(x)$ 在点 x_0 处取得极小值，x_0 为极小值点。

使得 $f'(x_0)=0$ 的点 x_0 称为**驻点**。

综上所述，求极值的步骤如下：

(1) 确定函数 $f(x)$ 的定义域；

(2) 求函数 $f(x)$ 的一阶导数；

(3) 找点：驻点或尖点；

(4) 列表分析：找到的点将定义域分成若干子区间，在每个子区间内判断 $f'(x)$ 的符号，$f(x)$ 的单调性、极值点；

(5) 计算函数的极值，得出结论。

【例 3.3.4】 求函数 $y=x^3-6x^2+9x+5$ 的极值。

解 函数 $y=x^3-6x^2+9x+5$ 的定义域为 $(-\infty,+\infty)$。

令 $y'=3x^2-12x+9=3(x-1)(x-3)=0$，得 $x=1$，$x=3$。

列表分析：

x	$(-\infty,1)$	1	$(1,3)$	3	$(3,+\infty)$
y'	+	0	−	0	+
y	↗	极大值	↘	极小值	↗

由表知，函数 $y=x^3-6x^2+9x+5$ 的极大值为 $y|_{x=1}=9$，极小值为 $y|_{x=3}=5$。

【例 3.3.5】 求函数 $y=x^3$ 的极值。

解 函数 $y=x^3$ 的定义域为 $(-\infty,+\infty)$，令 $y'=3x^2=0$，得 $x=0$。

列表分析：

x	$(-\infty,0)$	0	$(0,+\infty)$
y'	+	0	+
y	↗	0	↗

由表知，函数 $y=x^3$ 不存在极值。

【例 3.3.6】 求函数 $y=\dfrac{3}{8}x^{\frac{8}{3}}-\dfrac{3}{2}x^{\frac{2}{3}}$ 的极值。

解 函数 $y=\dfrac{3}{8}x^{\frac{8}{3}}-\dfrac{3}{2}x^{\frac{2}{3}}$ 的定义域为 $(-\infty,+\infty)$，又

$$y'=x^{\frac{5}{3}}-x^{-\frac{1}{3}}=\frac{(x+1)(x-1)}{\sqrt[3]{x}} \quad (x\neq0)$$

令 $y'=0$，得 $x=-1$，$x=1$。而当 $x=0$ 时，y' 不存在。

列表分析：

x	$(-\infty,-1)$	-1	$(-1,0)$	0	$(0,1)$	1	$(1,+\infty)$
y'	$-$	0	$+$	不存在	$-$	0	$+$
y	↘	$-\dfrac{9}{8}$	↗	0	↘	$-\dfrac{9}{8}$	↗

由表知,函数 $y=\dfrac{3}{8}x^{\frac{8}{3}}-\dfrac{3}{2}x^{\frac{2}{3}}$ 的极小值为 $y(\pm1)=-\dfrac{9}{8}$,极大值为 $y(0)=0$。

习题 3-3

1. 求下列函数的单调区间:

(1) $y=x^3-3x^2-9x+14$;　　　　(2) $y=x^2\mathrm{e}^{-x}$;

(3) $y=2x+\dfrac{8}{x}(x>0)$;　　　　(4) $y=3x^3+5x$。

2. 求下列函数的极值:

(1) $y=2x^3-3x^2$;　　　　(2) $y=x-\dfrac{3}{2}x^{\frac{2}{3}}$;

(3) $y=2\sqrt{x}+\dfrac{1}{x}+1$;　　　　(4) $y=(x^2-3)\mathrm{e}^x$。

第四节　函数的最大值与最小值

在现实生活、工农业生产和工程技术中,经常会遇到如何做才能使"用料最省"、"成本最低"、"产量最高"、"消耗最少"、"效率最高"等问题,这类问题反映在数学上就是求函数的最大值或最小值问题。

一、最值与极值的区别

(1) 在定义域范围内,函数的最值是唯一的,而极值可以是多解的;

(2) 最值可以在端点处取得,而极值只能在区间内取得;

(3) 最大值永远大于最小值,而极大值不一定大于极小值;

(4) 最值不一定是极值,极值也不一定是最值。

如图 3.4.1 所示,极小值 $y(x_1)$ 反而大于极大值 $y(x_3)$,最小值 $y(x_4)$ 在右端点处取得。

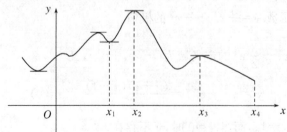

图 3.4.1

二、求最值的步骤

由于最值与极值存在区别,所以求最值的主要思路是寻求产生最值的点,然后求出函数值,再进行比较,得出结论。

求最值的步骤:

(1) 找点:区间端点、驻点、尖点;

(2) 求函数值:将(1)中找到的点全部求其函数值;

(3) 将所求函数值进行比较,最大者为最大值,最小者为最小值。

函数的极值是局部性的概念,函数的最值(最大值和最小值的统称)是整体性的概念,是一定范围内的函数值中的最大者或最小者。下面我们通过实例来介绍最值的求法和应用。

【例 3.4.1】 求函数 $y=x^3-3x^2-9x+1$ 在 $[-2,2]$ 上的最大值和最小值。

解 求出函数 $y=x^3-3x^2-9x+1$ 在 $[-2,2]$ 上的全部驻点。

由 $y'=3x^2-6x-9=3(x+1)(x-3)=0$,得 $x=-1$。($x=3$ 不属于区间 $[-2,2]$ 内,故舍去)

又因为 $y|_{x=-1}=6$,$y|_{x=-2}=-1$,$y|_{x=2}=-21$,所以函数 $y=x^3-3x^2-9x+1$ 在 $[-2,2]$ 上的最大值为 $y|_{x=-1}=6$,最小值为 $y|_{x=2}=-21$。

【例 3.4.2】 求函数 $y=\dfrac{3}{8}x^{\frac{8}{3}}-\dfrac{3}{2}x^{\frac{2}{3}}$ 在 $[-2,2]$ 上的最大值和最小值。

解 求出函数 $y=\dfrac{3}{8}x^{\frac{8}{3}}-\dfrac{3}{2}x^{\frac{2}{3}}$ 在 $[-2,2]$ 上的全部驻点和尖点。

由 $y'=x^{\frac{5}{3}}-x^{-\frac{1}{3}}=\dfrac{(x+1)(x-1)}{\sqrt[3]{x}}=0$,得 $x=-1$,$x=1$。

而当 $x=0$ 时,y' 不存在。

又因为 $y|_{x=\pm 1}=-\dfrac{9}{8}$,$y|_{x=0}=0$,$y|_{x=\pm 2}=0$,所以函数 $y=\dfrac{3}{8}x^{\frac{8}{3}}-\dfrac{3}{2}x^{\frac{2}{3}}$ 在 $[-2,2]$ 上的最大值为 $y|_{x=0}=y|_{x=\pm 2}=0$,最小值为 $y|_{x=\pm 1}=-\dfrac{9}{8}$。

【例 3.4.3】 求函数 $y=4\sin\left(100\pi t+\dfrac{\pi}{4}\right)$ 在 $\left[0,\dfrac{1}{50}\right]$ 上的最大值和最小值。

解 由 $y'=4\sin\left(100\pi t+\dfrac{\pi}{4}\right)=400\pi\cos\left(100\pi t+\dfrac{\pi}{4}\right)=0$,可得 $t=\dfrac{1}{400}$,$t=\dfrac{5}{400}$。

又因为

$$y|_{x=\frac{1}{400}}=4\sin\left(100\pi\times\dfrac{1}{400}+\dfrac{\pi}{4}\right)=4$$

$$y|_{x=\frac{5}{400}}=4\sin\left(100\pi\times\dfrac{5}{400}+\dfrac{\pi}{4}\right)=-4$$

$$y|_{x=0}=4\sin\left(100\pi\times 0+\dfrac{\pi}{4}\right)=2\sqrt{2}$$

$$y|_{x=\frac{1}{50}}=4\sin\left(100\pi\times\dfrac{1}{50}+\dfrac{\pi}{4}\right)=2\sqrt{2}$$

故函数 $y=4\sin\left(100\pi t+\dfrac{\pi}{4}\right)$ 在 $\left[0,\dfrac{1}{50}\right]$ 上的最大值为 $y|_{x=\frac{1}{400}}=4$,最小值为 $y|_{x=\frac{5}{400}}=-4$。

函数最值的实际应用非常广泛,那么如何求实际问题的最值呢? 首先应根据实际问题建立函数关系(称为目标函数),然后再求出目标函数在所给条件下的全部驻点和尖点,最后再比较这些点上的函数值,即可求出实际问题的最值。

注意:若目标函数在所给条件下的驻点或导数不存在的点唯一,并且实际问题表明最值是在目标函数所给条件范围内部取得,则可断定唯一驻点或尖点就是实际问题的最值点,相应的函数值就是实际问题的最值。

【例 3.4.4】 有一块宽为 $2a$ 厘米的足够长的铁皮。欲将它的两端向内分别折成直角,制作成横截面为长方形的滴水槽(如图 3.4.2 所示),问从两端各折取多少厘米,才能使得到的横截面面积最大?

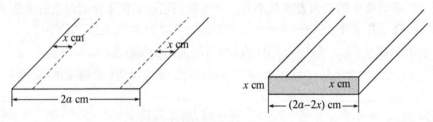

图 3.4.2

解 设从两端各折取 x 厘米,制作成横截面为长方形的水槽,则水槽的宽度为 $2a-2x$ 厘米,高度为 x 厘米,水槽的面积设为 A,则有

$$A=(2a-2x)x \quad (0<x<a)$$
$$A'=[(2a-2x)x]'=-2x+2a-2x=2a-4x$$

令 $A'=0$,得 $x=\dfrac{a}{2}$。

由于驻点唯一,又根据实际问题知,横截面面积的最大值一定存在,故当两端各折取 $\dfrac{a}{2}$ 厘米时制作成长方形水槽的横截面面积最大。

【例 3.4.5】 修建周长为 3000 米的矩形堆货场,问:长、宽各为多少时,才能使其面积最大?

解 设堆货场的长为 x 米,则宽为 $\dfrac{3000-2x}{2}=(1500-x)$ 米。

于是,堆货场的面积:

$$S(x)=x(1500-x)=1500x-x^2 (0<x<1500)$$
$$S'(x)=1500-2x$$

令 $S'(x)=0$,得驻点 $x=750$。

不难验证,$x=750$ 是极大值点,由于在区间内是唯一的极大值点,故它也是最大值点。所以,该堆货场的长、宽均为 750 米时,其面积最大,最大面积是 $S(750)=562500$(平方米)。

【例 3.4.6】 有一条由西向东的河流,经过相距 150 千米的 A,B 两城,为了从 A 城运货到 B 城正北 20 千米的工厂 C,准备在河流北岸建筑码头 M,并修公路 MC,如图 3.4.3 所示。已知水运运费是每吨每千米 3 元,公路运费是每吨每千米 5

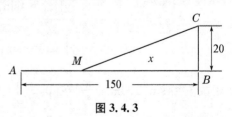

图 3.4.3

元,问:码头建在何处,才能使货物从 A 城经码头 M 运到工厂 C 的运费最省?

解 设 $MB=x$ 千米,则 $AM=150-x$,沿路线 AMC 运 a 吨货物所需运费为 y 元。

由题意建立函数关系,由 A 到 M 的水运运费是 $3a(150-x)$ 元。

$$MC=\sqrt{MB^2+BC^2}=\sqrt{x^2+400}(千米)$$

则由 M 到 C 的公路运费为 $5a\sqrt{x^2+400}$ 元。

从 A 到 C 运 a 吨货物的总运费为

$$y=3a(150-x)+5a\sqrt{x^2+400} \quad (0\leqslant x\leqslant 150)$$

$$y'=-3a+\frac{5ax}{\sqrt{x^2+400}}$$

令 $y'=0$,得 $x=15(x=-15$ 不合题意,舍去$)$。

当 $0<x<15$ 时,$y'<0$;当 $15<x<150$ 时,$y'>0$。

因此,y 在 $x=15$ 处取得极小值,这个极小值就是 y 的最小值。

所以,码头 M 建在距 B 城 15 千米处时,运费最省。

习题 3-4

1. 求下列函数的最大值和最小值。

(1) $y=2x^3-3x^2,-1\leqslant x\leqslant 4$;

(2) $y=e^x-x,-1\leqslant x\leqslant 1$;

(3) $y=\sqrt{x^3}-3\sqrt{x},0\leqslant x\leqslant 4$;

(4) $y=x+2\sqrt{x},0\leqslant x\leqslant 4$;

(5) $y=\frac{1}{3}x^3-x^2-3x+9,-2\leqslant x\leqslant 2$;

(6) $y=\frac{e^x+e^{-x}}{2},-2\leqslant x\leqslant 1$。

2. 设 $y=x^2-2x-1$,问:x 等于多少时,y 的值最小?并求出它的最小值。

3. 从边长为 $2a$ 厘米的正方形纸板截去四个角,制作成一个无盖的长方体纸盒(如图 3.4.4 所示),问截去的正方形的边长为多少厘米时,纸盒的容积最大?

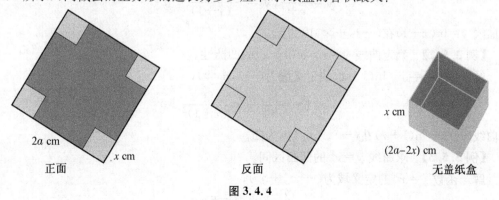

正面   反面   无盖纸盒

图 3.4.4

4. 欲用 6 米的木料加工一个"日"字形窗框,问:长和宽的尺寸应如何选取,才能使窗框的面积最大? 最大面积是多少?

第五节　曲线的凹凸性与拐点

只知道函数的单调性,我们还不能准确地描绘出函数的图形,如图 3.5.1 和图 3.5.2 所示,设函数 $y=f(x)$ 是开区间 (a,b) 内的连续曲线,它们都是单调增加的,但是图形明显不同,图 3.5.1 是凸的单调增加,图 3.5.2 是凹的单调增加。要准确地描绘函数的图形还需要有曲线的凹凸性概念,那么如何用数学语言来描述曲线的凹凸呢?

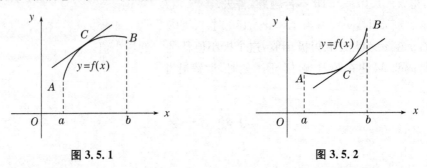

图 3.5.1　　　　　　　　　　图 3.5.2

定义 3.5.1　若曲线 $y=f(x)$ 在某区间内位于任一点切线的上方,则称该曲线在此区间内是**凹**的,此区间称为**凹区间**;反之,若曲线位于任一点切线的下方,则称该曲线在此区间内是**凸**的,此区间称为**凸区间**。

如果函数 $y=f(x)$ 在某区间(不仅闭区间,开区间也成立)内具有二阶导数,那么可以利用二阶导数的符号来判断曲线的凹凸性。

定理 3.5.1　设函数 $y=f(x)$ 在 $[a,b]$ 上连续,在 (a,b) 内有一阶和二阶导数,则

(1) 若在 (a,b) 内 $y''>0$,则曲线 $y=f(x)$ 在 $[a,b]$ 上的图形是凹的;

(2) 若在 (a,b) 内 $y''<0$,则曲线 $y=f(x)$ 在 $[a,b]$ 上的图形是凸的。

【例 3.5.1】　判定曲线 $y=\ln(x+1)$ 的凹凸性。

解　函数 $y=\ln(x+1)$ 的定义域为 $(-1,+\infty)$,

$$y'=\frac{1}{x+1},y''=-\frac{1}{(x+1)^2}<0$$

故曲线 $y=\ln(x+1)$ 在 $(-1,+\infty)$ 内为凸。

【例 3.5.2】　判定曲线 $y=x-\ln(1+x)$ 的凹凸性。

解　函数 $y=x-\ln(1+x)$ 的定义域为 $(-1,+\infty)$,

$$y'=1-\frac{1}{x+1},y''=\frac{1}{(x+1)^2}>0$$

故曲线 $y=x-\ln(1+x)$ 在 $(-1,+\infty)$ 内为凹。

【例 3.5.3】　求曲线 $y=x^3$ 的凹凸区间。

解　函数 $y=x^3$ 的定义域为 $(-\infty,+\infty)$,

$$y'=3x^2,y''=6x$$

当 $x<0$ 时，$y''<0$；当 $x>0$ 时，$y''>0$。

因此，曲线 $y=x^3$ 在区间 $(-\infty,0)$ 内为凸，在区间 $(0,+\infty)$ 内为

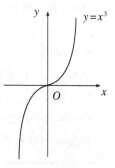

图 3.5.3

凹。如图 3.5.3 所示。

定义 3.5.2 连续曲线上凹弧与凸弧的分界点称为曲线的**拐点**。

显然，原点 $(0,0)$ 为曲线 $y=x^3$ 的拐点。

综上所述，判断函数曲线的凹凸性及拐点的步骤如下：

(1) 确定函数 $y=f(x)$ 的定义域；

(2) 求函数的二阶导数；

(3) 找点：使 $f''(x)=0$ 的点或 $f''(x)$ 不存在的点；

(4) 上面找到的点将定义域分成几个子区间，列表分析二阶导数在每个子区间的符号，根据定理 3.5.1，判断其凹、凸及拐点，从而得出结论。

【例 3.5.4】 求曲线 $y=3x^4-4x^3+1$ 的凹、凸区间及拐点。

解 函数的定义域为 $(-\infty,+\infty)$，由

$$y'=12x^3-12x^2, y''=36x^2-24x=36x\left(x-\frac{2}{3}\right)$$

令 $y''=0$，解得 $x_1=0, x_2=\frac{2}{3}$。

列表分析如下：

x	$(-\infty,0)$	0	$\left(0,\frac{2}{3}\right)$	$\frac{2}{3}$	$\left(\frac{2}{3},+\infty\right)$
y''	$+$	0	$-$	0	$+$
y	凹	拐点	凸	拐点	凹

$$y|_{x=0}=1, y|_{x=\frac{2}{3}}=\frac{11}{27}$$

所以，曲线的凹区间为 $(-\infty,0)$ 和 $\left(\frac{2}{3},+\infty\right)$，凸区间为 $\left(0,\frac{2}{3}\right)$，拐点为 $(0,1)$ 和 $\left(\frac{2}{3},\frac{11}{27}\right)$。

【例 3.5.5】 求曲线 $y=a^2-\sqrt[3]{x-b}$ 的凹、凸区间及拐点。

解 函数的定义域为 $(-\infty,+\infty)$，由

$$y'=-\frac{1}{3}\times\frac{1}{\sqrt[3]{(x-b)^2}}, y''=\frac{2}{9\sqrt[3]{(x-b)^5}}$$

当 $x=b$ 时 y'' 不存在。

列表分析如下：

x	$(-\infty,b)$	b	$(b,+\infty)$
y''	$-$	不存在	$+$
y	凸	拐点	凹

所以，曲线的凹区间是$(b,+\infty)$，凸区间是$(-\infty,b)$，拐点是(b,a^2)。

【例 3.5.6】 求函数 $y=x^3+6x^2-15x+1$ 的单调区间及其曲线的凹、凸区间和拐点。

解 函数 $y=x^3+6x^2-15x+1$ 的定义域为$(-\infty,+\infty)$。

又有 $y'=3x^2+12x-15$，$y''=6x+12$。

令 $y'=3x^2+12x-15=0$，解得 $x=-5,x=1$。

令 $y''=6x+12=0$，解得 $x=-2$。

列表分析导数符号、函数单调性和曲线凹、凸性：

x	$(-\infty,-5)$	-5	$(-5,-2)$	-2	$(-2,1)$	1	$(1,+\infty)$
y'	$+$	0	$-$	$-$	$-$	0	$+$
y''	$-$	$-$	$-$	0	$+$	$+$	$+$
y	↗	极大值	↘	拐点	↘	极小值	↗

由表知，函数 $y=x^3+6x^2-15x+1$ 的单调增加区间为$(-\infty,-5)$和$(1,+\infty)$，单调减少区间为$(-5,1)$；曲线 $y=x^3+6x^2-15x+1$ 的凸区间为$(-\infty,-2)$，凹区间为$(-2,+\infty)$；拐点为$(-2,47)$。

习题 3-5

1. 求下列曲线的凹、凸区间及拐点：

(1) $y=x^4-12x^2+1$；

(2) $y=xe^x$；

(3) $y=x^3-6x^2+9x+1$；

(4) $y=(x-2)e^x$；

(5) $y=2x\ln x-x^2$；

(6) $y=x^4-2x^3+1$。

2. 求函数 $y=x^3-3x$ 的单调区间及其曲线的凹、凸区间和拐点。

3. 问 a,b 为何值时，点$(1,4)$是曲线 $y=ax^3+bx^2$ 的拐点？

第三章归纳小结

本章撇开纯数学理论，主要介绍导数的应用。分为一阶导数的应用与二阶导数的应用。一阶导数主要帮助我们解决函数单调性问题、极值问题以及最值问题；二阶导数主要帮助我们解决函数曲线的凹、凸及拐点问题。除最值之外，它们的解题思路大体一致，不外乎五步：第一步定义域，第二步求导，第三步找点，第四步列表分析，第五步写出结论。而最值的求法简单、直接，通常通过一阶导数找点(驻点或尖点)，如果是闭区间，还要考虑端点。然后将找到的这些点分别求出它们的函数值，再比较大小，最大者为最大值，最小者为最小值。最值问题在解决实际问题方面非常有用。

本章还着重解决了未定式 $\dfrac{0}{0}$ 型或 $\dfrac{\infty}{\infty}$ 型的极限问题,洛必达法则很好地诠释了这一点, 只要是未定式 $\dfrac{0}{0}$ 型或 $\dfrac{\infty}{\infty}$ 型的极限,均有等式 $\lim\limits_{x \to L}\dfrac{f(x)}{g(x)}=\lim\limits_{x \to L}\dfrac{f'(x)}{g'(x)}$ 成立。可以这么说,有了洛必达法则,第一章的求极限方法得到了完善与提高。

复习题三

一、填空题。

1. 设函数 $y=f(x)$ 在 (a,b) 内可导,如果在 (a,b) 内 $f'(x)>0$,那么 $y=f(x)$ 在 (a,b) 内单调＿＿＿＿＿。

2. 设函数 $y=f(x)$ 在 (a,b) 内可导,如果在 (a,b) 内 $f'(x)<0$,那么 $y=f(x)$ 在 (a,b) 内单调＿＿＿＿＿。

3. 使一阶导数为零的点称为＿＿＿＿＿。

4. 如果函数 $f(x)$ 在点 x_0 处可导,且取得极值,则 $f'(x_0)=$ ＿＿＿＿＿。

5. 连续曲线上凹与凸的分界点,称为曲线的＿＿＿＿＿。

6. 函数 $y=2x^3-3x^2$ 的极小值是＿＿＿＿＿。

7. 曲线 $y=xe^x$ 的凸区间是＿＿＿＿＿。

8. 函数 $y=x^2+1$ 在区间 $(-1,1)$ 上的最小值为＿＿＿＿＿。

9. 曲线 $y=(x-1)^3$ 的拐点是＿＿＿＿＿。

10. $\lim\limits_{x \to 0}\dfrac{e^{2x}-1}{\sin x}=$ ＿＿＿＿＿。

二、单项选择题。

1. 下列求极限问题能使用洛必达法则的是(　　　)。

A. $\lim\limits_{x \to 0}\dfrac{x^2\sin\dfrac{1}{x}}{\sin x}$　　B. $\lim\limits_{x \to \infty}\dfrac{x-\sin x}{x+\sin x}$　　C. $\lim\limits_{x \to +\infty}\dfrac{x}{e^x}$　　D. $\lim\limits_{x \to +\infty}\dfrac{\sqrt{1+x^2}}{x}$

2. 下列求极限问题能使用洛必达法则的是(　　　)。

A. $\lim\limits_{x \to \infty}\dfrac{x}{\sin x}$　　B. $\lim\limits_{x \to \infty}\dfrac{x-\sin x}{x}$　　C. $\lim\limits_{x \to \frac{\pi}{2}}\dfrac{\tan x}{\sin 3x}$　　D. $\lim\limits_{x \to \frac{\pi}{2}}\dfrac{\tan x}{\tan 3x}$

3. 函数 $f(x)=x^3-x$ 的驻点的个数为(　　　)。

A. 1 个　　　　B. 2 个　　　　C. 3 个　　　　D. 0 个

4. 函数 $f(x)=\cos x$ 的驻点的个数为(　　　)。

A. 1 个　　　　B. 2 个　　　　C. 0 个　　　　D. 无穷多个

5. 函数 $f(x)$ 在点 $x=x_0$ 处取得极小值,则必有(　　　)。

A. $f'(x_0)=0$

B. $f'(x_0)=0$ 或 $f'(x_0)$ 不存在

C. $f'(x_0)=0$ 且 $f''(x_0)>0$

D. $f''(x_0)>0$

6. 设 $f(x)=2^x+3^x-2$,则当 $x \to 0$ 时,(　　　)。

A. $f(x)$ 与 x 是等价无穷小

B. $f(x)$ 与 x 是同阶无穷小

C. $f(x)$是比 x 较高阶的无穷小   D. $f(x)$是比 x 较低阶的无穷小

7. 函数 $f(x)=e^x+e^{-x}$ 在区间 $(-1,1)$ 内(   )。

    A. 单调递增   B. 单调递减   C. 不增不减   D. 有增有减

8. 函数 $f(x)=\dfrac{x}{1-x^2}$ 在区间 $(-1,1)$ 内(   )。

    A. 单调递增   B. 单调递减   C. 有极大值   D. 有极小值

三、用洛必达法则求下列极限。

1. $\lim\limits_{x\to 0}\dfrac{1-\cos x}{x^2}$;

2. $\lim\limits_{x\to 0}\dfrac{e^x+e^{-x}-2}{1-\cos x}$;

3. $\lim\limits_{x\to 0}\dfrac{\sin x-x}{x\sin x}$;

4. $\lim\limits_{x\to +\infty}\dfrac{\ln x}{x^n}$ $(n>0)$;

5. $\lim\limits_{x\to 0^+}\sqrt{x}\ln x$;

6. $\lim\limits_{x\to 1^+}\left(\dfrac{x}{x-1}-\dfrac{1}{\ln x}\right)$;

7. $\lim\limits_{x\to 0}\left[\dfrac{1}{2x}-\dfrac{1}{x(e^x+1)}\right]$;

8. $\lim\limits_{x\to 0}\left[\dfrac{1}{x}-\dfrac{\ln(x+1)}{x^2}\right]$;

9. $\lim\limits_{x\to 0^+}(\sin x)^{\sin x}$;

10. $\lim\limits_{x\to \frac{\pi}{2}}\dfrac{\ln\sin x}{(\pi-2x)^2}$。

四、求下列函数的单调区间和极值。

1. $f(x)=\dfrac{1}{3}x^3-x^2-3x+9$;

2. $f(x)=x^3-6x^2+9x-3$;

3. $f(x)=x-\ln(1+x)$;

4. $f(x)=\dfrac{x}{\ln x}$;

5. $f(x)=x^2e^{-x}$;

6. $f(x)=2e^x+e^{-x}$。

五、求下列函数的最大值与最小值。

1. $y=x^4-2x^2+5, -2\leqslant x\leqslant 2$;

2. $y=(x^2-1)^3+1, -2\leqslant x\leqslant 1$;

3. $y=\dfrac{x}{1+x^2}, 0\leqslant x\leqslant 2$;

4. $y=\ln(1+x^2), -1\leqslant x\leqslant 2$;

5. $y=x^4-8x^2+3, -1\leqslant x\leqslant 3$;

6. $y=x(x-1)^{\frac{1}{3}}, -2\leqslant x\leqslant 2$。

六、求下列函数的凹、凸区间和拐点。

1. $f(x)=\dfrac{1}{4}x^4-\dfrac{3}{2}x^2$;

2. $f(x)=xe^{-x}$;

3. $f(x)=(x-2)^{\frac{5}{3}}$;

4. $f(x)=\ln(1+x^2)$;

5. $f(x)=x^3-6x^2+3x$;

6. $f(x)=(x+1)^2+e^x$。

七、已知函数 $f(x)=ax^2+bx$ 在 $x=1$ 处取得极大值 2,求 a,b 的值。

八、曲线 $y=ax^3+3x^2+1$ 有一个拐点,且拐点的横坐标为 1,求 a 的值。

九、a 为何值时,函数 $f(x)=a\sin x+\dfrac{1}{3}\sin 3x$ 在 $x=\dfrac{\pi}{3}$ 处取得极值? 它是极大值还是极小值? 并求此极值。

十、某车间靠墙壁要盖一间长方形小屋,现在存砖只够砌 20 米长的墙壁,应围成怎样的长方形才能使这间小屋的面积最大?

习题、复习题三参考答案

习题 3-1　略

习题 3-2

1. -1;　2. $\dfrac{1}{2}$;　3. 3;　4. $\dfrac{3}{2}$;　5. 1;　6. 2;　7. $\cos\alpha$;　8. $\ln\dfrac{a}{b}$;　9. -1;　10. 1;　11. $\dfrac{1}{2}$;

12. 0;　13. e^{-1};　14. 1;　15. $\mathrm{e}^{-\frac{1}{2}}$;　16. e^{-1}.

习题 3-3

1. (1) 在$(-\infty,-1)$和$(3,+\infty)$内单调增加,在$(-1,3)$内单调减少。

(2) 在$(-\infty,0)$和$(2,+\infty)$内单调减少,在$(0,2)$内单调增加。

(3) 在$(0,2)$上单调减少,在$(2,+\infty)$上单调增加。

(4) 在$(-\infty,+\infty)$内单调增加。

2. (1) 极大值为 $f(0)=0$,极小值为 $f(1)=-1$。

(2) 极大值为 $f(0)=0$,极小值为 $f(1)=-\dfrac{1}{2}$。

(3) 极小值为 $f(1)=4$。

(4) 极大值为 $f(-3)=6\mathrm{e}^{-3}$,极小值为 $f(1)=-2\mathrm{e}$。

习题 3-4

1. (1) 最大值 $y|_{x=4}=80$,最小值 $y|_{x=-1}=-5$;

(2) 最大值 $y|_{x=1}=\mathrm{e}-1$,最小值 $y|_{x=0}=1$;

(3) 最大值 $y|_{x=4}=2$,最小值 $y|_{x=1}=-2$;

(4) 最大值 $y|_{x=4}=8$,最小值 $y|_{x=0}=0$;

(5) 最大值 $y|_{x=-1}=\dfrac{32}{3}$,最小值 $y|_{x=2}=\dfrac{5}{3}$;

(6) 最大值 $y|_{x=-2}=\dfrac{\mathrm{e}^2+\mathrm{e}^{-2}}{2}$,最小值 $y|_{x=0}=1$.

2. 当 $x=1$ 时,函数有最小值 -2。

3. $\dfrac{a}{3}$。

4. 长为 $\dfrac{3}{2}$ 米,宽为 1 米时,最大面积是 $\dfrac{3}{2}$ 平方米。

习题 3-5

1. (1) 凸区间是$(-\sqrt{2},\sqrt{2})$,凹区间是$(-\infty,-\sqrt{2})$和$(\sqrt{2},+\infty)$,拐点是$(-\sqrt{2},-19)$和$(\sqrt{2},-19)$。

(2) 凸区间是$(-\infty,-2)$,凹区间是$(-2,+\infty)$,拐点是$(-2,-2\mathrm{e}^{-2})$。

(3) 凸区间是$(-\infty,2)$,凹区间是$(2,+\infty)$,拐点是$(2,3)$。

(4) 凸区间是$(-\infty,0)$,凹区间是$(0,+\infty)$,拐点是$(0,-2)$。

(5) 凸区间是$(1,+\infty)$,凹区间是$(0,1)$,拐点是$(1,-1)$。

(6) 凸区间是$(0,1)$,凹区间是$(-\infty,0)$和$(1,+\infty)$,拐点是$(0,1)$和$(1,0)$。

2. 单调增加区间是$(-\infty,-1)$和$(1,+\infty)$,单调减少区间是$(-1,1)$;凸区间是$(-\infty,0)$,凹区间是$(0,+\infty)$,拐点是$(0,0)$。

3. $a=-2, b=6$。

复习题三

一、1. 增加； 2. 减少； 3. 驻点； 4. 0； 5. 拐点； 6. -1； 7. $(-\infty, -2)$； 8. 1；
9. $(1,0)$； 10. 2。

二、1. C； 2. D； 3. B； 4. D； 5. B； 6. B； 7. D； 8. A。

三、1. $\dfrac{1}{2}$； 2. 2； 3. 0； 4. 0； 5. 0； 6. $\dfrac{1}{2}$； 7. $\dfrac{1}{4}$； 8. $\dfrac{1}{2}$； 9. 1； 10. $-\dfrac{1}{8}$。

四、1. 在$(-\infty, -1)$和$(3, +\infty)$内单调增加，在$(-1, 3)$内单调减少。

极大值为$f(-1)=\dfrac{32}{3}$，极小值为$f(3)=0$。

2. 在$(-\infty, 1)$和$(3, +\infty)$内单调增加，在$(1, 3)$内单调减少。

极大值为$f(1)=1$，极小值为$f(3)=-3$。

3. 在$(0, +\infty)$内单调增加，在$(-1, 0)$内单调减少。极小值为$f(0)=0$。

4. 在$(e, +\infty)$内单调增加，在$(0, e)$内单调减少。极小值为$f(e)=e$。

5. 在$(-\infty, 0)$和$(2, +\infty)$内单调减少，在$(0, 2)$内单调增加。

极大值为$f(2)=4e^{-2}$，极小值为$f(0)=0$。

6. 在$\left(-\infty, -\dfrac{1}{2}\ln 2\right)$内单调减少，在$\left(-\dfrac{1}{2}\ln 2, +\infty\right)$内单调增加。

极小值为$f\left(-\dfrac{1}{2}\ln 2\right)=2\sqrt{2}$。

五、1. $y_{\min}(1)=4, y_{\max}(\pm 2)=13$； 2. $y_{\min}(0)=0, y_{\max}(-2)=28$； 3. $y_{\min}(0)=0, y_{\max}(1)=\dfrac{1}{2}$；

4. $y_{\min}(0)=0, y_{\max}(2)=\ln 5$； 5. $y_{\min}(2)=-13, y_{\max}(3)=12$； 6. $y_{\min}\left(\dfrac{3}{4}\right)=-\dfrac{3}{4}\cdot\left(\dfrac{1}{4}\right)^{\frac{1}{3}}$，

$y_{\max}(-2)=2\cdot 3^{\frac{1}{3}}$。

六、1. 凹区间是$(-\infty, -1)$和$(1, +\infty)$，凸区间是$(-1, 1)$，拐点是$\left(-1, -\dfrac{5}{4}\right), \left(1, \dfrac{5}{4}\right)$。

2. 凸区间是$(-\infty, 2)$，凹区间是$(2, +\infty)$，拐点是$\left(2, \dfrac{2}{e^2}\right)$。

3. 凸区间是$(-\infty, 2)$，凹区间是$(2, +\infty)$，拐点是$(2, 0)$。

4. 凸区间是$(-\infty, -1)$和$(1, +\infty)$，凹区间是$(-1, 1)$，拐点是$(-1, \ln 2), (1, \ln 2)$。

5. 凸区间是$(-\infty, 2)$，凹区间是$(2, +\infty)$，拐点是$(2, -10)$。

6. 凹区间是$(-\infty, +\infty)$，无拐点。

七、$a=-2, b=4$。

八、$a=-1$。

九、$a=2, f\left(\dfrac{\pi}{3}\right)=\sqrt{3}$为极大值。

十、长 10 米，宽 5 米。

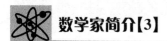

拉格朗日

——数学世界里一座高耸的金字塔

拉格朗日(Lagrange,1736—1813)是18世纪伟大的数学家、力学家和天文学家,1736年生于意大利都灵。青年时代,在数学家维里(F. A. Revelli)指导下学习几何学后,激发了他的数学天才。17岁开始专攻当时迅速发展的数学分析。19岁时,拉格朗日写出了用纯分析方法求变分极值的论文,对变分法的创立做出了贡献,此成果使他在都灵出名。当年,他被聘为都灵皇家炮兵学校教授。1763年,拉格朗日完成的关于"月球天平动研究"的论文因较好地解释了月球自转和公转的角速度差异,获得巴黎科学院1764年年度奖,此后他还四次获得巴黎科学院征奖课题研究的年度奖。1766年,在达朗贝尔和欧拉的推荐下,普鲁士国王腓特烈大帝写信给拉格朗日说:欧洲最大之王希望欧洲最大之数学家来他的宫廷工作。拉格朗日接受邀请,于当年的8月21日离开都灵前往柏林科学院,并担任了柏林科学院数学部主任一职,一直到1787年才移居巴黎。

拉格朗日的学术生涯主要在18世纪后半期。当时数学、物理学和天文学是自然科学的主体。数学的主流是微积分发展起来的数学分析,以欧洲大陆为中心;物理学的主流是力学,天文学的主流是天体力学。数学分析的发展使力学和天体力学得以深化,而力学和天体力学的课题又成为数学分析发展的动力。拉格朗日在数学、力学和天文学三个学科中都有重大的历史性贡献,但他主要是数学家,研究力学和天文学的目的是表明数学分析的威力。他的全部著作、论文、学术报告记录、学术通讯超过500篇。几乎在当时所有数学领域中,拉格朗日都做出了重要贡献,其最突出的贡献是他在使数学分析的基础脱离几何与力学方面起了决定性的作用。他使得数学的独立性更为清楚,而不仅仅是其他学科的工具。他的工作总结了18世纪的数学成果,同时又开辟了19世纪数学研究的道路。

拉格朗日在使天文学力学化、力学分析化方面也起了决定性作用,促使力学和天文学更深入地发展。他最精心之作当推天体力学,他为之倾注了37年的心血,用数学把宇宙描绘成一个优美和谐的力学体系,被哈密顿(Hamilton)誉为"科学诗"。

拉格朗日的科学思想方法,也对后人产生了深远的影响。拉格朗日常数变易法,其实质就是矛盾转化法。他在探索微分方程求解的过程中,巧妙地运用了高阶与低阶、常量与变量、线性与非线性、齐次与非齐次等各种转化。拉格朗日解决数学问题的精妙之处,就在于它能洞察到数学对象之间的深层次联系,从而创造有利条件,使问题迎刃而解。

拉格朗日是欧洲最伟大的数学家之一,拿破仑曾称赞他是"一座高耸在数学世界的金字塔"。

第四章　不定积分

前面我们已经讨论了一元函数的微分学。在科学与技术领域中往往会遇到与此相反的问题：已知一个函数的导数，求原来的函数，由此产生了积分学。本章讲述不定积分的概念、性质以及求不定积分的基本方法。

第一节　不定积分的基本知识

一、原函数与不定积分的概念

【引例】　平面上有一条曲线，它经过原点且在任意点 x 处的切线斜率为 $2x$，试求该曲线方程。

解　设该曲线方程是 $y=F(x)$。

根据导数的几何意义知：
$$F'(x)=2x$$

而
$$(x^2+C)'=2x \quad (其中 C 是任意常数)$$

故
$$F(x)=x^2+C$$

由于该曲线经过原点，将 $x=0$，$y=0$ 代入上式，得 $C=0$。

所以，所求曲线方程是 $F(x)=x^2$。

上例是个几何问题，遇到的情形是，已知一个函数的导数来求此函数。解题的关键是 $(?)'=2x$。我们的回答有很多，诸如 x^2+1，$x^2-\sqrt{3}$，$x^2+\dfrac{2}{5}$，…，事实上，在其他领域中，我们常常会遇到诸如此类的问题，为此，我们给出以下定义。

定义 4.1.1　设 $f(x)$ 是定义在区间 I 上的函数，如果存在函数 $F(x)$，对于区间 I 上任意一点 x，都有 $F'(x)=f(x)$ 或 $dF(x)=f(x)dx$，则称函数 $F(x)$ 为 $f(x)$ 在区间 I 上的一个原函数。

【例 4.1.1】　求函数 $f(x)=x^2$ 的一个原函数。

解　因为 $\left(\dfrac{1}{3}x^3\right)'=x^2$，所以 $\dfrac{1}{3}x^3$ 是 x^2 的一个原函数。

又因为 $\left(\dfrac{1}{3}x^3+1\right)'=x^2$，所以 $\dfrac{1}{3}x^3+1$ 是 x^2 的另一个原函数。

【例 4.1.2】　求函数 $f(x)=e^x$ 的一个原函数。

解　因为 $(e^x)'=e^x$，所以 e^x 是 e^x 的一个原函数。

又因为 $(e^x-1)'=e^x$，所以 e^x-1 是 e^x 的另一个原函数。

有了原函数的定义，我们不难理解，若 $F(x)$ 是 $f(x)$ 的一个原函数，则 $F(x)+C$ 一定是 $f(x)$ 的原函数（其中 C 是任意常数）。**一个函数的原函数不是唯一的。**

定理 4.1.1(原函数存在定理)　　如果函数 $f(x)$ 在区间 I 上连续,那么函数 $f(x)$ 在该区间 I 上一定存在原函数。

简单地说,连续函数一定存在原函数,而且不止一个原函数。

接下来的问题是,已知 $F(x)$ 是 $f(x)$ 的一个原函数,那么 $F(x)+C$(其中 C 是任意常数)是否包含了 $f(x)$ 的所有原函数? 不妨设 $Q(x)$ 是 $f(x)$ 的任意一个原函数,根据原函数的定义知:

$$F'(x)=f(x),Q'(x)=f(x)$$

故　　　　　　　　　$[Q(x)-F(x)]'=Q'(x)-F'(x)=f(x)-f(x)=0$

从而有　　　　　　　$Q(x)-F(x)=C$　　(其中 C 是任意常数)

即　　　　　　　　　　$Q(x)=F(x)+C$

归纳上述情况,有如下两方面的结论:一是若 $F(x)$ 是 $f(x)$ 的一个原函数,则 $F(x)+C$ 也是 $f(x)$ 的原函数;二是若 $F(x)$ 是 $f(x)$ 的一个原函数,则 $F(x)+C$(其中 C 是任意常数)表达了 $f(x)$ 所有全部的原函数。

定义 4.1.2　　设函数 $F(x)$ 是 $f(x)$ 的一个原函数,则 $f(x)$ 所有的原函数 $F(x)+C$(其中 C 是任意常数)称为 $f(x)$ 的**不定积分**,记作

$$\int f(x)\mathrm{d}x = F(x) + C$$

其中 $\int$ 称为积分号,x 称为积分变量,$f(x)$ 称为被积函数,$f(x)\mathrm{d}x$ 称为被积表达式,称 C 为积分常量。

由定义及前面的结论可知,求一个函数的不定积分,实际上就是要求出它的一个原函数,再加上一个任意常数 C 就可以了。

【例 4.1.3】　求 $\int \dfrac{1}{x}\mathrm{d}x$。

解　被积函数的定义域是 $x\neq0$ 的全体实数集。

当 $x\in(0,+\infty)$ 时,$(\ln x)'=\dfrac{1}{x}$,$\ln x$ 是 $\dfrac{1}{x}$ 在 $(0,+\infty)$ 上的一个原函数,所以,

$$\int \frac{1}{x}\mathrm{d}x = \ln x + C$$

当 $x\in(-\infty,0)$ 时,$[\ln(-x)]'=\dfrac{1}{-x}\times(-1)=\dfrac{1}{x}$,$\ln(-x)$ 是 $\dfrac{1}{x}$ 在 $(-\infty,0)$ 上的一个原函数,所以

$$\int \frac{1}{x}\mathrm{d}x = \ln(-x) + C$$

综上所述,得　　　　　　　　$\displaystyle\int \frac{1}{x}\mathrm{d}x = \ln|x| + C$

由于 $\displaystyle\int f(x)\mathrm{d}x$ 是 $f(x)$ 的原函数,所以有

$$\left[\int f(x)\mathrm{d}x\right]' = f(x) \quad \text{或} \quad \mathrm{d}\left[\int f(x)\mathrm{d}x\right] = f(x)\mathrm{d}x$$

即微分是积分的逆运算。

又由于 $F(x)$ 是 $F'(x)$ 的原函数,所以有

$$\int F'(x)\mathrm{d}x = F(x) + C \quad \text{或} \quad \int \mathrm{d}F(x) = F(x) + C$$

即积分是微分的逆运算。

二、不定积分的性质

性质 1 　被积函数中非零常数因子可提到积分符号外面,即

$$\int kf(x)\mathrm{d}x = k\int f(x)\mathrm{d}x \quad (k \neq 0)$$

性质 2 　可积函数的和(差)的不定积分等于各个函数不定积分的和(差),即

$$\int [f(x) \pm g(x)]\mathrm{d}x = \int f(x)\mathrm{d}x \pm \int g(x)\mathrm{d}x$$

不定积分"$\int$"这个数学符号,只对常量及加、减有运算法则,而对函数乘、除的积分运算,没有相应的运算法则。在后面的学习中,将陆续介绍换元法和分部积分法来解决函数乘、除的积分问题。

不定积分 $\int f(x)\mathrm{d}x = F(x) + C$ 表达的是原函数族,它的图像是一族曲线,称为**积分曲线族**。如图 4.1.1 所示。

积分曲线族 $y = F(x) + C$ 有如下特点:

(1) 积分曲线族中的任何一条曲线,都可由其中一条曲线沿 y 轴上下平移所得。

(2) 由于 $[F(x)]' = f(x)$,则在同一横坐标 x_0 处,每一条积分曲线上相应点的切线斜率都相等且为 $F'(x_0)$,从而使相应点的切线相互平行,这就是不定积分的几何意义。

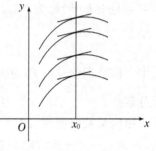

图 4.1.1

三、基本积分公式

由于积分和微分是一对互逆运算,因此根据导数的基本公式,可以得到相应的积分基本公式。

(1) $\int \mathrm{d}x = x + C$;

(2) $\int x^{\mu}\mathrm{d}x = \dfrac{x^{\mu+1}}{\mu+1} + C \quad (\mu \neq -1)$;

(3) $\int \dfrac{1}{x}\mathrm{d}x = \ln|x| + C$;

(4) $\int \sin x\mathrm{d}x = -\cos x + C$;

(5) $\int \cos x\mathrm{d}x = \sin x + C$;

(6) $\int \dfrac{1}{\cos^2 x}\mathrm{d}x = \int \sec^2 x\mathrm{d}x = \tan x + C$;

(7) $\int \dfrac{1}{\sin^2 x}\mathrm{d}x = \int \csc^2 x\mathrm{d}x = -\cot x + C$;

(8) $\int \sec x \tan x \mathrm{d}x = \sec x + C$;

(9) $\int \csc x \cot x \mathrm{d}x = -\csc x + C$;

(10) $\int \mathrm{e}^x \mathrm{d}x = \mathrm{e}^x + C$;

(11) $\int a^x \mathrm{d}x = \dfrac{a^x}{\ln a} + C \quad (a > 0, a \neq 1)$;

(12) $\int \dfrac{1}{\sqrt{1 - x^2}} \mathrm{d}x = \arcsin x + C$;

(13) $\int \dfrac{1}{1 + x^2} \mathrm{d}x = \arctan x + C$。

【例 4.1.4】 求 $\int x \sqrt[3]{x^2} \mathrm{d}x$。

解　先进行幂运算：$x \sqrt[3]{x^2} = x \cdot x^{\frac{2}{3}} = x^{\frac{5}{3}}$，再利用积分公式(2)，此时，$\mu = \dfrac{5}{3}$。

$$\int x \sqrt[3]{x^2} \mathrm{d}x = \int x \cdot x^{\frac{2}{3}} \mathrm{d}x = \int x^{\frac{5}{3}} \mathrm{d}x = \frac{3}{8} x^{\frac{8}{3}} + C$$

【例 4.1.5】 求 $\int 2^x \mathrm{e}^x \mathrm{d}x$。

解　因为 $2^x \mathrm{e}^x = (2\mathrm{e})^x$，所以，可把 $2\mathrm{e}$ 看作 a，利用积分公式(11)，得

$$\int 2^x \mathrm{e}^x \mathrm{d}x = \int (2\mathrm{e})^x \mathrm{d}x = \frac{(2\mathrm{e})^x}{\ln 2\mathrm{e}} + C = \frac{2^x \mathrm{e}^x}{1 + \ln 2} + C$$

四、直接积分法

在求不定积分的有关问题时，可以直接根据积分基本公式和性质求出结果。或者，将被积函数经过恒等变换，再利用积分基本公式和性质求出结果。这样的积分方法叫作**直接积分法**。

【例 4.1.6】 求 $\int (x^3 + 3^x + \mathrm{e}^x + \ln 2) \mathrm{d}x$。

解　利用积分性质，拆分成若干项，再分别套用公式。注意 $\int \ln 2 \mathrm{d}x = \ln 2 \int \mathrm{d}x$。

$$\int (x^3 + 3^x + \mathrm{e}^x + \ln 2) \mathrm{d}x = \int x^3 \mathrm{d}x + \int 3^x \mathrm{d}x + \int \mathrm{e}^x \mathrm{d}x + \int \ln 2 \mathrm{d}x$$

$$= \frac{1}{4} x^4 + \frac{3^x}{\ln 3} + \mathrm{e}^x + x \ln 2 + C$$

【例 4.1.7】 求 $\int \dfrac{(1 + \sqrt{x})(x - \sqrt{x})}{\sqrt[3]{x}} \mathrm{d}x$。

解　先将分子展开，再拆分成加减形式的若干项。

$$\int \frac{(1 + \sqrt{x})(x - \sqrt{x})}{\sqrt[3]{x}} \mathrm{d}x = \int \frac{x^{\frac{3}{2}} - x^{\frac{1}{2}}}{x^{\frac{1}{3}}} \mathrm{d}x = \int x^{\frac{7}{6}} \mathrm{d}x - \int x^{\frac{1}{6}} \mathrm{d}x = \frac{6}{13} x^{\frac{13}{6}} - \frac{6}{7} x^{\frac{7}{6}} + C$$

【例 4.1.8】 求 $\int \dfrac{1 + x + x^2}{x(1 + x^2)} \mathrm{d}x$。

解　结合分母,可将分子重新组合,再拆分。

$$\frac{1+x+x^2}{x(1+x^2)}=\frac{x+(1+x^2)}{x(1+x^2)}=\frac{1}{1+x^2}+\frac{1}{x}$$

$$\int\frac{1+x+x^2}{x(1+x^2)}\mathrm{d}x=\int\left(\frac{1}{1+x^2}+\frac{1}{x}\right)\mathrm{d}x=\int\frac{1}{1+x^2}\mathrm{d}x+\int\frac{1}{x}\mathrm{d}x=\arctan x+\ln\mid x\mid+C$$

【例 4.1.9】　求 $\displaystyle\int\frac{x^2}{1+x^2}\mathrm{d}x$。

解　积分只有关于加减的运算性质,没有关于乘除的运算性质。这就要求我们在解决乘除的积分问题时,尽可能地化成加减的形式,通常结合基本积分公式进行分解。本题就可以做这样的分解:

$$\frac{x^2}{1+x^2}=\frac{(1+x^2)-1}{1+x^2}=1-\frac{1}{1+x^2}$$

$$\int\frac{x^2}{1+x^2}\mathrm{d}x=\int\left(1-\frac{1}{1+x^2}\right)\mathrm{d}x=\int\mathrm{d}x-\int\frac{1}{1+x^2}\mathrm{d}x=x-\arctan x+C$$

【例 4.1.10】　求 $\displaystyle\int\tan^2 x\mathrm{d}x$。

解　利用三角函数公式 $\tan^2 x=\sec^2 x-1$,即

$$\int\tan^2 x\mathrm{d}x=\int(\sec^2 x-1)\mathrm{d}x=\int\sec^2 x\mathrm{d}x-\int\mathrm{d}x=\tan x-x+C$$

类似可得

$$\int\cot^2 x\mathrm{d}x=-\cot x-x+C$$

【例 4.1.11】　求 $\displaystyle\int\frac{\cos 2x}{\sin x-\cos x}\mathrm{d}x$。

解　利用三角函数公式 $\cos 2x=\cos^2 x-\sin^2 x$,因式分解后进行化简整理。

$$\int\frac{\cos 2x}{\sin x-\cos x}\mathrm{d}x=\int\frac{\cos^2 x-\sin^2 x}{\sin x-\cos x}\mathrm{d}x=\int\frac{(\cos x-\sin x)(\cos x+\sin x)}{\sin x-\cos x}\mathrm{d}x$$

$$=-\int(\sin x+\cos x)\mathrm{d}x=-\int\sin x\mathrm{d}x-\int\cos x\mathrm{d}x$$

$$=\cos x-\sin x+C$$

【例 4.1.12】　求 $\displaystyle\int\sin^2\frac{x}{2}\mathrm{d}x$。

解　由三角函数余弦的倍角公式:$\cos 2x=1-2\sin^2 x$,用 $\frac{x}{2}$ 替换公式中的 x,可得:$\sin^2\frac{x}{2}=\frac{1-\cos x}{2}$,于是

$$\int\sin^2\frac{x}{2}\mathrm{d}x=\frac{1}{2}\int(1-\cos x)\mathrm{d}x=\frac{1}{2}\int\mathrm{d}x-\frac{1}{2}\int\cos x\mathrm{d}x=\frac{1}{2}x-\frac{1}{2}\sin x+C$$

【例 4.1.13】　求 $\displaystyle\int\frac{1}{\sin^2 x\cos^2 x}\mathrm{d}x$。

解　此题巧妙地使用三角函数恒等变换公式 $1=\sin^2 x+\cos^2 x$,将被积函数拆分为 $\frac{1}{\sin^2 x\cos^2 x}=\frac{\sin^2 x+\cos^2 x}{\sin^2 x\cos^2 x}=\frac{1}{\cos^2 x}+\frac{1}{\sin^2 x}$,于是

$$\int\frac{1}{\sin^2 x\cos^2 x}\mathrm{d}x=\int\left(\frac{1}{\cos^2 x}+\frac{1}{\sin^2 x}\right)\mathrm{d}x=\int\frac{1}{\cos^2 x}\mathrm{d}x+\int\frac{1}{\sin^2 x}\mathrm{d}x=\tan x-\cot x+C$$

【例 4.1.14】 已知 $\int \dfrac{f(x)}{\sqrt{1-x^2}}\mathrm{d}x = x\arcsin x + C$，求 $f(x)$。

解　两边求导，有

$$\frac{f(x)}{\sqrt{1-x^2}} = (x\arcsin x + C)' = \arcsin x + \frac{x}{\sqrt{1-x^2}}$$

整理，得
$$f(x) = \sqrt{1-x^2}\arcsin x + x$$

习题 4-1

1. 求下列函数的不定积分：

(1) $\displaystyle\int \frac{1}{x^2}\mathrm{d}x$；

(2) $\displaystyle\int x\sqrt[3]{x}\,\mathrm{d}x$；

(3) $\displaystyle\int \left(3 + x^3 + \frac{1}{x^3} + 3^x\right)\mathrm{d}x$；

(4) $\displaystyle\int \frac{1}{\sqrt{2gh}}\mathrm{d}h$；

(5) $\displaystyle\int \left(\frac{2}{\sqrt{x}} + \frac{x\sqrt{x}}{2} - \frac{2}{\sqrt[3]{x^2}}\right)\mathrm{d}x$；

(6) $\displaystyle\int 3^{2x}\mathrm{e}^x\,\mathrm{d}x$；

(7) $\displaystyle\int \frac{3x^4 + 3x^2 + 1}{x^2 + 1}\mathrm{d}x$；

(8) $\displaystyle\int \frac{(1-x)^2}{\sqrt[3]{x}}\mathrm{d}x$；

(9) $\displaystyle\int (\sqrt{x}+1)(\sqrt{x^3}-1)\mathrm{d}x$；

(10) $\displaystyle\int \left(2\mathrm{e}^x + \frac{3}{x}\right)\mathrm{d}x$；

(11) $\displaystyle\int \mathrm{e}^x\left(1 - \frac{\mathrm{e}^{-x}}{\sqrt{x}}\right)\mathrm{d}x$；

(12) $\displaystyle\int \frac{3\times 2^x - 5\times 3^x}{3^x}\mathrm{d}x$；

(13) $\displaystyle\int (\mathrm{e}^x + 3\sin x + \sec^2 x)\mathrm{d}x$；

(14) $\displaystyle\int \cos^2\frac{x}{2}\mathrm{d}x$；

(15) $\displaystyle\int \sec x(\sec x - \tan x)\mathrm{d}x$；

(16) $\displaystyle\int \frac{x^3 - 27}{x - 3}\mathrm{d}x$；

(17) $\displaystyle\int \frac{\cos 2x}{\sin^2 x\cos^2 x}\mathrm{d}x$；

(18) $\displaystyle\int \frac{\cos 2x}{\cos^2 x - \sin^2 x}\mathrm{d}x$；

(19) $\displaystyle\int \frac{1}{1 + \cos 2x}\mathrm{d}x$；

(20) $\displaystyle\int \frac{1 + \cos^2 x}{1 + \cos 2x}\mathrm{d}x$。

2. 已知某曲线上任意一点 (x,y) 处的切线斜率等于 x，且曲线通过点 $M(0,1)$，求曲线的方程。

3. 已知质点在时刻 t 的速度为 $v = 3t - 2$，且 $t = 0$ 时，位移 $s = 5$，求此质点的运动方程。

第二节　不定积分的换元积分法

直接积分法能解决的不定积分问题是非常有限的。比如，求不定积分 $\int \sin 2x\mathrm{d}x$ 就不能用直接积分法。这就需要我们寻求其他的解题方法。由于积分是微分的逆运算，我们可以把复合函数的微分法反过来用于不定积分,利用中间变量的代换,转换为直接积分,这种积分法称为换元积分法,简称换元法。换元法通常分为第一类换元积分法和第二类换元积分法。

一、第一类换元积分法

定理 4.2.1 (**第一类换元积分法**) 设 $\int f(u)\mathrm{d}u = F(u) + C$,且函数 $u = \varphi(x)$ 可导,则

$$\int f[\varphi(x)]\varphi'(x)\mathrm{d}x = F[\varphi(x)] + C$$

这种求不定积分的方法,称为**第一类换元积分法或凑微分法**。

【例 4.2.1】 求 $\int (1-3x)^9 \mathrm{d}x$。

解 利用基本积分公式 $\int x^\mu \mathrm{d}x = \dfrac{1}{\mu+1}x^{\mu+1} + C$,先换元再使用该公式。

设 $u = 1 - 3x$,则 $\mathrm{d}u = -3\mathrm{d}x$,$\mathrm{d}x = -\dfrac{1}{3}\mathrm{d}u$,可得

$$\int (1-3x)^9 \mathrm{d}x = -\frac{1}{3}\int u^9 \mathrm{d}u = -\frac{1}{3} \times \frac{1}{10}u^{10} + C = -\frac{1}{30}u^{10} + C$$

将 $u = 1 - 3x$ 回代上式,得

$$\int (1-3x)^9 \mathrm{d}x = -\frac{1}{30}(1-3x)^{10} + C$$

由于 $\mathrm{d}x = \dfrac{1}{a}\mathrm{d}(ax+b)$,所以在不定积分的第一类换元积分法中,常用到这个技巧。

【例 4.2.2】 求 $\int \dfrac{1}{3+2x}\mathrm{d}x$。

解 基本积分公式有 $\int \dfrac{1}{x}\mathrm{d}x = \ln|x| + C$,此题可通过换元来使用该公式。

$$\int \frac{1}{3+2x}\mathrm{d}x \overset{\underset{\mathrm{d}x=\frac{1}{2}\mathrm{d}u}{\text{换元}u=3+2x}}{=} \int \frac{1}{u}\left(\frac{1}{2}\mathrm{d}u\right) = \frac{1}{2}\int \frac{1}{u}\mathrm{d}u = \frac{1}{2}\ln|u| + C \overset{\text{回代}u=3+2x}{=} \frac{1}{2}\ln|3+2x| + C$$

熟练了第一类换元积分法以后,可以省略"换元"与"回代",将这两个环节隐藏在解题过程中,将 u 代表的解析式看成一个整体,相当于公式中的 x,然后代入基本积分公式,写出结果。由于微积分符号对非零常数因子很宽容,所以,在变换过程中,非零常数因子可以做到哪里需要放哪里。

【例 4.2.3】 求 $\int \dfrac{\mathrm{d}x}{a^2+x^2}$。

解 基本积分公式有 $\int \dfrac{1}{1+x^2}\mathrm{d}x = \arctan x + C$,把 $\dfrac{x}{a}$ 看成一个整体来使用该公式。

$$\int \frac{\mathrm{d}x}{a^2+x^2} = \frac{1}{a}\int \frac{1}{1+\left(\dfrac{x}{a}\right)^2}\mathrm{d}\left(\frac{x}{a}\right) = \frac{1}{a}\arctan\frac{x}{a} + C$$

由于 $\mathrm{d}(\ln x) = \dfrac{1}{x}\mathrm{d}x$,$\mathrm{d}(\sqrt{x}) = \dfrac{1}{2\sqrt{x}}\mathrm{d}x$,$\mathrm{d}(\mathrm{e}^x) = \mathrm{e}^x\mathrm{d}x$,$\mathrm{d}(\sin x) = \cos x\mathrm{d}x$,所以有 $\dfrac{1}{x}\mathrm{d}x = \mathrm{d}(\ln x)$,$\dfrac{1}{\sqrt{x}}\mathrm{d}x = 2\mathrm{d}(\sqrt{x})$,$\mathrm{e}^x\mathrm{d}x = \mathrm{d}(\mathrm{e}^x)$,$\cos x\mathrm{d}x = \mathrm{d}(\sin x)$,观察题目特点,制造整体 u 的解

析表达式,再利用公式、法则写出结论。

【例 4.2.4】 求 $\int \dfrac{\sqrt{1+\ln x}}{x}\mathrm{d}x$。

解 观察被积表达式 $\dfrac{\sqrt{1+\ln x}}{x}\mathrm{d}x$ 的特点,先作转换 $\dfrac{1}{x}\mathrm{d}x=\mathrm{d}(1+\ln x)$,再使用公式 $\int x^{\mu}\mathrm{d}x=\dfrac{1}{\mu+1}x^{\mu+1}+C$ 写出结论。

$$\int \dfrac{\sqrt{1+\ln x}}{x}\mathrm{d}x=\int(1+\ln x)^{\frac{1}{2}}\mathrm{d}(1+\ln x)=\dfrac{2}{3}(1+\ln x)^{\frac{3}{2}}+C \quad (\text{整体 } u=1+\ln x)$$

【例 4.2.5】 求 $\int \dfrac{\mathrm{e}^{\sqrt{x}}}{\sqrt{x}}\mathrm{d}x$。

解 观察被积表达式 $\dfrac{\mathrm{e}^{\sqrt{x}}}{\sqrt{x}}\mathrm{d}x$ 的特点,先作转换 $\dfrac{1}{\sqrt{x}}\mathrm{d}x=2\mathrm{d}(\sqrt{x})$,再使用公式 $\int \mathrm{e}^x\mathrm{d}x=\mathrm{e}^x+C$ 写出结论。

$$\int \dfrac{\mathrm{e}^{\sqrt{x}}}{\sqrt{x}}\mathrm{d}x=2\int \mathrm{e}^{\sqrt{x}}\mathrm{d}(\sqrt{x})=2\mathrm{e}^{\sqrt{x}}+C \quad (\text{整体 } u=\sqrt{x})$$

【例 4.2.6】 求 $\int \dfrac{\mathrm{e}^x}{1+\mathrm{e}^x}\mathrm{d}x$。

解 观察被积表达式 $\dfrac{\mathrm{e}^x}{1+\mathrm{e}^x}\mathrm{d}x$ 的特点,先作转换 $\mathrm{e}^x\mathrm{d}x=\mathrm{d}(1+\mathrm{e}^x)$,再使用公式 $\int \dfrac{1}{x}\mathrm{d}x=\ln|x|+C$ 写出结论。

$$\int \dfrac{\mathrm{e}^x}{1+\mathrm{e}^x}\mathrm{d}x=\int \dfrac{1}{1+\mathrm{e}^x}\mathrm{d}(1+\mathrm{e}^x)=\ln(1+\mathrm{e}^x)+C \quad (\text{整体 } u=1+\mathrm{e}^x)$$

【例 4.2.7】 求 $\int \dfrac{1}{1+\mathrm{e}^x}\mathrm{d}x$。

解 此题可以借用例 4.2.6 的结论进行拆分。

$$\int \dfrac{1}{1+\mathrm{e}^x}\mathrm{d}x=\int \dfrac{1+\mathrm{e}^x-\mathrm{e}^x}{1+\mathrm{e}^x}\mathrm{d}x=\int \mathrm{d}x-\int \dfrac{\mathrm{e}^x}{1+\mathrm{e}^x}\mathrm{d}x$$

$$=x-\int \dfrac{1}{1+\mathrm{e}^x}\mathrm{d}(1+\mathrm{e}^x)=x-\ln(1+\mathrm{e}^x)+C$$

【例 4.2.8】 求 $\int \cot x\mathrm{d}x$。

解 先用三角函数的商数关系:$\cot x=\dfrac{\cos x}{\sin x}$(见附录 2),再作转换 $\cos x\mathrm{d}x=\mathrm{d}(\sin x)$,最后使用公式 $\int \dfrac{1}{x}\mathrm{d}x=\ln|x|+C$。

$$\int \cot x\mathrm{d}x=\int \dfrac{\cos x}{\sin x}\mathrm{d}x=\int \dfrac{1}{\sin x}\mathrm{d}(\sin x)=\ln|\sin x|+C \quad (\text{整体 } u=\sin x)$$

同理可得

$$\int \tan x\mathrm{d}x=-\ln|\cos x|+C$$

第一类换元积分法有很多题型,灵活性较大。上述例题只是就几个方面进行介绍,同学们还需要多想、多练,在实践中摸索,渐渐掌握其中的奥妙。为了让同学们更好地掌握第一类换元积分法,下面介绍一些常用的转换式子。

(1) $\mathrm{d}x = \dfrac{1}{a}\mathrm{d}(ax+b)$；

(2) $x\mathrm{d}x = \dfrac{1}{2}\mathrm{d}(x^2+C)$；

(3) $\dfrac{1}{x}\mathrm{d}x = \mathrm{d}(\ln x) = \mathrm{d}(\ln x + C)$；

(4) $\dfrac{1}{\sqrt{x}}\mathrm{d}x = 2\mathrm{d}(\sqrt{x}) = \mathrm{d}(2\sqrt{x}+C)$；

(5) $\dfrac{1}{x^2}\mathrm{d}x = -\mathrm{d}\left(\dfrac{1}{x}\right)$；

(6) $\dfrac{1}{1+x^2}\mathrm{d}x = \mathrm{d}(\arctan x)$；

(7) $\dfrac{1}{\sqrt{1-x^2}}\mathrm{d}x = \mathrm{d}(\arcsin x)$；

(8) $\mathrm{e}^{ax}\mathrm{d}x = \dfrac{1}{a}\mathrm{d}(\mathrm{e}^{ax}+C)$；

(9) $\cos x\mathrm{d}x = \mathrm{d}(\sin x + C)$；

(10) $\sin x\mathrm{d}x = -\mathrm{d}(\cos x + C)$；

(11) $\sec^2 x\mathrm{d}x = \mathrm{d}(\tan x + C)$；

(12) $\csc^2 x\mathrm{d}x = -\mathrm{d}(\cot x + C)$；

(13) $\sec x\tan x\mathrm{d}x = \mathrm{d}(\sec x + C)$；

(14) $\csc x\cot x\mathrm{d}x = -\mathrm{d}(\csc x + C)$。

【例 4.2.9】 求 $\displaystyle\int \sin^2 x\mathrm{d}x$。

解 先用三角函数变换公式 $\sin^2 x = \dfrac{1-\cos 2x}{2}$（见附录 2），再凑微。

$$\int \sin^2 x\mathrm{d}x = \int \frac{1-\cos 2x}{2}\mathrm{d}x = \frac{1}{2}\int \mathrm{d}x - \frac{1}{2}\int \cos 2x\mathrm{d}x$$

$$= \frac{1}{2}x - \frac{1}{4}\int \cos 2x\mathrm{d}(2x) = \frac{1}{2}x - \frac{1}{4}\sin 2x + C$$

【例 4.2.10】 求 $\displaystyle\int \dfrac{x}{1+x^4}\mathrm{d}x$。

解 观察被积表达式特点，作转换 $x\mathrm{d}x = \dfrac{1}{2}\mathrm{d}(x^2)$ 的同时，分母也要相应地作变换 $\dfrac{1}{1+x^4} = \dfrac{1}{1+(x^2)^2}$，再使用公式 $\displaystyle\int \dfrac{1}{1+x^2}\mathrm{d}x = \arctan x + C$ 写出结论。

$$\int \frac{x}{1+x^4}\mathrm{d}x = \frac{1}{2}\int \frac{1}{1+(x^2)^2}\mathrm{d}(x^2) = \frac{1}{2}\arctan x^2 + C$$

【例 4.2.11】 求 $\displaystyle\int \dfrac{1}{a^2-x^2}\mathrm{d}x$。

解 先将被积函数 $\dfrac{1}{a^2-x^2}$ 拆分成若干个简单分式的和：$\dfrac{1}{a^2-x^2} = \dfrac{1}{2a}\left(\dfrac{1}{a+x}+\dfrac{1}{a-x}\right)$，再分别积分。

$$\int \frac{1}{a^2-x^2}\mathrm{d}x = \frac{1}{2a}\left(\int \frac{1}{a+x}\mathrm{d}x + \int \frac{1}{a-x}\mathrm{d}x\right)$$

$$= \frac{1}{2a}\left[\int \frac{1}{a+x}\mathrm{d}(a+x) - \int \frac{1}{a-x}\mathrm{d}(a-x)\right]$$

$$= \frac{1}{2a}(\ln|a+x| - \ln|a-x|)$$

$$= \frac{1}{2a}\ln\left|\frac{a+x}{a-x}\right| + C$$

【例 4.2.12】 求 $\displaystyle\int \dfrac{1}{\sqrt{x-x^2}}\mathrm{d}x$。

解 先将被积函数 $\dfrac{1}{\sqrt{x-x^2}}$ 改装成 $\dfrac{1}{\sqrt{x-x^2}} = \dfrac{1}{\sqrt{x}}\cdot\dfrac{1}{\sqrt{1-x}}$，其中 $\dfrac{1}{\sqrt{x}}$ 与 $\mathrm{d}x$ 联合，变成

$\dfrac{1}{\sqrt{x}}\mathrm{d}x = 2\mathrm{d}\left(\sqrt{x}\right)$；而 $\dfrac{1}{\sqrt{1-x}}$ 变成 $\dfrac{1}{\sqrt{1-x}} = \dfrac{1}{\sqrt{1-(\sqrt{x})^2}}$。再利用基本积分公式

$\displaystyle\int\dfrac{1}{\sqrt{1-x^2}}\mathrm{d}x = \arcsin x + C$ 写出结论。

$$\int\dfrac{1}{\sqrt{x-x^2}}\mathrm{d}x = \int\dfrac{1}{\sqrt{x}\sqrt{1-(\sqrt{x})^2}}\mathrm{d}x = 2\int\dfrac{1}{\sqrt{1-(\sqrt{x})^2}}\mathrm{d}(\sqrt{x}) = 2\arcsin\sqrt{x} + C$$

二、第二类换元积分法

第一类换元积分法可以解决很多不定积分问题，但它有局限性。当遇到含有根号的不定积分问题时，需要寻求消除根号来解决，第二类换元积分法比较适合解决此类问题。

定理 4.2.2　（第二类换元积分法）　设函数 $f(x)$ 连续，函数 $x=\varphi(t)$ 有连续导数，且存在反函数 $t=\varphi^{-1}(x)$，则 $\displaystyle\int f(x)\mathrm{d}x = \int f[\varphi(t)]\varphi'(t)\mathrm{d}t$。

1. 简单根式代换

【例 4.2.13】　求 $\displaystyle\int\dfrac{\mathrm{d}x}{1+\sqrt{x}}$。

解　设 $t=\sqrt{x}$，则 $x=t^2$，$\mathrm{d}x=2t\mathrm{d}t$，得

$$\int\dfrac{\mathrm{d}x}{1+\sqrt{x}} = \int\dfrac{2t\mathrm{d}t}{1+t} = 2\int\mathrm{d}t - 2\int\dfrac{1}{1+t}\mathrm{d}t$$

$$= 2t - 2\ln|1+t| + C = 2\sqrt{x} - 2\ln(1+\sqrt{x}) + C$$

简单根式代换适合根号里的表达式是关于 x 的一次函数。

2. 三角函数代换

【例 4.2.14】　求 $\displaystyle\int\sqrt{4-x^2}\mathrm{d}x$。

解　设 $x=2\sin u\left(-\dfrac{\pi}{2}\leqslant u\leqslant\dfrac{\pi}{2}\right)$，则 $u=\arcsin\dfrac{x}{2}$，$\mathrm{d}x=2\cos u\mathrm{d}u$。

$$\int\sqrt{4-x^2}\mathrm{d}x = \int\sqrt{4-4\sin^2 u}\cdot 2\cos u\mathrm{d}u = 4\int\cos^2 u\mathrm{d}u$$

$$= 2\int(1+\cos 2u)\mathrm{d}u = 2u + \sin 2u + C$$

$$= 2\arcsin\dfrac{x}{2} + \dfrac{x\sqrt{4-x^2}}{2} + C$$

该例题结果中的一项 $\dfrac{x\sqrt{4-x^2}}{2}$ 代换 $\sin 2u$，可以借用直角三角形进行转换。

根据 $x=2\sin u$，即 $\sin u=\dfrac{x}{2}$，作辅助直角三角形（如图 4.2.1 所示），有 $\cos u=\dfrac{\sqrt{4-x^2}}{2}$，于是 $\sin 2u=2\sin u\cos u=2\times\dfrac{x}{2}\times\dfrac{\sqrt{4-x^2}}{2}=\dfrac{x\sqrt{4-x^2}}{2}$。

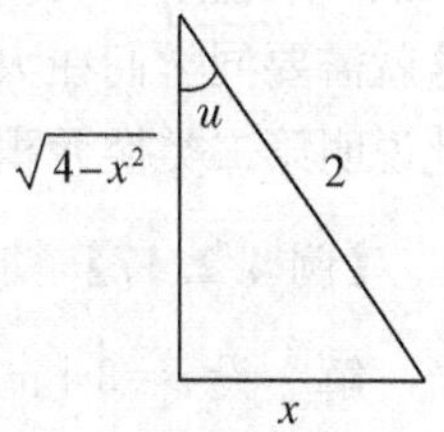

图 4.2.1

【例 4.2.15】 求 $\displaystyle\int \frac{\mathrm{d}x}{\sqrt{a^2+x^2}}(a>0)$.

预备公式(见附录 3)： $\displaystyle\int \sec x\mathrm{d}x=\ln|\sec x+\tan x|+C$。

解 设 $x=a\tan u\left(-\dfrac{\pi}{2}<u<\dfrac{\pi}{2}\right)$，则 $u=\arctan\dfrac{x}{a}$，$\mathrm{d}x=a\sec^2 u\mathrm{d}u$。

$$\int \frac{\mathrm{d}x}{\sqrt{a^2+x^2}}=\int \frac{a\sec^2 u}{\sqrt{a^2+a^2\tan^2 u}}\mathrm{d}u=\int \sec u\mathrm{d}u$$

$$=\ln|\sec u+\tan u|+C_1=\ln\left|\frac{\sqrt{a^2+x^2}}{a}+\frac{x}{a}\right|+C_1$$

$$=\ln|\sqrt{a^2+x^2}+x|+C$$

其中 $C=C_1-\ln a$。

例 4.2.15 的运算过程,有两个技巧。一是根据 $x=a\tan u$,即 $\tan u=\dfrac{x}{a}$ 作辅助直角三角形(如图 4.2.2 所示)进行代换 $\sec u=\dfrac{1}{\cos u}=\dfrac{\sqrt{x^2+a^2}}{a}$；二是为了最后的结果美观,利用对数的运算法则及任意常数 C 的特质,进行了小的改写,即 $C=C_1-\ln a$,以后有类似情形都可以做这样的技术处理。

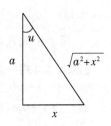

图 4.2.2

【例 4.2.16】 求 $\displaystyle\int \frac{\mathrm{d}x}{\sqrt{x^2-a^2}}(a>0)$。

解 设 $x=a\sec t$,则 $\mathrm{d}x=a\sec t\tan t\mathrm{d}t$。

$$\int \frac{\mathrm{d}x}{\sqrt{x^2-a^2}}=\int \frac{a\sec t\tan t}{\sqrt{a^2\sec^2 t-a^2}}\mathrm{d}t=\int \sec t\mathrm{d}t$$

$$=\ln|\sec t+\tan t|+C_1=\ln\left|\frac{x}{a}+\frac{\sqrt{x^2-a^2}}{a}\right|+C_1$$

$$=\ln|x+\sqrt{x^2-a^2}|+C$$

其中 $C=C_1-\ln a$。

作辅助直角三角形,可知 $\tan t=\dfrac{\sqrt{x^2-a^2}}{a}$,如图 4.2.3 所示。

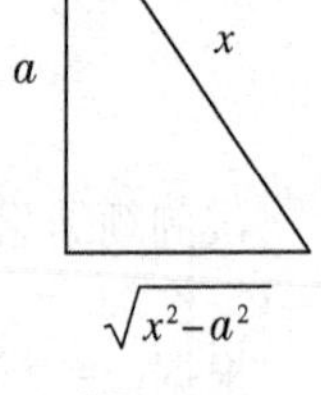

三角函数代换适合根号里的表达式是关于 x 的二次函数的情形。以上三例,可作为范例学习、体会。

第二类换元积分法可以很好地解决带有根号的不定积分问题。这只是就一般情形而言,有些情形利用第一类换元积分法也能很好地解决。这就需要同学们在大量的训练中归纳总结。下面举一个另类的题型,借此说明第二类换元积分法有着广泛的应用。

图 4.2.3

【例 4.2.17】 求 $\displaystyle\int x^2(3+x)^9\mathrm{d}x$。

解 设 $t=3+x$,则 $x=t-3$,$\mathrm{d}x=\mathrm{d}t$。

$$\int x^2(3+x)^9\mathrm{d}x=\int (t-3)^2 t^9\mathrm{d}t=\int (t^2-6t+9)t^9\mathrm{d}t$$

$$=\int t^{11}\mathrm{d}t - 6\int t^{10}\mathrm{d}t + 9\int t^9\mathrm{d}t = \frac{1}{12}t^{12} - \frac{6}{11}t^{11} + \frac{9}{10}t^{10} + C$$

$$=\frac{1}{12}(3+x)^{12} - \frac{6}{11}(3+x)^{11} + \frac{9}{10}(3+x)^{10} + C$$

习题 4 - 2

1. 在下列各等式右端的横线上填上适当的系数,使等式成立。

(1) $\mathrm{d}x = $ _____ $\mathrm{d}(ax)$;   (2) $\mathrm{d}x = $ _____ $\mathrm{d}(ax+b)$;

(3) $x\mathrm{d}x = $ _____ $\mathrm{d}(x^2)$;   (4) $x\mathrm{d}x = $ _____ $\mathrm{d}(4x^2)$;

(5) $\mathrm{e}^{2x}\mathrm{d}x = $ _____ $\mathrm{d}(\mathrm{e}^{2x})$;   (6) $\mathrm{e}^{-3x}\mathrm{d}x = $ _____ $\mathrm{d}(1-\mathrm{e}^{-3x})$;

(7) $\sin ax\mathrm{d}x = $ _____ $\mathrm{d}(\cos ax)$;   (8) $\cos\frac{1}{2}x\mathrm{d}x = $ _____ $\mathrm{d}\left(\sin\frac{1}{2}x\right)$;

(9) $\dfrac{\mathrm{d}x}{x} = $ _____ $\mathrm{d}(2\ln|x|)$;   (10) $\dfrac{\mathrm{d}x}{1+4x^2} = $ _____ $\mathrm{d}(\arctan 2x)$;

(11) $\dfrac{\mathrm{d}x}{\sqrt{1-x^2}} = $ _____ $\mathrm{d}(1-2\arcsin x)$;   (12) $\dfrac{x\mathrm{d}x}{\sqrt{1-x^2}} = $ _____ $\mathrm{d}(\sqrt{1-x^2})$。

2. 用第一类换元积分法求下列函数的不定积分。

(1) $\displaystyle\int (x+1)^{15}\mathrm{d}x$;   (2) $\displaystyle\int \sqrt{1-3x}\,\mathrm{d}x$;

(3) $\displaystyle\int \frac{\mathrm{d}x}{(2x-1)^3}$;   (4) $\displaystyle\int \frac{\mathrm{d}x}{3-2x}$;

(5) $\displaystyle\int \sin 2x\mathrm{d}x$;   (6) $\displaystyle\int \tan 3x\mathrm{d}x$;

(7) $\displaystyle\int \mathrm{e}^{-\frac{x}{2}}\mathrm{d}x$;   (8) $\displaystyle\int \frac{\mathrm{d}x}{\sqrt{4-9x^2}}$;

(9) $\displaystyle\int \frac{\mathrm{d}x}{2x^2+9}$;   (10) $\displaystyle\int \frac{\mathrm{d}x}{\sin^2\left(2x+\frac{\pi}{4}\right)}$;

(11) $\displaystyle\int x\mathrm{e}^{-x^2}\mathrm{d}x$;   (12) $\displaystyle\int \frac{x}{3-2x^2}\mathrm{d}x$;

(13) $\displaystyle\int x^2\sqrt{1+x^3}\,\mathrm{d}x$;   (14) $\displaystyle\int \frac{2x-3}{x^2-3x+8}\mathrm{d}x$;

(15) $\displaystyle\int \sin^3 x\cos x\mathrm{d}x$;   (16) $\displaystyle\int \frac{\cos\sqrt{x}}{\sqrt{x}}\mathrm{d}x$;

(17) $\displaystyle\int \frac{\sqrt{1+\ln x}}{x}\mathrm{d}x$;   (18) $\displaystyle\int x\tan x^2\mathrm{d}x$;

(19) $\displaystyle\int \frac{2\mathrm{e}^{2x}+\mathrm{e}^x}{\mathrm{e}^{2x}+\mathrm{e}^x+1}\mathrm{d}x$;   (20) $\displaystyle\int \sin 3x\sin 2x\mathrm{d}x$。

3. 用第二类换元积分法求下列函数的不定积分。

(1) $\displaystyle\int \frac{x+1}{\sqrt[3]{3x+1}}\mathrm{d}x$;   (2) $\displaystyle\int \frac{1}{2-\sqrt{x}}\mathrm{d}x$;

(3) $\int \dfrac{1}{\sqrt{x}+\sqrt[4]{x}}\mathrm{d}x$；

(4) $\int \dfrac{1}{\sqrt{x}+\sqrt[3]{x}}\mathrm{d}x$；

(5) $\int \dfrac{x}{\sqrt[3]{2x+1}}\mathrm{d}x$；

(6) $\int \dfrac{\mathrm{d}x}{\sqrt{4+9x^2}}$；

(7) $\int \dfrac{x^2}{\sqrt{2-x^2}}\mathrm{d}x$；

(8) $\int \dfrac{\mathrm{d}x}{x\sqrt{x^2-1}}$；

(9) $\int \dfrac{1}{\sqrt{1+16x^2}}\mathrm{d}x$；

(10) $\int \dfrac{1}{x^2\sqrt{1+x^2}}\mathrm{d}x$。

第三节　不定积分的分部积分法

换元积分法能解决一些不定积分问题,但对于形如: $\int x^a a^x \mathrm{d}x$, $\int x^a \sin\beta x\,\mathrm{d}x$, $\int x^n \ln x\,\mathrm{d}x$ 等问题,换元法就不奏效。为此,我们利用乘法的微分法则,引进另一个求积分的基本方法——分部积分法。

设函数 $u=u(x)$, $v=v(x)$ 具有连续导数,根据乘积的微分法则,有

$$\mathrm{d}(uv)=u\mathrm{d}v+v\mathrm{d}u$$

$$u\mathrm{d}v=\mathrm{d}(uv)-v\mathrm{d}u \qquad (4.3.1)$$

$$\int u\mathrm{d}v = uv - \int v\mathrm{d}u$$

式(4.3.1)称为**分部积分公式**,它将求不定积分 $\int u\mathrm{d}v$ 转化为求不定积分 $\int v\mathrm{d}u$ 的问题。通常 $\int v\mathrm{d}u$ 比 $\int u\mathrm{d}v$ 容易求得,这样,分部积分法就起到化难为简的作用。选择 u 和 $\mathrm{d}v$ 的原则是:(1) v 容易求得;(2) $\int v\mathrm{d}u$ 比 $\int u\mathrm{d}v$ 容易积出。通常,选择公式中的 u 的顺序:反三角函数、对数函数、幂函数、指数函数、三角函数。总结为"反、对、幂、指、三"这五个字。

【例 4.3.1】 求 $\int x\sin x\mathrm{d}x$。

解 根据选择顺序, x 是公式中的 u,剩下部分作转换 $\sin x\mathrm{d}x=\mathrm{d}(-\cos x)$。

$$\int x\sin x\mathrm{d}x = \int x\mathrm{d}(-\cos x) = -x\cos x - \int (-\cos x)\mathrm{d}x$$

$$= -x\cos x + \int \cos x\mathrm{d}x = -x\cos x + \sin x + C$$

【例 4.3.2】 求 $\int x^2 \mathrm{e}^x \mathrm{d}x$。

解 x^2 是公式中的 u,剩下部分作转换 $\mathrm{e}^x\mathrm{d}x=\mathrm{d}(\mathrm{e}^x)$。需两次使用分部积分公式。

$$\int x^2 \mathrm{e}^x \mathrm{d}x = \int x^2 \mathrm{d}(\mathrm{e}^x) = x^2 \mathrm{e}^x - \int \mathrm{e}^x \mathrm{d}(x^2) = x^2 \mathrm{e}^x - 2\int x\mathrm{e}^x \mathrm{d}x$$

$$= x^2 \mathrm{e}^x - 2\int x\mathrm{d}(\mathrm{e}^x) = x^2 \mathrm{e}^x - 2\left(x\mathrm{e}^x - \int \mathrm{e}^x \mathrm{d}x\right)$$

$$= x^2 \mathrm{e}^x - 2x\mathrm{e}^x + 2\mathrm{e}^x + C$$

【例 4. 3. 3】 求 $\int x\arctan x\mathrm{d}x$。

解　$\arctan x$ 是公式中的 u，剩下部分作转换 $x\mathrm{d}x=\mathrm{d}\left(\dfrac{1}{2}x^2\right)$。

$$\int x\arctan x\mathrm{d}x = \int \arctan x\mathrm{d}\left(\frac{1}{2}x^2\right) = \frac{1}{2}x^2\arctan x - \int\left(\frac{1}{2}x^2\right)\mathrm{d}(\arctan x)$$

$$= \frac{1}{2}x^2\arctan x - \frac{1}{2}\int\frac{x^2}{1+x^2}\mathrm{d}x = \frac{1}{2}x^2\arctan x - \frac{1}{2}\int\left(1-\frac{1}{1+x^2}\right)\mathrm{d}x$$

$$= \frac{1}{2}x^2\arctan x - \frac{1}{2}x + \frac{1}{2}\arctan x + C$$

【例 4. 3. 4】 求 $\int \arcsin x\mathrm{d}x$。

解　$\arcsin x$ 是公式中的 u，d 后面的 x 就是公式中的 v。

$$\int \arcsin x\mathrm{d}x = x\arcsin x - \int x\mathrm{d}(\arcsin x) = x\arcsin x - \int\frac{x}{\sqrt{1-x^2}}\mathrm{d}x$$

$$= x\arcsin x + \frac{1}{2}\int\frac{1}{\sqrt{1-x^2}}\mathrm{d}(1-x^2) = x\arcsin x + \sqrt{1-x^2} + C$$

【例 4. 3. 5】 求 $\int x^3\ln x\mathrm{d}x$。

解　$\ln x$ 是公式中的 u，剩下部分作转换 $x^3\mathrm{d}x=\mathrm{d}\left(\dfrac{1}{4}x^4\right)$。

$$\int x^3\ln x\mathrm{d}x = \int \ln x\mathrm{d}\left(\frac{1}{4}x^4\right) = \frac{1}{4}x^4\ln x - \int\left(\frac{1}{4}x^4\right)\mathrm{d}(\ln x)$$

$$= \frac{1}{4}x^4\ln x - \frac{1}{4}\int x^3\mathrm{d}x = \frac{1}{4}x^4\ln x - \frac{1}{16}x^4 + C$$

【例 4. 3. 6】 求 $\int \mathrm{e}^x\cos x\mathrm{d}x$。

解　此题需两次使用分部积分公式，选择谁都可以作公式中的 u。

注意：在第二次使用分部积分公式时，要与第一次选择的 u 保持一致。该题选择的 u 始终是三角函数。

$$\int \mathrm{e}^x\cos x\mathrm{d}x = \int \cos x\mathrm{d}(\mathrm{e}^x) = \mathrm{e}^x\cos x - \int \mathrm{e}^x\mathrm{d}(\cos x)$$

$$= \mathrm{e}^x\cos x + \int \mathrm{e}^x\sin x\mathrm{d}x = \mathrm{e}^x\cos x + \int \sin x\mathrm{d}(\mathrm{e}^x)$$

$$= \mathrm{e}^x\cos x + \mathrm{e}^x\sin x - \int \mathrm{e}^x\mathrm{d}(\sin x)$$

$$= \mathrm{e}^x(\cos x + \sin x) - \int \mathrm{e}^x\cos x\mathrm{d}x$$

移项，得

$$2\int \mathrm{e}^x\cos x\mathrm{d}x = \mathrm{e}^x(\sin x + \cos x) + 2C$$

所以

$$\int \mathrm{e}^x\cos x\mathrm{d}x = \frac{\mathrm{e}^x}{2}(\sin x + \cos x) + C$$

例 4.3.1～例 4.3.6 所举例题具有代表性，可归纳小结如下。

（1）被积函数是幂函数乘三角函数或者幂函数乘指数函数时，一般选幂函数为公式中的 u，剩下部分为 $\mathrm{d}v$；

（2）被积函数是幂函数乘对数函数或者幂函数乘反三角函数时，通常将幂函数转化为公式中的 $\mathrm{d}v$，其他部分为公式中的 u；

（3）被积函数是指数函数乘三角函数时，既可将指数函数作为公式中的 u，也可将三角函数作为公式中的 u，一旦选定，需保持一致。

上面分别介绍了不定积分的几种常用计算方法，事实上，在解决不定积分的问题时，需要几种方法交错使用。有时同一道题可用几种方法解决。

【例 4.3.7】 求 $\displaystyle\int \mathrm{e}^{\sqrt[3]{x}}\mathrm{d}x$。

解 设 $t=\sqrt[3]{x}$，则 $x=t^3$，$\mathrm{d}x=3t^2\mathrm{d}t$。

$$\int \mathrm{e}^{\sqrt[3]{x}}\mathrm{d}x = \int \mathrm{e}^t \cdot 3t^2\mathrm{d}t = 3\int t^2\mathrm{e}^t\mathrm{d}t = 3\left[\int t^2\mathrm{d}(\mathrm{e}^t)\right]$$

$$= 3\left[t^2\mathrm{e}^t - 2\int t\mathrm{e}^t\mathrm{d}t\right] = 3t^2\mathrm{e}^t - 6\int t\mathrm{d}(\mathrm{e}^t)$$

$$= 3t^2\mathrm{e}^t - 6\left(t\mathrm{e}^t - \int \mathrm{e}^t\mathrm{d}t\right) = 3t^2\mathrm{e}^t - 6t\mathrm{e}^t + 6\mathrm{e}^t + C$$

$$= 3\mathrm{e}^{\sqrt[3]{x}}(\sqrt[3]{x^2} - 2\sqrt[3]{x} + 2) + C$$

【例 4.3.8】 求 $\displaystyle\int \frac{\ln(1+x)}{\sqrt{x}}\mathrm{d}x$。

解 先用分部积分法，再用第二类换元积分法。

$$\int \frac{\ln(1+x)}{\sqrt{x}}\mathrm{d}x = 2\int \ln(1+x)\mathrm{d}(\sqrt{x}) = 2\sqrt{x}\ln(1+x) - 2\int \sqrt{x}\mathrm{d}[\ln(1+x)]$$

$$= 2\sqrt{x}\ln(1+x) - 2\int \frac{\sqrt{x}}{1+x}\mathrm{d}x$$

不定积分 $\displaystyle\int \frac{\sqrt{x}}{1+x}\mathrm{d}x$，我们用换元法来解决它。设 $t=\sqrt{x}$，则 $x=t^2$，$\mathrm{d}x=2t\mathrm{d}t$。

$$\int \frac{\sqrt{x}}{1+x}\mathrm{d}x = \int \frac{t}{1+t^2} \cdot 2t\mathrm{d}t = 2\int \left(1 - \frac{1}{1+t^2}\right)\mathrm{d}t$$

$$= 2t - 2\arctan t + C = 2\sqrt{x} - 2\arctan\sqrt{x} + C$$

所以，$\displaystyle\int \frac{\ln(1+x)}{\sqrt{x}}\mathrm{d}x = 2[\sqrt{x}\ln(1+x) - 2\sqrt{x} + 2\arctan\sqrt{x}] + C$

【例 4.3.9】 求 $\displaystyle\int \frac{x}{\sqrt{1-x}}\mathrm{d}x$。

解法一 凑微法：

$$\int \frac{x}{\sqrt{1-x}}\mathrm{d}x = -\int \frac{1-x-1}{\sqrt{1-x}}\mathrm{d}x = -\int \frac{1-x}{\sqrt{1-x}}\mathrm{d}x + \int \frac{1}{\sqrt{1-x}}\mathrm{d}x$$

$$= \int \sqrt{1-x}\mathrm{d}(1-x) - \int \frac{1}{\sqrt{1-x}}\mathrm{d}(1-x)$$

$$=\frac{2}{3}\sqrt{(1-x)^3}-2\sqrt{1-x}+C$$

解法二　第二类换元法：

设 $t=\sqrt{1-x}$，则 $x=1-t^2$，$\mathrm{d}x=-2t\mathrm{d}t$。

$$\int\frac{x}{\sqrt{1-x}}\mathrm{d}x=\int\frac{1-t^2}{t}\cdot(-2t)\mathrm{d}t=2\int(t^2-1)\mathrm{d}t$$

$$=\frac{2}{3}t^3-2t+C=\frac{2}{3}\sqrt{(1-x)^3}-2\sqrt{1-x}+C$$

解法三　分部积分法：

$$\int\frac{x}{\sqrt{1-x}}\mathrm{d}x=-2\int x\mathrm{d}(\sqrt{1-x})=-2x\sqrt{1-x}+2\int\sqrt{1-x}\mathrm{d}x$$

$$=-2x\sqrt{1-x}-2\int\sqrt{1-x}\mathrm{d}(1-x)=-2x\sqrt{1-x}-\frac{4}{3}\sqrt{(1-x)^3}+C$$

同一积分用不同方法求解时，得出的结果在形式上可以不同。不难验证每个结果都是正确的，且彼此之间相差一个常数。

【例 4.3.10】　求 $\int xf''(x)\mathrm{d}x$，其中 $f(x)$ 为二阶连续可导函数。

解　$\int xf''(x)\mathrm{d}x=\int x\mathrm{d}(f'(x))=xf'(x)-\int f'(x)\mathrm{d}x=xf'(x)-f(x)+C$

习题 4-3

用分部积分法求下列函数的不定积分：

(1) $\int x\sin 3x\mathrm{d}x$；

(2) $\int x\cos\frac{x}{4}\mathrm{d}x$；

(3) $\int x\mathrm{e}^{-x}\mathrm{d}x$；

(4) $\int x\mathrm{e}^{-2x}\mathrm{d}x$；

(5) $\int\ln x\mathrm{d}x$；

(6) $\int\ln\frac{x}{2}\mathrm{d}x$；

(7) $\int x\ln(x-1)\mathrm{d}x$；

(8) $\int\ln(1+x^2)\mathrm{d}x$；

(9) $\int x\sin^2 x\mathrm{d}x$；

(10) $\int\arccos 3x\mathrm{d}x$；

(11) $\int\arctan\frac{x}{2}\mathrm{d}x$；

(12) $\int x^2\arctan x\mathrm{d}x$；

(13) $\int x^3\arctan x\mathrm{d}x$；

(14) $\int\mathrm{e}^{-x}\cos x\mathrm{d}x$；

(15) $\int\mathrm{e}^x\cos^2 x\mathrm{d}x$；

(16) $\int\cos\sqrt{x}\mathrm{d}x$。

第四节 有理函数的不定积分

有理分式是指两个多项式之比的函数。设关于 x 的多项式：

$$P_n(x) = a_0 x^n + a_1 x^{n-1} + \cdots + a_{n-1} x + a_n$$

$$Q_m(x) = b_0 x^m + b_1 x^{m-1} + \cdots + b_{m-1} x + b_m$$

其中 n, m 是非负整数，$P_n(x)$ 与 $Q_m(x)$ 不可约。

那么形如

$$R(x) = \frac{P_n(x)}{Q_m(x)} = \frac{a_0 x^n + a_1 x^{n-1} + \cdots + a_{n-1} x + a_n}{b_0 x^m + b_1 x^{m-1} + \cdots + b_{m-1} x + b_m}$$

的式子就是**有理分式**。当 $n < m$ 时，$R(x)$ 称为**真分式**；当 $n \geqslant m$ 时，$R(x)$ 称为**假分式**。利用多项式的除法，一个假分式总能化为一个多项式与一个真分式的和。多项式的积分问题容易解决，本节主要讨论有理真分式的积分法。

由 $\dfrac{1}{x^2 - 1} = \dfrac{1}{2}\left(\dfrac{1}{x-1} - \dfrac{1}{x+1}\right)$，我们推测：一个真分式能否分解为若干简单真分式的代数和（简单真分式称为**部分分式**）？回答是肯定的，而且我们有一整套求解方法，主要是依据有理真分式的分母因子来确定。

一般地，若真分式的分母含一次因式 $(x-a)$，则部分分式中就有一项 $\dfrac{A}{x-a}$；若真分式的分母中有 k 重一次因式 $(x-a)^k$，则部分分式中就有 k 项 $\dfrac{A_1}{x-a} + \dfrac{A_2}{(x-a)^2} + \cdots + \dfrac{A_k}{(x-a)^k}$，其中 $A_i (i=1, 2, \cdots, k)$ 都是常量。若真分式的分母含有一个不可分解的二次因式 $x^2 + px + q$ $(p^2 - 4q < 0)$，部分分式中就有一项 $\dfrac{Bx + C}{x^2 + px + q}$，其中 B, C, p, q 均为常数。

当我们把有理分式化成有理多项式与有理真分式的代数和以后，对于有理分式的积分问题，就转化为真分式的积分问题，也就是部分分式的积分问题。

【**例 4.4.1**】 将下列有理分式化为部分分式的代数和：

(1) $\dfrac{1}{x(x-1)^2}$;   (2) $\dfrac{x^3 - 4x^2 + 2x + 9}{x^2 - 5x + 6}$;   (3) $\dfrac{-9x - 7}{(x-3)(x^2 + 2x + 2)}$。

解 (1) 设 $\dfrac{1}{x(x-1)^2} = \dfrac{A}{x} + \dfrac{A_1}{x-1} + \dfrac{A_2}{(x-1)^2}$，其中 A, A_1, A_2 是待定系数。

对上式右端通分后得

$$\frac{A}{x} + \frac{A_1}{x-1} + \frac{A_2}{(x-1)^2} = \frac{(A+A_1)x^2 + (-2A - A_1 + A_2)x + A}{x(x-1)^2}$$

故

$$\frac{1}{x(x-1)^2} = \frac{(A+A_1)x^2 + (-2A - A_1 + A_2)x + A}{x(x-1)^2}$$

$$1 \equiv (A+A_1)x^2 + (-2A - A_1 + A_2)x + A$$

因为这是恒等式，同类项系数相等，比较等式两端，得

$$\begin{cases} A+A_1=0 \\ -2A-A_1+A_2=0 \\ A=1 \end{cases}$$

解之得

$$\begin{cases} A=1 \\ A_1=-1 \\ A_2=1 \end{cases}$$

所以

$$\frac{1}{x(x-1)^2}=\frac{1}{x}-\frac{1}{x-1}+\frac{1}{(x-1)^2}$$

（2）由

$$\frac{x^3-4x^2+2x+9}{x^2-5x+6}=x+1+\frac{x+3}{x^2-5x+6}$$

可设

$$\frac{x+3}{x^2-5x+6}=\frac{x+3}{(x-2)(x-3)}=\frac{A}{x-2}+\frac{B}{x-3}$$

则

$$\frac{x+3}{x^2-5x+6}=\frac{(A+B)x+(-3A-2B)}{(x-2)(x-3)}$$

$$x+3\equiv(A+B)x+(-3A-2B)$$

故

$$\begin{cases} A+B=1 \\ -3A-2B=3 \end{cases}$$

解之得

$$\begin{cases} A=-5 \\ B=6 \end{cases}$$

所以

$$\frac{x^3-4x^2+2x+9}{x^2-5x+6}=x+1-\frac{5}{x-2}+\frac{6}{x-3}$$

（3）设

$$\frac{-9x-7}{(x-3)(x^2+2x+2)}=\frac{A}{x-3}+\frac{Bx+C}{x^2+2x+2}$$

则

$$\frac{-9x-7}{(x-3)(x^2+2x+2)}=\frac{(A+B)x^2+(2A-3B+C)x+(2A-3C)}{(x-3)(x^2+2x+2)}$$

$$-9x-7\equiv(A+B)x^2+(2A-3B+C)x+(2A-3C)$$

故

$$\begin{cases} A+B=0 \\ 2A-3B+C=-9 \\ 2A-3C=-7 \end{cases}$$

解之得

$$\begin{cases} A=-2 \\ B=2 \\ C=1 \end{cases}$$

所以

$$\frac{-9x-7}{(x-3)(x^2+2x+2)}=-\frac{2}{x-3}+\frac{2x+1}{x^2+2x+2}$$

有理分式转化为部分分式的代数和后,对它们求积分就简单多了。解题思路是:有理分式→部分分式代数和→部分分式积分。

【例 4.4.2】 求下列不定积分:

(1) $\int \dfrac{1}{x(x-1)^2}\mathrm{d}x$;　　　　　　　(2) $\int \dfrac{x^3-4x^2+2x+9}{x^2-5x+6}\mathrm{d}x$;

(3) $\int \dfrac{-9x-7}{(x-3)(x^2+2x+2)}\mathrm{d}x$。

解 (1) 由例 4.4.1 知,$\dfrac{1}{x(x-1)^2}=\dfrac{1}{x}-\dfrac{1}{x-1}+\dfrac{1}{(x-1)^2}$。可将被积函数分解为若干部分分式的和,再分别积分。

$$\int \frac{1}{x(x-1)^2}\mathrm{d}x=\int\left[\frac{1}{x}-\frac{1}{x-1}+\frac{1}{(x-1)^2}\right]\mathrm{d}x$$

$$=\int \frac{1}{x}\mathrm{d}x-\int \frac{1}{x-1}\mathrm{d}(x-1)+\int \frac{1}{(x-1)^2}\mathrm{d}(x-1)$$

$$=\ln|x|-\ln|x-1|-\frac{1}{x-1}+C$$

(2) 由例 4.4.1 知,$\dfrac{x^3-4x^2+2x+9}{x^2-5x+6}=x+1-\dfrac{5}{x-2}+\dfrac{6}{x-3}$。可将被积函数分解为若干简单式子的和,再分别积分。

$$\int \frac{x^3-4x^2+2x+9}{x^2-5x+6}\mathrm{d}x=\int\left(x+1-\frac{5}{x-2}+\frac{6}{x-3}\right)\mathrm{d}x$$

$$=\int x\mathrm{d}x+\int \mathrm{d}x-5\int \frac{1}{x-2}\mathrm{d}(x-2)+6\int \frac{1}{x-3}\mathrm{d}(x-3)$$

$$=\frac{1}{2}x^2+x-5\ln|x-2|+6\ln|x-3|+C$$

(3) 由例 4.4.1 知,$\dfrac{-9x-7}{(x-3)(x^2+2x+2)}=-\dfrac{2}{x-3}+\dfrac{2x+1}{x^2+2x+2}$。可将被积函数分解为若干部分分式的和,再分别积分。其中,$\dfrac{2x+1}{x^2+2x+2}=\dfrac{2x+2}{x^2+2x+2}-\dfrac{1}{x^2+2x+2}$,分式 $\dfrac{2x+2}{x^2+2x+2}$ 可用凑微法,分式 $\dfrac{1}{x^2+2x+2}=\dfrac{1}{1+(x+1)^2}$,这是在分母上做文章,再用公式 $\int \dfrac{\mathrm{d}x}{1+x^2}=\arctan x+C$ 写出积分结果。

$$\int \frac{-9x-7}{(x-3)(x^2+2x+2)}\mathrm{d}x=\int\left(-\frac{2}{x-3}+\frac{2x+1}{x^2+2x+2}\right)\mathrm{d}x$$

$$=-\int \frac{2}{x-3}\mathrm{d}x+\int\left(\frac{2x+2}{x^2+2x+2}-\frac{1}{x^2+2x+2}\right)\mathrm{d}x$$

$$=-2\int \frac{1}{x-3}\mathrm{d}(x-3)+\int \frac{\mathrm{d}(x^2+2x+2)}{x^2+2x+2}-$$

$$\int \frac{1}{1+(x+1)^2}\mathrm{d}(x+1)$$

$$=-2\ln|x-3|+\ln(x^2+2x+2)-\arctan(x+1)+C$$

【例 4.4.3】 求 $\int \dfrac{1}{a^2-x^2}\mathrm{d}x$。

解 因为
$$\frac{1}{a^2-x^2}=\frac{1}{2a}\left(\frac{1}{a-x}+\frac{1}{a+x}\right)$$

所以

$$\int\frac{1}{a^2-x^2}dx=\frac{1}{2a}\int\left(\frac{1}{a-x}+\frac{1}{a+x}\right)dx=\frac{1}{2a}(-\ln|a-x|+\ln|a+x|)+C$$

$$=\frac{1}{2a}\ln\left|\frac{a+x}{a-x}\right|+C$$

【例 4.4.4】 求 $\int\frac{1}{x^2+6x+5}dx$。

解 因为
$$\frac{1}{x^2+6x+5}=\frac{1}{(x+1)(x+5)}=\frac{1}{4}\left(\frac{1}{x+1}-\frac{1}{x+5}\right)$$

所以

$$\int\frac{1}{x^2+6x+5}dx=\frac{1}{4}\int\left(\frac{1}{x+1}-\frac{1}{x+5}\right)dx=\frac{1}{4}(\ln|x+1|-\ln|x+5|)$$

$$=\frac{1}{4}\ln\left|\frac{x+1}{x+5}\right|+C$$

以上介绍的是有理函数积分的一般解法，但它的计算比较繁琐。在求有理函数积分时，尽量考虑其他方法。

【例 4.4.5】 求 $\int\frac{4x+6}{x^2+3x-4}dx$。

解 观察被积函数的特点，有 $(x^2+3x-4)'=2x+3=\frac{1}{2}(4x+6)$，可用凑微法。

$$\int\frac{4x+6}{x^2+3x-4}dx=2\int\frac{1}{x^2+3x-4}d(x^2+3x-4)=2\ln|x^2+3x-4|+C$$

【例 4.4.6】 求 $\int\frac{x^2}{x^3-1}dx$。

解 观察被积函数的特点，有 $(x^3-1)'=3x^2$，可用凑微法。

$$\int\frac{x^2}{x^3-1}dx=\frac{1}{3}\int\frac{1}{x^3-1}d(x^3-1)=\frac{1}{3}\ln|x^3-1|+C$$

【例 4.4.7】 求 $\int\frac{2x+7}{x^2+2x+5}dx$。

解 这是一个典型例题，它的最大特点是被积函数的分母是不可分解的二次多项式。这类题型，通常拆分为 $\frac{2x+7}{x^2+2x+5}=\frac{2x+2}{x^2+2x+5}+\frac{5}{x^2+2x+5}$，分式 $\frac{2x+2}{x^2+2x+5}$ 用凑微法，分式 $\frac{5}{x^2+2x+5}$ 整理后用公式 $\int\frac{1}{1+x^2}dx=\arctan x+C$ 求解。

$$\int\frac{2x+7}{x^2+2x+5}dx=\int\frac{2x+2}{x^2+2x+5}dx+\int\frac{5}{x^2+2x+5}dx$$

$$=\int\frac{1}{x^2+2x+5}d(x^2+2x+5)+\frac{5}{2}\int\frac{1}{1+\left(\frac{x+1}{2}\right)^2}d\left(\frac{x+1}{2}\right)$$

$$=\ln(x^2+2x+5)+\frac{5}{2}\arctan\frac{x+1}{2}+C$$

【例 4.4.8】　求 $\displaystyle\int \frac{1}{x(1+x^6)}dx$。

解　设 $x=\dfrac{1}{u}$，则 $dx=-\dfrac{1}{u^2}du$。

$$\int \frac{1}{x(1+x^6)}dx = \int \frac{1}{\frac{1}{u}\left(1+\frac{1}{u^6}\right)} \cdot \left(-\frac{1}{u^2}\right)du = -\int \frac{u^5}{1+u^6}du$$

$$= -\frac{1}{6}\int \frac{1}{1+u^6}d(1+u^6) = -\frac{1}{6}\ln(1+u^6)+C$$

$$= -\frac{1}{6}\ln\left(1+\frac{1}{x^6}\right)+C$$

本节介绍了有理分式的一般解法，同学们不难发现，解题过程复杂，如有其他简便方法，建议使用。

习题 4-4

求下列有理函数的不定积分：

(1) $\displaystyle\int \frac{2x+1}{x^2+2x-15}dx$；

(2) $\displaystyle\int \frac{x^2+1}{(x+1)^2(x-1)}dx$；

(3) $\displaystyle\int \frac{x-2}{x^2+2x+3}dx$；

(4) $\displaystyle\int \frac{x}{x^2+1}dx$；

(5) $\displaystyle\int \frac{x}{(x+1)(x-2)(x+3)}dx$；

(6) $\displaystyle\int \frac{1}{x^2-x-2}dx$；

(7) $\displaystyle\int \frac{x^3}{x+3}dx$；

(8) $\displaystyle\int \frac{x+1}{x^2-4x-5}dx$；

(9) $\displaystyle\int \frac{x^3}{1+x^8}dx$；

(10) $\displaystyle\int \frac{dx}{x(x^2+1)}$；

(11) $\displaystyle\int \frac{1}{x^2+6x-7}dx$；

(12) $\displaystyle\int \frac{x}{x^2+5x+4}dx$；

(13) $\displaystyle\int \frac{dx}{x^2+2x+5}$；

(14) $\displaystyle\int \frac{2x+3}{x^2+3x-10}dx$。

第四章归纳小结

本章主要介绍了不定积分的概念、性质、基本运算公式以及不定积分的解题方法。要求学生熟记公式和运算法则，熟练掌握不定积分的换元法、分部积分法，了解并掌握有理函数不定积分的一般解法。

1. 基本积分公式

(1) $\displaystyle\int dx = x+C$；

(2) $\displaystyle\int x^\mu dx = \frac{x^{\mu+1}}{\mu+1}+C$　$(\mu \neq 1)$；

(3) $\int \dfrac{1}{x}\mathrm{d}x = \ln |x| + C$;　　(4) $\int \sin x\mathrm{d}x = -\cos x + C$;

(5) $\int \cos x\mathrm{d}x = \sin x + C$;　　(6) $\int \dfrac{1}{\cos^2 x}\mathrm{d}x = \int \sec^2 x\mathrm{d}x = \tan x + C$;

(7) $\int \dfrac{1}{\sin^2 x}\mathrm{d}x = \int \csc^2 x\mathrm{d}x = -\cot x + C$;　　(8) $\int \sec x\tan x\mathrm{d}x = \sec x + C$;

(9) $\int \csc x\cot x\mathrm{d}x = -\csc x + C$;　　(10) $\int \mathrm{e}^x\mathrm{d}x = \mathrm{e}^x + C$;

(11) $\int a^x\mathrm{d}x = \dfrac{a^x}{\ln a} + C \quad (a > 0, a \neq 1)$;　　(12) $\int \dfrac{1}{\sqrt{1-x^2}}\mathrm{d}x = \arcsin x + C$;

(13) $\int \dfrac{1}{1+x^2}\mathrm{d}x = \arctan x + C$。

2. 不定积分的运算法则

(1) $\int kf(x)\mathrm{d}x = k\int f(x)\mathrm{d}x \quad (k \neq 0)$;

(2) $\int [f(x) \pm g(x)]\mathrm{d}x = \int f(x)\mathrm{d}x \pm \int g(x)\mathrm{d}x$。

复习题四

一、填空题。

1. 通过点 $(1,2)$，斜率为 $2x$ 的曲线方程是 _____。

2. $\int \left(\dfrac{\mathrm{d}}{\mathrm{d}x}\arctan x\right)\mathrm{d}x =$ _____。

3. $\int (\mathrm{e}^x\cos x)'\mathrm{d}x =$ _____。

4. $\left[\int \arcsin x\mathrm{d}x\right]' =$ _____。

5. $\dfrac{\mathrm{d}}{\mathrm{d}x}\left[\int \arccos \sqrt{x^2+1}\mathrm{d}x\right] =$ _____。

6. 已知 $f(x) = 2^x + x^2$，则 $\int f'(x)\mathrm{d}x =$ _____。

7. 已知 $\int f(x)\mathrm{d}x = x\ln x - x + C$，则 $f(x) =$ _____。

8. 用第二类换元积分法计算不定积分 $\int \dfrac{1}{\sqrt{x^2-4}}\mathrm{d}x$ 时，应令 $x =$ _____。

9. 用分部积分法求积分 $\int x^2\mathrm{e}^x\mathrm{d}x$ 时，应选 $u =$ _____。

10. 若 $f(x)$ 的一个原函数为 $\dfrac{\ln x}{x}$，则 $\int xf'(x)\mathrm{d}x =$ _____。

二、判断题。

1. $x^2 + \pi$ 是 $2x$ 的全部原函数。　　　　　　　　　　　　　（　　）

2. $2x$ 是 x^2 的一个原函数。　　　　　　　　　　　　　　　（　　）

3. 函数的任意两个原函数的差是一个常数。 （　　）

4. $y=\ln x$ 与 $y=\ln 3x$ 是同一个函数的原函数。 （　　）

5. 已知 $f'(x)=g'(x)$，则 $f(x)=g(x)$。 （　　）

6. 已知 $f(x)=g(x)+C$，则 $f'(x)=g'(x)$。 （　　）

7. $\displaystyle\int \frac{1}{\sqrt{1-x^2}}\mathrm{d}x =-\arccos x+C$。 （　　）

8. $\displaystyle\int (x+\sin x)\mathrm{d}x = \int x+\sin x\mathrm{d}x$。 （　　）

9. $\displaystyle\int x\sec^2 x\mathrm{d}x = x\int \sec^2 x\mathrm{d}x$。 （　　）

10. $\displaystyle\int \frac{1}{1+x^2}\mathrm{d}(x^2) = \arctan x+C$。 （　　）

11. $\displaystyle\int \frac{1}{1+e^x}\mathrm{d}x = \ln|1+e^x|+C$。 （　　）

12. $\displaystyle\int \frac{\ln x}{x}\mathrm{d}x = \int \frac{1}{x}\mathrm{d}\left(\frac{1}{x}\right)$。 （　　）

13. $\displaystyle\int \frac{\arcsin x}{\sqrt{1-x^2}}\mathrm{d}x = \int \arcsin x\mathrm{d}(\arcsin x)$。 （　　）

14. $\displaystyle\int \sin^2 x\mathrm{d}x = \frac{1}{3}\sin^3 x+C$。 （　　）

三、单项选择题。

1. 函数 $f(x)=\dfrac{1}{\sqrt{x}}$ 的一个原函数为（　　）。

　A. $2\sqrt{x}$ 　　　　B. $\sqrt{x}$ 　　　　C. $\dfrac{1}{2\sqrt{x}}$ 　　　　D. $\sqrt{x}+C$

2. 函数 $f(x)=2^x$ 的全部原函数为（　　）。

　A. $2^x\ln 2$ 　　　　B. $\dfrac{2^x}{\ln 2}$ 　　　　C. $2^x\ln 2+C$ 　　　　D. $\dfrac{2^x}{\ln 2}+C$

3. $\mathrm{d}\left[\displaystyle\int f(x)\mathrm{d}x\right]=$（　　）。

　A. $f(x)$ 　　　　B. $f(x)+C$ 　　　　C. $f(x)\mathrm{d}x$ 　　　　D. $f'(x)$

4. $\displaystyle\int F'(x)\mathrm{d}x =$（　　）.

　A. $F(x)$ 　　　　B. $F(x)+C$ 　　　　C. $f(x)$ 　　　　D. $f(x)+C$

5. 如果函数 $f(x)$ 有原函数，它就有（　　）原函数。
　A. 一个 　　　　B. 两个 　　　　C. 三个 　　　　D. 无穷多个

6. 如果函数 $f(x)$ 有原函数，那么它的任意两个原函数的差为（　　）。
　A. 0 　　　　B. 常数 　　　　C. $f(x)$ 　　　　D. $F(x)$

7. 若 $\displaystyle\int f(x)\mathrm{d}x = 2^x+x+C$，则 $f(x)=$（　　）。

　A. $\dfrac{2^x}{\ln x}+\dfrac{1}{2}x^2$ 　　B. $2^x\ln 2+1$ 　　C. $2^{x+1}+1$ 　　D. 2^x+1

8. 已知 $\int f(x)\mathrm{d}x = F(x)+C$,则 $\int \dfrac{1}{x}f(\ln x)\mathrm{d}x = ($ ___ $)$。

   A. $F(\ln x)$ B. $F(\ln x)+C$ C. $\dfrac{1}{x}F(\ln x)+C$ D. $F\left(\dfrac{1}{x}\right)+C$

9. $\mathrm{d}\left[\int a^{-2x}\mathrm{d}x\right] = ($ ___ $)$。

   A. a^{-2x} B. $-2a^{-2x}\ln a\,\mathrm{d}x$
   C. $a^{-2x}\mathrm{d}x$ D. $a^{-2x}\mathrm{d}x+C$

10. 若 $f'(x)$ 存在且连续,则 $\left[\int \mathrm{d}f(x)\right]' = ($ ___ $)$。

   A. $f(x)$ B. $f(x)+C$ C. $f'(x)+C$ D. $f'(x)$

四、用积分法则和公式求下列函数的不定积分。

1. $\int \left(2^x + \dfrac{1}{\sin^2 x} - \csc x\cot x\right)\mathrm{d}x$;

2. $\int \left(\dfrac{1}{x} + \dfrac{1}{\sqrt{1-x^2}} - \dfrac{1}{1+x^2}\right)\mathrm{d}x$;

3. $\int (e^x - 2\cos x + 2)\mathrm{d}x$;

4. $\int \left(x - \sin x + \dfrac{1}{x}\right)\mathrm{d}x$;

5. $\int \left(3^x - \dfrac{1}{x^2} + \dfrac{1}{\cos^2 x}\right)\mathrm{d}x$;

6. $\int \left(\sec^2 x - \dfrac{1}{1+x^2} + \sqrt{x}\right)\mathrm{d}x$;

7. $\int \dfrac{3x^2 - x\sqrt{x} + 2x}{x^2}\mathrm{d}x$;

8. $\int \dfrac{2^x - 8^x}{4^x}\mathrm{d}x$;

9. $\int (x^2 + 1)\sqrt{x}\,\mathrm{d}x$;

10. $\int \left(\dfrac{x+1}{x}\right)^2 \mathrm{d}x$;

11. $\int \dfrac{(x-1)^2}{x(x^2+1)}\mathrm{d}x$;

12. $\int \dfrac{1+2x^2}{x^2(1+x^2)}\mathrm{d}x$。

五、用第一类换元积分法求下列函数的不定积分。

1. $\int \cos(2x-5)\mathrm{d}x$;

2. $\int \sin(1-2x)\mathrm{d}x$;

3. $\int x e^{x^2-2}\mathrm{d}x$;

4. $\int \dfrac{x}{\sqrt{2+x^2}}\mathrm{d}x$;

5. $\int x\sqrt{x^2-6}\,\mathrm{d}x$;

6. $\int \dfrac{x}{x^4+1}\mathrm{d}x$;

7. $\int \dfrac{e^x}{1+e^{2x}}\mathrm{d}x$;

8. $\int \dfrac{\csc^2\dfrac{1}{x}}{x^2}\mathrm{d}x$;

9. $\int \dfrac{1}{\sqrt{x}(1+\sqrt{x})}\mathrm{d}x$;

10. $\int \dfrac{1}{\sqrt{x}(1+x)}\mathrm{d}x$;

11. $\int \dfrac{1}{\sqrt{x}\cos^2\sqrt{x}}\mathrm{d}x$;

12. $\int \dfrac{\sin\sqrt{x}}{\sqrt{x}}\mathrm{d}x$;

13. $\int \dfrac{1}{x\ln x}\mathrm{d}x$;

14. $\int \dfrac{1}{x(\ln x + 2)}\mathrm{d}x$;

15. $\int \dfrac{\ln^2 x}{x}\mathrm{d}x$;

16. $\int \dfrac{1}{x\ln^3 x}\mathrm{d}x$;

17. $\int \dfrac{(\arctan x)^2}{1+x^2}\mathrm{d}x$;

18. $\int \dfrac{\arcsin x}{\sqrt{1-x^2}}\mathrm{d}x$;

19. $\displaystyle\int \frac{e^{\arcsin x}}{\sqrt{1-x^2}}dx$;　　　　20. $\displaystyle\int \frac{1}{(1+x^2)\arctan x}dx$。

六、用第二类换元积分法求下列函数的不定积分。

1. $\displaystyle\int \frac{1}{2+\sqrt{x-1}}dx$;　　　　2. $\displaystyle\int x\sqrt{x-2}dx$;

3. $\displaystyle\int \frac{x}{2\sqrt{x-1}}dx$;　　　　4. $\displaystyle\int \frac{\sqrt{x}}{1-x}dx$;

5. $\displaystyle\int \frac{x}{\sqrt{4-x^2}}dx$;　　　　6. $\displaystyle\int \frac{1}{x^2\sqrt{9-x^2}}dx$;

7. $\displaystyle\int \sqrt{1-x^2}dx$;　　　　8. $\displaystyle\int \frac{\sqrt{1-x^2}}{x^2}dx$;

9. $\displaystyle\int \frac{\sqrt{x^2-1}}{x}dx$;　　　　10. $\displaystyle\int \frac{\sqrt{4x^2-1}}{x}dx$。

七、用分部积分法求下列函数的不定积分。

1. $\displaystyle\int x\sin 2x\,dx$;　　　　2. $\displaystyle\int x\cos \frac{x}{3}dx$;

3. $\displaystyle\int x\sec^2 x\,dx$;　　　　4. $\displaystyle\int xe^{-x}dx$;

5. $\displaystyle\int xe^{2x}dx$;　　　　6. $\displaystyle\int x\arctan x\,dx$;

7. $\displaystyle\int x^3\ln x\,dx$;　　　　8. $\displaystyle\int \frac{\ln x}{x^2}dx$;

9. $\displaystyle\int \frac{\ln x}{\sqrt{x}}dx$;　　　　10. $\displaystyle\int e^x\cos 2x\,dx$。

习题、复习题四参考答案

习题 4-1

1. (1) $-\dfrac{1}{x}+C$;　　　　　　　　　(2) $\dfrac{3}{7}x^{\frac{7}{3}}+C$;

(3) $3x+\dfrac{1}{4}x^4-\dfrac{1}{2x^2}+\dfrac{3^x}{\ln 3}+C$;　　　(4) $\sqrt{\dfrac{2h}{g}}+C$;

(5) $4\sqrt{x}+\dfrac{1}{5}x^2\sqrt{x}-6\sqrt[3]{x}+C$;　　　(6) $\dfrac{3^{2x}e^x}{1+2\ln 3}+C$;

(7) $x^3+\arctan x+C$;　　　　　　(8) $\dfrac{3}{2}x^{\frac{2}{3}}-\dfrac{6}{5}x^{\frac{5}{3}}+\dfrac{3}{8}x^{\frac{8}{3}}+C$;

(9) $\dfrac{1}{3}x^3-\dfrac{2}{3}x^{\frac{3}{2}}+\dfrac{2}{5}x^{\frac{5}{2}}-x+C$;　　(10) $2e^x+3\ln|x|+C$;

(11) $e^x-2\sqrt{x}+C$;　　　　　　(12) $\dfrac{3\cdot\left(\frac{2}{3}\right)^x}{\ln 2-\ln 3}+C$;

(13) $e^x-3\cos x+\tan x+C$;　　　　(14) $\dfrac{1}{2}(x+\sin x)+C$;

(15) $\tan x - \sec x + C$;

(16) $\dfrac{1}{3}x^3 + \dfrac{3}{2}x^2 + 9x + C$;

(17) $-\cot x - \tan x + C$;

(18) $x + C$;

(19) $\dfrac{1}{2}\tan x + C$;

(20) $\dfrac{1}{2}(\tan x + x) + C$。

2. $y = \dfrac{1}{2}x^2 + 1$。

3. $s = \dfrac{3}{2}t^2 - 2t + 5$。

习题 4 - 2

1. (1) $\dfrac{1}{a}$; (2) $\dfrac{1}{a}$; (3) $\dfrac{1}{2}$; (4) $\dfrac{1}{8}$; (5) $\dfrac{1}{2}$; (6) $\dfrac{1}{3}$; (7) $-\dfrac{1}{a}$; (8) 2; (9) $\dfrac{1}{2}$;

(10) $\dfrac{1}{2}$; (11) $-\dfrac{1}{2}$; (12) -1。

2. (1) $\dfrac{1}{16}(x+1)^{16} + C$;

(2) $-\dfrac{2}{9}(1-3x)^{\frac{3}{2}} + C$;

(3) $-\dfrac{1}{4(2x-1)^2} + C$;

(4) $-\dfrac{1}{2}\ln|3-2x| + C$;

(5) $-\dfrac{1}{2}\cos 2x + C$;

(6) $-\dfrac{1}{3}\ln|\cos 3x| + C$;

(7) $-2e^{-\frac{x}{2}} + C$;

(8) $\dfrac{1}{3}\arcsin\dfrac{3}{2}x + C$;

(9) $\dfrac{1}{3\sqrt{2}}\arctan\dfrac{\sqrt{2}}{3}x + C$;

(10) $-\dfrac{1}{2}\cot\left(2x + \dfrac{\pi}{4}\right) + C$;

(11) $-\dfrac{1}{2}e^{-x^2} + C$;

(12) $-\dfrac{1}{4}\ln|3-2x^2| + C$;

(13) $\dfrac{2}{9}(1+x^3)^{\frac{3}{2}} + C$;

(14) $\ln|x^2-3x+8| + C$;

(15) $\dfrac{1}{4}\sin^4 x + C$;

(16) $2\sin\sqrt{x} + C$;

(17) $\dfrac{2}{3}(1+\ln x)^{\frac{3}{2}} + C$;

(18) $-\dfrac{1}{2}\ln|\cos x^2| + C$;

(19) $\ln(e^{2x} + e^x + 1) + C$;

(20) $\dfrac{1}{2}\sin x - \dfrac{1}{10}\sin 5x + C$。

3. (1) $\dfrac{1}{15}(3x+1)^{\frac{5}{3}} + \dfrac{1}{3}(3x+1)^{\frac{2}{3}} + C$;

(2) $-2\sqrt{x} - 4\ln|\sqrt{x}-2| + C$;

(3) $2\sqrt{x} - 4\sqrt[4]{x} + 4\ln|\sqrt[4]{x}+1| + C$;

(4) $2\sqrt{x} - 3\sqrt[3]{x} + 6\sqrt[6]{x} - 6\ln|\sqrt[6]{x}+1| + C$;

(5) $\dfrac{3}{20}(2x+1)^{\frac{5}{3}} - \dfrac{3}{8}(2x+1)^{\frac{2}{3}} + C$;

(6) $\dfrac{1}{3}\ln|\sqrt{4+9x^2}+3x| + C$;

(7) $\arcsin\dfrac{x}{\sqrt{2}} - \dfrac{x\sqrt{2-x^2}}{2} + C$;

(8) $\arccos\dfrac{1}{x} + C$;

(9) $\dfrac{1}{4}\ln|\sqrt{1+16x^2}+4x| + C$;

(10) $-\dfrac{\sqrt{1+x^2}}{x} + C$。

习题 4 - 3

(1) $-\dfrac{1}{3}x\cos 3x + \dfrac{1}{9}\sin 3x + C$;

(2) $4x\sin\dfrac{x}{4} + 16\cos\dfrac{x}{4} + C$;

(3) $-xe^{-x} - e^{-x} + C$;

(4) $-\dfrac{1}{2}xe^{-2x} - \dfrac{1}{4}e^{-2x} + C$;

(5) $x\ln x - x + C$;

(6) $x\ln\dfrac{x}{2} - x + C$;

(7) $\dfrac{x^2}{2}\ln(x-1)-\dfrac{x^2}{4}-\dfrac{x}{2}-\dfrac{1}{2}\ln|x-1|+C$;　　　(8) $x\ln(1+x^2)-2x+2\arctan x+C$;

(9) $\dfrac{x^2}{4}-\dfrac{x}{4}\sin 2x-\dfrac{1}{8}\cos 2x+C$;　　　(10) $x\arccos 3x-\dfrac{\sqrt{1-9x^2}}{3}+C$;

(11) $x\arctan\dfrac{x}{2}-\ln(4+x^2)+C$;　　　(12) $\dfrac{x^3}{3}\arctan x-\dfrac{x^2}{6}+\dfrac{1}{6}\ln(1+x^2)+C$;

(13) $\dfrac{x^4}{4}\arctan x-\dfrac{x^3}{12}+\dfrac{x}{4}-\dfrac{1}{4}\arctan x+C$;　　　(14) $\dfrac{1}{2}\mathrm{e}^{-x}(\sin x-\cos x)+C$;

(15) $\dfrac{1}{2}\mathrm{e}^x+\dfrac{1}{10}\mathrm{e}^x(\cos 2x+2\sin 2x)+C$;　　　(16) $2\sqrt{x}\sin\sqrt{x}+2\cos\sqrt{x}+C$。

习题 4-4

(1) $\dfrac{9}{8}\ln|x+5|+\dfrac{7}{8}\ln|x-3|+C$;　　　(2) $\dfrac{1}{2}\ln|x^2-1|+\dfrac{1}{x+1}+C$;

(3) $\dfrac{1}{2}\ln(x^2+2x+3)-\dfrac{3\sqrt{2}}{2}\arctan\dfrac{x+1}{\sqrt{2}}+C$;　　　(4) $\dfrac{1}{2}\ln(x^2+1)+C$;

(5) $\dfrac{1}{6}\ln|x+1|+\dfrac{2}{15}\ln|x-2|-\dfrac{3}{10}\ln|x+3|+C$;　　　(6) $\dfrac{1}{3}\ln\left|\dfrac{x-2}{x+1}\right|+C$;

(7) $\dfrac{1}{3}x^3-\dfrac{3}{2}x^2+9x-27\ln|x+3|+C$;　　　(8) $\ln|x-5|+C$;

(9) $\dfrac{1}{4}\arctan x^4+C$;　　　(10) $\ln|x|-\dfrac{1}{2}\ln(x^2+1)+C$;

(11) $\dfrac{1}{8}\ln\left|\dfrac{x-1}{x+7}\right|+C$;　　　(12) $-\dfrac{1}{3}\ln|x+1|+\dfrac{4}{3}\ln|x+4|+C$;

(13) $\dfrac{1}{2}\arctan\dfrac{x+1}{2}+C$;　　　(14) $\ln|x^2+3x-10|+C$。

复习题四

一、1. $f(x)=x^2+1$; 　2. $\arctan x+C$; 　3. $\mathrm{e}^x\cos x+C$; 　4. $\arcsin x$; 　5. $\arccos\sqrt{x^2+1}$;

6. 2^x+x^2+C; 　7. $\ln x$; 　8. $2\sec t$; 　9. x^2; 　10. $\dfrac{1-2\ln x}{x}+C$。

二、1. 错; 　2. 错; 　3. 对; 　4. 对; 　5. 错; 　6. 对; 　7. 对; 　8. 错; 　9. 错; 　10. 错; 　11. 错;
12. 错; 　13. 对; 　14. 错。

三、1. A; 　2. D; 　3. C; 　4. B; 　5. D; 　6. B; 　7. B; 　8. B; 　9. C; 　10. A。

四、1. $\dfrac{2^x}{\ln 2}-\cot x+\csc x+C$;　　　2. $\ln|x|+\arcsin x-\arctan x+C$;

3. $\mathrm{e}^x-2\sin x+2x+C$;　　　4. $\dfrac{1}{2}x^2+\cos x+\ln|x|+C$;

5. $\dfrac{3^x}{\ln 3}+\dfrac{1}{x}+\tan x+C$;　　　6. $\tan x-\arctan x+\dfrac{2}{3}x^{\frac{3}{2}}+C$;

7. $3x-2\sqrt{x}+2\ln|x|+C$;　　　8. $-\dfrac{2^{-x}+2^x}{\ln 2}+C$;

9. $\dfrac{2}{7}x^{\frac{7}{2}}+\dfrac{2}{3}x^{\frac{3}{2}}+C$;　　　10. $x+2\ln|x|-\dfrac{1}{x}+C$;

11. $\ln|x|-2\arctan x+C$;　　　12. $\arctan x-\dfrac{1}{x}+C$。

五、1. $\dfrac{1}{2}\sin(2x-5)+C$; 　2. $\dfrac{1}{2}\cos(1-2x)+C$; 　3. $\dfrac{1}{2}\mathrm{e}^{x^2-2}+C$; 　4. $\sqrt{2+x^2}+C$; 　5. $\dfrac{1}{3}(x^2-6)^{\frac{3}{2}}$

$+C$; 　6. $\dfrac{1}{2}\arctan x^2+C$; 　7. $\arctan\mathrm{e}^x+C$; 　8. $\cot\dfrac{1}{x}+C$; 　9. $2\ln(1+\sqrt{x})+C$; 　10. $2\arctan\sqrt{x}+C$;

11. $2\tan\sqrt{x}+C$;　12. $-2\cos\sqrt{x}+C$;　13. $\ln|\ln x|+C$;　14. $\ln|\ln x+2|+C$;　15. $\dfrac{1}{3}\ln^3 x+C$;

16. $-\dfrac{1}{2\ln^2 x}+C$;　17. $\dfrac{1}{3}\arctan^3 x+C$;　18. $\dfrac{1}{2}\arcsin^2 x+C$;　19. $\mathrm{e}^{\arcsin x}+C$;　20. $\ln|\arctan x|+C$。

六、1. $2\sqrt{x-1}-4\ln|2+\sqrt{x+1}|+C$;　　　　2. $\dfrac{2}{5}(x-2)^{\frac{5}{2}}+\dfrac{4}{3}(x-2)^{\frac{3}{2}}+C$;

3. $\dfrac{1}{3}(x-1)\sqrt{x-1}+\sqrt{x-1}+C$;　　　4. $-2\sqrt{x}+\ln\left|\dfrac{1+\sqrt{x}}{1-\sqrt{x}}\right|+C$;

5. $-\sqrt{4-x^2}+C$;　　　　　　　　　　　　6. $-\dfrac{\sqrt{9-x^2}}{9x}+C$;

7. $\dfrac{1}{2}\arcsin x+\dfrac{1}{2}x\sqrt{1-x^2}+C$;　　　8. $-\dfrac{\sqrt{1-x^2}}{x}-\arcsin x+C$;

9. $\sqrt{x^2-1}-\arccos\dfrac{1}{x}+C$;　　　　　10. $\sqrt{4x^2-1}-\arccos\dfrac{1}{2x}+C$。

七、1. $-\dfrac{1}{2}x\cos 2x+\dfrac{1}{4}\sin 2x+C$;　　　2. $3x\sin\dfrac{x}{3}+9\cos\dfrac{x}{3}+C$;

3. $x\tan x+\ln|\cos x|+C$;　　　　　　　　4. $-x\mathrm{e}^{-x}-\mathrm{e}^{-x}+C$;

5. $\dfrac{1}{2}x\mathrm{e}^{2x}-\dfrac{1}{4}\mathrm{e}^{2x}+C$;　　　　　　　6. $\dfrac{1}{2}x^2\arctan x-\dfrac{1}{2}x+\dfrac{1}{2}\arctan x+C$;

7. $\dfrac{1}{4}x^4\ln x-\dfrac{1}{16}x^4+C$;　　　　　　8. $-\dfrac{1}{x}\ln x-\dfrac{1}{x}+C$;

9. $2\sqrt{x}\ln x-4\sqrt{x}+C$;　　　　　　　10. $\dfrac{1}{5}\mathrm{e}^x(\cos 2x+2\sin 2x)+C$。

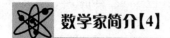

数学家简介【4】

牛　顿

——科学巨擘

　　数学和科学中的巨大进展,似乎总是建立在做出一点一滴贡献的许多人的工作之上。需要一个人来走那最高和最后一步,这个人能敏锐地从纷乱的猜测和说明中清理出前人的有价值的想法,有足够的想象力把这些碎片重新组织起来,并且足够大胆地制订一个宏伟的计划。在微积分领域中,这个人就是牛顿。

　　牛顿(Isaac Newton),1642 年 12 月 25 日生于英国林肯郡的一个普通农民家庭,父亲在他出生前两个月就去世了,母亲在他 3 岁时改嫁,从那以后,他被寄养在贫困的外祖母家。牛顿并不是神童,他从小在低标准的地方学校接受教育,学业平庸,时常受到老师的批评和学生的欺负。上中学时,牛顿对机械模型设计有特别的兴趣,曾制作了水车、木钟、风车等许多玩具。1659 年,17 岁的牛顿被母亲召回管理田庄,但在牛顿的舅父和当地格兰瑟姆中学校长的反复劝说下,他母亲最终同意让牛顿复学。1660 年秋,牛顿在辍学 9 个月后又回到格兰瑟姆中学,为升学做准备。

　　1661 年,牛顿如愿以偿,以优异的成绩考入久负盛名的剑桥大学三一学院,开始了苦读生涯。大学期间除了巴罗(Barrow)外,他从他的老师那里只得到了很少的一点鼓励,他自己做实验并且研读了大量自然科学著作,其中包括笛卡尔的《哲学原理》,伽利略的《恒星使节》与《两大世界体系的对话》,开普勒的《光学》等著作。大学课程刚结束,学校因为伦敦地区鼠疫流行而关闭。他回到家乡,度过了 1665 年和 1666 年,并在那里开始了他在机械、数学和光学上的伟大工作。由观察苹果落地,他发现了万有引力定律,这是打开无所不包的力学科学的钥匙。他研究流数法和反流数法,获得了解决微积分问题的一般方法。他用三棱镜分解出七色彩虹,做出了划时代的发现,即像太阳光那样的白光实际上是由从紫到红各种颜色的光混合而成的。所有这些,牛顿后来说,是在 1665 年和 1666 年两个鼠疫年中做的,因为在这些日子里,他正处在发现力最旺盛的时期,而且对于数学和哲学的关心,比其他任何时候都多。后世有人评说科学史上没有别的成功的例子能和牛顿这两年黄金岁月相比。

　　1667 年复活节后不久,牛顿回到剑桥,但他对自己的重大发现未作宣布。当年的 10 月他被选为三一学院的初级委员,翌年,获得硕士学位,同时成为高级委员。1669 年,39 岁的巴罗认识到牛顿的才华,主动宣布牛顿的学识已超过自己,欣然把卢卡斯教授的职位让给了年仅 26 岁的牛顿,这件事成了科学史上的一段佳话。牛顿是他那个时代的世界著名的物理学家、数学家和天文学家。牛顿工作的最大特点是辛勤劳动和独立思考。他有时不分昼夜地工作,常常好几个星期都在实验室中度过。他总是不满足自己的成就,是个非常谦虚的人。他说:"我不知道,在别人看来,我是什么样的人。但在自己看来,我不过就像是一个在海滨玩耍的小孩,为不时发现比寻常更为光滑的一块卵石或比寻常更为美丽的一片贝壳而沾沾自喜,而对于展现在我面前的浩瀚的真理海洋,却全然没有发现。"

　　在牛顿的全部科学贡献中,数学成就占有突出的地位,这不仅是因为这些成就开拓了崭新的近代数学,而且还因为牛顿正是依靠他所创立的数学方法实现了自然科学的一次巨大综合,从而开拓了近代科学。单因数学方面的成就,他就能与古希腊的阿基米德、德国的数学王子高斯一起,被称为人类有史以来最杰出的三大数学家。

微积分的发明和制定是牛顿最卓越的数学成就。微积分所处理的一些具体问题,如切线问题、求积问题、瞬时速度问题和函数的极大、极小值问题等,在牛顿之前就已经有人研究。17 世纪上半叶,天文学、力学和光学等自然科学的发展使这些问题的解决日益成为燃眉之急。当时几乎所有的科学大师都竭力寻求有关的数学新工具,特别是描述运动与变化的无穷小算法,并且在牛顿诞生前后的一个时期内取得了迅速的发展。牛顿超前人的功绩是在于他能站在更高的角度,对以往分散的努力加以综合,将古希腊以来求解无穷小问题的各种技巧统一为两类普遍的算法——微分与积分,并确立了这两类运算的互逆关系,从而完成了微积分发明中最后的也是最关键的一步,为其深入发展与广泛应用铺平了道路。

牛顿将毕生的精力献身于数学和科学事业,为人类做出了卓越的贡献,赢得了崇高的社会地位和荣誉。自 1669 年担任卢卡斯教授职位后,1672 年由于设计、制造了反射望远镜,他被选为英国皇家学会的会员。1688 年,被推选为国会议员。1697 年,发表了不朽之作《自然哲学的数学原理》。1699 年任英国造币厂厂长。1703 年当选为英国皇家学会会长,以后连选连任,直至逝世。1705 年被英国女王封为爵士,达到了他一生荣誉之巅。1727 年 3 月 31 日,牛顿在患肺炎与痛风症后溘然辞世,葬礼在威斯敏斯特大教堂耶路撒冷厅隆重举行。当时参加了牛顿葬礼的伏尔泰看到英国的大人物都争相抬牛顿的灵柩后感叹说:"英国人悼念牛顿就像悼念一位造福于民的国王。"三年后,诗人波普在为牛顿所作的墓志铭中写下了这样的名句:

　　　　自然和自然规律隐藏在黑夜里,
　　　　　　上帝说,降生牛顿。
　　　　　　于是世界就充满光明。

第五章　定积分及其应用

——第一节　定积分的概念与性质——

一、引例

1. 曲边梯形的面积

曲边梯形是指在直角坐标系中,由连续曲线 $y=f(x)$,直线 $x=a,x=b,y=0$ 所围成的图形。如图 5.1.1 所示。

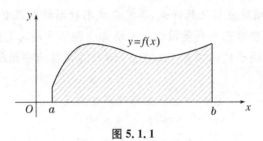

图 5.1.1

关于曲边梯形的面积,分两种情形:当 $f(x)$ 在$[a,b]$上是常数时,此曲边梯形就是一矩形,其面积可由公式"矩形面积＝底×高"来计算;当 $f(x)$ 在$[a,b]$上连续变化时,图 5.1.1 所示,可先将它分割成若干个小曲边梯形,在每个小曲边梯形中,用小矩形的面积来近似小曲边梯形的面积;然后,将这若干个小矩形的面积相加,得到曲边梯形面积的近似值;最后,让分割趋于无穷,所得极限值即为曲边梯形面积的精确值。具体求法分以下四个步骤来完成。如图 5.1.2 所示。

(1) 任取分点 $a=x_0<x_1<x_2<\cdots<x_{n-1}<x_n=b$,把区间$[a,b]$分成 n 个小区间 $[x_{i-1},x_i](i=1,2,\cdots,n)$,小区间的长度记为 $\Delta x_i=x_i-x_{i-1}(i=1,2,3,\cdots,n)$;

(2) 在小区间$[x_{i-1},x_i](i=1,2,\cdots,n)$中任取一点 ξ_i,以 $f(\xi_i)$ 为长,Δx_i 为宽作小矩形,则小矩形的面积为 $f(\xi_i)\Delta x_i$,这时,我们可以认为小曲边梯形的面积 $\Delta A_i\approx f(\xi_i)\Delta x_i$。

(3) 把这些小矩形的面积加起来,就得到曲边梯形面积 A 的近似值 $A\approx\sum_{i=1}^{n}f(\xi_i)\Delta x_i$。

(4) 设 $\lambda=\max(\Delta x_1,\Delta x_2,\cdots,\Delta x_n)$,令 $\lambda\rightarrow0$,这时,小区间的长度无限逼近 0,和式 $A\approx\sum_{i=1}^{n}f(\xi_i)\Delta x_i$ 的极限值就是曲边梯形面积的精确值,即 $A=\lim_{\lambda\rightarrow0}\sum_{i=1}^{n}f(\xi_i)\Delta x_i$。

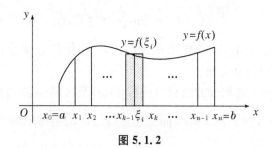

图 5.1.2

2. 变速直线运动的路程

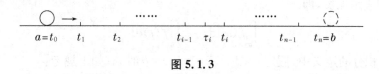

图 5.1.3

对于匀速直线运动的物体来说，路程＝速度×时间，即 $s＝vt$。但对于变速直线运动的物体(如图 5.1.3 所示)，若已知速度与时间的函数关系 $v＝v(t)$，要解决它在时间区间 $[a,b]$ 上的路程问题，就没那么简单了。具体解法如下：

(1) 用分点 $a＝t_0＜t_1＜\cdots＜t_{n-1}＜t_n＝b$ 将时间区间 $[a,b]$ 分成 n 个小区间 $[t_{i-1},t_i]$ ($i＝1,2,3,\cdots,n$)，则每个小区间的时间长为 $\Delta t_i＝t_i-t_{i-1}$ ($i＝1,2,3,\cdots,n$)；

(2) 在每个小区间内任取时刻 τ_i ($t_{i-1}＜\tau_i＜t_i$)，以 $v(\tau_i)$ 作为时间段 $[t_{i-1},t_i]$ 的平均速度，这样可得到部分路程 Δs_i 的近似值，即 $\Delta s_i≈v(\tau_i)\Delta t_i$ ($i＝1,2,3,\cdots,n$)；

(3) 将 n 个时间段的近似路程相加所得的和是物体在时间区间 $[a,b]$ 内的近似路程。即 $s≈\sum\limits_{i=1}^{n}v(\tau_i)\Delta t_i$；

(4) 设 $\Delta t＝\max(\Delta t_1,\Delta t_2,\cdots,\Delta t_n)$，当 $\Delta t→0$ 时，总和 $\sum\limits_{i=1}^{n}v(\tau_i)\Delta t_i$ 的极限就是物体以变速 $v(t)$ 从时刻 a 到 b 这段时间内运动的路程 s，即 $s＝\lim\limits_{\Delta t→0}\sum\limits_{i=1}^{n}v(\tau_i)\Delta t_i$。

从以上两个例子不难看出，虽然问题不同，但结果都可归结为求同一结构总和的极限。其实还有很多实际问题的解决方法属于这类极限。为此，我们抽去它们的实际含义，将该类极限专门定义一个名词——定积分。

二、定积分的概念

定义 5.1.1　设函数 $f(x)$ 在区间 $[a,b]$ 上有定义，

(1) 任取分点 $a＝x_0＜x_1＜x_2＜\cdots＜x_{n-1}＜x_n＝b$，将 $[a,b]$ 分成 n 个小区间 $[x_{i-1},x_i]$ ($i＝1,2,\cdots,n$)，小区间的长度记为 $\Delta x_i＝x_i-x_{i-1}$ ($i＝1,2,3,\cdots,n$)；

(2) 在每个小区间 $[x_{i-1},x_i]$ ($i＝1,2,\cdots,n$) 内任取一点 ξ_i，作乘积 $f(\xi_i)\Delta x_i$；

(3) 把每个小区间上作的乘积 $f(\xi_i)\Delta x_i$ 相加，得到和式 $\sum\limits_{i=1}^{n}f(\xi_i)\Delta x_i$；

(4) 令 $\lambda＝\max(\Delta x_1,\Delta x_2,\cdots,\Delta x_n)$，若 $\lambda→0$ 时，无论区间 $[a,b]$ 如何分割，无论点 ξ_i 如何选取，和式的极限存在，则称这个极限值为函数 $f(x)$ 在区间 $[a,b]$ 上的**定积分**，记为

$$\int_a^b f(x)\mathrm{d}x = \lim_{\lambda \to 0} \sum_{i=1}^n f(\xi_i)\Delta x_i$$

其中 $f(x)$ 叫作被积函数，$f(x)\mathrm{d}x$ 叫作被积表达式，x 叫作积分变量，$[a,b]$ 叫作积分区间，a,b 分别叫作积分下限和积分上限。

从上面定义不难看出，定积分的值只与函数 $f(x)$ 及区间 $[a,b]$ 的大小有关。前面所举曲边梯形的面积可记为 $A = \int_a^b f(x)\mathrm{d}x$，而变速直线运动的物体所经过的路程 $s = \int_a^b v(t)\mathrm{d}t$。

注意：（1）定积分表示的是一个数，它的值只取决于被积函数与积分区间，而与积分变量用什么字母表示无关，即

$$\int_a^b f(x)\mathrm{d}x = \int_a^b f(t)\mathrm{d}t$$

（2）在定积分的定义中，假定 $a < b$。若 $a > b$，$a = b$ 时，有如下规定：

当 $a = b$ 时，

$$\int_a^b f(x)\mathrm{d}x = 0$$

当 $a > b$ 时，

$$\int_a^b f(x)\mathrm{d}x = -\int_b^a f(x)\mathrm{d}x$$

（3）初等函数在其定义域内都有定积分，函数定积分存在就说它是可积的。

（4）定积分的定义可由"划分区间、取近似值、求和式、取极限"这样四个环节来记忆。

三、定积分的几何意义

在前面讨论的曲边梯形面积的问题中，要求函数 $f(x) > 0$，就有曲边梯形的面积 $A = \int_a^b f(x)\mathrm{d}x$。但如果 $f(x) \le 0$，那么图形在 x 轴下方，积分值是负的，这时有 $-A = \int_a^b f(x)\mathrm{d}x$。如果 $f(x)$ 在 $[a,d]$ 上有正有负，那么积分值就是曲线 $y = f(x)$ 在 x 轴上方和 x 轴下方部分面积的代数和。如图 5.1.4 所示。

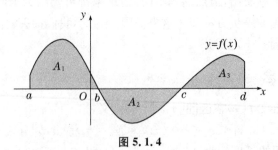

图 5.1.4

$$\int_a^d f(x)\mathrm{d}x = A_1 - A_2 + A_3$$

四、定积分的性质

我们假定下面所讨论的函数都是可积的，则有如下性质。

性质 1　函数和(差)的积分等于积分的和(差),即

$$\int_a^b [f(x) \pm g(x)] \mathrm{d}x = \int_a^b f(x) \mathrm{d}x \pm \int_a^b g(x) \mathrm{d}x$$

性质 2　非零常数因子可提到积分符号外面,即

$$\int_a^b k f(x) \mathrm{d}x = k \int_a^b f(x) \mathrm{d}x$$

性质 3　(积分区间的可加性)

$$\int_a^b f(x) \mathrm{d}x = \int_a^c f(x) \mathrm{d}x + \int_c^b f(x) \mathrm{d}x \quad (\text{其中 } c \text{ 为某一数})$$

性质 4　如果在区间 $[a,b]$ 上有 $f(x) \leqslant g(x)$,那么 $\int_a^b f(x) \mathrm{d}x \leqslant \int_a^b g(x) \mathrm{d}x$。

性质 5　如果 $f(x) = 1$,那么一定有 $\int_a^b \mathrm{d}x = b - a$。

性质 6　设 M 与 m 分别是函数 $y = f(x)$ 在区间 $[a,b]$ 上的最大值与最小值,则有

$$m(b-a) \leqslant \int_a^b f(x) \mathrm{d}x \leqslant M(b-a)$$

性质 7　(积分中值定理)如果 $f(x)$ 在闭区间 $[a,b]$ 上连续,则至少存在一点 $\xi \in [a,b]$,使得 $\int_a^b f(x) \mathrm{d}x = f(\xi)(b-a)$。

【例 5.1.1】　比较下列各对积分值的大小:

(1) $\int_0^1 x^3 \mathrm{d}x$ 与 $\int_0^1 \sqrt[3]{x} \mathrm{d}x$;　　　　(2) $\int_0^1 x \mathrm{d}x$ 与 $\int_0^1 \ln(1+x) \mathrm{d}x$。

解　(1) 根据幂函数的性质,在 $[0,1]$ 上,有 $x^3 \leqslant \sqrt[3]{x}$,由性质 4 知

$$\int_0^1 x^3 \mathrm{d}x \leqslant \int_0^1 \sqrt[3]{x} \mathrm{d}x$$

(2) 令 $f(x) = x - \ln(1+x)$,则在区间 $[0,1]$ 上,有 $f'(x) = 1 - \dfrac{1}{1+x} = \dfrac{x}{1+x} > 0$;函数 $f(x) = x - \ln(1+x)$ 在区间 $[0,1]$ 单调增加,而 $f(0) = 0$,所以对于任意的 $x \in [0,1]$,恒有 $f(x) > f(0)$,即 $x - \ln(1+x) > 0$,亦即 $x > \ln(1+x)$。

由性质 4 知,$\int_0^1 x \mathrm{d}x > \int_0^1 \ln(1+x) \mathrm{d}x$。

【例 5.1.2】　估计定积分 $\int_0^{\frac{\pi}{2}} (1 + \cos^4 x) \mathrm{d}x$ 的值。

解　先求函数 $f(x) = 1 + \cos^4 x$ 在闭区间 $\left[0, \dfrac{\pi}{2}\right]$ 上的最值。

$$f'(x) = -4\cos^3 x \sin x$$

令 $f'(x) = 0$,得驻点 $x = 0, x = \dfrac{\pi}{2}$。

而 $f(0) = 2, f\left(\dfrac{\pi}{2}\right) = 1$,所以,最大值 $M = 2$,最小值 $m = 1$。

根据性质 6,得 $\dfrac{\pi}{2} \leqslant \int_0^{\frac{\pi}{2}} (1 + \cos^4 x) \mathrm{d}x \leqslant \pi$。

习题 5-1

1. 设 $\int_{-1}^{1} 3f(x)\mathrm{d}x = 18, \int_{-1}^{3} f(x)\mathrm{d}x = 4, \int_{-1}^{3} g(x)\mathrm{d}x = 3$。求:

(1) $\int_{-1}^{1} f(x)\mathrm{d}x$;

(2) $\int_{1}^{3} f(x)\mathrm{d}x$;

(3) $\int_{3}^{-1} g(x)\mathrm{d}x$;

(4) $\int_{-1}^{3} \frac{1}{5}[4f(x)+3g(x)]\mathrm{d}x$。

2. 利用定积分的性质,比较下列各对积分值的大小:

(1) $\int_{1}^{2} \ln x\mathrm{d}x$ 与 $\int_{1}^{2} \ln^2 x\mathrm{d}x$;

(2) $\int_{0}^{1} x\mathrm{d}x$ 与 $\int_{0}^{1} x^2\mathrm{d}x$;

(3) $\int_{0}^{1} (1+x)\mathrm{d}x$ 与 $\int_{0}^{1} \mathrm{e}^x\mathrm{d}x$;

(4) $\int_{0}^{\frac{\pi}{2}} x\mathrm{d}x$ 与 $\int_{0}^{\frac{\pi}{2}} \sin x\mathrm{d}x$。

3. 估计下列各定积分的值。

(1) $\int_{1}^{3} x^2\mathrm{d}x$;

(2) $\int_{-1}^{1} \mathrm{e}^{-x^2}\mathrm{d}x$;

(3) $\int_{\frac{1}{\sqrt{3}}}^{\sqrt{3}} x\arctan x\mathrm{d}x$;

(4) $\int_{\frac{\pi}{4}}^{\frac{3\pi}{4}} (1+\sin^2 x)\mathrm{d}x$。

第二节　牛顿-莱布尼茨公式

　　虽然定积分与不定积分是两个完全不同的概念,但牛顿-莱布尼茨公式将告诉我们,它们存在某种奇妙的联系,从而得到定积分的有效计算方法。

一、定积分变上限函数及其导数

　　设函数 $f(x)$ 在区间 $[a,b]$ 上连续,$x\in[a,b]$,当 x 在区间 $[a,b]$ 上任意变动时,定积分 $\int_{a}^{x} f(t)\mathrm{d}t$ 的值被唯一确定(图 5.2.1),这样在区间 $[a,b]$ 上就产生了一个新的函数 $\varphi(x) = \int_{a}^{x} f(t)\mathrm{d}t$,我们把这个函数称为**积分上限函数**或**变上限积分**。它的几何意义如图 5.2.1 阴影部分所示。

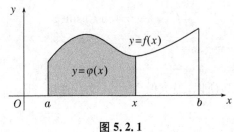

图 5.2.1

定理 5.2.1 如果函数 $f(x)$ 在区间 $[a,b]$ 上连续，则变上限积分 $\varphi(x) = \int_a^x f(t)\mathrm{d}t$ 在区间 $[a,b]$ 上可导，且导数为 $\varphi'(x) = f(x)$。

定理 5.2.2 如果函数 $f(x)$ 在区间 $[a,b]$ 上连续，则函数 $\varphi(x) = \int_a^x f(t)\mathrm{d}t$ 是函数 $f(x)$ 在区间 $[a,b]$ 上的一个原函数。

任何连续函数在闭区间上都有原函数，它的积分上限函数就是它的一个原函数。

【例 5.2.1】 已知 $\Phi(x) = \int_x^0 \mathrm{e}^{t^2}\mathrm{d}t$，求 $\Phi'(x)$。

解 因为
$$\Phi(x) = \int_x^0 \mathrm{e}^{t^2}\mathrm{d}t = -\int_0^x \mathrm{e}^{t^2}\mathrm{d}t$$

所以
$$\Phi'(x) = -\left[\int_0^x \mathrm{e}^{t^2}\mathrm{d}t\right]' = -\mathrm{e}^{x^2}$$

【例 5.2.2】 已知 $F(x) = \int_0^{x^2} \sqrt{1+t^3}\mathrm{d}t$，求 $F'(x)$。

解 $F(x)$ 的积分上限是 x^2，x^2 是 x 的函数，所以变上限积分函数 $F(x)$ 是 x 的复合函数，由复合函数求导法则，得

$$F'(x) = \left(\int_0^{x^2} \sqrt{1+t^3}\mathrm{d}t\right)' \cdot (x^2)' = \sqrt{1+(x^2)^3} \cdot 2x = 2x\sqrt{1+x^6}$$

【例 5.2.3】 已知 $y = \int_x^{x^2} \sqrt{1+t^3}\mathrm{d}t$，求 $\dfrac{\mathrm{d}y}{\mathrm{d}x}$。

解 因为积分的上下限都是变量，先把它拆分成两个积分之和，然后再求导。

$$\frac{\mathrm{d}y}{\mathrm{d}x} = \left(\int_x^{x^2} \sqrt{1+t^3}\mathrm{d}t\right)' = \left(\int_x^0 \sqrt{1+t^3}\mathrm{d}t\right)' + \left(\int_0^{x^2} \sqrt{1+t^3}\mathrm{d}t\right)'$$

$$= -\left(\int_0^x \sqrt{1+t^3}\mathrm{d}t\right)' + \left(\int_0^{x^2} \sqrt{1+t^3}\mathrm{d}t\right)' = -\sqrt{1+x^3} + 2x\sqrt{1+x^6}$$

二、牛顿-莱布尼茨公式（微积分基本公式）

定理 5.2.3 如果函数 $F(x)$ 是连续函数 $f(x)$ 在区间 $[a,b]$ 上的一个原函数，则

$$\int_a^b f(x)\mathrm{d}x = F(b) - F(a)$$

证明 因为 $f(x)$ 在区间 $[a,b]$ 上是连续函数，根据定理 5.2.2，知 $\varphi(x) = \int_a^x f(t)\mathrm{d}t$ 是 $f(x)$ 的一个原函数，而 $F(x)$ 也是 $f(x)$ 在区间 $[a,b]$ 上的一个原函数，所以

$$\varphi(x) - F(x) = C \quad \text{（其中 } C \text{ 是某一常数）}$$

即
$$\int_a^x f(t)\mathrm{d}t - F(x) = C$$

对于上式，先令 $x=a$，得 $-F(a)=C$，再令 $x=b$，得

$$\int_a^b f(t)\mathrm{d}t - F(b) = -F(a)$$

移项整理得

$$\int_a^b f(x)\mathrm{d}x = F(b) - F(a)$$

定理 5.2.3 所给出的公式是积分学中的一个基本公式,称为**牛顿-莱布尼茨公式**。它揭示了定积分与不定积分之间的联系,也说明了一个连续函数在区间$[a,b]$上的定积分等于它的某个原函数在区间$[a,b]$上的增量。因此牛顿-莱布尼茨公式常写成以下形式:

$$\int_a^b f(x)\mathrm{d}x = F(b) - F(a) = \left[F(x)\right]_a^b$$

从而,计算定积分的问题转化为寻找原函数的问题,不定积分的一些解题思路可以运用到定积分的计算中来。

【**例 5.2.4**】 求 $\int_4^9 \sqrt{x}(1+\sqrt{x})\mathrm{d}x$。

解 　　 $\int_4^9 \sqrt{x}(1+\sqrt{x})\mathrm{d}x = \int_4^9 (\sqrt{x}+x)\mathrm{d}x = \left[\frac{2}{3}x^{\frac{3}{2}} + \frac{1}{2}x^2\right]_4^9 = 45\frac{1}{6}$

【**例 5.2.5**】 求 $\int_{-1}^0 \dfrac{3x^4+3x^2+1}{x^2+1}\mathrm{d}x$。

解 $\int_{-1}^0 \dfrac{3x^4+3x^2+1}{x^2+1}\mathrm{d}x = \int_{-1}^0 \left(3x^2 + \dfrac{1}{x^2+1}\right)\mathrm{d}x = \left[x^3 + \arctan x\right]_{-1}^0 = 1 + \dfrac{\pi}{4}$

【**例 5.2.6**】 求 $\int_{-\mathrm{e}-1}^{-2} \dfrac{\mathrm{d}x}{1+x}$。

解 　　　　　　　　 $\int_{-\mathrm{e}-1}^{-2} \dfrac{\mathrm{d}x}{1+x} = \left[\ln|1+x|\right]_{-\mathrm{e}-1}^{-2} = -1$

【**例 5.2.7**】 求 $\int_{-1}^{\sqrt{3}} \dfrac{1}{1+x^2}\mathrm{d}x$。

解 　　 $\int_{-1}^{\sqrt{3}} \dfrac{1}{1+x^2}\mathrm{d}x = \left[\arctan x\right]_{-1}^{\sqrt{3}} = \arctan\sqrt{3} - \arctan(-1) = \dfrac{\pi}{3} - \left(-\dfrac{\pi}{4}\right) = \dfrac{7\pi}{12}$

【**例 5.2.8**】 求 $\int_0^{2\pi} |\sin x|\,\mathrm{d}x$。

解 　被积函数含有绝对值,所以解题的重点是利用性质 3,去除绝对值。

$$\int_0^{2\pi} |\sin x|\,\mathrm{d}x = \int_0^{\pi} \sin x\mathrm{d}x - \int_{\pi}^{2\pi} \sin x\mathrm{d}x = \left[-\cos x\right]_0^{\pi} - \left[-\cos x\right]_{\pi}^{2\pi} = 4$$

【**例 5.2.9**】 计算 $\int_0^2 f(x)\mathrm{d}x$,其中 $f(x) = \begin{cases} x+1, & x \leqslant 1, \\ \dfrac{1}{2}x^2, & x > 1. \end{cases}$

解 　被积函数是分段函数,根据性质 3(积分区间的可加性),分别积分。

$$\int_0^2 f(x)\mathrm{d}x = \int_0^1 f(x)\mathrm{d}x + \int_1^2 f(x)\mathrm{d}x = \int_0^1 (x+1)\mathrm{d}x + \int_1^2 \frac{1}{2}x^2\mathrm{d}x$$

$$= \left[\frac{1}{2}x^2 + x\right]_0^1 + \left[\frac{1}{6}x^3\right]_1^2 = \frac{8}{3}$$

习题 5-2

1. 用牛顿-莱布尼茨公式计算下列定积分。

(1) $\int_{-1}^2 x^3\mathrm{d}x$;　　　　　　　　　　　(2) $\int_{-1}^2 \left(x+\dfrac{1}{x}\right)^2\mathrm{d}x$;

(3) $\displaystyle\int_0^{\frac{1}{2}} \frac{1}{\sqrt{1-x^2}}\mathrm{d}x$;

(4) $\displaystyle\int_0^1 \frac{x^2}{1+x^2}\mathrm{d}x$;

(5) $\displaystyle\int_0^2 (x^2-2x)\mathrm{d}x$;

(6) $\displaystyle\int_0^{\frac{\pi}{4}} \tan^2\theta\mathrm{d}\theta$;

(7) $\displaystyle\int_1^2 \frac{\mathrm{e}^{\frac{1}{x}}}{x^2}\mathrm{d}x$;

(8) $\displaystyle\int_1^{\mathrm{e}} \frac{1+\ln^2 x}{x}\mathrm{d}x$;

(9) $\displaystyle\int_0^2 |1-x|\mathrm{d}x$;

(10) $\displaystyle\int_0^{\pi} \sqrt{1+\cos 2x}\mathrm{d}x$。

2. 设 $f(x)=\begin{cases} x^2+2, & \text{当 } x\leqslant 1 \text{ 时,} \\ 4-x, & \text{当 } x>1 \text{ 时,} \end{cases}$ 求 $\displaystyle\int_0^3 f(x)\mathrm{d}x$。

3. 设 $f(x)=\begin{cases} x+1, & x\geqslant 0, \\ \mathrm{e}^{-x}, & x<0, \end{cases}$ 求 $\displaystyle\int_{-1}^2 f(x)\mathrm{d}x$。

4. 求下列函数的导数。

(1) $f(x)=\displaystyle\int_x^3 \sqrt{1+t^2}\mathrm{d}t$;

(2) $f(x)=\displaystyle\int_0^x \sin t\mathrm{d}t$;

(3) $f(x)=\displaystyle\int_0^{\sqrt{x}} \sqrt{1+t^2}\mathrm{d}t$;

(4) $f(x)=\displaystyle\int_x^{\sin x} t\mathrm{d}t$;

(5) $f(x)=\displaystyle\int_0^x \sin t^2\mathrm{d}t$;

(6) $f(x)=\displaystyle\int_{\sqrt{x}}^1 \cos(t^2+1)\mathrm{d}t$。

5. 求下列极限。

(1) $\displaystyle\lim_{x\to 0} \frac{\displaystyle\int_0^x \cos t^2\mathrm{d}t}{x}$;

(2) $\displaystyle\lim_{x\to 0} \frac{\displaystyle\int_0^x \ln(1+t)\mathrm{d}t}{x^2}$。

第三节 定积分的换元积分法和分部积分法

牛顿-莱布尼茨公式把定积分与不定积分联系起来,不定积分的换元法和分部积分法,在一定条件下可以应用到定积分的计算中。

一、定积分的换元法

定理 5.3.1 设函数 $f(x)$ 在区间 $[a,b]$ 上连续,令 $x=\varphi(t)$,它满足:

(1) $\varphi(\alpha)=a,\varphi(\beta)=b$;

(2) $x=\varphi(t)$ 在区间 $[\alpha,\beta]$ 上连续可导;

(3) $x=\varphi(t)$ 的值域不超过区间 $[a,b]$。

则
$$\int_a^b f(x)\mathrm{d}x = \int_{\varphi(\alpha)}^{\varphi(\beta)} f[\varphi(t)]\varphi'(t)\mathrm{d}t$$

【例 5.3.1】 求 $\displaystyle\int_2^5 \frac{x}{\sqrt{x-1}}\mathrm{d}x$。

解 被积函数中含有简单根式 $\sqrt{x-1}$,解题要点是通过换元去除根号。

设 $t=\sqrt{x-1}$,则 $x=t^2+1$,$\mathrm{d}x=2t\mathrm{d}t$。当 $x=2$ 时,$t=1$;当 $x=5$ 时,$t=2$。

$$\int_2^5 \frac{x}{\sqrt{x-1}} \mathrm{d}x = \int_1^2 \frac{t^2+1}{t} \cdot 2t\mathrm{d}t = 2\int_1^2 (t^2+1)\mathrm{d}t$$

$$= 2\left[\frac{1}{3}t^3+t\right]_1^2 = \frac{20}{3}$$

【例 5.3.2】 求 $\int_0^{\frac{\pi}{2}} \cos^3 x \sin x \mathrm{d}x$。

解法一 设 $t=\cos x$,则 $\mathrm{d}t=-\sin x \mathrm{d}x$。当 $x=0$ 时,$t=1$;当 $x=\frac{\pi}{2}$ 时,$t=0$。

$$\int_0^{\frac{\pi}{2}} \cos^3 x \sin x \mathrm{d}x = -\int_1^0 t^3 \mathrm{d}t = -\left[\frac{1}{4}t^4\right]_1^0 = \frac{1}{4}$$

解法二 $\int_0^{\frac{\pi}{2}} \cos^3 x \sin x \mathrm{d}x = -\int_0^{\frac{\pi}{2}} \cos^3 x \mathrm{d}(\cos x) = -\left[\frac{1}{4}\cos^4 x\right]_0^{\frac{\pi}{2}} = \frac{1}{4}$

用换元法可以得到如下两个有用的结论:

(1) 若 $f(x)$ 在 $[-a,a]$ 上连续且为偶函数,则 $\int_{-a}^a f(x)\mathrm{d}x = 2\int_0^a f(x)\mathrm{d}x$;

(2) 若 $f(x)$ 在 $[-a,a]$ 上连续且为奇函数,则 $\int_{-a}^a f(x)\mathrm{d}x = 0$。

【例 5.3.3】 求下列定积分:

(1) $\int_{-\pi}^{\pi} x^3 \cos^4 x \mathrm{d}x$; 　　　　　　　(2) $\int_{-\frac{\pi}{2}}^{\frac{\pi}{2}} \frac{x+\cos x}{1+\sin^2 x} \mathrm{d}x$。

解 (1) 因为函数 $x^3 \cos^4 x$ 在对称区间 $[-\pi,\pi]$ 上是奇函数,所以 $\int_{-\pi}^{\pi} x^3 \cos^4 x \mathrm{d}x = 0$。

(2) 定积分 $\int_{-\frac{\pi}{2}}^{\frac{\pi}{2}} \frac{x}{1+\sin^2 x} \mathrm{d}x$ 在对称区间 $\left[-\frac{\pi}{2},\frac{\pi}{2}\right]$ 上是奇函数,故值为零;

定积分 $\int_{-\frac{\pi}{2}}^{\frac{\pi}{2}} \frac{\cos x}{1+\sin^2 x} \mathrm{d}x$ 在对称区间 $\left[-\frac{\pi}{2},\frac{\pi}{2}\right]$ 上是偶函数,有

$$\int_{-\frac{\pi}{2}}^{\frac{\pi}{2}} \frac{\cos x}{1+\sin^2 x} \mathrm{d}x = 2\int_0^{\frac{\pi}{2}} \frac{\cos x}{1+\sin^2 x} \mathrm{d}x$$

所以

$$\int_{-\frac{\pi}{2}}^{\frac{\pi}{2}} \frac{x+\cos x}{1+\sin^2 x} \mathrm{d}x = \int_{-\frac{\pi}{2}}^{\frac{\pi}{2}} \frac{x}{1+\sin^2 x} \mathrm{d}x + \int_{-\frac{\pi}{2}}^{\frac{\pi}{2}} \frac{\cos x}{1+\sin^2 x} \mathrm{d}x$$

$$= 2\int_0^{\frac{\pi}{2}} \frac{\cos x}{1+\sin^2 x} \mathrm{d}x = 2\int_0^{\frac{\pi}{2}} \frac{\mathrm{d}(\sin x)}{1+\sin^2 x}$$

$$= 2[\arctan(\sin x)]_0^{\frac{\pi}{2}} = \frac{\pi}{2}$$

掌握定积分的换元法要注意两点:

(1) 把原来的变量 x 代换成新变量 t 时,积分的上、下限要换成新变量 t 的积分上、下限;

(2) 计算定积分时求出一个原函数 $\varphi(t)$ 后,不必像不定积分那样,把 $\varphi(t)$ 还原成关于变量 x 的函数,而只需把新变量 t 的上、下限分别代入 $\varphi(t)$ 中相减就可以了。

二、定积分的分部积分法

设函数 $u(x),v(x)$ 在区间 $[a,b]$ 上有连续导数 $u'(x),v'(x)$，则有

$$\int_a^b u\,\mathrm{d}v = [uv]_a^b - \int_a^b v\,\mathrm{d}u$$

这就是**定积分的分部积分公式**，它将求定积分 $\int_a^b u\,\mathrm{d}v$ 转化为求定积分 $\int_a^b v\,\mathrm{d}u$ 的问题，与不定积分的分部积分法非常类似。选择 u 的顺序仍然是"反、对、幂、指、三"。

【**例 5.3.4**】　求 $\int_{\frac{\pi}{4}}^{\frac{\pi}{3}} \dfrac{x}{\sin^2 x}\mathrm{d}x$。

解　选择幂函数 x 作为公式中的 u。

$$\int_{\frac{\pi}{4}}^{\frac{\pi}{3}} \frac{x}{\sin^2 x}\mathrm{d}x = \int_{\frac{\pi}{4}}^{\frac{\pi}{3}} x\csc^2 x\,\mathrm{d}x = -\int_{\frac{\pi}{4}}^{\frac{\pi}{3}} x\,\mathrm{d}(\cot x)$$

$$= -[x\cot x]_{\frac{\pi}{4}}^{\frac{\pi}{3}} + \int_{\frac{\pi}{4}}^{\frac{\pi}{3}} \cot x\,\mathrm{d}x = -\frac{\pi}{3\sqrt{3}} + \frac{\pi}{4} + [\ln|\sin x|]_{\frac{\pi}{4}}^{\frac{\pi}{3}}$$

$$= -\frac{\pi}{3\sqrt{3}} + \frac{\pi}{4} + \frac{1}{2}\ln\frac{3}{2}$$

【**例 5.3.5**】　求 $\int_{\frac{1}{e}}^{e} |\ln x|\,\mathrm{d}x$。

解　利用性质 3，去绝对值，再分别积分。

$$\int_{\frac{1}{e}}^{e} |\ln x|\,\mathrm{d}x = \int_{\frac{1}{e}}^{1} |\ln x|\,\mathrm{d}x + \int_{1}^{e} |\ln x|\,\mathrm{d}x = -\int_{\frac{1}{e}}^{1} \ln x\,\mathrm{d}x + \int_{1}^{e} \ln x\,\mathrm{d}x$$

$$= -[x\ln x]_{\frac{1}{e}}^{1} + \int_{\frac{1}{e}}^{1}\mathrm{d}x + [x\ln x]_{1}^{e} - \int_{1}^{e}\mathrm{d}x$$

$$= -\frac{1}{e} + [x]_{\frac{1}{e}}^{1} + e - [x]_{1}^{e} = 2 - \frac{2}{e}$$

【**例 5.3.6**】　求 $\int_0^1 \mathrm{e}^{\sqrt{x}}\mathrm{d}x$。

解　先通过换元去根号，再分部积分。

设 $t = \sqrt{x}$，则 $x = t^2$，$\mathrm{d}x = 2t\mathrm{d}t$。当 $x=0$ 时，$t=0$；当 $x=1$ 时，$t=1$。

$$\int_0^1 \mathrm{e}^{\sqrt{x}}\mathrm{d}x = \int_0^1 \mathrm{e}^t \cdot 2t\mathrm{d}t = 2\int_0^1 t\,\mathrm{d}(\mathrm{e}^t) = 2[t\mathrm{e}^t]_0^1 - 2\int_0^1 \mathrm{e}^t\mathrm{d}t$$

$$= 2\mathrm{e} - 2[\mathrm{e}^t]_0^1 = 2\mathrm{e} - 2(\mathrm{e}-1) = 2$$

用分部积分法可得到以下**递推公式**：

$$\int_0^{\frac{\pi}{2}} \sin^n x\,\mathrm{d}x = \int_0^{\frac{\pi}{2}} \cos^n x\,\mathrm{d}x = \begin{cases} \dfrac{n-1}{n} \cdot \dfrac{n-3}{n-2} \cdot \cdots \cdot \dfrac{2}{3} \cdot 1, & n = 2k+1, k \in \mathbf{Z}^+ \\[2mm] \dfrac{n-1}{n} \cdot \dfrac{n-3}{n-2} \cdot \cdots \cdot \dfrac{1}{2} \cdot \dfrac{\pi}{2}, & n = 2k, k \in \mathbf{Z}^+ \end{cases}$$

【例 5.3.7】 求 $\int_0^\pi \cos^8 \dfrac{x}{2} \mathrm{d}x$。

解 换元后,可用递推公式。令 $t = \dfrac{x}{2}$,则

$$\int_0^\pi \cos^8 \frac{x}{2} \mathrm{d}x = 2\int_0^{\frac{\pi}{2}} \cos^8 t \mathrm{d}t = 2 \times \frac{7}{8} \times \frac{5}{6} \times \frac{3}{4} \times \frac{1}{2} \times \frac{\pi}{2} = \frac{35\pi}{128}$$

【例 5.3.8】 求 $\int_0^1 (1-x^2)\sqrt{1-x^2}\mathrm{d}x$。

解 此题按照常规思路,用三角函数换元,去根号。然后再用递推公式求解。

设 $x = \sin t \left(-\dfrac{\pi}{2} \leqslant t \leqslant \dfrac{\pi}{2}\right)$,则 $\mathrm{d}x = \cos t \mathrm{d}t$。

当 $x=0$ 时,$t=0$;当 $x=1$ 时,$t=\dfrac{\pi}{2}$。

$$\int_0^1 (1-x^2)\sqrt{1-x^2}\mathrm{d}x = \int_0^{\frac{\pi}{2}} (1-\sin^2 t)\sqrt{1-\sin^2 t} \cdot \cos t \mathrm{d}t$$

$$= \int_0^{\frac{\pi}{2}} \cos^4 t \mathrm{d}t = \frac{3}{4} \cdot \frac{1}{2} \cdot \frac{\pi}{2} = \frac{3\pi}{16}$$

习题 5-3

1. 用换元积分法求下列函数的定积分。

(1) $\int_{\frac{\pi}{3}}^{\pi} \sin\left(x + \dfrac{\pi}{3}\right)\mathrm{d}x$;

(2) $\int_{-2}^{1} \dfrac{1}{(11+5x)^3}\mathrm{d}x$;

(3) $\int_4^9 \dfrac{\sqrt{x}}{\sqrt{x}-1}\mathrm{d}x$;

(4) $\int_{\ln 3}^{\ln 8} \mathrm{e}^x \sqrt{1+\mathrm{e}^x}\mathrm{d}x$;

(5) $\int_0^1 \dfrac{\sqrt{x}}{1+x}\mathrm{d}x$;

(6) $\int_1^{\sqrt{3}} \dfrac{\mathrm{d}x}{x^2\sqrt{1+x^2}}$;

(7) $\int_1^{\mathrm{e}} \dfrac{1+\ln^2 x}{x}\mathrm{d}x$;

(8) $\int_0^3 \dfrac{x}{1+\sqrt{x+1}}\mathrm{d}x$;

(9) $\int_0^\pi \sin^3 x \mathrm{d}x$;

(10) $\int_0^{\frac{\pi}{2}} \cos^5 x \sin x \mathrm{d}x$。

2. 用分部积分法求下列函数的定积分。

(1) $\int_0^1 x\mathrm{e}^{-x}\mathrm{d}x$;

(2) $\int_1^{\mathrm{e}} x\ln x \mathrm{d}x$;

(3) $\int_0^{\frac{\pi}{2}} \mathrm{e}^x \sin x \mathrm{d}x$;

(4) $4\int_0^{\frac{\pi}{2}} x\sin x \mathrm{d}x$;

(5) $\int_0^1 \arccos x \mathrm{d}x$;

(6) $\int_0^1 x\arctan x \mathrm{d}x$;

(7) $\int_1^4 \dfrac{\ln x}{\sqrt{x}}\mathrm{d}x$;

(8) $\int_0^{\frac{\pi}{2}} \mathrm{e}^{2x}\cos x \mathrm{d}x$。

3. 用函数的奇偶性计算下列定积分。

(1) $\displaystyle\int_{-\pi}^{\pi} x^4 \sin x \mathrm{d}x$；

(2) $\displaystyle\int_{-\frac{\pi}{2}}^{\frac{\pi}{2}} 4\cos^4 x \mathrm{d}x$；

(3) $\displaystyle\int_{-\frac{1}{2}}^{\frac{1}{2}} \frac{(\arcsin x)^2}{\sqrt{1-x^2}} \mathrm{d}x$；

(4) $\displaystyle\int_{-5}^{5} \frac{x^3 \sin^2 x}{x^4 + 2x^2 + 1} \mathrm{d}x$。

4. 用递推公式计算下列定积分。

(1) $\displaystyle\int_{0}^{\frac{\pi}{2}} \sin^9 x \mathrm{d}x$；

(2) $\displaystyle\int_{0}^{\frac{\pi}{2}} \cos^7 x \mathrm{d}x$；

(3) $\displaystyle\int_{0}^{\frac{\pi}{4}} \cos^8 2x \mathrm{d}x$；

(4) $\displaystyle\int_{-\frac{\pi}{2}}^{\frac{\pi}{2}} \sin^{10} x \mathrm{d}x$。

第四节　广义积分

前面我们所讨论的定积分,是以有限积分区间和有界函数为前提的积分,通常称为**常义积分**。但在有些实际问题中,我们要面对无限区间上的积分或无界函数的积分,这类积分我们把它称为**广义积分**。

一、无穷限广义积分

定义 5.4.1　设函数 $f(x)$ 在 $[a,+\infty)$ 上连续,取 $b>a$,极限 $\displaystyle\lim_{b\to+\infty}\int_a^b f(x)\mathrm{d}x$ 称为 $f(x)$ 在 $[a,+\infty)$ 上的广义积分,记为 $\displaystyle\int_a^{+\infty} f(x)\mathrm{d}x$,即

$$\int_a^{+\infty} f(x)\mathrm{d}x = \lim_{b\to+\infty}\int_a^b f(x)\mathrm{d}x$$

如果极限 $\displaystyle\lim_{b\to+\infty}\int_a^b f(x)\mathrm{d}x$ 存在,称广义积分 $\displaystyle\int_a^{+\infty} f(x)\mathrm{d}x$ **收敛**;如果极限 $\displaystyle\lim_{b\to+\infty}\int_a^b f(x)\mathrm{d}x$ 不存在,称广义积分 $\displaystyle\int_a^{+\infty} f(x)\mathrm{d}x$ **发散**。

类似地我们可以定义 $f(x)$ 在 $(-\infty,b)$ 和 $(-\infty,+\infty)$ 上的广义积分:

$$\int_{-\infty}^{b} f(x)\mathrm{d}x = \lim_{a\to-\infty}\int_a^b f(x)\mathrm{d}x$$

$$\int_{-\infty}^{+\infty} f(x)\mathrm{d}x = \int_{-\infty}^{c} f(x)\mathrm{d}x + \int_{c}^{+\infty} f(x)\mathrm{d}x \quad \text{其中} C \in (-\infty,+\infty)$$

广义积分 $\displaystyle\int_{-\infty}^{+\infty} f(x)\mathrm{d}x$ 当且仅当 $\displaystyle\int_{-\infty}^{c} f(x)\mathrm{d}x$ 及 $\displaystyle\int_{c}^{+\infty} f(x)\mathrm{d}x$ 同时收敛时才收敛。

【**例 5.4.1**】　求广义积分 $\displaystyle\int_1^{+\infty} \frac{\mathrm{d}x}{x\sqrt{x}}$。

解　如图 5.4.1 所示:

$$\int_1^{+\infty} \frac{\mathrm{d}x}{x\sqrt{x}} = \lim_{b\to+\infty}\int_1^b x^{-\frac{3}{2}}\mathrm{d}x = \lim_{b\to+\infty}\left[-2x^{-\frac{1}{2}}\right]_1^b = \lim_{b\to+\infty}\left(2-\frac{2}{\sqrt{b}}\right) = 2$$

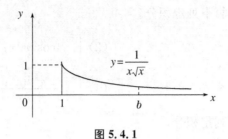

图 5.4.1

【**例 5.4.2**】 讨论 $\int_0^{+\infty} \sin x \mathrm{d}x$ 的敛散性。

解 因为 $\int_0^{+\infty} \sin x \mathrm{d}x = \lim_{b \to +\infty} \int_0^b \sin x \mathrm{d}x = \lim_{b \to +\infty} [-\cos x]_0^b = \lim_{b \to +\infty}(1 - \cos b)$

而极限 $\lim_{b \to +\infty}(1 - \cos b)$ 不存在,所以广义积分 $\int_0^{+\infty} \sin x \mathrm{d}x$ 是发散的。

事实上,在计算广义积分的问题时,可以使用常义积分的换元法和分部积分法,以及牛顿-莱布尼茨公式,不过在使用中要注意验证所涉及极限的存在性。另外,为了书写方便,常常省去极限符号,且把∞当成一个"数"来处理。这样,前面的广义积分定义可以简单地记为

$$\int_a^{+\infty} f(x)\mathrm{d}x = [F(x)]_a^{+\infty} = F(+\infty) - F(a)$$

$$\int_{-\infty}^b f(x)\mathrm{d}x = [F(x)]_{-\infty}^b = F(b) - F(-\infty)$$

$$\int_{-\infty}^{+\infty} f(x)\mathrm{d}x = [F(x)]_{-\infty}^{+\infty} = F(+\infty) - F(-\infty)$$

其中 $F(x)$ 是 $f(x)$ 的原函数,符号 $F(+\infty),F(-\infty)$ 是极限运算:

$$F(+\infty) = \lim_{x \to +\infty} F(x)$$

$$F(-\infty) = \lim_{x \to -\infty} F(x)$$

【**例 5.4.3**】 求广义积分 $\int_{-\infty}^{+\infty} \dfrac{\mathrm{d}x}{1 + x^2}$。

解 $\int_{-\infty}^{+\infty} \dfrac{\mathrm{d}x}{1 + x^2} = [\arctan x]_{-\infty}^{+\infty} = \lim_{x \to +\infty} \arctan x - \lim_{x \to -\infty} \arctan x = \dfrac{\pi}{2} - \left(-\dfrac{\pi}{2}\right) = \pi$

【**例 5.4.4**】 求广义积分 $\int_{-\infty}^0 \mathrm{e}^x \mathrm{d}x$。

解 $\int_{-\infty}^0 \mathrm{e}^x \mathrm{d}x = [\mathrm{e}^x]_{-\infty}^0 = \mathrm{e}^0 - \lim_{x \to -\infty} \mathrm{e}^x = 1 - 0 = 1$

【**例 5.4.5**】 求广义积分 $\int_2^{+\infty} \dfrac{\mathrm{d}x}{x(\ln x)}$。

解 $\int_2^{+\infty} \dfrac{\mathrm{d}x}{x(\ln x)} = \int_2^{+\infty} \dfrac{\mathrm{d}(\ln x)}{\ln x} = [\ln|\ln x|]_2^{+\infty} = \lim_{x \to +\infty} \ln|\ln x| - \ln(\ln 2) = +\infty$

因此,广义积分 $\int_2^{+\infty} \dfrac{\mathrm{d}x}{x(\ln x)}$ 发散。

【**例 5.4.6**】 讨论 $\int_a^{+\infty} \dfrac{1}{x^p} \mathrm{d}x (a > 0)$ 的敛散性。

解 （1）当时 $p>1$ 时，$\int_a^{+\infty} \frac{1}{x^p}\mathrm{d}x = \left[\frac{1}{1-p}x^{1-p}\right]_a^{+\infty} = \frac{1}{(p-1)a^{p-1}}$，广义积分

$\int_a^{+\infty} \frac{1}{x^p}\mathrm{d}x(a>0)$ 收敛。

（2）当 $p=1$ 时，$\int_a^{+\infty} \frac{1}{x^p}\mathrm{d}x = \int_a^{+\infty} \frac{1}{x}\mathrm{d}x = [\ln x]_a^{+\infty} = +\infty$，广义积分 $\int_a^{+\infty} \frac{1}{x^p}\mathrm{d}x(a>0)$

发散。

（3）当 $p<1$ 时，$\int_a^{+\infty} \frac{1}{x^p}\mathrm{d}x = \left[\frac{1}{(1-p)}x^{1-p}\right]_a^{+\infty} = +\infty$，广义积分 $\int_a^{+\infty} \frac{1}{x^p}\mathrm{d}x(a>0)$

发散。

综上所述，当 $p>1$ 时，$\int_a^{+\infty} \frac{1}{x^p}\mathrm{d}x(a>0)$ 收敛；当 $p\leqslant 1$ 时，$\int_a^{+\infty} \frac{1}{x^p}\mathrm{d}x(a>0)$ 发散。

二、无界函数的广义积分

定义 5.4.2 设函数 $f(x)$ 在区间 $(a,b]$ 上连续，且 $\lim\limits_{x\to a^+} f(x) = \infty$，称极限

$\lim\limits_{\varepsilon\to 0^+}\int_{a+\varepsilon}^b f(x)\mathrm{d}x$ 为无界函数 $f(x)$ 在区间 $(a,b]$ 上的**广义积分**，记作 $\int_a^b f(x)\mathrm{d}x$，即

$$\int_a^b f(x)\mathrm{d}x = \lim\limits_{\varepsilon\to 0^+}\int_{a+\varepsilon}^b f(x)\mathrm{d}x$$

若极限存在，则称广义积分 $\int_a^b f(x)\mathrm{d}x$ **收敛**；若极限不存在，则称广义积分 $\int_a^b f(x)\mathrm{d}x$ **发散**。

类似的，可以定义 $f(x)$ 在区间 $[a,b)$ 上连续，且当 $x\to b^-$ 时，$f(x)\to\infty$，这时我们定义广义积分 $\int_a^b f(x)\mathrm{d}x = \lim\limits_{\varepsilon\to 0^+}\int_a^{b-\varepsilon} f(x)\mathrm{d}x$。

当 $f(x)$ 在区间 $[a,b]$ 上除 c 外连续，且当 $x\to c$ 时，$f(x)\to\infty$，这时我们定义广义积分

$\int_a^b f(x)\mathrm{d}x = \lim\limits_{\varepsilon_1\to 0^+}\int_a^{c-\varepsilon_1} f(x)\mathrm{d}x + \lim\limits_{\varepsilon_2\to 0^+}\int_{c+\varepsilon_2}^b f(x)\mathrm{d}x$。

显而易见，只有当极限 $\lim\limits_{\varepsilon_1\to 0^+}\int_a^{c-\varepsilon_1} f(x)\mathrm{d}x$，$\lim\limits_{\varepsilon_2\to 0^+}\int_{c+\varepsilon_2}^b f(x)\mathrm{d}x$ 同时存在时，广义积分

$\int_a^b f(x)\mathrm{d}x$ 才收敛。

无界函数的广义积分 $\int_a^b f(x)\mathrm{d}x$ 与常义积分 $\int_a^b f(x)\mathrm{d}x$ 形式上是一样的，但是它们有着质的区别：前者被积函数在闭区间 $[a,b]$ 上无界；后者被积函数在闭区间 $[a,b]$ 上有界。我们就是依据这点来判断的。

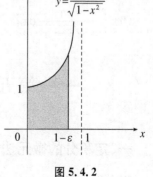

图 5.4.2

【例 5.4.7】 求广义积分 $\int_0^1 \frac{\mathrm{d}x}{\sqrt{1-x^2}}$ 的值。

解 如图 5.4.2 所示，根据定义，知

$$\int_0^1 \frac{\mathrm{d}x}{\sqrt{1-x^2}} = \lim\limits_{\varepsilon\to 0^+}\int_0^{1-\varepsilon} \frac{1}{\sqrt{1-x^2}}\mathrm{d}x$$

$$= \lim\limits_{\varepsilon\to 0^+}[\arcsin x]_0^{1-\varepsilon}$$

$$= \lim_{\varepsilon \to 0^+} \arcsin(1-\varepsilon) = \frac{\pi}{2}$$

【例 5.4.8】 讨论广义积分 $\displaystyle\int_a^b \frac{\mathrm{d}x}{(x-a)^p}$ 的敛散性。

解 当 $p<1$ 时，

$$\int_a^b \frac{\mathrm{d}x}{(x-a)^p} = \lim_{\varepsilon \to 0^+}\int_{a+\varepsilon}^b \frac{1}{(x-a)^p}\mathrm{d}x = \lim_{\varepsilon \to 0^+}\left[\frac{1}{1-p}(x-a)^{1-p}\right]_{a+\varepsilon}^b$$

$$= \lim_{\varepsilon \to 0^+}\left[\frac{(b-a)^{1-p}}{1-p} - \frac{\varepsilon^{1-p}}{1-p}\right] = \frac{(b-a)^{1-p}}{1-p}$$

当 $p=1$ 时，

$$\int_a^b \frac{\mathrm{d}x}{(x-a)^p} = \int_a^b \frac{1}{x-a}\mathrm{d}x = \lim_{\varepsilon \to 0^+}\int_{a+\varepsilon}^b \frac{1}{x-a}\mathrm{d}x$$

$$= \lim_{\varepsilon \to 0^+}\left[\ln(x-a)\right]_{a+\varepsilon}^b = \lim_{\varepsilon \to 0^+}\left[\ln(b-a) - \ln\varepsilon\right] = +\infty$$

当 $p>1$ 时，

$$\int_a^b \frac{\mathrm{d}x}{(x-a)^p} = \lim_{\varepsilon \to 0^+}\int_{a+\varepsilon}^b \frac{1}{(x-a)^p}\mathrm{d}x = \lim_{\varepsilon \to 0^+}\left[\frac{1}{1-p}(x-a)^{1-p}\right]_{a+\varepsilon}^b$$

$$= \lim_{\varepsilon \to 0^+}\left[\frac{(b-a)^{1-p}}{1-p} - \frac{\varepsilon^{1-p}}{1-p}\right] = +\infty$$

所以，当 $p \geqslant 1$ 时，广义积分 $\displaystyle\int_a^b \frac{\mathrm{d}x}{(x-a)^p}$ 发散；当 $p<1$ 时，广义积分 $\displaystyle\int_a^b \frac{\mathrm{d}x}{(x-a)^p}$ 收敛。

习题 5-4

下列广义积分是否收敛？若收敛，求出其值。

(1) $\displaystyle\int_1^{+\infty} \frac{1}{x^2}\mathrm{d}x$；

(2) $\displaystyle\int_{-1}^1 \frac{1}{x^2}\mathrm{d}x$；

(3) $\displaystyle\int_0^{+\infty} \mathrm{e}^{-x}\mathrm{d}x$；

(4) $\displaystyle\int_e^{+\infty} \frac{1}{x\ln x}\mathrm{d}x$；

(5) $\displaystyle\int_{-\infty}^{+\infty} \sin x\,\mathrm{d}x$；

(6) $\displaystyle\int_{-\infty}^{+\infty} \frac{1}{x^2+2x+2}\mathrm{d}x$；

(7) $\displaystyle\int_0^1 \frac{x}{\sqrt{1-x^2}}\mathrm{d}x$；

(8) $\displaystyle\int_{\frac{\pi}{4}}^{\frac{\pi}{2}} \frac{1}{\cos^2 x}\mathrm{d}x$；

(9) $\displaystyle\int_{-1}^1 \frac{1}{\sqrt{1-x^2}}\mathrm{d}x$；

(10) $\displaystyle\int_0^2 \frac{1}{(x-1)^2}\mathrm{d}x$。

═══ 第五节　定积分在几何上的应用 ═══

一、定积分的微元法

用定积分表示一个量，如几何量、物理量或其他的量，一般分四步来考虑，像前面我们列举的曲边梯形的面积和变速直线运动物体的路程问题,可以归纳为以下步骤。

第一步分割:将区间$[a,b]$任意分为 n 个子区间$[x_{i-1},x_i](i=1,2,3,\cdots,n)$,其中 $x_0=a,x_n=b$。

第二步近似代替:在任意一个子区间$[x_{i-1},x_i](i=1,2,3,\cdots,n)$上,任取一点 ξ_i 作乘积 $\Delta A_i\approx f(\xi_i)\Delta x_i$。

第三步求和:$A\approx\sum\limits_{i=1}^{n}f(\xi_i)\Delta x_i$。

第四步取极限:$n\to\infty$,即 $\lambda=\max\{\Delta x_i\}\to0$,有 $A=\lim\limits_{\lambda\to0}\sum\limits_{i=1}^{n}f(\xi_i)\Delta x_i=\int_a^b f(x)\mathrm{d}x$。

对照上述四步,我们发现第二步近似代替时其形式 $f(\xi_i)\Delta x_i$ 与第四步积分 $\int_a^b f(x)\mathrm{d}x$ 中的被积表达式 $f(x)\mathrm{d}x$ 具有类似的形式,基于此,我们把上述四步简化为两步:第一步根据实际问题选取积分变量 x,并确定其变化范围$[a,b]$;第二步在区间$[a,b]$的任意一个小区间$[x,x+\mathrm{d}x]$上,求出 A 所对应的部分分量 ΔA 的近似值 $f(x)\mathrm{d}x$,若近似值 $f(x)\mathrm{d}x$ 与 ΔA 之差是比 $\mathrm{d}x$ 高阶的无穷小,可记 $\mathrm{d}A=f(x)\mathrm{d}x$,并称 $\mathrm{d}A$ 为所求量 A 的**微元**(或**元素**)。于是所求量 A 可以表示成定积分 $A=\int_a^b f(x)\mathrm{d}x$。如图 5.5.1 所示。

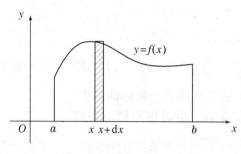

图 5.5.1

像这种解决问题的方法称为定积分的**微元法**(或**元素法**)。

二、平面图形的面积

1. 直角坐标系情形

计算由区间$[a,b]$上的两条连续曲线 $y=f(x)$ 与 $y=g(x)$,及直线 $y=a$ 与 $y=b$ 所围成平面图形的面积。为叙述方便起见,不妨假定对于任意 $x\in[a,b]$,都有 $f(x)\geqslant g(x)$。如图 5.5.2 所示。

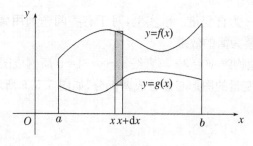

图 5.5.2

根据微元法的思想,取 x 为积分变量,其变化范围为区间 $[a,b]$,在区间 $[a,b]$ 上任取一点 x,以 $[f(x)-g(x)]$ 为高,$\mathrm{d}x$ 为宽作矩形,该矩形的面积就是面积微元 $\mathrm{d}A=[f(x)-g(x)]\mathrm{d}x$,此时所求平面图形的面积 $A=\int_a^b[f(x)-g(x)]\mathrm{d}x$。

不论什么情况,总有 $A=\int_a^b|f(x)-g(x)|\,\mathrm{d}x$。

【例 5.5.1】 求由曲线 $y_1=\sin x,y_2=\cos x$ 与直线 $x=0,x=\dfrac{\pi}{2}$ 所围成图形的面积。

解 如图 5.5.3 所示,两条曲线 $y_1=\sin x,y_2=\cos x$ 在区间 $\left[0,\dfrac{\pi}{2}\right]$ 上的交点是 $\left(\dfrac{\pi}{4},\dfrac{\sqrt{2}}{2}\right)$,且当 $x\in\left[0,\dfrac{\pi}{4}\right]$ 时,

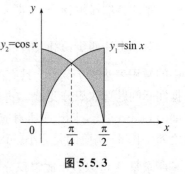

图 5.5.3

$\sin x\leqslant\cos x$;当 $x\in\left[\dfrac{\pi}{4},\dfrac{\pi}{2}\right]$ 时,$\sin x\geqslant\cos x$。

$$
\begin{aligned}
A &= \int_0^{\frac{\pi}{2}}|\sin x-\cos x|\,\mathrm{d}x \\
&= \int_0^{\frac{\pi}{4}}[-(\sin x-\cos x)]\mathrm{d}x+\int_{\frac{\pi}{4}}^{\frac{\pi}{2}}(\sin x-\cos x)\mathrm{d}x \\
&= [\cos x+\sin x]_0^{\frac{\pi}{4}}+[-\cos x-\sin x]_{\frac{\pi}{4}}^{\frac{\pi}{2}} \\
&= (\sqrt{2}-1)+(-1+\sqrt{2})=2(\sqrt{2}-1)
\end{aligned}
$$

【例 5.5.2】 求椭圆 $\dfrac{x^2}{a^2}+\dfrac{y^2}{b^2}=1(a>0,b>0)$ 所围成图形的面积。

解 如图 5.5.4 所示,由于椭圆关于坐标轴对称,所以我们只需求出椭圆落在第一象限图形的面积即可。该图形是由曲线 $y=\dfrac{b}{a}\sqrt{a^2-x^2}$ 和直线 $x=0,x=a,y=0$ 所围成,其面积微元:

$$\mathrm{d}A_1=\frac{b}{a}\sqrt{a^2-x^2}\mathrm{d}x$$

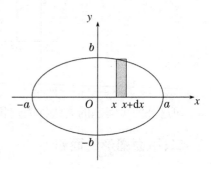

图 5.5.4

面积:

$$
\begin{aligned}
A_1 &= \int_0^a\frac{b}{a}\sqrt{a^2-x^2}\mathrm{d}x=\frac{b}{a}\int_0^a\sqrt{a^2-x^2}\mathrm{d}x \\
&= \frac{b}{a}\left[\frac{x}{2}\sqrt{a^2-x^2}+\frac{a^2}{2}\arcsin\frac{x}{a}\right]_0^a=\frac{\pi ab}{4}
\end{aligned}
$$

所以椭圆的面积为 $A=4A_1=\pi ab$。

以上所举例题均以 x 为自变量。事实上,对于有些问题利用微元法的思想,以 y 为自变量来求解将会达到化繁为简的效果。

【例 5.5.3】 求由抛物线 $y^2=2x$ 与直线 $x-y-4=0$ 所围成图形的面积。

解法一 以 x 为自变量的图形必须分成两部分,如图 5.5.5 所示。

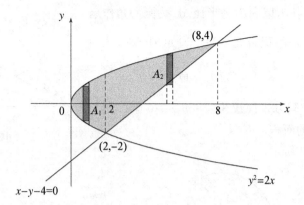

图 5.5.5

$$A = A_1 + A_2 = \int_0^2 [\sqrt{2}x - (-\sqrt{2}x)]\mathrm{d}x + \int_2^8 [\sqrt{2}x - (x-4)]\mathrm{d}x$$

$$= 2\sqrt{2}\int_0^2 \sqrt{x}\mathrm{d}x + \int_2^8 (\sqrt{2}x - x + 4)\mathrm{d}x$$

$$= 2\sqrt{2}\left[\frac{2}{3}x^{\frac{3}{2}}\right]_0^2 + \left[\frac{2\sqrt{2}}{3}x^{\frac{3}{2}} - \frac{1}{2}x^2 + 4x\right]_2^8$$

$$= \frac{16}{3} + \frac{38}{3} = 18$$

解法二　以 y 为自变量图形不必分成几部分。这时 $x = \frac{1}{2}y^2$，$x = y + 4$，积分区间是 $[-2, 4]$，如图 5.5.6 所示。

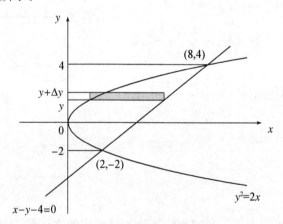

图 5.5.6

$$A = \int_{-2}^4 \left[(y+4) - \frac{1}{2}y^2\right]\mathrm{d}y = \left[\frac{1}{2}y^2 + 4y - \frac{1}{6}y^3\right]_{-2}^4 = 18$$

由此可见，正确地选取积分变量，有利于我们解决平面图形的面积问题。

2. 极坐标系情形

在极坐标系下，曲线的方程由极坐标方程 $\rho = \rho(\theta)$ $(\alpha \leqslant \theta \leqslant \beta)$ 来表示。由连续曲线 $\rho = \rho(\theta)$ 及两条射线 $\theta = \alpha$ 与 $\theta = \beta$ 所围成的平面图形称为曲边扇形，如图 5.5.7 所示。

应用微元法我们来求曲边扇形的面积。取 θ 为积分变量，其变化范围为区间 $[\alpha, \beta]$，在区间$[\alpha,\beta]$上任取一点θ,以$\rho(\theta)$为半径,$\mathrm{d}\theta$为圆心角作扇形,该扇形的面积就是面积微元 $\mathrm{d}A=\dfrac{1}{2}\left[\rho(\theta)\right]^2\mathrm{d}\theta$,从而得到曲边扇形的面积 $A=\dfrac{1}{2}\displaystyle\int_\alpha^\beta\left[\rho(\theta)\right]^2\mathrm{d}\theta$。

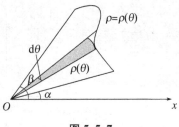

图 5.5.7

【**例 5.5.4**】　求阿基米德螺线 $\rho=a\theta,a>0$ 第一圈与极坐标轴所围图形的面积。

解　如图 5.5.8 所示,

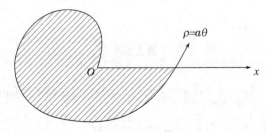

图 5.5.8

$$A=\frac{1}{2}\int_0^{2\pi}(a\theta)^2\mathrm{d}\theta=\frac{a^2}{2}\left[\frac{1}{3}\theta^3\right]_0^{2\pi}=\frac{4}{3}\pi^3a^2$$

【**例 5.5.5**】　求心形线 $\rho=a(1+\cos\theta)$ 所围成图形的面积。

解　如图 5.5.9 所示,由于图形关于极轴对称,因此

$$
\begin{aligned}
A&=2\times\frac{1}{2}\int_0^\pi\left[a(1+\cos\theta)\right]^2\mathrm{d}\theta\\
&=a^2\int_0^\pi\left(1+2\cos\theta+\frac{1+\cos2\theta}{2}\right)\mathrm{d}\theta\\
&=a^2\left[\theta+2\sin\theta+\frac{\theta+\frac{1}{2}\sin2\theta}{2}\right]_0^\pi\\
&=\frac{3}{2}\pi a^2
\end{aligned}
$$

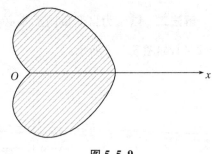

图 5.5.9

三、体积

1. 旋转体的体积

一个平面图形绕平面内的一条定直线旋转一周所成的立体称为**旋转体**,这条定直线称为**旋转轴**。圆柱、圆锥、圆台、球体等都是旋转体。生活中常见的旋转体有陶瓷工人制作的陶器等。

现在我们来解决由区间$[a,b]$上的连续函数 $y=f(x)$、直线 $x=a$、$x=b$ 与 x 轴所围成的曲边梯形绕 x 轴旋转一周所成的旋转体的体积问题。如图 5.5.10 所示。

由微元法,取 x 为积分变量,其变化范围是区间$[a,b]$。在区间$[a,b]$上任取一点 x,以函数值 $f(x)$ 为底面半径,再以 $\mathrm{d}x$ 为高作圆柱体,该圆柱体的体积就是体积微元 $\mathrm{d}V=\pi\left[f(x)\right]^2\mathrm{d}x$,此时旋转体的体积 $V=\pi\displaystyle\int_a^b\left[f(x)\right]^2\mathrm{d}x$。

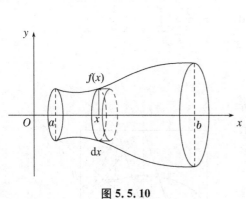

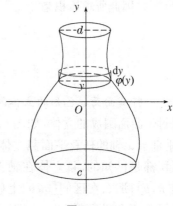

图 5.5.10　　　　　　　　　　　　图 5.5.11

类似地,由区间$[c,d]$上的连续曲线 $x=\varphi(y)$、直线 $y=c,y=d$ 与 y 轴所围成的曲边梯形绕 y 轴旋转一周所围成的旋转体的体积。如图 5.5.11 所示,$V=\pi\displaystyle\int_{c}^{d}[\varphi(y)]^{2}\mathrm{d}y$。

【例 5.5.6】　求椭圆$\dfrac{x^2}{a^2}+\dfrac{y^2}{b^2}=1(a>0,b>0)$分别绕 x 轴、y 轴旋转所成的旋转体的体积。

解　由于椭圆关于坐标轴对称,故所求旋转体的体积是椭圆在第一象限的曲边梯形旋转所得旋转体的体积的 2 倍。

(1) 当椭圆绕 x 轴旋转时,如图 5.5.12 所示。

$$V=2\pi\int_{0}^{a}\left[\frac{b}{a}\sqrt{(a^2-x^2)}\right]^2\mathrm{d}x$$

$$=\frac{2\pi b^2}{a^2}\int_{0}^{a}(a^2-x^2)\mathrm{d}x$$

$$=\frac{2\pi b^2}{a^2}\left[a^2x-\frac{1}{3}x^3\right]_{0}^{a}=\frac{4}{3}\pi ab^2$$

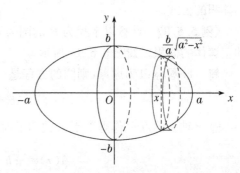

图 5.5.12

(2) 当椭圆绕 y 轴旋转时,

$$V=2\pi\int_{0}^{b}\left[\frac{a}{b}\sqrt{(b^2-y^2)}\right]^2\mathrm{d}y$$

$$=\frac{2\pi a^2}{b^2}\int_{0}^{b}(b^2-y^2)\mathrm{d}y$$

$$=\frac{2\pi a^2}{b^2}\left[b^2y-\frac{1}{3}y^3\right]_{0}^{b}=\frac{4}{3}\pi a^2 b$$

【例 5.5.7】　求抛物线 $y=x^2$ 和直线 $y=x$ 所围成的平面图形绕 x 轴旋转所成的旋转体的体积。

解　如图 5.5.13 所示。

先求交点。为此解方程组$\begin{cases}y=x^2,\\ y=x,\end{cases}$得交点 $O(0,0)$,

$P(1,1)$。所求旋转体的体积可以看作两个旋转体体积之差。以 x 为积分变量,其积分区间为$[0,1]$,两曲边方程分别为 $y=$

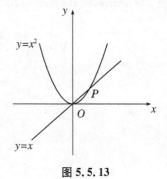

图 5.5.13

x 和 $y=x^2$。因此所求体积是

$$V = \pi\int_0^1 x^2 \mathrm{d}x - \pi\int_0^1 (x^2)^2 \mathrm{d}x = \pi\left[\frac{1}{3}x^3\right]_0^1 - \pi\left[\frac{1}{5}x^5\right]_0^1$$

$$= \frac{\pi}{3} - \frac{\pi}{3} = \frac{2\pi}{15}$$

* 2. 平行截面面积已知的立体的体积

由封闭曲面围成的立体,如图 5.5.14 所示,用垂直于 x 轴的任意平面截立体,如果截面的面积都是已知的,且立体在轴上的投影区间是 $[a,b]$,那么在区间 $[a,b]$ 上确定了一个关于截面面积的函数 $A(x)$,不妨设函数 $A(x)$ 连续,下面我们来解决立体的体积问题。

由微元法,在区间 $[a,b]$ 上任取一点 x,此时的截面面积是 $A(x)$。以截面为底、$\mathrm{d}x$ 为高作圆柱体,该圆柱体的体积就是体积微元 $\mathrm{d}V=A(x)\mathrm{d}x$。再将每一点 x 的体积微元 $\mathrm{d}V$ 从 a 到 b 连续累加起来,就得到立体的体积 $V = \int_a^b A(x)\mathrm{d}x$。它就是已知截面面积计算立体体积的公式。

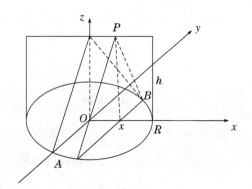

图 5.5.14

【例 5.5.8】 计算以半径为 R 的圆为底,以平行且等于该圆直径的线段为顶,而高为 h 的正劈体的体积。如图 5.5.14 所示。

解 取圆心 O 为原点,则圆的方程是

$$x^2 + y^2 = R^2$$

过 x 轴上的点 x 作垂直于 x 轴的平面,与正劈锥体相截,截面为等腰 $\triangle PAB$,其面积为

$$A(x) = \frac{1}{2}h \times 2y = h\sqrt{R^2 - x^2}$$

体积为

$$V = \int_{-R}^R h\sqrt{R^2 - x^2}\,\mathrm{d}x = 2h\int_0^R \sqrt{R^2 - x^2}\,\mathrm{d}x$$

设 $x = R\sin t$,则 $\mathrm{d}x = R\cos t\mathrm{d}t$,且当 $x=0$ 时,$t=0$;当 $x=R$ 时,则 $t = \frac{\pi}{2}$。

$$V = h\int_0^{\frac{\pi}{2}} \sqrt{R^2 - (R\sin t)^2} \times R\cos t\mathrm{d}t = 2hR^2\int_0^{\frac{\pi}{2}} \cos^2 t\mathrm{d}t$$

$$= hR^2\int_0^{\frac{\pi}{2}} (1 + \cos 2t)\mathrm{d}t = hR^2\left[t + \frac{1}{2}\sin 2t\right]_0^{\frac{\pi}{2}} = \frac{1}{2}\pi hR^2$$

习题 5-5

1. 计算由下列各曲线所围成图形的面积。

(1) $y=\sqrt{x}$, $y=x$;

(2) $y=x$, $y=2x$, $y=2$;

(3) $y=x^3$, $y=\sqrt{x}$;

(4) $y=\ln x$, $y=\ln 7$, $y=\ln 3$, $x=0$;

(5) $xy=1$, $y=x$, $x=2$;

(6) $y=e^x$, $y=e^{-x}$, $x=1$;

(7) $y=x^2$, $x=y^2$;

(8) $y=x^2$, $x+y=2$。

2. 求下列曲线所围成图形绕指定轴旋转所得的旋转体的体积。

(1) $y=x^2$, $x=y^2$, 绕 x 轴;

(2) $y=x^2$, $y=2-x^2$, 绕 x 轴;

(3) $y=x^3$, $y=0$, $x=1$, $x=2$, 绕 x 轴;

(4) $y^2=4x$, $x=0$, $y=4$, 绕 y 轴;

(5) $y=\sin x$, $y=0$, $0\leqslant x\leqslant\pi$, 分别绕 x 轴;

(6) $y=\sin x$, $y=\cos x$ 及 x 轴上的线段 $\left[0,\dfrac{\pi}{2}\right]$, 绕 x 轴。

第五章归纳小结

　　定积分的概念来源于实际问题,曲边梯形的面积、变速直线运动物体的路程等问题,均采用分割、求和、取极限的步骤,得出乘积和式的极限,因此引进定积分的概念:

　　设函数 $f(x)$ 在区间 $[a,b]$ 上有定义,

　　(1) 任取分点 $a=x_0<x_1<x_2<\cdots<x_{n-1}<x_n=b$,将 $[a,b]$ 分成 n 个小区间 $[x_{i-1},x_i]$ $(i=1,2,\cdots,n)$,小区间的长度记为 $\Delta x_i=x_i-x_{i-1}(i=1,2,3,\cdots,n)$;

　　(2) 在每个小区间 $[x_{i-1},x_i](i=1,2,\cdots,n)$ 内任取一点 ξ_i,作出乘积 $f(\xi_i)\Delta x_i$;

　　(3) 把每个小区间上的乘积 $f(\xi_i)\Delta x_i$ 相加,得到和式 $\sum\limits_{i=1}^{n}f(\xi_i)\Delta x_i$;

　　(4) 令 $\lambda=\max(\Delta x_1,\Delta x_2,\cdots,\Delta x_n)$,若 $\lambda\to0$ 时,无论区间 $[a,b]$ 如何分割、无论点 ξ_i 如何选取,和式的极限存在,则称这个极限值为函数 $f(x)$ 在区间 $[a,b]$ 上的**定积分**,记为

$$\int_a^b f(x)\mathrm{d}x=\lim_{\lambda\to0}\sum_{i=1}^{n}f(\xi_i)\Delta x_i。$$

　　牛顿-莱布尼茨公式:如果函数 $F(x)$ 是连续函数 $f(x)$ 在区间 $[a,b]$ 上的一个原函数,则 $\int_a^b f(x)\mathrm{d}x=F(b)-F(a)$。它告诉我们,求定积分的值只需要找到一个原函数,而所有全部

的原函数就是不定积分,这样一来,求定积分的值转化为求不定积分问题,因此,不定积分的换元法、分部积分法几乎可以照搬照用。

定积分来源于现实生活,同样,它也可以很好地应用于社会生活的各个领域。本书只就数学方面的应用进行了阐述。主要是用**微元法**的思想解决不规则图形的面积、旋转体的体积等问题。

复习题五

一、填空题。

1. $\dfrac{\mathrm{d}}{\mathrm{d}x}\displaystyle\int_0^1 \cos x^2\,\mathrm{d}x = $ _____。

2. 由曲线 $y = x^3$ 与直线 $x = 1, x = 4$ 及 x 轴所围成的曲边梯形的面积 A,用定积分表示为_____。

3. 已知变速直线运动的速度 $v(t) = 2t^2 - t$,物体由 1 秒运动到 4 秒时间内经过的路程,用定积分表示为_____。

4. 定积分 $\displaystyle\int_2^4 (x^2 + 1)\,\mathrm{d}x$ 的积分区间为_____。

5. 设 $f(x)$ 有连续的导数,$f(b) = 5, f(a) = 3$,则 $\displaystyle\int_a^b f'(x)\,\mathrm{d}x = $ _____。

6. 设 $\Phi(x) = \displaystyle\int_0^x \tan u\,\mathrm{d}u$,则 $\Phi'\left(\dfrac{\pi}{4}\right) = $ _____。

7. $\dfrac{\mathrm{d}}{\mathrm{d}x}\displaystyle\int_{x^3}^b \ln(3 + t)\,\mathrm{d}t = $ _____。

8. $f(x)$ 连续,$x \geqslant 0$,且 $\displaystyle\int_0^{x(1+x)} f(t)\,\mathrm{d}t = x$,则 $f(2) = $ _____。

9. 若 $f(x)$ 在 $[a,b]$ 上连续,且 $\displaystyle\int_a^b f(x)\,\mathrm{d}x = 0$,则 $\displaystyle\int_a^b [f(x) + 1]\,\mathrm{d}x = $ _____。

10. 若 $\displaystyle\int_a^b \dfrac{f(x)}{f(x) + g(x)}\,\mathrm{d}x = 1$,则 $\displaystyle\int_a^b \dfrac{g(x)}{f(x) + g(x)}\,\mathrm{d}x = $ _____。

二、单项选择题。

1. 在 $\displaystyle\int_{-1}^0 (x^3 - 2x)\,\mathrm{d}x$ 中的 -1 是积分的( )。

    A. 上限　　　　　　B. 下限　　　　　　C. 积分变量　　　　D. 被积分函数

2. 定积分定义 $\displaystyle\int_a^b f(x)\,\mathrm{d}x = \lim_{\lambda \to 0} \sum_{i=1}^n f(\xi_i)\Delta x_i$ 中( )。

    A. $[a,b]$ 必须 n 等分,ξ_i 是 $[x_{i-1}, x_i]$ 端点

    B. $[a,b]$ 可任意分法,ξ 必须是 $[x_{i-1}, x_i]$ 端点

    C. $[a,b]$ 可任意分法,$\lambda = \max\limits_{1 \leqslant i \leqslant n}\{\Delta x_i\} \to 0$,$\xi_i$ 可在 $[x_{i-1}, x_i]$ 内任取

    D. $[a,b]$ 必须等分,$\lambda = \max\limits_{1 \leqslant i \leqslant n}\{\Delta x_i\} \to 0$,$\xi_i$ 可在 $[x_{i-1}, x_i]$ 内任取

3. 设在 $[a,b]$ 上 $f(x) \geqslant 0$,则 $\displaystyle\int_a^b f(x)\,\mathrm{d}x$( )。

A. $\geqslant 0$　　　　　　B. $\leqslant 0$　　　　　　C. $=0$　　　　　　D. 不能确定

4. 设 $F(x)$ 是 $f(x)$ 的一个原函数,则 $\int_a^b f(x)\mathrm{d}x=($　　$)$。

　　A. $F(a)-F(b)$　　B. $F(b)-F(a)$　　C. $f(b)-f(a)$　　D. $f(a)-f(b)$

5. 设 $f(x)$ 可导,且 $f(0)=0,f'(0)=2$,则 $\lim\limits_{x\to 0}\dfrac{\int_0^x f(t)\mathrm{d}t}{x^2}=($　　$)$。

　　A. 0　　　　　　　B. 1　　　　　　　C. 2　　　　　　　D. 不存在

6. 设 $f(x)$ 在 $[-a,a]$ 上为偶函数,则定积分 $\int_{-a}^a f(-x)\mathrm{d}x$ 等于($　$)。

　　A. 0　　　　　　B. $2\int_0^a f(x)\mathrm{d}x$　　C. $-\int_{-a}^a f(x)\mathrm{d}x$　　D. $\int_{-a}^a f(x)\mathrm{d}x$

7. 设 $f(x)$ 在 $(-t,t)$ 上连续,则 $\int_{-t}^t f(-x)\mathrm{d}x=($　　$)$。

　　A. 0　　　　　　B. $2\int_0^t f(t)\mathrm{d}t$　　C. $\int_{-t}^t f(x)\mathrm{d}x$　　D. $-\int_{-t}^t f(x)\mathrm{d}x$

8. 若 $\int_0^1 (2x-k)\mathrm{d}x=0$,则 $k=($　　$)$。

　　A. 0　　　　　　　B. -1　　　　　　C. 1　　　　　　　D. 不存在

三、用牛顿-莱布尼茨公式求下列函数的定积分。

1. $\displaystyle\int_0^1 (4x^3-3x^2+1)\mathrm{d}x$;

2. $\displaystyle\int_0^1 (2x^2-\sqrt[3]{x}+1)\mathrm{d}x$;

3. $\displaystyle\int_1^2 \left(\sqrt{x}+\dfrac{1}{\sqrt{x}}\right)^2\mathrm{d}x$;

4. $\displaystyle\int_1^2 \left(x^2-\dfrac{1}{x}\right)^2\mathrm{d}x$;

5. $\displaystyle\int_0^2 (4x-\mathrm{e}^x)\mathrm{d}x$;

6. $\displaystyle\int_0^1 (x^2+\mathrm{e}^x)\mathrm{d}x$;

7. $\displaystyle\int_0^{\frac{\pi}{2}} 2\cos^2\dfrac{x}{2}\mathrm{d}x$;

8. $\displaystyle\int_0^{\frac{\pi}{2}} 2\sin^2\dfrac{x}{2}\mathrm{d}x$;

9. $\displaystyle\int_0^{\frac{\pi}{4}} \tan^2 x\,\mathrm{d}x$;

10. $\displaystyle\int_{\frac{\pi}{4}}^{\frac{\pi}{2}} \cot^2 x\,\mathrm{d}x$;

11. $\displaystyle\int_{-1}^2 |x^2-1|\,\mathrm{d}x$;

12. $\displaystyle\int_0^3 (|x-1|+|x-2|)\mathrm{d}x$。

四、用换元积分法求下列函数的定积分。

1. $\displaystyle\int_0^{\frac{T}{2}} \sin\left(\dfrac{2\pi}{T}t-\varphi_0\right)\mathrm{d}t$;

2. $\displaystyle\int_{\frac{1}{\pi}}^{\frac{2}{\pi}} \dfrac{1}{x^2}\sin\dfrac{1}{x}\mathrm{d}x$;

3. $\displaystyle\int_{-2}^{-1} \dfrac{\mathrm{d}x}{x^2+4x+5}$;

4. $\displaystyle\int_1^{\mathrm{e}^3} \dfrac{\sqrt[4]{1+\ln x}}{x}\mathrm{d}x$;

5. $\displaystyle\int_0^1 \dfrac{x^2}{1+x^6}\mathrm{d}x$;

6. $\displaystyle\int_0^1 \sqrt{4+5x}\,\mathrm{d}x$;

7. $\displaystyle\int_4^9 \dfrac{\sqrt{x}}{\sqrt{x}-1}\mathrm{d}x$;

8. $\displaystyle\int_{-\frac{\pi}{2}}^{\frac{\pi}{2}} \cos x\cos 2x\,\mathrm{d}x$;

9. $\displaystyle\int_0^1 \dfrac{1}{\sqrt{4+5x}-1}\mathrm{d}x$;

10. $\displaystyle\int_0^2 \sqrt{4-x^2}\,\mathrm{d}x$;

11. $\int_{\sqrt{2}}^{2} \dfrac{1}{\sqrt{x^2-1}} \mathrm{d}x$；

12. $\int_{1}^{\sqrt{2}} \dfrac{\sqrt{x^2-1}}{x} \mathrm{d}x$。

五、用分部积分法求下列函数的定积分。

1. $\int_{0}^{1} t\mathrm{e}^t \mathrm{d}t$；

2. $\int_{1}^{\mathrm{e}} x\ln x \mathrm{d}x$；

3. $\int_{0}^{\frac{1}{2}} \arcsin x \mathrm{d}x$；

4. $\int_{0}^{\frac{\pi}{2}} \mathrm{e}^x \sin x \mathrm{d}x$；

5. $\int_{0}^{\pi} x\sin x \mathrm{d}x$；

6. $\int_{1}^{\mathrm{e}} (x-1)\ln x \mathrm{d}x$；

7. $\int_{0}^{1} \arctan \sqrt{x} \mathrm{d}x$；

8. $\int_{0}^{1} x^2 \mathrm{e}^{2x} \mathrm{d}x$。

六、用函数的奇偶性计算下列定积分。

1. $\int_{-\frac{\pi}{2}}^{\frac{\pi}{2}} \dfrac{x+\cos x}{1+\sin^2 x} \mathrm{d}x$；

2. $\int_{-1}^{1} (x^3-x+1)\sin^2 x \mathrm{d}x$；

3. $\int_{-1}^{1} (x+\sqrt{1-x^2})^2 \mathrm{d}x$；

4. $\int_{-\pi}^{\pi} \sin mx \cos nx \mathrm{d}x$。

七、用递推公式计算下列定积分。

1. $\int_{0}^{\frac{\pi}{2}} \sin^7 x \mathrm{d}x$；

2. $\int_{0}^{\frac{\pi}{2}} \cos^5 x \mathrm{d}x$；

3. $\int_{0}^{\frac{\pi}{4}} \cos^6 2x \mathrm{d}x$；

4. $\int_{-\frac{\pi}{2}}^{\frac{\pi}{2}} \sin^6 x \mathrm{d}x$。

八、计算由下列各曲线所围成图形的面积。

1. $y=1-x^2, y=0$；

2. $y=x^2, y=x$；

3. $y=0, y=1, y=\ln x, x=0$；

4. $y=\dfrac{x^2}{2}$ 与 $x^2+y^2=8$ 所围较小的一块。

九、求下列曲线所围成图形绕指定轴旋转所得的旋转体的体积。

1. $2x-y+4=0, x=0$ 及 $y=0$，绕 x 轴。

2. $y=x^2-4, y=0$，绕 x 轴。

3. $\dfrac{x^2}{a^2}+\dfrac{y^2}{b^2}=1$，绕 x 轴。

4. $y^2=x, x^2=y$，绕 y 轴。

十、下列广义积分是否收敛？若收敛，求出其值。

1. $\int_{1}^{+\infty} \dfrac{1}{x^4} \mathrm{d}x$；

2. $\int_{1}^{+\infty} \dfrac{1}{x^2} \mathrm{d}x$；

3. $\int_{0}^{+\infty} \dfrac{\ln x}{x} \mathrm{d}x$；

4. $\int_{0}^{+\infty} x\mathrm{e}^{-x^2} \mathrm{d}x$；

5. $\int_{-\infty}^{+\infty} \dfrac{1}{x^2+x+1} \mathrm{d}x$；

6. $\int_{-\infty}^{+\infty} \dfrac{1}{x^2+2x+2} \mathrm{d}x$；

7. $\int_{1}^{+\infty} \dfrac{1}{x\sqrt{x^2-1}} \mathrm{d}x$；

8. $\int_{1}^{+\infty} \dfrac{1}{x\sqrt{x-1}} \mathrm{d}x$；

9. $\int_1^e \dfrac{1}{x\sqrt{1-(\ln x)^2}}dx$；　　　　　10. $\int_0^2 \dfrac{1}{(1-x)^3}dx$。

习题、复习题五参考答案

习题 5-1

1. (1) $\int_{-1}^1 f(x)dx = 6$；　(2) $\int_1^3 f(x)dx = -2$；　(3) $\int_3^{-1} g(x)dx = -3$；　(4) $\int_{-1}^3 \dfrac{1}{5}[4f(x)+3g(x)]dx = 5$。

2. (1) $\int_1^2 \ln xdx \geqslant \int_1^2 \ln^2 xdx$；　(2) $\int_0^1 xdx \geqslant \int_0^1 x^2dx$；　(3) $\int_0^1 (1+x)dx \leqslant \int_0^1 e^xdx$；　(4) $\int_0^{\frac{\pi}{2}} xdx \geqslant \int_0^{\frac{\pi}{2}} \sin xdx$。

3. (1) $2 \leqslant \int_1^3 x^2dx \leqslant 18$；　(2) $\dfrac{2}{e} \leqslant \int_{-1}^1 e^{-x^2}dx \leqslant 2$；　(3) $\dfrac{\pi}{9} \leqslant \int_{\frac{1}{\sqrt{3}}}^{\sqrt{3}} x\arctan xdx \leqslant \dfrac{2\pi}{3}$；　(4) $\dfrac{3\pi}{4} \leqslant \int_{\frac{\pi}{4}}^{\frac{3\pi}{4}} (1+\sin^2 x)dx \leqslant \pi$。

习题 5-2

1. (1) $\dfrac{15}{4}$；　(2) $\dfrac{29}{6}$；　(3) $\dfrac{\pi}{6}$；　(4) $1-\dfrac{\pi}{4}$；　(5) $-\dfrac{4}{3}$；　(6) $1-\dfrac{\pi}{4}$；　(7) $-e^{\frac{1}{2}}+e$；　(8) $\dfrac{4}{3}$；　(9) 1；　(10) $2\sqrt{2}$。

2. $\dfrac{19}{3}$。

3. $3+e$。

4. (1) $-\sqrt{1+x^2}$；　(2) $\sin x$；　(3) $\dfrac{\sqrt{1+x}}{2\sqrt{x}}$；　(4) $-x+\dfrac{1}{2}\sin 2x$；　(5) $\sin x^2$；　(6) $-\dfrac{\cos(x+1)}{2\sqrt{x}}$。

5. (1) 1；　(2) $\dfrac{1}{2}$。

习题 5-3

1. (1) 0；　(2) $\dfrac{51}{512}$；　(3) $7+2\ln 2$；　(4) $\dfrac{38}{3}$；　(4) $2-\dfrac{\pi}{2}$；　(6) $\sqrt{2}-\dfrac{2\sqrt{3}}{3}$；　(7) $\dfrac{4}{3}$；　(8) $\dfrac{5}{3}$；　(9) $\dfrac{4}{3}$；　(10) $\dfrac{1}{6}$。

2. (1) $1-\dfrac{2}{e}$；　(2) $\dfrac{1}{4}(1+e^2)$；　(3) $\dfrac{1}{2}(e^{\frac{\pi}{2}}+1)$；　(4) 4；　(5) 1；　(6) $\dfrac{\pi}{4}-\dfrac{1}{2}$；　(7) $4(2\ln 2-1)$；　(8) $\dfrac{1}{5}(e^\pi-2)$。

3. (1) 0；　(2) $\dfrac{3\pi}{2}$；　(3) $\dfrac{\pi}{9}$；　(4) 0。

4. (1) $\dfrac{128}{315}$；　(2) $\dfrac{16}{35}$；　(3) $\dfrac{35\pi}{512}$；　(4) $\dfrac{63\pi}{256}$。

习题 5-4

(1) 收敛，1；　(2) 发散；　(3) 收敛，1；　(4) 发散；　(5) 发散；　(6) 收敛，π；　(7) 收敛，1；

(8) 发散； (9) 收敛，π； (10) 发散。

习题 5 - 5

1. (1) $\dfrac{1}{6}$； (2) 1； (3) $\dfrac{5}{12}$； (4) 4； (5) $\dfrac{3}{2}-\ln 2$； (6) $e+\dfrac{1}{e}-2$； (7) $\dfrac{1}{3}$； (8) $\dfrac{9}{2}$。

2. (1) $\dfrac{3\pi}{10}$； (2) $\dfrac{16\pi}{3}$； (3) $\dfrac{127\pi}{7}$； (4) $\dfrac{64\pi}{5}$； (5) $\dfrac{\pi^2}{2}$； (6) $\dfrac{\pi}{4}(\pi-2)$。

复习题五

一、1. 0； 2. $A=\displaystyle\int_1^4 x^3\,\mathrm{d}x$； 3. $S=\displaystyle\int_1^4(2t^2-t)\,\mathrm{d}t$； 4. $[2,4]$； 5. 2； 6. 1； 7. $-3x^2\ln(3+x^3)$；

8. $\dfrac{1}{3}$； 9. $b-a$； 10. $b-a-1$。

二、1. B； 2. C； 3. A； 4. B； 5. B； 6. B； 7. C； 8. C。

三、1. 1； 2. $\dfrac{11}{12}$； 3. $\dfrac{7}{2}+\ln 2$； 4. $\dfrac{37}{10}$； 5. $9-e^2$； 6. $e-\dfrac{2}{3}$； 7. $\dfrac{\pi}{2}+1$； 8. $\dfrac{\pi}{2}-1$；

9. $1-\dfrac{\pi}{4}$； 10. $1-\dfrac{\pi}{4}$； 11. $\dfrac{8}{3}$； 12. 5。

四、1. $\dfrac{T}{\pi}\cos\varphi_0$； 2. 1； 3. $\dfrac{\pi}{4}$； 4. $\dfrac{4}{5}(4\sqrt{2}-1)$； 5. $\dfrac{\pi}{12}$； 6. $\dfrac{38}{15}$； 7. $7+2\ln 2$； 8. $\dfrac{2}{3}$；

9. $\dfrac{2}{5}(1+\ln 2)$； 10. π； 11. $\ln\dfrac{2+\sqrt{3}}{1+\sqrt{2}}$； 12. $1-\dfrac{\pi}{4}$。

五、1. 1； 2. $\dfrac{1}{4}(1+e^2)$； 3. $\dfrac{\pi}{12}+\dfrac{\sqrt{3}}{2}-1$； 4. $\dfrac{1}{2}(e^{\frac{\pi}{2}}+1)$； 5. π； 6. $\dfrac{1}{4}(e^2-3)$； 7. $\dfrac{\pi}{2}-1$；

8. $\dfrac{1}{4}(e^2-1)$。

六、1. $\dfrac{\pi}{2}$； 2. $1-\dfrac{1}{2}\sin 2$； 3. 2； 4. 0。

七、1. $\dfrac{16}{35}$； 2. $\dfrac{8}{15}$； 3. $\dfrac{5\pi}{64}$； 4. $\dfrac{5\pi}{16}$。

八、1. $\dfrac{4}{3}$； 2. $\dfrac{1}{6}$； 3. $e-1$； 4. $\dfrac{4}{3}+2\pi$。

九、1. $\dfrac{32\pi}{3}$； 2. $\dfrac{512\pi}{15}$； 3. $\dfrac{4ab^2}{3}\pi$； 4. $\dfrac{3\pi}{10}$。

十、1. 收敛，$\dfrac{1}{3}$； 2. 收敛，1； 3. 发散； 4. 收敛，$\dfrac{1}{2}$； 5. 收敛，$\dfrac{2\pi}{\sqrt{3}}$； 6. 收敛，π； 7. 收敛，$\dfrac{\pi}{2}$；

8. 收敛，$\dfrac{\pi}{2}$； 9. 收敛，$\dfrac{\pi}{2}$； 10. 发散。

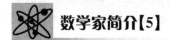

数学家简介【5】

莱布尼茨

——博学多才的符号大师

　　莱布尼茨(Leibniz),1646 年 7 月 1 日出生于德国莱比锡的一个书香门第,其父亲是莱比锡的大学哲学教授,在莱布尼茨 6 岁时就去世。莱布尼茨自幼就聪慧好学,童年时代就自学他父亲遗留的藏书,并自学中、小学课程。1661 年,15 岁的莱布尼茨进入了莱比锡大学学习法律,17 岁获得学士学位,同年夏季,莱布尼茨前往热奈大学,跟随魏格尔(Weigel)系统地学习了欧式几何,使他开始确信毕哥达拉斯—柏拉图(Pythagoras—Plato)的宇宙观:宇宙是一个由数学和逻辑原则所统率的和谐整体。1664 年,18 岁的莱布尼茨获得哲学硕士学位。20 岁在阿尔特道夫获得博士学位。1672 年,以外交官身份出访巴黎,在那里结识了惠更斯(Huygens,荷兰人)以及许多其他的杰出学者,从而更加激发了莱布尼茨对数学的兴趣。在惠更斯的指导下,莱布尼茨系统研究了当时一批数学家的著作。1673 年出访伦敦期间,莱布尼茨又与英国学术界著名学者建立了联系,从此,他以非凡的理解力和创造力进入了数学研究的前沿阵地。1676 年定居德国汉诺威,任腓特烈公爵的法律顾问和图书馆馆长,直到 1716 年 11 月 4 日逝世,长达 40 年。莱布尼茨曾历任英国皇家学会会员,巴黎科学院院士,创建了柏林科学院并担任第一任院长。

　　莱布尼茨的研究兴趣非常广泛。他的学识涉及哲学、历史、语言、数学、生物、地质、物理、机械、神学、法学、外交等领域,并在每个领域中都有杰出的成就。然而,由于他独立创建了微积分,并精心设计了非常巧妙而简洁的微积分符号,从而使他以伟大数学家的身份而闻名于世。

　　莱布尼茨在从事数学研究的过程中,深受他的哲学思想的支配。他说 $\mathrm{d}x$ 和 x 相比,如同点和地球相比,或地球半径与宇宙半径相比。在其积分法论文中,他从求曲线所围面积的积分概念出发,把积分看作无穷小的和,并引入积分符号 $\int$(它是通过把拉丁文 Summa 的字头 S 拉长而得到的)。他的这个符号,以及微积分的要领和法则一直保留到当今的教材中。莱布尼茨也发现了微分和积分是一对互逆的运算,并建立了沟通微分与积分内在联系的微积分基本定理,从而使各自独立的微分学和积分学构成统一的微积分学的整体。

　　莱布尼茨是数学史上最伟大的符号学者之一,堪称符号大师。他曾说,要发明,就要挑选恰当的符号,要做到这一点,就要用含义简明的少量符号来表达和比较忠实地描绘事物的内在本质,从而最大限度地减少人的思维劳动。正像印度—阿拉伯的数学促进了算术和代数发展一样,莱布尼茨所创造的数学符号对微积分的发展起到了很大的促进作用。欧洲大陆的数学得以迅速发展,莱布尼茨的巧妙符号功不可没。除积分微分符号外,他创设的符号还有商 $\frac{a}{b}$,比 $a:b$,相似"$\backsim$"、全等"$\cong$"、并"$\cup$"、交"$\cap$"以及函数和行列式等符号。

　　牛顿和莱布尼茨对微积分都做出了巨大贡献,但两人的方法和途径是不同的。牛顿是在力学研究的基础上,运用几何方法研究微积分的;莱布尼茨主要在研究曲线的切线和面积的问题上,运用分析学方法引进微积分要领的。牛顿在微积分的应用上更多地结合了运动学,造诣精深;但莱布尼茨的表达形式简洁准确,胜过牛顿。在对微积分具体内容的研究上,牛顿先有导数概念,后有积分概念;莱布尼兹则先有求积概念,后有导数概念。除此之外,牛顿与莱布尼茨的学风也迥然不同。作为科学家的牛顿,治学严谨,他迟迟不发微积分著作《流数术》的原因,很可能是因为他没有找到合理的逻辑基础,也可能是害怕别人反对的心理所致。但作为哲学家的莱布尼茨比较大胆,富于想象,勇于推广,结果造成虽然创作年代上牛顿先于莱布尼茨 10 年,而在发表的时间上,莱布尼茨却早于牛顿 3 年。

虽然牛顿和莱布尼茨研究微积分的方法各异,但殊途同归。各自独立地完成了创造微积分的盛业,光荣应由他们两个人共享。然而,在历史上曾出现过一场围绕发明微积分优先权的激烈争论。牛顿的支持者,包括数学家泰勒和麦克劳林,认为莱布尼茨剽窃了牛顿的成果。争论把欧洲科学家分成势不两立的两派:英国和欧洲大陆。争论双方停止学术交流,不仅影响了数学的正常发展,也波及自然科学领域,一直发展到英德两国之间的政治摩擦。自尊心很强的英国抱住牛顿的概念和记号不放,拒绝使用更加合理的莱布尼茨的微积分符号和技巧,致使后来的两百多年间英国在数学发展上大大落后于欧洲大陆。一场旷日持久的争论变成了科学史上的前车之鉴。

莱布尼茨的科研成果大部分出自青年时代,随着这些成果的广泛传播,荣誉纷纷而来,他也变得越来越保守。到了晚年,他在科学方面已无所作为。他开始为宫廷唱赞歌,为上帝唱赞歌,沉醉于神学和公爵家族的研究。莱布尼茨生命中的最后 7 年,是在别人带来的他和牛顿关于微积分发明权的争论中痛苦地度过的。他和牛顿一样,都终生未娶。

第六章　常微分方程

在科学研究和大量的应用实践中,寻找变量之间的函数关系是解决实际问题常见的重要课题。但是,人们往往不能直接由所给的条件找到函数关系,却比较容易列出含有未知函数的导数或微分的关系式,这种关系式就是本章所要讨论的微分方程。本章主要介绍微分方程的基本概念和几类常见的微分方程的解法。

第一节　微分方程的基本概念

定义 6.1.1　含有未知函数的导数(或微分)的方程,称为**微分方程**,有时简称为方程。未知函数是一元函数的微分方程称为**常微分方程**。未知函数是多元函数的微分方程称为**偏微分方程**。本教材只讨论常微分方程,并简称微分方程。

微分方程中所出现的未知函数的最高阶导数(或微分)的阶数,称为微分方程的阶。如:方程 $y'''+y''+4y'=x^3$ 是三阶微分方程;而方程 $y^{(4)}-4y'''+10y''-12y'+5y=\sin 2x$ 是四阶微分方程。

定义 6.1.2　形如 $y'=f(x,y)$ 或 $F(x,y,y')=0$ 的方程称为**一阶微分方程**。

定义 6.1.3　形如 $y''=f(x,y,y')$ 或 $F(x,y,y',y'')=0$ 的方程称为**二阶微分方程**。

例如:(1) $\dfrac{\mathrm{d}x}{\mathrm{d}t}=2t$;

(2) $(y-2xy)\mathrm{d}x+x^2\mathrm{d}y=0$;

(3) $mv'(t)=mg-k\cdot v(t)$;

(4) $y''=\dfrac{1}{a}\sqrt{1+y^2}$　(a 为常数);

(5) $\dfrac{\mathrm{d}^2\theta}{\mathrm{d}t^2}+\dfrac{g}{l}\sin\theta=0$　(g,l 是常数)。

以上几个都是微分方程。(1)(2)(3)是一阶微分方程,(4)(5)是二阶微分方程。

定义 6.1.4　使微分方程成为恒等式的函数,称为该**微分方程的解**。例如 $x=t^2,x=t^2+C$(C 是任意常数)都是(1) $\dfrac{\mathrm{d}x}{\mathrm{d}t}=2t$ 的解。

定义 6.1.5　设函数 $f(x),g(x)$ 是定义在区间 (a,b) 内的两个函数,若存在两个不全为零的常数 k_1,k_2,使得对于 (a,b) 内的任意 x,恒有 $k_1f(x)+k_2g(x)=0$ 成立,则称函数 $f(x),g(x)$ 在区间 (a,b) 内**线性相关**;否则,**线性无关**。

可见,$f(x),g(x)$ 线性相关的充要条件是 $f(x),g(x)$ 的比值是常数,即 $\dfrac{f(x)}{g(x)}=k$(k 为常数);如果 $f(x),g(x)$ 的比值不是常数,而是一个关于 x 的函数,那么 $f(x),g(x)$ 线性无关。

比如,e^x 与 $2e^x$ 线性相关,$\sin x$ 与 $\sin 2x$ 线性无关。当 $f(x),g(x)$ 线性无关时,函数 $y=C_1 f(x)+C_2 g(x)$ 中含有两个相互独立的常数 C_1,C_2。

若 n 阶微分方程的解中含有 n 个相互独立的任意常数,这样的解称为**微分方程的通解**。例如,$x=t^2+C$(C 是任意常数)是一阶微分方程 $\dfrac{dx}{dt}=2t$ 的通解。

确定通解中的常数的条件称为**初值条件**。一阶微分方程的初值条件是:$x=x_0$ 时 $y=y_0$,或写成 $y\big|_{x=x_0}=y_0$;二阶微分方程的初值条件是:$x=x_0$ 时 $y=y_0$,$y'=y_0'$(其中 x_0,y_0,y_0' 都是给定的值),或写成 $y\big|_{x=x_0}=y_0$,$y'\big|_{x=x_0}=y_0'$。

确定了通解中的任意常数以后,就得到**微分方程的特解**。

求一阶微分方程 $F(x,y,y')=0$ 满足初值条件 $y\big|_{x=x_0}=y_0$ 的特解这样一个问题,称为**一阶微分方程的初值问题**。记作:
$$\begin{cases} F(x,y,y')=0 \\ y\big|_{x=x_0}=y_0 \end{cases}$$

微分方程的特解的图形是一条曲线,称为微分方程的积分曲线。初值问题的几何意义就是微分方程的通过点 (x_0,y_0) 的积分曲线。二阶微分方程满足初值条件 $y\big|_{x=x_0}=y_0$,$y'\big|_{x=x_0}=y_0'$ 的特解的几何意义是通过点 (x_0,y_0) 且在该点处的切线斜率为 y_0' 的积分曲线。

【例 6.1.1】 验证函数
$$y=C_1 e^{-x}+C_2 x e^{-x} \tag{6.1.1}$$
是方程
$$y''+2y'+y=0 \tag{6.1.2}$$
的通解。

解 求 $y=C_1 e^{-x}+C_2 x e^{-x}$ 的一阶、二阶导数,得
$$y'=(C_2-C_1)e^{-x}-C_2 x e^{-x} \tag{6.1.3}$$
$$y''=(C_2 x+C_1-2C_2)e^{-x} \tag{6.1.4}$$
把式 (6.1.1),(6.1.3) 及 (6.1.4) 代入 (6.1.2),得
$$(C_2 x+C_1-2C_2)e^{-x}+2(C_2-C_1-C_2 x)e^{-x}+C_1 e^{-x}+C_2 x e^{-x}\equiv 0$$
即函数 (6.1.1) 及其导数代入方程 (6.1.2) 后使该方程成为恒等式,由此函数 (6.1.1) 是方程 (6.1.2) 的解。又函数 (6.1.1) 中含有两个任意常数,且这两个任意常数相互独立,而方程 (6.1.2) 为二阶微分方程,所以函数 (6.1.1) 是方程 (6.1.2) 的通解。

【例 6.1.2】 求微分方程 (6.1.2) 满足初值条件 $y\big|_{x=0}=0$,$y'\big|_{x=0}=1$ 的特解。

解 由例 6.1.1 知方程 (6.1.2) 的通解为函数 (6.1.1),将条件 $y\big|_{x=0}=0$ 代入函数 (6.1.1) 得 $C_1=0$;将条件 $y'\big|_{x=0}=1$ 代入式 (6.1.3) 得 $C_2=1$。于是所求特解为 $y=x e^{-x}$。

习题 6-1

1. 下列方程中,哪些是微分方程? 哪些不是微分方程? 如果是微分方程,请指出它的阶数。

(1) $\dfrac{\mathrm{d}^2 y}{\mathrm{d}x^2} - y = 2x$;   (2) $xy^2 + 2x + y = 0$;

(3) $y' \cdot y'' - x^2 \cdot y = 1$;   (4) $x\mathrm{d}x + y^2\mathrm{d}y = 0$。

2. 判断下列各题中的函数是否为所给微分方程的解? 若是解,是通解还是特解? (C_1,C_2 是任意常数)

(1) 微分方程 $y' + 3y = 0$,函数 $y = 7\mathrm{e}^{-3x}$;

(2) 微分方程 $y'' + y' = 0$,函数 $y = C_1 + C_2\mathrm{e}^{-x}$;

(3) 微分方程 $y'' + y = 0$,函数 $y = C_1\sin x + C_2\cos\left(x + \dfrac{\pi}{2}\right)$;

(4) 微分方程 $y'' = \dfrac{1}{2}\sqrt{1 + (y')^2}$,函数 $y = \mathrm{e}^{\frac{x}{2}} + \mathrm{e}^{-\frac{x}{2}}$。

第二节 一阶微分方程

一、可分离变量的微分方程

定义 6.2.1 形如
$$y' = f(x) \cdot g(y)$$
的微分方程称为**可分离变量的微分方程**。这里 $f(x)$,$g(y)$ 分别是 x,y 的已知函数,且 $g(y) \neq 0$。这类方程的特点是,经过适当的运算,可以将两个不同变量的函数与微分分离到方程的两边。

可分离变量的微分方程是最简单的微分方程,其具体解法如下:

(1) 分离变量将方程整理为
$$\frac{1}{g(y)}\mathrm{d}y = f(x)\mathrm{d}x$$
的形式,使方程两边都只含一个变量。

(2) 两边同时积分,得通解为
$$\int \frac{1}{g(x)}\mathrm{d}y = \int f(x)\mathrm{d}x + C$$

我们约定在微分方程这一章中不定积分式只表示被积函数的一个原函数,而把积分所带来的任意常数明确地写上。

【**例 6.2.1**】 求方程 $y' = (\sin x - \cos x)\sqrt{1 - y^2}$ 的通解。

解 分离变量,得

$$\frac{\mathrm{d}y}{\sqrt{1-y^2}} = (\sin x - \cos x)\mathrm{d}x$$

两边积分,得

$$\arcsin y = -(\cos x + \sin x) + C$$

这就是所求方程的通解。

【例 6.2.2】 求方程 $y' = -\dfrac{y}{x}$ 的通解。

解 分离变量,得

$$\frac{\mathrm{d}y}{y} = -\frac{1}{x}\mathrm{d}x$$

两边积分,得

$$\ln|y| = \ln\left|\frac{1}{x}\right| + C_1$$

化简得

$$|y| = \mathrm{e}^{c_1} \cdot \left|\frac{1}{x}\right|, \quad y = \pm\mathrm{e}^{c_1} \cdot \frac{1}{x}$$

令

$$C_2 = \pm\mathrm{e}^{c_1}$$

则

$$y = \frac{C_2}{x}, \quad C_2 \neq 0$$

另外,我们看出 $y=0$ 也是方程的解,所以把 $y = \dfrac{C_2}{x}$ 中的 C_2 可认为等于 0。因此 C_2 可看为任意常数,这样,方程的通解是 $y = \dfrac{C}{x}$。

凡遇到积分后是对数的情形,理应都需做类似于上述的讨论,但这样的运算过程没有必要重复,故为方便起见,今后凡遇到积分后是对数的情形都作如下处理,以例 6.2.2 为例示范如下。

分离变量,得

$$\frac{\mathrm{d}y}{y} = -\frac{1}{x}\mathrm{d}x$$

两边积分,得

$$\ln y = \ln\frac{1}{x} + \ln C$$

即

$$\ln y = \ln\frac{C}{x}$$

即通解是

$$y = \frac{C}{x} \quad (\text{其中 } C \text{ 是任意常数})$$

【例 6.2.3】 求方程 $\mathrm{d}x + xy\mathrm{d}y = y^2\mathrm{d}x + y\mathrm{d}y$ 满足初值条件 $y\Big|_{x=0} = 2$ 的特解。

解 将方程整理,得

$$y(x-1)\mathrm{d}y = (y^2 - 1)\mathrm{d}x$$

分离变量,得

$$\frac{y}{y^2-1}\mathrm{d}y=\frac{1}{x-1}\mathrm{d}x$$

两边积分,得

$$\frac{1}{2}\ln(y^2-1)=\ln(x-1)+\frac{1}{2}\ln C$$

化简得 $y^2=C(x-1)^2+1$ 为所求通解。再将初值条件 $y\big|_{x=0}=2$ 代入得 $C=3$,故所求特解为

$$y^2=3(x-1)^2+1$$

二、一阶线性微分方程

定义 6.2.2　形如

$$\frac{\mathrm{d}y}{\mathrm{d}x}+p(x)y=q(x) \tag{6.2.1}$$

的方程称为**一阶线性微分方程**,其中 $p(x),q(x)$ 为已知函数。当 $q(x)\equiv 0$ 时,有

$$\frac{\mathrm{d}y}{\mathrm{d}x}+p(x)y=0 \tag{6.2.2}$$

称式(6.2.2)为**一阶线性齐次微分方程**;当 $q(x)\neq 0$ 时,称式(6.2.1)为**一阶线性非齐次微分方程**。我们常将式(6.2.2)称为式(6.2.1)所对应的齐次微分方程。

下面我们讨论一阶线性微分方程的解法。我们先求齐次线性微分方程(6.2.2)的解,将式(6.2.2)分离变量,得

$$\frac{\mathrm{d}y}{y}=-p(x)\mathrm{d}x$$

两边积分,得

$$y=C\mathrm{e}^{-\int p(x)\mathrm{d}x} \tag{6.2.3}$$

这就是方程(6.2.3)的通解。显然,当 C 为常数时,它不是式(6.2.1)的解。由于非齐次线性微分方程(6.2.1)的右端是 x 的函数 $q(x)$,因此,可设想将式(6.2.3)中常数 C 换成待定函数 $C(x)$ 后,式(6.2.3)有可能是式(6.2.1)的解。

令 $y=C(x)\mathrm{e}^{-\int p(x)\mathrm{d}x}$ 为式(6.2.1)的解,并将其代入式(6.2.1)后得

$$C'(x)\mathrm{e}^{-\int p(x)\mathrm{d}x}=q(x)$$

即

$$C'(x)=q(x)\mathrm{e}^{\int p(x)\mathrm{d}x}$$

两边积分,得　　　　　$$C(x)=\int q(x)\mathrm{e}^{\int p(x)\mathrm{d}x}\mathrm{d}x+C$$

将 $C(x)$ 代入 $y=C(x)\mathrm{e}^{-\int p(x)\mathrm{d}x}$,得式(6.2.1)之通解为

$$y=\left[\int q(x)\mathrm{e}^{\int p(x)\mathrm{d}x}\mathrm{d}x+C\right]\mathrm{e}^{-\int p(x)\mathrm{d}x} \tag{6.2.4}$$

式(6.2.4)称为**一阶线性非齐次微分方程(6.2.1)的通解公式**。

上述求解方法称为**常数变易法**,用常数变易法求一阶非齐次线性微分方程的通解步骤为:

（1）先求出非齐次线性微分方程所对应的齐次微分方程的通解；

（2）根据所求出的齐次微分方程的通解，假设非齐次线性微分方程的解（将所求出的齐次微分方程的通解中的任意常数 C 改为待定函数 $C(x)$ 即可）；

（3）将所设解代入非齐次线性微分方程，解出 $C(x)$，并写出非齐次线性微分方程的通解。

【例 6.2.4】 求方程 $y' = \dfrac{y + x\ln x}{x}$ 的通解。

解 原方程变形为

$$y' - \frac{1}{x}y = \ln x \tag{6.2.5}$$

此方程为一阶线性非奇次微分方程。

首先对式(6.2.5)所对应的齐次微分方程

$$y' - \frac{1}{x}y = 0 \tag{6.2.6}$$

求解，方程(6.2.6)分离变量，得

$$\frac{\mathrm{d}y}{y} = \frac{\mathrm{d}x}{x}$$

两边积分，得

$$\ln y = \ln x + \ln C = \ln Cx$$

所以方程(6.2.6)的通解为 $\qquad y = Cx \tag{6.2.7}$

将通解中任意常数 C 换成待定函数 $C(x)$，即令 $y = C(x)x$ 为式(6.2.5)的解，将其代入方程(6.2.5)得

$$xC'(x) = \ln x$$

于是

$$C'(x) = \frac{1}{x}\ln x$$

所以

$$C(x) = \int \frac{\ln x}{x}\mathrm{d}x = \frac{1}{2}\ln^2 x + C$$

将所求的 $C(x)$ 代入式(6.2.7)得原方程的通解为

$$y = \frac{x}{2}(\ln x)^2 + Cx$$

【例 6.2.5】 求方程 $x \cdot y' + y = \cos x$ 满足初值条件 $y|_{x=\pi} = 1$ 的特解。

解 将所给方程改写成下列形式：

$$y' + \frac{1}{x}y = \frac{1}{x}\cos x$$

其中

$$p(x) = \frac{1}{x}, \quad q(x) = \frac{1}{x}\cos x$$

利用通解公式 $y = \left[\int q(x)\mathrm{e}^{\int p(x)\mathrm{d}x}\mathrm{d}x + C\right]\mathrm{e}^{-\int p(x)\mathrm{d}x}$，得

$$y = \left(\int \frac{1}{x} \cos x \cdot e^{\int \frac{1}{x} dx} dx + C \right) e^{-\int \frac{1}{x} dx}$$

$$= \left(\int \cos x dx + C \right) \cdot \frac{1}{x} = \frac{1}{x} (\sin x + C)$$

将初值条件 $y \Big|_{x=\pi} = 1$ 代入，得 $C = \pi$，所求特解为

$$y = \frac{1}{x} (\pi + \sin x)$$

【例 6.2.6】　求方程 $y^2 dx + (x - 2xy - y^2) dy = 0$ 的通解。

解　所给方程中含有 y^2，因此，如果我们仍把 x 看作自变量，把 y 看作未知函数，则它不是线性微分方程，对于这样的一阶微分方程，我们试着把 x 看作 y 的函数，然后再分析。

将原方程改写为

$$\frac{dx}{dy} + \frac{1 - 2y}{y^2} dx = 1$$

这是一个关于未知函数 $x = x(y)$ 的一阶线性非齐次微分方程，其中 $p(y) = \frac{1 - 2y}{y^2}, q(y) = 1$，将它们代入通解公式有

$$x = e^{-\int \frac{1-2y}{y^2} dy} \left(\int e^{\int \frac{1-2y}{y^2} dy} dy + C \right)$$

$$= y^2 e^{\frac{1}{y}} (C + e^{-\frac{1}{y}}) = y^2 (1 + C e^{\frac{1}{y}})$$

上式即为所求方程的通解。

习题 6-2

1. 求可分离变量微分方程的通解。

(1) $xy' - y \ln y = 0$;

(2) $\frac{dy}{dx} = x^2 y^2$;

(3) $\frac{dy}{dx} = \frac{y}{\sqrt{1-x^2}}$;

(4) $\frac{dy}{dx} = 10^{x+y}$。

2. 求一阶微分方程的通解。

(1) $y' + y \tan x = \cos x$;

(2) $x \ln x dy + (y - ax \ln x - ax) dx = 0$;

(3) $(x \cos y + \sin 2y) y' = 1$;

(4) $y' + y = x^2 e^x$。

3. 求下列微分方程满足所给初值条件的特解。

(1) $y' = e^{2x-y}, y \Big|_{x=0} = 0$;

(2) $x dy + 2y dx = 0, y \Big|_{x=2} = 1$;

(3) $(\ln y) y' = \frac{y}{x^2}, y \Big|_{x=2} = 1$;

(4) $\frac{dy}{dx} + 5y = -4e^{-3x}, y \Big|_{x=0} = -4$。

第三节　二阶常系数齐次线性微分方程

一、二阶常系数线性微分方程解的性质

定义 6.3.1　形如 $y''+py'+qy=f(x)$ 的方程称为**二阶常系数线性微分方程**。其中 p, q 为常数，$f(x)$ 称为自由项。当 $f(x)\neq0$ 时，称为**二阶常系数线性非齐次微分方程**；当 $f(x)\equiv0$ 时，称为**二阶常系数线性齐次微分方程**。

为寻求解二阶线性微分方程的方法，我们先讨论二阶线性微分方程解的结构。

定理 6.3.1　如果函数 y_1, y_2 是二阶常系数线性齐次微分方程的两个解，则函数 $y=C_1y_1+C_2y_2$ 仍为该微分方程的解。其中 C_1, C_2 是任意常数。（证明从略）

定理 6.3.2　如果函数 y_1, y_2 是二阶常系数线性齐次微分方程 $y''+py'+qy=0$ 的两个线性无关的特解，则 $y=C_1y_1+C_2y_2$ 是该微分方程的通解。其中 C_1, C_2 是任意常数。

推论　如果函数 y_1, y_2 是二阶常系数线性齐次微分方程 $y''+py'+qy=0$ 的两个特解，且 $\dfrac{y_1}{y_2}\neq\lambda$（$\lambda$ 是常数），则 $y=C_1y_1+C_2y_2$ 是该微分方程的通解。其中 C_1, C_2 是任意常数。

定理 6.3.3　如果函数 y^* 是二阶常系数线性非齐次微分方程 $y''+py'+qy=f(x)$ 的一个特解，Y 是该微分方程所对应的齐次微分方程 $y''+py'+qy=0$ 的通解，则 $y=Y+y^*$ 是二阶常系数线性非齐次微分方程 $y''+py'+qy=f(x)$ 的通解。

根据上述定理，求二阶常系数线性非齐次微分方程通解的一般步骤为：

(1) 求二阶常系数线性齐次微分方程 $y''+py'+qy=0$ 的线性无关的两个特解 y_1, y_2，得该微分方程的通解 $Y=C_1y_1+C_2y_2$；

(2) 求二阶常系数线性非齐次微分方程 $y''+py'+qy=f(x)$ 的一个特解 y^*，那么二阶常系数线性非齐次微分方程的通解为 $y=Y+y^*$。

上述结论也适用于一阶线性非齐次微分方程，还可推广到二阶以上的线性非齐次方程。

定理 6.3.4　设二阶常系数线性非齐次微分方程

$$y''+py'+qy=f_1(x)+f_2(x) \tag{6.3.1}$$

且 y_1^* 与 y_2^* 分别是 $y''+py'+qy=f_1(x)$ 和 $y''+py'+qy=f_2(x)$ 的特解，则 $y_1^*+y_2^*$ 是方程 (6.3.1) 的特解。

二、二阶常系数线性齐次微分方程通解的求法

由前面定理可知，欲求二阶常系数线性微分方程 $y''+py'+qy=f(x)$ 的通解，应首先研究如何求 $y''+py'+qy=0$ 的解。

二阶常系数线性齐次微分方程为

$$y''+py'+qy=0 \tag{6.3.2}$$

考虑到左边 p, q 均为常数，我们可猜想该方程具有 $y=e^{rx}$ 形式的解，其中 r 为待定的常数，将 $y'=re^{rx}$，$y''=r^2e^{rx}$ 及 $y=e^{rx}$ 代入上式，得

$$e^{rx}(r^2+pr+q)=0$$

由于 $e^{rx} \neq 0$,因此 r 只需满足方程

$$r^2 + pr + q = 0 \qquad (6.3.3)$$

即 r 是上述一元二次方程的根时,$y = e^{rx}$ 就是方程(6.3.2)的解,方程(6.3.3)称为方程(6.3.2)的**特征方程**,特征方程的根称为**特征根**。

下面讨论特征根的情况。

(1) 特征方程有两个不相等的实数根 r_1 与 r_2,即 $r_1 \neq r_2$,那么这时函数 $y_1 = e^{r_1 x}$ 与 $y_2 = e^{r_2 x}$ 都是方程(6.3.2)的解,且 $\dfrac{y_1}{y_2} = e^{(r_1 - r_2)x} \neq$ 常数,因此 y_1,y_2 线性无关,因而它的通解为 $y = c_1 e^{r_1 x} + c_2 e^{r_2 x}$。

(2) 特征方程有两个相等的实数根 $r_1 = r_2 = -\dfrac{p}{2}$,这时,由特征根可得方程(6.3.2)的一个特解 $y_1 = e^{rx}$,还需找一个与 y_1 线性无关的特解 y_2,因此设 $y_2 = u(x) y_1$,其中 $u(x)$ 为待定函数,对 $y_2 = u(x) e^{rx}$ 分别求一阶、二阶导数:

$$y_2' = e^{rx}[u'(x) + ru(x)]; \quad y_2'' = e^{rx}[u''(x) + 2ru'(x) + r^2 u(x)]$$

并将它们代入方程(6.3.2),得

$$e^{rx}[u'' + (2r + p)u' + (r^2 + pr + q)] = 0$$

因为 $r = -\dfrac{p}{2}$ 是重根,所以 $r^2 + pr + q = 0$ 及 $2r + p = 0$,且 $e^{rx} \neq 0$,因此只需 $u(x)$ 满足 $u''(x) = 0$。为简便起见,取方程 $u''(x) = 0$ 的一个解 $u = x$,于是得方程(6.3.2)与 e^{rx} 线性无关的解 $y_2 = xe^{rx}$。因此方程(6.3.2)的通解为

$$y = (c_1 + c_2 x) e^{rx}$$

(3) 特征方程有一对共轭复数 $r_1 = \alpha + \beta i, r_2 = \alpha - \beta i$,这时有两个线性无关的特解 $y_1 = e^{(\alpha + \beta i)x}, y_2 = e^{(\alpha - \beta i)x}$,这是两个复数解,为了便于在实数范围内讨论问题,利用它们,我们再找两个线性无关的实数解。

由欧拉公式 $e^{ix} = \cos x + i\sin x$,可得

$$y_1 = e^{\alpha x}(\cos\beta x + i\sin\beta x)$$

$$y_2 = e^{\alpha x}(\cos\beta x - i\sin\beta x)$$

于是有

$$\frac{1}{2}(y_1 + y_2) = e^{\alpha x}\cos\beta x$$

$$\frac{1}{2i}(y_1 - y_2) = e^{\alpha x}\sin\beta x$$

由定理 6.3.1 知,以上两个函数 $e^{\alpha x}\cos\beta x$ 与 $e^{\alpha x}\sin\beta x$ 均为方程(6.3.2)的解,且它们线性无关,因此这时方程(6.3.2)的通解为

$$y = e^{\alpha x}(c_1 \cos\beta x + c_2 \sin\beta x)$$

上述求二阶常系数线性齐次微分方程的通解的方法称为**特征根法**,其步骤是:

(1) 写出所给方程的特征方程;

(2) 求出特征根;

(3) 根据特征根的三种不同情况,写出对应的特解,并写出其通解。

特征根法也适用于解各阶常系数线性齐次微分方程(包括一阶的)。

【例 6.3.1】 求方程 $y''-2y'-3y=0$ 的通解。

解 该方程的特征方程为 $r^2-2r-3=0$,它有两个不等的实根 $r_1=-1$,$r_2=3$,其对应的两个线性无关的特解为 $y_1=e^{-x}$,$y_2=e^{3x}$,所以方程的通解为

$$y=c_1e^{-x}+c_2e^{3x}$$

【例 6.3.2】 求方程 $y''-4y'+4y=0$ 的满足初值条件 $y(0)=1$,$y'(0)=4$ 的特解。

解 该方程的特征方程为 $r^2-4r+4=0$,它有重根 $r=2$,其对应的两个线性无关的特解为 $y_1=e^{2x}$,$y_2=e^{2x}$,所以方程的通解为

$$y=(c_1+c_2x)e^{2x}$$

求导得

$$y'=c_2e^{2x}+2(c_1+c_2x)e^{2x}$$

将 $y(0)=1$,$y'(0)=4$ 代入上式,得 $c_1=1$,$c_2=2$,因此所求特解为 $y=(1+2x)e^{2x}$。

【例 6.3.3】 求方程 $2y''+2y'+3y=0$ 的通解。

解 该方程的特征方程为 $2r^2+2r+3=0$,它有两个共轭复根:

$$r_1=-\frac{1}{2}+\frac{\sqrt{5}}{2}i, \quad r_2=-\frac{1}{2}-\frac{\sqrt{5}}{2}i$$

对应的两个线性无关的特解为 $y_1=e^{-\frac{x}{2}}\cos\frac{\sqrt{5}}{2}x$,$y_2=e^{-\frac{x}{2}}\sin\frac{\sqrt{5}}{2}x$,所以方程的通解为

$$y=e^{-\frac{x}{2}}\left(c_1\cos\frac{\sqrt{5}}{2}x+c_2\sin\frac{\sqrt{5}}{2}x\right)$$

习题 6-3

1. 验证函数 $y_1=\sin3x$,$y_2=2\sin3x$ 是二阶微分方程 $y''+9y=0$ 的两个解,能否说 $y=C_1y_1+C_2y_2$ 是该方程的通解? 又 $y_3=\cos3x$ 满足方程,那么 $y=C_1y_1+C_3y_3$ 是该方程的通解吗?

2. 求下列微分方程的通解。

(1) $y''+5y'+4y=0$;　　　　(2) $2y''-3y'=0$;

(3) $y''-10y'+25y=0$;　　　(4) $y''+4y'+13y=0$;

(5) $3y''-2y'-8y=0$;　　　　(6) $y''+2y'+5y=0$;

(7) $y''+2y'+y=0$;　　　　　(8) $4y''-12y'+9y=0$;

(9) $y''+2y'+4y=0$;　　　　(10) $y''-y'+2y=0$。

第四节　二阶常系数非齐次线性微分方程

由定理 6.3.3 知线性非齐次微分方程的通解是对应的齐次方程的通解与其自身的一个特解之和,而求二阶常系数线性齐次微分方程的通解问题已经解决,所以求二阶常系数线性非齐次微分方程的通解的关键在于求其一个特解。

以下介绍当自由项 $f(x)$ 属于某些特殊类型函数时的情况。

一、自由项 $f(x)$ 为多项式 $p_n(x)$

设二阶常系数线性非齐次微分方程为

$$y''+py'+qy=P_n(x) \tag{6.4.1}$$

其中 $P_n(x)$ 为 x 的 n 次多项式时,微分方程(6.4.1)的特解形式是 $y^*=x^k Q_n(x)$。

其中 $Q_n(x)$ 与 $P_n(x)$ 是同次多项式,当微分方程(6.4.1)中 y 的系数 $q\neq 0$ 时,$k=0$;当 $q=0$,但 $p\neq 0$ 时,$k=1$;当 $q=0$,$p=0$ 时,$k=2$。将所设的特解代入微分方程(6.4.1)中,比较等式两端,由于 x 同次幂的系数相等,从而可以确定 $Q_n(x)$ 的各项系数,得到所求微分方程的特解。

【例 6.4.1】　求方程 $y''-2y'+y=x^2$ 的一个特解。

解　$f(x)=x^2$ 是 x 的二次函数,且 $q=1\neq 0$,取 $k=0$,所以设特解为

$$y^*=Ax^2+Bx+C$$

则

$$y^{*'}=2Ax+B,\quad y^{*''}=2A$$

代入原方程后,有

$$Ax^2-(4A+B)x+(2A-2B+C)=x^2$$

比较两端 x 同次幂的系数,有

$$\begin{cases} A=1 \\ 4A+B=0 \\ 2A-2B+C=0 \end{cases}$$

解得

$$A=1,B=4,C=6$$

故所求特解是

$$y^*=x^2+4x+6$$

【例 6.4.2】　求方程 $y''+y'=x^3-x+1$ 的一个特解。

解　因为 $p_3(x)=x^3-x+1$ 是 x 的三次函数,且 $q=0$,$p=1\neq 0$,取 $k=1$,所以设方程特解为

$$y^*=x(Ax^3+Bx^2+Cx+D)$$

则

$$y^{*'}=4Ax^3+3Bx^2+2Cx+D,\quad y^{*''}=12Ax^2+6Bx+2C$$

代入原微分方程后,有

$$4Ax^3+(12A+3B)x^2+(6B+2C)x+2C+D=x^3-x+1$$

比较两端 x 同次幂的系数,有

$$\begin{cases} 4A=1 \\ 12A+3B=0 \\ 6B+2C=-1 \\ 2C+D=1 \end{cases}$$

解得　　　　　　　　　　　　$A=\dfrac{1}{4},B=-1,C=\dfrac{5}{2},D=-4$

故所求特解是　　　　　　　　$y^*=x\left(\dfrac{1}{4}x^3-x^2+\dfrac{5}{2}x-4\right)$

二、自由项 $f(x)$ 为 $Ae^{\alpha x}$ 型

设二阶常系数线性非齐次微分方程为

$$y''+py'+qy=Ae^{\alpha x} \tag{6.4.2}$$

其中 α,A 均为常数。

微分方程(6.4.2)的特解形式是 $y^*=Bx^ke^{\alpha x}$。其中 B 是待定常数,当 α 不是微分方程 (6.4.2)所对应的齐次方程的特征根时,取 $k=0$;当 α 是其特征方程单根时,取 $k=1$;当 α 是其特征方程重根时,取 $k=2$。

【例 6.4.3】　求微分方程 $y''+y'+y=2e^{2x}$ 的一个特解。

解　$\alpha=2$ 不是特征方程 $r^2+r+1=0$ 的根,取 $k=0$,所以可设微分方程的特解是

$$y^*=Be^{2x}$$

则　　　　　　　　　　　　$y^{*'}=2Be^{2x},\quad y^{*''}=4Be^{2x}$

代入微分方程 $y''+y'+y=2e^{2x}$ 中,得 $B=\dfrac{2}{7}$。

故所求特解是 $y^*=\dfrac{2}{7}e^{2x}$。

【例 6.4.4】　求微分方程 $y''+2y'-3y=e^x$ 的一个特解。

解　$\alpha=1$ 是特征方程 $r^2+2r+3=0$ 的单根,取 $k=1$,所以可设微分方程的特解是

$$y^*=Bxe^x$$

则　　　　　　　　　　$y^{*'}=Be^x+Bxe^x,\quad y^{*''}=2Be^x+Bxe^x$

代入微分方程 $y''+2y'-3y=e^x$ 中,得 $B=\dfrac{1}{4}$。

故微分方程 $y''+2y'-3y=e^x$ 的特解是 $y^*=\dfrac{1}{4}xe^x$。

三、自由项 $f(x)$ 为 $e^{\alpha x}(A\cos\omega x+B\sin\omega x)$ 型

设二阶常系数线性非齐次微分方程为

$$y''+py'+qy=e^{\alpha x}(A\cos\omega x+B\sin\omega x) \tag{6.4.3}$$

其中 α,A,B 均为常数。

由于 p,q 为常数,且指数函数的各阶导数仍为指数函数,正弦函数与余弦函数的导数也总是余弦函数与正弦函数,因此,微分方程(6.4.3)的特解形式是 $y^*=x^ke^{\alpha x}(C\cos\omega x+D\sin\omega x)$。其中 C,D 是待定常数,当 $\alpha+\omega i$ 不是微分方程(6.4.3)所对应的齐次方程的特征

根时,取 $k=0$;当 α 是其特征根时,取 $k=1$,代入微分方程(6.4.3)中,求得 C 及 D。

【例 6.4.5】 求方程 $y''+3y'-y=e^x\cos 2x$ 的一个特解。

解 $f(x)=e^x\cos 2x$ 为 $e^{\alpha x}(A\cos\omega x+B\sin\omega x)$ 型的函数,且 $\alpha+\omega i=1+2i$ 不是对应的常系数线性齐次方程的特征方程 $r^2+3r-1=0$ 的特征根,取 $k=0$,所以设特解为 $y^*=e^x(C\cos 2x+D\sin 2x)$,则

$$y^{*'}=e^x[(C+2D)\cos 2x+(D-2C)\sin 2x]$$
$$y^{*''}=e^x[(4D-3C)\cos 2x+(-4C-3D)\sin 2x]$$

代入微分方程 $y''+3y'-y=e^x\cos 2x$ 中,得

$$(10D-C)\cos 2x-(D+10C)\sin 2x=\cos 2x$$

比较两端 $\cos 2x$ 与 $\sin 2x$ 的系数,得

$$\begin{cases}10D-C=1\\D+10C=0\end{cases}$$

解得

$$C=-\frac{1}{101},\quad D=\frac{10}{101}$$

故所求特解是 $y^*=e^x\left(-\frac{1}{101}\cos 2x+\frac{10}{101}\sin 2x\right)$。

【例 6.4.6】 求方程 $y''+3y'-y=\sin x$ 的一个通解。

解 自由项 $f(x)=\sin x$ 为 $e^{\alpha x}(A\cos\omega x+B\sin\omega x)$ 型的函数,且 $\alpha+\omega i=i$ 是对应的常系数线性齐次方程的特征方程 $r^2+1=0$ 的特征根,取 $k=1$,所以可设特解为

$$y^*=x(C\cos x+D\sin x)$$

则

$$y^{*'}=C\cos x+D\sin x+x(D\cos x-C\sin x)$$
$$y^{*''}=2D\cos x-2C\sin x-x(C\cos x+D\sin x)$$

代入微分方程 $y''+3y'-y=\sin x$ 中,得

$$-2C\sin x+2D\cos x=\sin x$$

比较两端 $\cos x$ 与 $\sin x$ 的系数,得

$$C=-\frac{1}{2},\quad D=0$$

故微分方程 $y''+3y'-y=\sin x$ 的特解是 $y^*=-\frac{1}{2}x\cos x$。

而对应齐次方程 $y''+y=0$ 的通解为

$$Y=C_1\cos x+C_2\sin x$$

故微分方程 $y''+3y'-y=\sin x$ 的通解为

$$y=y^*+Y=-\frac{1}{2}\cos x+C_1\cos x+C_2\sin x$$

【例 6.4.7】 求方程 $y''+4y=x+1+\sin x$ 的一个通解。

解 自由项 $f(x)=x+1+\sin x$ 可看成 $f_1(x)=x+1$ 和 $f_2(x)=\sin x$ 之和,所以分别求方程

$$y''+4y=x+1 \tag{6.4.4}$$

和

$$y''+4y=\sin x \tag{6.4.5}$$

的特解。

方程(6.4.4)的特解易求，是 $y_1^*=\dfrac{1}{4}x+\dfrac{1}{4}$。

方程(6.4.5)的特解易求，是 $y_2^*=\dfrac{1}{3}\sin x$。

故微分方程 $y''+4y=x+1+\sin x$ 的特解是 $y^*=\dfrac{1}{4}x+\dfrac{1}{4}+\dfrac{1}{3}\sin x$。

微分方程 $y''+4y=x+1+\sin x$ 对应的齐次方程是 $y''+4y=0$，而 $y''+4y=0$ 通解易求，是 $Y=C_1\cos 2x+C_2\sin 2x$。故微分方程 $y''+4y=x+1+\sin x$ 的通解是

$$y=y^*+Y=\frac{1}{4}x+\frac{1}{4}+\frac{1}{3}\sin x+C_1\cos 2x+C_2\sin 2x$$

习题 6-4

1. 写出下列微分方程一个特解的形式。

(1) $y''+5y'+4y=3x^2+1$；

(2) $y''+3y'=3x^2+1$；

(3) $y''-8y=x^3$；

(4) $4y''+12y'+9y=e^{-\frac{3}{2}x}$；

(5) $y''+4y'+13y=e^{-2x}\sin 2x$；

(6) $y''+2y'+5y=e^{-x}\sin 2x$。

2. 求下列微分方程的通解。

(1) $y''+4y'+4y=4$；

(2) $2y''+y'-y=2e^x$；

(3) $y''+2y'=-x+3$；

(4) $y''+y'+y=e^{3x}+x^2$。

第六章归纳小结

本章主要介绍了常微分方程的相关概念。未知函数是一元函数的微分方程称作**常微分方程**。使微分方程成为恒等式的函数，称为该微分方程的解。若 n 阶微分方程的解中含有 n 个相互独立的任意常数，这样的解称为**微分方程的通解**。满足初值条件、不含任意常数的解称为**特解**。

关于微分方程解的结构，本章主要以定理的形式给出，学生只需了解一下。学生的重点是掌握求微分方程的方法。由于篇幅有限，我们只就可分离变量的微分方程进行了详细的解说，从而得出一阶线性齐次微分方程 $\dfrac{\mathrm{d}y}{\mathrm{d}x}+p(x)y=0$ 的通解公式：$y=Ce^{-\int p(x)\mathrm{d}x}$。至于常数变易法，因为它是求解一阶线性非齐次微分方程通解过程中必要的手段，同学们能懂多少算多少，不做要求，但它的通解公式要求记住。一阶线性非齐次微分方程 $\dfrac{\mathrm{d}y}{\mathrm{d}x}+p(x)y=q(x)(q(x)\neq 0)$ 的通解公式：$y=\left[\int q(x)e^{\int p(x)\mathrm{d}x}\mathrm{d}x+C\right]e^{-\int p(x)\mathrm{d}x}$。同学们在使用的时候，仔细

分辨 $p(x)$,$q(x)$ 即可。注意公式中的不定积分不含任意常数 C,它只代表某个原函数,通常是最简单的那个。

二阶微分方程的通解、特解问题,我们只就二阶常系数线性齐次微分方程与二阶常系数线性非齐次微分方程做了解说。归纳总结为下面两个表格。同学们只需对照套用即可。

表一 二阶齐次线性微分方程的通解

特征方程 $r^2+pr+q=0$ 的两个根 r_1,r_2	微分方程 $y''+py'+qy=0$ 的通解
两个不相等的实数根 r_1,r_2	$y=C_1 e^{r_1 x}+C_2 e^{r_2 x}$
两个相等的实数根 $r_1=r_2=r$	$y=(C_1+C_2 x)e^{rx}$
一对共轭复数根 $r_{1,2}=\alpha\pm\beta i$	$y=e^{\alpha x}(C_1\cos\beta x+C_2\sin\beta x)$

表二 二阶非齐次线性微分方程的特解形式

自由项 $f(x)$	方程 $y''+py'+qy=f(x)$ 的特解 y^* 形式
$f(x)=P_n(x)$(n 次多项式)	$y^*=x^k Q_n(x)$ 其中 $Q_n(x)$ 与 $P_n(x)$ 是同次多项式 $k=\begin{cases}0,q\neq 0\\1,q=0,p\neq 0\\2,q=0,p=0\end{cases}$
$f(x)=Ae^{\alpha x}$(A,α 为常数)	$y^*=Bx^k e^{\alpha x}$,其中 B 为待定常数 $k=\begin{cases}0,\text{若 }\alpha\text{ 不是特征根}\\1,\text{若 }\alpha\text{ 是特征单根}\\2,\text{若 }\alpha\text{ 是特征重根}\end{cases}$
$f(x)=e^{\alpha x}(A\cos\beta x+B\sin\beta x)$($A$,$B$,$\alpha$,$\beta$ 为常数)	$y^*=x^k e^{\alpha x}(C\cos\beta x+D\sin\beta x)$ 其中 C,D 为待定常数 $k=\begin{cases}0,\alpha+\beta i\text{ 不是特征根}\\1,\alpha+\beta i\text{ 是特征根}\end{cases}$

复习题六

一、单项选择题。

1. 下列方程不是微分方程的是( )。

  A. $y'+3y=0$ B. $\dfrac{d^2 y}{dx^2}=3x+\sin x$

  C. $3y^2-2x+y=0$ D. $(x^2+y^2)dx+(x^2-y^2)dy=0$

2. 下列方程是可分离变量微分方程的是(　　)。

    A. $y'=x^2+y$ B. $x^2(\mathrm{d}x+\mathrm{d}y)=y(\mathrm{d}x-\mathrm{d}y)$

    C. $(3x+xy^2)\mathrm{d}x=(5y+xy)\mathrm{d}y$ D. $(x+y^2)\mathrm{d}x=(y+x^2)\mathrm{d}y$

3. 一曲线在其上任意一点处切线斜率为 $-\dfrac{2x}{y}$,则曲线是(　　)。

    A. 直线   B. 抛物线   C. 双曲线   D. 椭圆

4. 下列函数中,线性相关的是(　　)。

    A. x 与 $x+1$ B. x^2 与 $-2x^2$

    C. $\sin$ 与 $\cos x$ D. $\sin x$ 与 $\mathrm{e}^x\sin x$

5. 下列方程中,为线性微分方程的是(　　)。

    A. $x(y')^2-2yy'+x=0$ B. $2x^2y''+3x^3y'+x=0$

    C. $(x^2-y^2)\mathrm{d}x+(x^2+y^2)\mathrm{d}y=0$ D. $(y'')^2+5y'+3y-x=0$

6. 特征方程 $r^2-2r+2=0$ 所对应的齐次线性微分方程是(　　)。

    A. $y''-2y'+2=0$ B. $y''-2y'-2=0$

    C. $y''-2y'+2y=0$ D. $y''+2y'+2y=0$

7. 方程 $y''=x+\sin x$ 的通解是(　　)。

    A. $y=\dfrac{x^3}{6}-\sin x+C_1x+C_2$ B. $y=\dfrac{x^3}{6}-\sin x+Cx$

    C. $y=\dfrac{x^3}{6}+\sin x+C_1x+C$ D. $y'=\dfrac{x^2}{2}-\cos x+C$

8. 下列函数中,可以是微分方程 $y''+y=0$ 的解的函数是(　　)。

    A. $y=\cos x$ B. $y=x$ C. $y=-\sin x$ D. $y=\mathrm{e}^x$

9. 方程 $y''-4y'+3y=0$ 满足初始条件 $y\big|_{x=0}=6,y'\big|_{x=0}=10$ 的特解是(　　)。

    A. $y=3\mathrm{e}^x+\mathrm{e}^{3x}$ B. $y=2\mathrm{e}^x+3\mathrm{e}^{3x}$

    C. $y=4\mathrm{e}^x+2\mathrm{e}^{3x}$ D. $y=C_1\mathrm{e}^x+C_2\mathrm{e}^{3x}$

10. 在下列微分方程中,其通解为 $y=C_1\cos x+C_2\sin x$ 的是(　　)。

    A. $y''-y'=0$ B. $y''+y'=0$ C. $y''+y=0$ D. $y''-y=0$

二、填空题。

1. 微分方程 $(y'')^2+5(y')^2+3y-x=0$ 的阶数是＿＿＿＿。

2. n 阶微分方程的通解中含有＿＿＿＿个独立的任意常数。

3. 一阶齐次线性微分方程的一般形式为＿＿＿＿,其通解是＿＿＿＿。

4. 一曲线过点 $(1,2)$,其上任意点 $P(x,y)$ 处的切线的纵截距等于 P 的横坐标,则此曲线所满足的方程是＿＿＿＿,初始条件是＿＿＿＿,曲线方程是＿＿＿＿。

5. 方程 $y''-2y=0$ 的通解是＿＿＿＿。

6. 方程 $y''+y=2\cos x$ 的一个特解可设为 $y^*=$ ＿＿＿＿。

7. 以 $y=C_1x\mathrm{e}^x+C_2\mathrm{e}^x$ 为通解的二阶常系数线性齐次微分方程为＿＿＿＿。

8. 微分方程 $4y''+4y'+y=0$ 满足初始条件 $y\big|_{x=0}=2,y'\big|_{x=0}=0$ 的特解是＿＿＿＿。

9. 微分方程 $y''-4y'+5y=0$ 的特征根是＿＿＿＿。

10. 已知 $y_1 = e^{x^2}$ 及 $y_2 = xe^{x^2}$ 都是微分方程 $y'' - 4xy' + (4x^2 - 2)y = 0$ 的解，则此方程的通解为_____。

三、求下列微分方程的通解。

(1) $2x^2 yy' = y^2 + 1$；

(2) $y' - xy' = a(y^2 + y')$；

(3) $(x^2 - 1)y' + 2xy - \cos x = 0$；

(4) $2y dx + (y^2 - 6x)dy = 0$；

(5) $\dfrac{dy}{dx} = \dfrac{xy}{1 + x^2}$；

(6) $y' + y = \cos x$；

(7) $\sec^2 x \tan y dx + \sec^2 y \tan x dy = 0$；

(8) $y'' + y = \sin x$；

(9) $y'' - y' - 2y = 0$；

(10) $y'' + 5y' + 4y = 3 - 2x$。

四、求下列微分方程满足所给初始条件的特解。

(1) $\begin{cases} \cos y dx + (1 + e^{-x}) \sin y dy = 0, \\ y\big|_{x=0} = \dfrac{\pi}{4}; \end{cases}$

(2) $\begin{cases} y' + y \cot x = 5e^{\cos x}, \\ y\big|_{x=\frac{\pi}{2}} = -4; \end{cases}$

(3) $\begin{cases} y'' - 3y' - 4y = 0, \\ y\big|_{x=0} = 0, y'\big|_{x=0} = -5; \end{cases}$

(4) $\begin{cases} \cos y \sin x dx - \cos x \sin y dy = 0, \\ y\big|_{x=0} = \dfrac{\pi}{4}; \end{cases}$

(5) $\begin{cases} y'' - 5y' + 6y = 0, \\ y\big|_{x=0} = 1, y'\big|_{x=0} = 2; \end{cases}$

(6) $\begin{cases} 4y'' + 16y' + 15y = 4e^{-\frac{3}{2}x}, \\ y\big|_{x=0} = 3, y'\big|_{x=0} = -\dfrac{11}{2}。 \end{cases}$

习题、复习题六参考答案

习题 6-1

1. (1) 是，二阶；　(2) 不是；　(3) 是，二阶；　(4) 是，一阶。

2. (1) 特解；　(2) 通解；　(3) 解；　(4) 不是解。

习题 6-2

1. (1) $y = e^{Cx}$；　(2) $-\dfrac{1}{y} = \dfrac{1}{3}x^3 + C$；　(3) $y = Ce^{\arcsin x}$；　(4) $10^{-y} + 10^x = C$。

2. (1) $y = (C + x)\cos x$；　(2) $y = \dfrac{C}{\ln x} + ax$；　(3) $x = Ce^{\sin y} - 2(1 + \sin y)$；

(4) $y = \dfrac{e^x}{2}\left(x^2 - x + \dfrac{1}{2}\right) + Ce^{-x}$。

3. (1) $e^y = \dfrac{1}{2}(e^{2x}+1)$; (2) $y = \dfrac{4}{x^2}$; (3) $(\ln y)^2 = -\dfrac{2}{x}+1$; (4) $y = -2(e^{-3x}+e^{-5x})$。

习题 6 - 3

1. 否;是。

2. (1) $y = C_1 e^{-x}+C_2 e^{-4x}$; (2) $y = C_1 + C_2 e^{\frac{3}{2}x}$; (3) $y = (C_1+C_2 x)e^{5x}$; (4) $y = e^{-2x}(C_1\cos 3x + C_2\sin 3x)$; (5) $y = C_1 e^{-\frac{4}{3}x}+C_2 e^{2x}$; (6) $y = e^{-x}(C_1\cos 2x + C_2\sin 2x)$; (7) $y = (C_1+C_2 x)e^{-x}$;

(8) $y = (C_1+C_2 x)e^{\frac{3}{2}x}$; (9) $y = e^{-x}(C_1\cos\sqrt{3}x + C_2\sin\sqrt{3}x)$; (10) $y = e^{\frac{x}{2}}\left(C_1\cos\dfrac{\sqrt{7}}{2}x + C_2\sin\dfrac{\sqrt{7}}{2}x\right)$。

习题 6 - 4

1. (1) $y^* = Ax^2+Bx+C$; (2) $y^* = x(Ax^2+Bx+C)$; (3) $y^* = x(Ax^3+Bx^2+Cx+D)$;

(4) $y^* = Bx^2 e^{-\frac{3}{2}x}$; (5) $y^* = e^{-2x}(C\cos 2x + D\sin 2x)$; (6) $y^* = xe^{-x}(C\cos 2x + D\sin 2x)$。

2. (1) $y = e^{-2x}(C_1+C_2 x)+1$; (2) $y = C_1 e^{-x}+C_2 e^{\frac{x}{2}}+e^x$; (3) $y = C_1 + C_2 e^{-2x} - \dfrac{1}{4}x^2 + \dfrac{7}{4}x$;

(4) $y = e^{-\frac{x}{2}}(C_1\cos\sqrt{3}x + C_2\sin\sqrt{3}x)+\dfrac{1}{13}e^{3x}+x^2-2x$。

复习题六

一、1. C; 2. C; 3. D; 4. B; 5. B; 6. C; 7. A; 8. A; 9. C; 10. C。

二、1. 2 阶; 2. n; 3. $y'+P(x)y=0$, $y=Ce^{-\int P(x)\mathrm{d}x}$; 4. $xy'=y-x$, $y\big|_{x=1}=2$, $y=2x-x\ln x$;

5. $y = C_1 e^{\sqrt{2}x}+C_2 e^{-\sqrt{2}x}$; 6. $x(C\cos x + D\sin x)$; 7. $y''-2y'+y=0$; 8. $y=(2+x)e^{-\frac{x}{2}}$; 9. $2\pm i$;

10. $y = (C_1+C_2 x)e^{x^2}$。

三、(1) $1+y^2 = Ce^{-\frac{1}{x}}$; (2) $\dfrac{1}{y} = a\ln(1-a-x)+C$; (3) $y = \dfrac{1}{x^2-1}(\sin x + C)$; (4) $x = \dfrac{1}{2}y^2 +$

Cy^3; (5) $y = C\sqrt{1+x^2}$; (6) $y = Ce^{-x}+\dfrac{1}{2}(\cos x + \sin x)$; (7) $\tan y\tan x = C$; (8) $y = -\dfrac{x}{2}\cos x +$

$C_1\cos x + C_2\sin x$; (9) $y = C_1 e^{2x}+C_2 e^{-x}$; (10) $y = C_1 e^{-4x}+C_2 e^{-x} - \dfrac{2}{5}x + \dfrac{3}{4}$。

四、(1) $\cos y = \dfrac{\sqrt{2}}{4}(1+e^x)$; (2) $y\sin x + 5e^{\cos x} = 1$; (3) $y = e^{-x}-e^{4x}$; (4) $\cos y = \dfrac{\sqrt{2}}{2}\cos x$;

(5) $y = e^{2x}$; (6) $y = e^{-\frac{5x}{2}}+(2+x)e^{-\frac{3x}{2}}$。

附录 1　基本初等函数

函数名称	函数的记号	函数的图形	函数的性质
指数函数	$y=a^x(a>0,a\neq1)$		(1) 不论 x 为何值，y 总为正数； (2) 当 $x=0$ 时，$y=1$。
对数函数	$y=\log_a x(a>0,a\neq1)$		(1) 其图形总位于 y 轴右侧，并过$(1,0)$点 (2) 当 $a>1$ 时，在区间$(0,1)$的值为负；在区间$(1,+\infty)$的值为正；在定义域内单调递增。
幂函数	$y=x^a$（a 为任意实数）	 这里只画出部分 函数图形的一部分。	令 $a=m/n$ (1) 当 m 为偶数 n 为奇数时，y 是偶函数； (2) 当 m,n 都是奇数时，y 是奇函数； (3) 当 m 奇 n 偶时，y 在$(-\infty,0)$无意义。
三角函数	$y=\sin x$（正弦函数） 这里只写出了 正弦函数		(1) 正弦函数是以 2π 为周期的周期函数； (2) 正弦函数是奇函数且 $\lvert\sin x\rvert\leqslant1$。
反三角函数	$y=\arcsin x$ （反正弦函数） 这里只写出了 反正弦函数		由于此函数为多值函数，因此我们将此函数值限制在$[-\pi/2,\pi/2]$上，并称其为反正弦函数的主值。

附录2 相关公式及法则

一、三角函数公式

1. 和差公式

$$\sin(\alpha \pm \beta) = \sin\alpha\cos\beta \pm \cos\alpha\sin\beta$$

$$\cos(\alpha \pm \beta) = \cos\alpha\cos\beta \mp \sin\alpha\sin\beta$$

$$\tan(\alpha \pm \beta) = \frac{\tan\alpha \pm \tan\beta}{1 \mp \tan\alpha\tan\beta}, \quad \cot(\alpha \pm \beta) = \frac{\cot\alpha\cot\beta \mp 1}{\cot\beta \pm \cot\alpha}$$

2. 倍角公式

$$\sin 2\alpha = 2\sin\alpha\cos\alpha$$

$$\cos 2\alpha = \cos^2\alpha - \sin^2\alpha = 2\cos^2\alpha - 1 = 1 - 2\sin^2\alpha$$

$$\tan 2\alpha = \frac{2\tan\alpha}{1 - \tan^2\alpha}$$

3. 半角公式

$$\sin\frac{\alpha}{2} = \pm\sqrt{\frac{1-\cos\alpha}{2}}, \quad \cos\frac{\alpha}{2} = \pm\sqrt{\frac{1+\cos\alpha}{2}}$$

$$\tan\frac{\alpha}{2} = \pm\sqrt{\frac{1-\cos\alpha}{1+\cos\alpha}} = \frac{\sin\alpha}{1+\cos\alpha}, \quad \cot\frac{\alpha}{2} = \pm\sqrt{\frac{1+\cos\alpha}{1-\cos\alpha}} = \frac{\sin\alpha}{1-\cos\alpha}$$

4. 和差化积公式

$$\sin\alpha + \sin\beta = 2\sin\frac{\alpha+\beta}{2}\cos\frac{\alpha-\beta}{2}$$

$$\sin\alpha - \sin\beta = 2\cos\frac{\alpha+\beta}{2}\sin\frac{\alpha-\beta}{2}$$

$$\cos\alpha + \cos\beta = 2\cos\frac{\alpha+\beta}{2}\cos\frac{\alpha-\beta}{2}$$

$$\cos\alpha - \cos\beta = -2\sin\frac{\alpha+\beta}{2}\sin\frac{\alpha-\beta}{2}$$

5. 积化和差公式

$$\sin\alpha\sin\beta = -\frac{1}{2}\left[\cos(\alpha+\beta) - \cos(\alpha-\beta)\right]$$

$$\cos\alpha\cos\beta = \frac{1}{2}\left[\cos(\alpha+\beta) + \cos(\alpha-\beta)\right]$$

$$\sin\alpha\cos\beta = \frac{1}{2}\left[\sin(\alpha+\beta) + \sin(\alpha-\beta)\right]$$

$$\cos\alpha\sin\beta = \frac{1}{2}\left[\sin(\alpha+\beta) - \sin(\alpha-\beta)\right]$$

6. 万能公式

$$\sin\alpha=\dfrac{2\tan\dfrac{\alpha}{2}}{1+\tan^2\dfrac{\alpha}{2}},\quad \cos\alpha=\dfrac{1-\tan^2\dfrac{\alpha}{2}}{1+\tan^2\dfrac{\alpha}{2}},\quad \tan\alpha=\dfrac{2\tan\dfrac{\alpha}{2}}{1-\tan^2\dfrac{\alpha}{2}}$$

7. 平方关系

$$\sin^2\alpha+\cos^2\alpha=1,\quad \sec^2\alpha=1+\tan^2\alpha,\quad \csc^2\alpha=1+\cot^2\alpha$$

8. 倒数关系

$$\tan\alpha=\dfrac{1}{\cot\alpha},\quad \sec\alpha=\dfrac{1}{\cos\alpha},\quad \csc\alpha=\dfrac{1}{\sin\alpha}$$

9. 商数关系

$$\tan\alpha=\dfrac{\sin\alpha}{\cos\alpha},\quad \cot\alpha=\dfrac{\cos\alpha}{\sin\alpha}$$

10. 正弦定理、余弦定理

$$\dfrac{a}{\sin A}=\dfrac{b}{\sin B}=\dfrac{c}{\sin C}$$

$$c^2=a^2+b^2-2ab\cos C$$

11. 反三角函数公式

$$\arcsin\alpha=\dfrac{\pi}{2}-\arccos\alpha,\quad \arctan\alpha=\dfrac{\pi}{2}-\text{arccot}\,\alpha$$

二、反三角函数值表

函数　　值　x	0	$\dfrac{1}{2}$	$\dfrac{\sqrt{2}}{2}$	$\dfrac{\sqrt{3}}{2}$	1
反正弦 $\arcsin x$	0	$\dfrac{\pi}{6}$	$\dfrac{\pi}{4}$	$\dfrac{\pi}{3}$	$\dfrac{\pi}{2}$
反余弦 $\arccos x$	$\dfrac{\pi}{2}$	$\dfrac{\pi}{3}$	$\dfrac{\pi}{4}$	$\dfrac{\pi}{6}$	0

函数　　值　x	0	$\dfrac{\sqrt{3}}{3}$	1	$\sqrt{3}$	-1
反正切 $\arctan x$	0	$\dfrac{\pi}{6}$	$\dfrac{\pi}{4}$	$\dfrac{\pi}{3}$	$-\dfrac{\pi}{4}$
反余切 $\text{arccot}\,x$	$\dfrac{\pi}{2}$	$\dfrac{\pi}{3}$	$\dfrac{\pi}{4}$	$\dfrac{\pi}{6}$	$-\dfrac{\pi}{4}$

三、三角函数值表

值＼x＼函数	0	$\dfrac{\pi}{6}$	$\dfrac{\pi}{4}$	$\dfrac{\pi}{3}$	$\dfrac{\pi}{2}$
正弦 $\sin x$	0	$\dfrac{1}{2}$	$\dfrac{\sqrt{2}}{2}$	$\dfrac{\sqrt{3}}{2}$	1
余弦 $\cos x$	1	$\dfrac{\sqrt{3}}{2}$	$\dfrac{\sqrt{2}}{2}$	$\dfrac{1}{2}$	0
正切 $\tan x$	0	$\dfrac{\sqrt{3}}{3}$	1	$\sqrt{3}$	不存在
余切 $\cot x$	不存在	$\sqrt{3}$	1	$\dfrac{\sqrt{3}}{3}$	0

四、诱导公式

三角函数诱导公式口诀："纵变横不变,正负看象限。"

反三角函数：$\arcsin(-x)=-\arcsin x$,　$\arctan(-x)=-\arctan x$

$\qquad\qquad\arccos(-x)=\pi-\arccos x$,　$\text{arccot}(-x)=\pi-\text{arccot}\,x$

$\qquad\qquad\arcsin x+\arccos x=\dfrac{\pi}{2}$,　$\arctan x+\text{arccot}\,x=\dfrac{\pi}{2}$

五、运算法则

指数运算：$\qquad a^{-x}=\dfrac{1}{a^x}$,　$a^{\frac{m}{n}}=\sqrt[n]{a^m}\,(a>0)$,　$a^m\times a^n=a^{m+n}$

$\qquad\qquad\qquad (a^m)^n=a^{mn}$,　$(ab)^n=a^n b^n$,　$\dfrac{a^m}{a^n}=a^{m-n}$

对数运算：$\qquad\log_a 1=0$,　$\log_a a=1$,　$\log_a b=\dfrac{\log_c b}{\log_c a}$

$\qquad\log_a mn=\log_a m+\log_a n$,　$\log_a\dfrac{m}{n}=\log_a m-\log_a n$,　$\log_a m^n=n\log_a m$

六、运算公式

平方差公式：$\qquad\qquad a^2-b^2=(a+b)(a-b)$

完全平方公式：$\qquad (a\pm b)^2=a^2\pm 2ab+b^2$

立方公式：$\qquad\qquad a^3\pm b^3=(a\pm b)(a^2\mp ab+b^2)$

完全立方公式：

$\qquad (a+b)^3=a^3+3a^2 b+3ab^2+b^3$,　$(a-b)^3=a^3-3a^2 b+3ab^2-b^3$

附录 3　积分表

1. 含有 $ax+b$ 的积分

(1) $\int \dfrac{dx}{ax+b} = \dfrac{1}{a}\ln|ax+b| + C$

(2) $\int (ax+b)^{\mu}dx = \dfrac{1}{a(\mu+1)}(ax+b)^{\mu+1} + C, \mu \neq -1$

(3) $\int \dfrac{x}{ax+b}dx = \dfrac{1}{a^2}(ax+b-b\ln|ax+b|) + C$

(4) $\int \dfrac{x^2}{ax+b}dx = \dfrac{1}{a^3}\left[\dfrac{1}{2}(ax+b)^2 - 2b(ax+b) + b^2\ln|ax+b|\right] + C$

(5) $\int \dfrac{dx}{x(ax+b)} = -\dfrac{1}{b}\ln\left|\dfrac{ax+b}{x}\right| + C$

(6) $\int \dfrac{dx}{x^2(ax+b)} = -\dfrac{1}{bx} + \dfrac{a}{b^2}\ln\left|\dfrac{ax+b}{x}\right| + C$

(7) $\int \dfrac{x}{(ax+b)^2}dx = \dfrac{1}{a^2}\left(\ln|ax+b| + \dfrac{b}{ax+b}\right) + C$

(8) $\int \dfrac{x^2}{(ax+b)^2}dx = \dfrac{1}{a^3}\left(ax+b-2b\ln|ax+b| - \dfrac{b^2}{ax+b}\right) + C$

(9) $\int \dfrac{dx}{x(ax+b)^2} = \dfrac{1}{b(ax+b)} - \dfrac{1}{b^2}\ln\left|\dfrac{ax+b}{x}\right| + C$

2. 含有 $\sqrt{ax+b}$ 的积分

(10) $\int \sqrt{ax+b}\,dx = \dfrac{2}{3a}\sqrt{(ax+b)^3} + C$

(11) $\int x\sqrt{ax+b}\,dx = \dfrac{2}{15a^2}(3ax-2b)\sqrt{(ax+b)^3} + C$

(12) $\int x^2\sqrt{ax+b}\,dx = \dfrac{2}{105a^3}(15a^2x^2-12abc+8b^2)\sqrt{(ax+b)^3} + C$

(13) $\int \dfrac{x}{\sqrt{ax+b}}dx = \dfrac{2}{3a^2}(ax-2b)\sqrt{ax+b} + C$

(14) $\int \dfrac{x^2}{\sqrt{ax+b}}dx = \dfrac{2}{15a^3}(3a^2x^2-4abx+8b^2)\sqrt{ax+b} + C$

(15) $\int \dfrac{dx}{x\sqrt{ax+b}} = \begin{cases} \dfrac{1}{\sqrt{b}}\ln\left|\dfrac{\sqrt{ax+b}-\sqrt{b}}{\sqrt{ax+b}+\sqrt{b}}\right| & (b>0) \\[3mm] \dfrac{2}{\sqrt{-b}}\arctan\sqrt{\dfrac{ax+b}{-b}} & (b<0) \end{cases}$

(16) $\int \dfrac{dx}{x^2\sqrt{ax+b}} = -\dfrac{\sqrt{ax+b}}{bx} - \dfrac{a}{2b}\int \dfrac{dx}{x\sqrt{ax+b}}$

$$(17) \int \frac{\sqrt{ax+b}}{x} dx = 2\sqrt{ax+b} + b\int \frac{dx}{x\sqrt{ax+b}}$$

$$(18) \int \frac{\sqrt{ax+b}}{x^2} dx = -\frac{\sqrt{ax+b}}{x} + \frac{a}{2}\int \frac{dx}{x\sqrt{ax+b}}$$

3. 含有 $x^2 \pm a^2$ 的积分

$$(19) \int \frac{dx}{x^2+a^2} = \frac{1}{a}\arctan\frac{x}{a} + C$$

$$(20) \int \frac{dx}{(x^2+a^2)^n} = \frac{x}{2(n-1)a^2(x^2+a^2)^{n-1}} + \frac{2n-3}{2(n-1)a^2}\int \frac{dx}{(x^2+a^2)^{n-1}}$$

$$(21) \int \frac{dx}{x^2-a^2} = \frac{1}{2a}\ln\left|\frac{x-a}{x+a}\right| + C$$

4. 含有 $ax^2+b(a>0)$ 的积分

$$(22) \int \frac{dx}{ax^2+b} = \begin{cases} \dfrac{1}{\sqrt{ab}}\arctan\sqrt{\dfrac{a}{b}}x + C & (b>0) \\[2mm] \dfrac{1}{2\sqrt{-ab}}\ln\left|\dfrac{\sqrt{a}x-\sqrt{-b}}{\sqrt{a}x+\sqrt{-b}}\right| + C & (b<0) \end{cases}$$

$$(23) \int \frac{x}{ax^2+b} dx = \frac{1}{2a}\ln|ax^2+b| + C$$

$$(24) \int \frac{x^2}{ax^2+b} dx = \frac{x}{a} - \frac{b}{a}\int \frac{dx}{ax^2+b}$$

$$(25) \int \frac{dx}{x(ax^2+b)} = \frac{1}{2b}\ln\frac{x^2}{|ax^2+b|} + C$$

$$(26) \int \frac{dx}{x^2(ax^2+b)} = -\frac{1}{bx} - \frac{a}{b}\int \frac{dx}{ax^2+b}$$

$$(27) \int \frac{dx}{x^3(ax^2+b)} = \frac{a}{2b^2}\ln\frac{|ax^2+b|}{x^2} - \frac{1}{2bx^2} + C$$

$$(28) \int \frac{dx}{(ax^2+b)^2} = \frac{x}{2b(ax^2+b)} + \frac{1}{2b}\int \frac{dx}{ax^2+b}$$

5. 含有 $ax^2+bx+c(a>0)$ 的积分

$$(29) \int \frac{dx}{ax^2+bx+c} = \begin{cases} \dfrac{2}{\sqrt{4ac-b^2}}\arctan\dfrac{2ax+b}{\sqrt{4ac-b^2}} + C & (b^2<4ac) \\[2mm] \dfrac{1}{\sqrt{b^2-4ac}}\ln\left|\dfrac{2ax+b-\sqrt{b^2-4ac}}{2ax+b+\sqrt{b^2-4ac}}\right| + C & (b^2>4ac) \end{cases}$$

$$(30) \int \frac{x}{ax^2+bx+c} dx = \frac{1}{2a}\ln|ax^2+bx+c| - \frac{b}{2a}\int \frac{dx}{ax^2+bx+c}$$

6. 含有 $\sqrt{x^2+a^2}(a>0)$ 的积分

$$(31) \int \frac{dx}{\sqrt{x^2+a^2}} = \ln(x+\sqrt{x^2+a^2}) + C$$

$$(32) \int \frac{dx}{\sqrt{(x^2+a^2)^3}} = \frac{x}{a^2\sqrt{x^2+a^2}} + C$$

$$(33) \int \frac{x}{\sqrt{x^2+a^2}} dx = \sqrt{x^2+a^2} + C$$

(34) $\int \dfrac{x}{\sqrt{(x^2+a^2)^3}}dx = -\dfrac{1}{\sqrt{x^2+a^2}}+C$

(35) $\int \dfrac{x^2}{\sqrt{x^2+a^2}}dx = \dfrac{x}{2}\sqrt{x^2+a^2}-\dfrac{a^2}{2}\ln(x+\sqrt{x^2+a^2})+C$

(36) $\int \dfrac{x^2}{\sqrt{(x^2+a^2)^3}}dx = -\dfrac{x}{\sqrt{x^2+a^2}}+\ln(x+\sqrt{x^2+a^2})+C$

(37) $\int \dfrac{dx}{x\sqrt{x^2+a^2}} = \dfrac{1}{a}\ln\dfrac{\sqrt{x^2+a^2}-a}{|x|}+C$

(38) $\int \dfrac{dx}{x^2\sqrt{x^2+a^2}} = -\dfrac{\sqrt{x^2+a^2}}{a^x}+C$

(39) $\int \sqrt{x^2+a^2}dx = \dfrac{x}{2}\sqrt{x^2+a^2}+\dfrac{a^2}{2}\ln(x+\sqrt{x^2+a^2})+C$

(40) $\int \sqrt{(x^2+a^2)^3}dx = \dfrac{x}{8}(2x^2+5a^2)\sqrt{x^2+a^2}+\dfrac{3}{8}a^4\ln(x+\sqrt{x^2+a^2})+C$

(41) $\int x\sqrt{x^2+a^2}dx = \dfrac{1}{3}\sqrt{(x^2+a^2)^3}+C$

(42) $\int x^2\sqrt{x^2+a^2}dx = \dfrac{x}{8}(2x^2+a^2)\sqrt{x^2+a^2}-\dfrac{a^4}{8}\ln(x+\sqrt{x^2+a^2})+C$

(43) $\int \dfrac{\sqrt{x^2+a^2}}{x}dx = \sqrt{x^2+a^2}+a\ln\dfrac{\sqrt{x^2+a^2}-a}{|x|}+C$

(44) $\int \dfrac{\sqrt{x^2+a^2}}{x^2}dx = -\dfrac{\sqrt{x^2+a^2}}{x}+\ln(x+\sqrt{x^2+a^2})+C$

7. 含有 $\sqrt{x^2-a^2}\,(a>0)$ 的积分

(45) $\int \dfrac{dx}{\sqrt{x^2-a^2}} = \ln|x+\sqrt{x^2-a^2}|+C$

(46) $\int \dfrac{dx}{\sqrt{(x^2-a^2)^3}} = -\dfrac{x}{a^2\sqrt{x-a^2}}+C$

(47) $\int \dfrac{x}{\sqrt{x^2-a^2}}dx = \sqrt{x^2-a^2}+C$

(48) $\int \dfrac{x}{\sqrt{(x^2-a^2)^3}}dx = -\dfrac{1}{\sqrt{x^2-a^2}}+C$

(49) $\int \dfrac{x^2}{\sqrt{x^2-a^2}}dx = \dfrac{x}{2}\sqrt{x-a^2}+\dfrac{a^2}{2}\ln|x+\sqrt{x^2-a^2}|+C$

(50) $\int \dfrac{x^2}{\sqrt{(x^2-a^2)^3}}dx = -\dfrac{x}{\sqrt{x^2-a^2}}+\ln|x+\sqrt{x^2-a^2}|+C$

(51) $\int \dfrac{dx}{x\sqrt{x^2-a^2}} = \dfrac{1}{a}\arctan\dfrac{a}{|x|}+C$

(52) $\int \dfrac{dx}{x^2\sqrt{x^2-a^2}} = \dfrac{\sqrt{x^2-a^2}}{a^2x}+C$

(53) $\int \sqrt{x^2-a^2}dx = \dfrac{x}{2}\sqrt{x^2-a^2}-\dfrac{a^2}{2}\ln|x+\sqrt{x^2-a^2}|+C$

(54) $\int \sqrt{(x^2-a^2)^3}\,\mathrm{d}x = \dfrac{x}{8}(2x^2-5a^2)\sqrt{x^2-a^2}+\dfrac{3}{8}a^4\ln|x+\sqrt{x^2-a^2}|+C$

(55) $\int x\sqrt{x^2-a^2}\,\mathrm{d}x = \dfrac{1}{3}\sqrt{(x^2-a^2)^3}+C$

(56) $\int x^2\sqrt{x^2-a^2}\,\mathrm{d}x = \dfrac{x}{8}(2x^2-a^2)\sqrt{x^2-a^2}-\dfrac{1}{8}a^4\ln|x+\sqrt{x^2-a^2}|+C$

(57) $\int \dfrac{\sqrt{x^2-a^2}}{x}\,\mathrm{d}x = \sqrt{x^2-a^2}-a\arctan\dfrac{a}{|x|}+C$

(58) $\int \dfrac{\sqrt{x^2-a^2}}{x^2}\,\mathrm{d}x = -\dfrac{\sqrt{x^2-a^2}}{x}+\ln|x+\sqrt{x^2-a^2}|+C$

8. 含有 $\sqrt{a^2-x^2}\,(a>0)$ 的积分

(59) $\int \dfrac{\mathrm{d}x}{\sqrt{a^2-x^2}} = \arcsin\dfrac{x}{a}+C$

(60) $\int \dfrac{\mathrm{d}x}{\sqrt{(a^2-x^2)^3}} = \dfrac{x}{a^2\sqrt{a^2-x^2}}+C$

(61) $\int \dfrac{x}{\sqrt{a^2-x^2}}\,\mathrm{d}x = -\sqrt{x^2-a^2}+C$

(62) $\int \dfrac{x}{\sqrt{(a^2-x^2)^3}}\,\mathrm{d}x = \dfrac{1}{\sqrt{a^2-x^2}}+C$

(63) $\int \dfrac{x^2}{\sqrt{a^2-x^2}}\,\mathrm{d}x = -\dfrac{x}{2}\sqrt{a^2-x^2}+\dfrac{a^2}{2}\arcsin\dfrac{x}{a}+C$

(64) $\int \dfrac{x^2}{\sqrt{(a^2-x^2)^3}}\,\mathrm{d}x = \dfrac{x}{\sqrt{a^2-x^2}}-\arcsin\dfrac{x}{a}+C$

(65) $\int \dfrac{\mathrm{d}x}{x\sqrt{a^2-x^2}} = \dfrac{1}{a}\ln\dfrac{a-\sqrt{a^2-x^2}}{|x|}+C$

(66) $\int \dfrac{\mathrm{d}x}{x^2\sqrt{a^2-x^2}} = -\dfrac{\sqrt{a^2-x^2}}{a^2x}+C$

(67) $\int \sqrt{a^2-x^2}\,\mathrm{d}x = \dfrac{x}{2}\sqrt{a^2-x^2}+\dfrac{a^2}{2}\arcsin\dfrac{x}{a}+C$

(68) $\int \sqrt{(a^2-x^2)^3}\,\mathrm{d}x = \dfrac{x}{8}(5a^2-2x^2)\sqrt{a^2-x^3}+\dfrac{3}{8}a^4\arcsin\dfrac{x}{a}+C$

(69) $\int x\sqrt{a^2-x^2}\,\mathrm{d}x = -\dfrac{1}{3}\sqrt{(a^2-x^2)^3}+C$

(70) $\int x^2\sqrt{a^2-x^2}\,\mathrm{d}x = \dfrac{x}{8}(2x^2-a^2)\sqrt{a^2-x^2}+\dfrac{a^4}{8}\arcsin\dfrac{x}{a}+C$

(71) $\int \dfrac{\sqrt{a^2-x^2}}{x}\,\mathrm{d}x = \sqrt{a^2-x^2}+a\ln\dfrac{a-\sqrt{a^2-x^2}}{|x|}+C$

(72) $\int \dfrac{\sqrt{a^2-x^2}}{x^2}\,\mathrm{d}x = -\dfrac{\sqrt{a^2-x^2}}{x}-\arctan\dfrac{x}{a}+C$

9. 含有 $\sqrt{\pm ax^2+bx+c}\,(a>0)$ 积分

(73) $\int \dfrac{\mathrm{d}x}{\sqrt{ax^2+bx+c}} = \dfrac{1}{\sqrt{a}}\ln|2ax+b+2\sqrt{a}\sqrt{ax^2+bx+c}|+C$

(74) $\int \sqrt{ax^2+bx+c}\,dx = \dfrac{2ax+b}{4a}\sqrt{ax^2+bx+c} + \dfrac{4ac-b^2}{8\sqrt{a^3}}\ln\mid 2ax+b+$

$2\sqrt{a}\sqrt{ax^2+bx+c}\mid+C$

(75) $\int \dfrac{x}{\sqrt{ax^2+bx+c}}\,dx = \dfrac{1}{a}\sqrt{ax^2+bx+c} - \dfrac{b}{2\sqrt{a^3}}\ln\mid 2ax+b+2\sqrt{a}\sqrt{ax^2+bx+c}\mid$

$+C$

(76) $\int \dfrac{dx}{\sqrt{c+bx-ax^2}} = -\dfrac{1}{\sqrt{a}}\arcsin\dfrac{2ax-b}{\sqrt{b^2+4ac}}+C$

(77) $\int \sqrt{c^2+bx-ax^2}\,dx = \dfrac{2ax-b}{4a}\sqrt{c+bx-ax^2} + \dfrac{b^2+4ac}{8\sqrt{a^3}}\arcsin\dfrac{2ax-b}{\sqrt{b^2+4ac}}+C$

(78) $\int \dfrac{x}{\sqrt{c+bx-ax^2}}\,dx = -\dfrac{1}{a}\sqrt{c+bx-ax^2} + \dfrac{b}{2\sqrt{a^3}}\arcsin\dfrac{2ax-b}{\sqrt{b^2+4ac}}+C$

10. 含有 $\sqrt{\pm\dfrac{x-a}{x-b}}$ 或 $\sqrt{(x-a)(b-x)}$ 的积分

(79) $\int \sqrt{\dfrac{x-a}{x-b}}\,dx = (x-b)\sqrt{\dfrac{x-a}{x-b}} + (b-a)\ln(\sqrt{\mid x-a\mid}+\sqrt{\mid x-b\mid})+C$

(80) $\int \sqrt{\dfrac{x-a}{b-x}}\,dx = (x-b)\sqrt{\dfrac{x-a}{b-x}} + (b-a)\arcsin\sqrt{\dfrac{x-a}{b-a}}+C$

(81) $\int \dfrac{dx}{\sqrt{(x-a)(x-b)}} = 2\arcsin\sqrt{\dfrac{x-a}{b-a}}+C \quad (a<b)$

(82) $\int \sqrt{(x-a)(x-b)}\,dx = \dfrac{2x-a-b}{4}\sqrt{(x-a)(b-x)} + \dfrac{(b-a)^2}{4}\arcsin\sqrt{\dfrac{x-a}{b-a}}+C$

$(a<b)$

11. 含有三角函数的积分

(83) $\int \sin x\,dx = -\cos x+C$

(84) $\int \cos x\,dx = \sin x+C$

(85) $\int \tan x\,dx = -\ln\mid\cos x\mid+C$

(86) $\int \cot x\,dx = \ln\mid\sin x\mid+C$

(87) $\int \sec x\,dx = \ln\left|\tan\left(\dfrac{\pi}{4}+\dfrac{x}{2}\right)\right|+C = \ln\mid\sec x+\tan x\mid+C$

(88) $\int \csc x\,dx = \ln\left|\tan\dfrac{x}{2}\right|+C = \ln\mid\csc x-\cot x\mid+C$

(89) $\int \sec^2 x\,dx = \tan x+C$

(90) $\int \csc^2 x\,dx = -\cot x+C$

(91) $\int \sec x\tan x\,dx = \sec x+C$

(92) $\int \csc x \cot x \mathrm{d}x = -\csc x + C$

(93) $\int \sin^2 x \mathrm{d}x = \dfrac{x}{2} - \dfrac{1}{4}\sin 2x + C$

(94) $\int \cos^2 x \mathrm{d}x = \dfrac{x}{2} + \dfrac{1}{4}\sin 2x + C$

(95) $\int \sin^n x \mathrm{d}x = -\dfrac{1}{n}\sin^{n-1} x \cos x + \dfrac{n-1}{n}\int \sin^{n-2} x \mathrm{d}x$

(96) $\int \cos^n x \mathrm{d}x = \dfrac{1}{n}\cos^{n-1} x \sin x + \dfrac{n-1}{n}\int \cos^{n-2} x \mathrm{d}x$

(97) $\int \dfrac{1}{\sin^n x}\mathrm{d}x = -\dfrac{1}{n-1} \cdot \dfrac{\cos x}{\sin^{n-1} x} + \dfrac{n-2}{n-1}\int \dfrac{1}{\sin^{n-2} x}\mathrm{d}x$

(98) $\int \dfrac{1}{\cos^n x}\mathrm{d}x = \dfrac{1}{n-1} \cdot \dfrac{\sin x}{\cos^{n-1} x} + \dfrac{n-2}{n-1}\int \dfrac{1}{\cos^{n-2} x}\mathrm{d}x$

(99) $\int \cos^m x \sin^n x \mathrm{d}x = \dfrac{1}{m+n}\cos^{m-1} x \sin^{n+1} x + \dfrac{m-1}{m+n}\int \cos^{m-2} x \sin^n x \mathrm{d}x$

(100) $\int \sin ax \cos bx \mathrm{d}x = -\dfrac{1}{2(a+b)}\cos(a+b)x - \dfrac{1}{2(a-b)}\cos(a-b)x + C$

(101) $\int \sin ax \sin bx \mathrm{d}x = -\dfrac{1}{2(a+b)}\sin(a+b)x + \dfrac{1}{2(a-b)}\sin(a-b)x + C$

(102) $\int \cos ax \cos bx \mathrm{d}x = \dfrac{1}{2(a+b)}\sin(a+b)x + \dfrac{1}{2(a-b)}\sin(a-b)x + C$

(103) $\int \dfrac{1}{a+b\sin x}\mathrm{d}x = \dfrac{2}{\sqrt{a^2-b^2}}\arctan \dfrac{a\tan\frac{x}{2}+b}{\sqrt{a^2-b^2}} + C \quad (a^2 > b^2)$

(104) $\int \dfrac{1}{a+b\sin x}\mathrm{d}x = \dfrac{1}{\sqrt{b^2-a^2}}\ln \left| \dfrac{a\tan\frac{x}{2}+b-\sqrt{b^2-a^2}}{a\tan\frac{x}{2}+b+\sqrt{b^2-a^2}} \right| + C \quad (a^2 < b^2)$

(105) $\int \dfrac{1}{a+b\cos x}\mathrm{d}x = \dfrac{2}{a+b}\sqrt{\dfrac{a+b}{a-b}}\arctan \sqrt{\dfrac{a-b}{a+b}}\tan\dfrac{x}{2} + C \quad (a^2 > b^2)$

(106) $\int \dfrac{1}{a+b\cos x}\mathrm{d}x = \dfrac{1}{a+b}\sqrt{\dfrac{a+b}{b-a}}\ln \left| \dfrac{\tan\frac{x}{2}+\sqrt{\frac{a+b}{b-a}}}{\tan\frac{x}{2}-\sqrt{\frac{a+b}{b-a}}} \right| + C \quad (a^2 < b^2)$

(107) $\int \dfrac{1}{a^2\cos^2 x + b^2\sin^2 x}\mathrm{d}x = \dfrac{1}{ab}\arctan \left(\dfrac{b}{a}\tan x \right) + C$

(108) $\int \dfrac{1}{a^2\cos^2 x - b^2\sin^2 x}\mathrm{d}x = \dfrac{1}{2ab}\ln \left| \dfrac{b\tan x + a}{b\tan x - a} \right| + C$

(109) $\int x\sin ax \mathrm{d}x = \dfrac{1}{a^2}\sin ax - \dfrac{1}{a}x\cos ax + C$

(110) $\int x^2\sin ax \mathrm{d}x = -\dfrac{1}{a}x^2\cos ax + \dfrac{2}{a^2}x\sin ax + \dfrac{2}{a^3}\cos ax + C$

(111) $\int x\cos ax \mathrm{d}x = \dfrac{1}{a^2}\cos ax + \dfrac{1}{a}x\sin ax + C$

(112) $\int x^2\cos ax\,\mathrm{d}x = \dfrac{1}{a}x^2\sin ax + \dfrac{2}{a^2}x\cos ax - \dfrac{2}{a^3}\sin ax + C$

12. 含有反三角函数的积分(其中 $a>0$)

(113) $\int \arcsin \dfrac{x}{a}\,\mathrm{d}x = x\arcsin \dfrac{x}{a} + \sqrt{a^2-x^2} + C$

(114) $\int x\arcsin \dfrac{x}{a}\,\mathrm{d}x = \left(\dfrac{x^2}{2} - \dfrac{a^2}{4}\right)\arcsin \dfrac{x}{a} + \dfrac{x}{4}\sqrt{a^2-x^2} + C$

(115) $\int x^2\arcsin \dfrac{x}{a}\,\mathrm{d}x = \dfrac{x^3}{3}\arcsin \dfrac{x}{a} + \dfrac{1}{9}(x^2+2a^2)\sqrt{a^2-x^2} + C$

(116) $\int \arccos \dfrac{x}{a}\,\mathrm{d}x = x\arccos \dfrac{x}{a} - \sqrt{a^2-x^2} + C$

(117) $\int x\arccos \dfrac{x}{a}\,\mathrm{d}x = \left(\dfrac{x^2}{2} - \dfrac{a^2}{4}\right)\arccos \dfrac{x}{a} - \dfrac{x}{4}\sqrt{a^2-x^2} + C$

(118) $\int x^2\arccos \dfrac{x}{a}\,\mathrm{d}x = \dfrac{x^3}{3}\arccos \dfrac{x}{a} - \dfrac{1}{9}(x^2+2a^2)\sqrt{a^2-x^2} + C$

(119) $\int \arctan \dfrac{x}{a}\,\mathrm{d}x = x\arctan \dfrac{x}{a} - \dfrac{a}{2}\ln(a^2+x^2) + C$

(120) $\int x\arctan \dfrac{x}{a}\,\mathrm{d}x = \dfrac{1}{2}(a^2+x^2)\arctan \dfrac{x}{a} - \dfrac{a}{2}x + C$

(121) $\int x^2\arctan \dfrac{x}{a}\,\mathrm{d}x = \dfrac{x^3}{3}\arctan \dfrac{x}{a} - \dfrac{a}{6}x^2 + \dfrac{a^3}{6}\ln(a^2+x^2) + C$

13. 含有指数函数的积分

(122) $\int a^x\,\mathrm{d}x = \dfrac{a^x}{\ln a} + C$

(123) $\int \mathrm{e}^{ax}\,\mathrm{d}x = \dfrac{\mathrm{e}^{ax}}{a} + C$

(124) $\int x\mathrm{e}^{ax}\,\mathrm{d}x = \dfrac{1}{a^2}(ax-1)\mathrm{e}^{ax} + C$

(125) $\int x^n\mathrm{e}^{ax}\,\mathrm{d}x = \dfrac{1}{a}x^n\mathrm{e}^{ax} - \dfrac{n}{a}\int x^{n-1}\mathrm{e}^{ax}\,\mathrm{d}x$

(126) $\int xa^x\,\mathrm{d}x = \dfrac{xa^x}{\ln a} - \dfrac{a^x}{(\ln a)^2} + C$

(127) $\int x^n a^x\,\mathrm{d}x = \dfrac{1}{\ln a}x^n a^x - \dfrac{n}{\ln a}\int x^{n-1}a^x\,\mathrm{d}x$

(128) $\int \mathrm{e}^{ax}\sin bx\,\mathrm{d}x = \dfrac{1}{a^2+b^2}\mathrm{e}^{ax}(a\sin bx - b\cos bx) + C$

(129) $\int \mathrm{e}^{ax}\cos bx\,\mathrm{d}x = \dfrac{1}{a^2+b^2}\mathrm{e}^{ax}(b\sin bx + a\cos bx) + C$

(130) $\int \mathrm{e}^{ax}\sin^n bx\,\mathrm{d}x = \dfrac{\mathrm{e}^{ax}\sin^{n-1}bx}{a^2+b^2n^2}(a\sin bx - nb\cos bx) + \dfrac{n(n-1)b^2}{a^2+b^2n^2}\int \mathrm{e}^{ax}\sin^{n-2}bx\,\mathrm{d}x$

(131) $\int \mathrm{e}^{ax}\cos^n bx\,\mathrm{d}x = \dfrac{\mathrm{e}^{ax}\cos^{n-1}bx}{a^2+b^2n^2}(a\cos bx + nb\sin bx) + \dfrac{n(n-1)b^2}{a^2+b^2n^2}\int \mathrm{e}^{ax}\cos^{n-2}bx\,\mathrm{d}x$

14. 含有对数函数的积分

(132) $\int \ln x\,\mathrm{d}x = x\ln x - x + C$

$$(133) \int \frac{1}{x\ln x}dx = \ln|\ln x| + C$$

$$(134) \int x^n \ln x \, dx = \frac{1}{n+1}x^{n+1}\left(\ln x - \frac{1}{n+1}\right) + C$$

$$(135) \int (\ln x)^n dx = x(\ln x)^n - n\int(\ln x)^{n-1}dx$$

$$(136) \int x^m (\ln x)^n dx = \frac{1}{m+1}x^{m+1}(\ln x)^n - \frac{n}{m+1}\int x^m(\ln x)^{n-1}dx$$

15. 含有双曲函数的积分

$$(137) \int \mathrm{sh}\, x \, dx = \mathrm{ch}\, x + C$$

$$(138) \int \mathrm{ch}\, x \, dx = \mathrm{sh}\, x + C$$

$$(139) \int \mathrm{th}\, x \, dx = \mathrm{lnch}\, x + C$$

$$(140) \int \mathrm{sh}^2 x \, dx = -\frac{x}{2} + \frac{1}{4}\mathrm{sh}\, 2x + C$$

$$(141) \int \mathrm{ch}^2 x \, dx = \frac{x}{2} + \frac{1}{4}\mathrm{sh}\, 2x + C$$

16. 定积分

$$(142) \int_{-\pi}^{\pi} \cos nx \, dx = \int_{-\pi}^{\pi} \sin nx \, dx = 0$$

$$(143) \int_{-\pi}^{\pi} \cos mx \sin nx \, dx = 0$$

$$(144) \int_{-\pi}^{\pi} \cos mx \cos nx \, dx = \begin{cases} 0, & m \neq n \\ \pi, & m = n \end{cases}$$

$$(145) \int_{-\pi}^{\pi} \sin mx \sin nx \, dx = \begin{cases} 0, & m \neq n \\ \pi, & m = n \end{cases}$$

$$(146) \int_{0}^{\pi} \sin mx \sin nx \, dx = \int_{0}^{\pi} \cos mx \cos nx \, dx = \begin{cases} 0, & m \neq n \\ \dfrac{\pi}{2}, & m = n \end{cases}$$

$$(147) \int_{0}^{\frac{\pi}{2}} \sin^n x \, dx = \int_{0}^{\frac{\pi}{2}} \cos^n x \, dx = \begin{cases} \dfrac{n-1}{n} \cdot \dfrac{n-3}{n-2} \cdot \cdots \cdot \dfrac{2}{3} \cdot 1, & n \text{ 是奇数} \\ \dfrac{n-1}{n} \cdot \dfrac{n-3}{n-2} \cdot \cdots \cdot \dfrac{1}{2} \cdot \dfrac{\pi}{2}, & n \text{ 是偶数} \end{cases}$$

参考文献

[1] 左云. 高等数学[M]. 北京：中国电力出版社，2008.

[2] 吴赣昌. 高等数学（上册）[M]. 北京：中国人民大学出版社，2011.

高等职业教育公共基础课教材

高等数学习题册

（第 2 版）

主　编　鄢青云　黄　明
副主编　涂继平　应六英

南京大学出版社

前　言

目前，适合高职高专学生特点的基础训练题偏少，绝大多数《高等数学》习题册偏难，且注重数学本身的传授。而高职院校学生需要学的是一门技能，对"高等数学"这门基础学科的要求不高，不需要数学理论知识，不需要推导。他们只需要掌握数学符号的含义、公式的应用等。"高等数学"作为一门重要的基础学科，直接影响到学生专业学科的学习，尤其是数学符号的含义及使用。如何让学生既有能力做，又能完整体现一元函数微积分的核心思想，是我们一直在探索的问题。恰逢学院对各个专业学科进行机考，以求对学生考核的公平、公正，江西电力职业技术学院数学教研室通过不断摸索、实践，开发了一些新题型，如多选题、辨析题、排序题等，目的是让学生通过反复训练，牢固掌握一元函数微积分的基本公式、基本符号、基本计算能力，培养他们解决实际问题的能力。与教材配套出版这本训练册，是希望学生能从中受益，并对一元函数微积分有一个全面的认识。由于编者仍在努力探索中，书中难免会存在不足之处，请读者与同行批评指正，谢谢！

编　者

2019 年 3 月

目　录

第一章 函数、极限与连续

一、单选题

1. 函数 $y=\dfrac{1}{x^2-2x-15}$ 的定义域是（　　）。

    A. $(-\infty,-3)\cup(-3,5)\cup(5,+\infty)$ B. $(-3,5)\cup(5,+\infty)$

    C. $(-\infty,-3)\cup(-3,5)$ D. $(-\infty,-3)$

2. 函数 $y=\dfrac{1}{\sqrt{x-2}}+\ln(3x+5)$ 的定义域是（　　）。

    A. $(2,+\infty)$ B. $(-\infty,2)$ C. $\left(0,-\dfrac{5}{3}\right)$ D. $\left(-\dfrac{5}{3},0\right)$

3. 函数 $y=\arccos\dfrac{3x+1}{2}$ 的定义域是（　　）。

    A. $\left[-1,\dfrac{1}{3}\right]$ B. $\left(-1,\dfrac{1}{3}\right)$ C. $\left[-1,\dfrac{1}{3}\right)$ D. $\left(-1,\dfrac{1}{3}\right]$

4. 函数 $y=\begin{cases}x^2, & x>0,\\ 3, & x<0\end{cases}$ 的定义域是（　　）。

    A. $(-\infty,0)\cup(0,+\infty)$ B. $(-\infty,0)$

    C. $(0,+\infty)$ D. $(-\infty,\infty)$

5. 设 $f(x)=\dfrac{\lg(3-x)}{\sqrt{|x|-1}}$，则 $f(x)$ 的定义域为（　　）。

    A. $(-\infty,-1)\cup(1,3)$ B. $(-\infty,-3)\cup(1,3)$

    C. $(-\infty,-1)\cup[1,3]$ D. $(-\infty,-1]\cup(1,3)$

6. 确定函数的两大要素是（　　）。

    A. 定义域和值域   B. 定义域和对应法则

    C. 自变量和对应法则   D. 自变量和因变量

7. $f(x)=\ln x^2$ 与 $g(x)=2\ln x$ 是否为同一函数？（　　）。

    A. 是   B. 不是   C. 定义域相同   D. 对应法则不同

8. $f(x)=x$ 与 $g(x)=\sqrt{x^2}$ 是否为同一函数？（　　）。

    A. 是   B. 不是   C. 定义域不同   D. 对应法则相同

9. $f(x)=\sqrt[3]{x^4-x^3}$ 与 $g(x)=x\cdot\sqrt[3]{x-1}$ 是否为同一函数？（　　）。

    A. 是   B. 不是   C. 定义域不同   D. 对应法则不同

10. $f(x)=1-\cos^2 x$ 与 $g(x)=\sin x$ 是否为同一函数？（　　）。

    A. 是   B. 不是   C. 定义域不同   D. 对应法则相同

11. 函数 $y=x^3+\cot x$ 是（　　）。

  A. 奇函数   B. 偶函数   C. 非奇非偶函数   D. 周期函数

12. 函数 $y = \tan x$ 是(   )。

  A. 奇函数   B. 偶函数   C. 非奇非偶函数   D. 单调函数

13. 函数 $y = \ln \dfrac{1+x}{1-x}$ 是(   )。

  A. 奇函数   B. 偶函数   C. 非奇非偶函数   D. 周期函数

14. 函数 $y = x^2 + 5x^3 \sin x$ 是(   )。

  A. 奇函数   B. 偶函数   C. 非奇非偶函数   D. 周期函数

15. 下列函数中，$f(x) = ($ $)$为偶函数。

  A. $\dfrac{a^x + a^{-x}}{2}$ B. $\dfrac{a^x - a^{-x}}{2}$ C. $\ln \dfrac{1+x}{1-x}$ D. $\dfrac{|x|}{x}$

16. 下列函数中，$f(x) = ($ $)$为奇函数。

  A. $\dfrac{a^x + a^{-x}}{2}$ B. $\dfrac{2^x + 2^{-x}}{2}$ C. $x^2 + 1$ D. $\dfrac{|x|}{x}$

17. 已知 $f(x) = ax + 1$，且 $f(2) = 2$，则 $a = ($ $)$。

  A. $\dfrac{1}{2}$ B. 1   C. 2   D. 4

18. 将函数 $f(x) = 5 - |x-1|$ 用分段函数的形式表示为(   )。

  A. $f(x) = \begin{cases} -x+6 & x \geq 1 \\ x+6 & x < 1 \end{cases}$ B. $f(x) = \begin{cases} -x+6 & x \geq -1 \\ x+6 & x \leq -1 \end{cases}$

  C. $f(x) = \begin{cases} -x+6 & x \geq -1 \\ x+4 & x < -1 \end{cases}$ D. $f(x) = \begin{cases} -x+6 & x \geq 1 \\ x+4 & x < 1 \end{cases}$

19. 下列函数在其定义域内，(   )是单调增加函数。

  A. $y = x^2$ B. $y = x^2 + x - 2$ C. $y = x^3$ D. $y = \sin x$

20. 下列函数在其定义域内，(   )是有界函数。

  A. $y = x^2$ B. $y = \ln x$ C. $y = \sec x$ D. $y = \sin x$

21. 下列函数在其定义域内，(   )是奇函数。

  A. $y = x^2$ B. $y = x^2 - 2$

  C. $y = x^3, x \in (0, +\infty)$ D. $y = \tan x$

22. 函数 $y = \sqrt[3]{\cot(2x+1)}$ 是由(   )复合而成的。

  A. $y = \sqrt[3]{u}, u = \cot v, v = 2x+1$ B. $y = \sqrt[3]{\cot u}, u = 2x+1$

  C. $y = \sqrt[3]{u}, u = \cot(2x+1)$ D. $y = u, u = \sqrt[3]{\cot v}, u = 2x+1$

23. 函数 $y = \ln 2^x$ 是由(   )复合而成的。

  A. $y = \ln u, u = 2^x$ B. $y = u, u = \ln v, v = 2^x$

  C. $y = \ln u, u = v, v = 2^x$ D. $y = \ln u, u = 2^v, v = x$

24. 复合函数 $y = 5^{\ln(1-x^2)}$ 可分解为(   )。

  A. $y = 5^u, u = \ln v, v = 1 - x^2$ B. $y = \ln u, u = 1 - v^2, v = 5^x$

  C. $y = 5^u, u = 1 - v^2, v = \ln x$ D. $y = \ln u, u = 5^v, v = 1 - x^2$

25. 复合函数 $y = \ln \sin^2(3x+1)$ 可分解为(   )。

A. $y=\ln u,u=\sin v,v=3x+1$　　B. $y=\ln u,u=\sin(3v+1),v=x^2$

C. $y=\ln u,u=v^2,v=\sin t,t=3x+1$　　D. $y=\ln u,u=v^2,v=\sin(3x+1)$

26. 已知函数 $f(x)=\begin{cases}-x, & x<0,\\ 1, & x=0,\\ x, & x>0,\end{cases}$ 下列结论正确的是（　　）。

A. $\lim\limits_{x\to0}f(x)=0$　　B. $\lim\limits_{x\to0}f(x)$不存在

C. 函数 $f(x)$ 在 $x=0$ 处连续　　D. $\lim\limits_{x\to0}f(x)=f(0)$

27. 下列结论正确的是（　　）。

A. $\lim\limits_{x\to\infty}\arctan x=\dfrac{\pi}{2}$　　B. $\lim\limits_{x\to-\infty}\arctan x=-\dfrac{\pi}{2}$

C. $\lim\limits_{x\to\infty}\arctan x=-\dfrac{\pi}{2}$　　D. $\lim\limits_{x\to+\infty}\arctan x=-\dfrac{\pi}{2}$

28. 下列结论正确的是（　　）。

A. $\lim\limits_{x\to\infty}\arctan x=\dfrac{\pi}{2}$　　B. $\lim\limits_{x\to-\infty}\arctan x=\dfrac{\pi}{2}$

C. $\lim\limits_{x\to\infty}\arctan x=-\dfrac{\pi}{2}$　　D. $\lim\limits_{x\to+\infty}\arctan x=\dfrac{\pi}{2}$

29. 下列结论正确的是（　　）。

A. $\lim\limits_{x\to\infty}\arctan x=\dfrac{\pi}{2}$　　B. $\lim\limits_{x\to\infty}\arctan x$ 不存在

C. $\lim\limits_{x\to\infty}\arctan x=-\dfrac{\pi}{2}$　　D. $\lim\limits_{x\to+\infty}\arctan x=-\dfrac{\pi}{2}$

30. 下列结论正确的是（　　）。

A. $\lim\limits_{x\to1}\dfrac{x^2-1}{x-1}=2$　　B. $\lim\limits_{x\to1}\dfrac{x^2-1}{x-1}$不存在

C. $\lim\limits_{x\to1}\dfrac{x^2-1}{x-1}=0$　　D. $\lim\limits_{x\to1}\dfrac{x^2-1}{x-1}=1$

31. 设 $f(x)=\begin{cases}x^2, & x\leqslant0,\\ x+1,& x>0。\end{cases}$ 下列结论正确的是（　　）。

A. $\lim\limits_{x\to0}f(x)=1$　　B. $\lim\limits_{x\to0}f(x)$不存在

C. $\lim\limits_{x\to0}f(x)=0$　　D. $\lim\limits_{x\to0^-}f(x)=1$

32. 极限 $\lim\limits_{x\to2}(x^2+2x-2^x)$ 的值为（　　）。

A. 1　　B. 2　　C. 3　　D. 4

33. 极限 $\lim\limits_{x\to2}\dfrac{x^3-1}{x^2-3x+5}$的值为（　　）。

A. ∞　　B. $\dfrac{3}{2}$　　C. $\dfrac{7}{3}$　　D. 1

34. 极限 $\lim\limits_{x\to1}\dfrac{x^2-1}{x^2+2x-3}$的值为（　　）。

A. $\dfrac{1}{3}$　　B. $\dfrac{1}{2}$　　C. ∞　　D. 1

35. 极限 $\lim\limits_{x \to 1}\left(\dfrac{1}{1-x}-\dfrac{3}{1-x^3}\right)$ 的值为(　　)。

    A. ∞　　　　　　　B. 0　　　　　　　C. -1　　　　　　D. 1

36. 极限 $\lim\limits_{x \to \infty}\dfrac{2x^3+3x^2+5}{7x^3+4x^2-1}$ 的值为(　　)。

    A. ∞　　　　　　　B. $\dfrac{2}{7}$　　　　　　C. -5　　　　　　D. 0

37. 极限 $\lim\limits_{x \to \infty}\dfrac{3x^2-5x+1}{8x^3+4x-3}$ 的值为(　　)。

    A. ∞　　　　　　　B. $\dfrac{3}{8}$　　　　　　C. $-\dfrac{1}{3}$　　　　　D. 0

38. 若 $\lim\limits_{x \to 3}\dfrac{x^2-2x+k}{x-3}=4$,则 k 的值为(　　)。

    A. 1　　　　　　　B. 2　　　　　　　C. -3　　　　　　D. 4

39. 若 $\lim\limits_{x \to -1}\dfrac{x^2+ax+4}{x^2-1}=-\dfrac{3}{2}$,则 a 的值为(　　)。

    A. 0　　　　　　　B. 1　　　　　　　C. 3　　　　　　　D. 5

40. 极限 $\lim\limits_{x \to 0^+}x\arctan\dfrac{1}{x}$ 的值为(　　)。

    A. ∞　　　　　　　B. 0　　　　　　　C. $\dfrac{\pi}{2}$　　　　　　D. $-\dfrac{\pi}{2}$

41. 当 $x \to 0$ 时,x 与 $\sin 2x$ 是(　　)无穷小。

    A. 同阶　　　　　B. 高阶　　　　　C. 低阶　　　　　D. 等价

42. 函数 $f(x)=\dfrac{x+1}{x-1}$ 在什么条件下是无穷大?(　　)。

    A. $x \to 1$　　　　B. $x \to -1$　　　C. $x \to 0$　　　　D. $x \to \infty$

43. 函数 $f(x)=\dfrac{x+1}{x-1}$ 在什么条件下是无穷小?(　　)。

    A. $x \to 1$　　　　B. $x \to -1$　　　C. $x \to 0$　　　　D. $x \to \infty$

44. 当 $x \to 0$ 时,$\ln(1+x)$ 与 x 是(　　)。

    A. 高阶无穷小　　B. 低阶无穷小　　C. 无穷大　　　　D. 等价无穷小

45. 极限 $\lim\limits_{x \to 0}\dfrac{\tan x}{x}$ 的值是(　　)。

    A. 0　　　　　　　B. 1　　　　　　　C. -1　　　　　　D. ∞

46. 极限 $\lim\limits_{x \to 0}\dfrac{\sin 2x}{x}$ 的值是(　　)。

    A. 0　　　　　　　B. 1　　　　　　　C. 2　　　　　　　D. $\dfrac{1}{2}$

47. 极限 $\lim\limits_{x \to \pi}\dfrac{\sin x}{\pi-x}$ 的值是(　　)。

    A. 0　　　　　　　B. 1　　　　　　　C. -1　　　　　　D. π

48. 极限 $\lim\limits_{x \to \infty}\left(1+\dfrac{1}{2x}\right)^x$ 的值是(　　)。

　　A. e　　　　　　　　B. $e^{\frac{1}{2}}$　　　　　　C. e^2　　　　　　D. 0

49. 极限 $\lim\limits_{x\to\infty}\left(1+\dfrac{4}{x}\right)^x$ 的值是(　　)。

　　A. e　　　　　　　　B. $e^{\frac{1}{4}}$　　　　　　C. e^4　　　　　　D. 1

50. 已知 $f(x)$ 在 $x=2$ 点处连续，且 $f(2)=5$，则 $\lim\limits_{x\to2}f(x)=$(　　)。

　　A. 2　　　　　　　　B. 3　　　　　　　C. 4　　　　　　　D. 5

51. 函数 $f(x)=\ln(2-x)$ 的连续区间是(　　)。

　　A. $(-\infty,2]$　　　B. $(-\infty,2)$　　　C. $[-\infty,2]$　　　D. $[-\infty,2)$

52. 函数 $f(x)=\begin{cases}x-a, & x\geq0 \\ 3^x, & x<0\end{cases}$ 在 $x=0$ 处连续，则 $a=$(　　)。

　　A. -3　　　　　　　B. 0　　　　　　　C. 3　　　　　　　D. -1

53. $x=1$ 是函数 $f(x)=\dfrac{1}{(x-1)^2}$ 的(　　)。

　　A. 无穷间断点　　　B. 跳跃间断点　　　C. 可去间断点　　　D. 连续点

54. 设函数 $f(x)=\begin{cases}4x, & 0\leq x\leq2 \\ 1+x^2, & 2<x\leq4,\end{cases}$ $x=2$ 是函数的(　　)。

　　A. 连续点　　　　　B. 可去间断点　　　C. 跳跃间断点　　　D. 无穷间断点

55. 极限 $\lim\limits_{x\to0}(1-3x)^{\frac{1}{x}}$ 的值是(　　)。

　　A. e　　　　　　　　B. $e^{-\frac{1}{3}}$　　　　　C. e^{-3}　　　　　D. 1

56. 极限 $\lim\limits_{x\to0}\left(1+\dfrac{x}{2}\right)^{\frac{1}{-2x}}$ 的值是(　　)。

　　A. $e^{\frac{1}{4}}$　　　　　　B. $e^{-\frac{1}{4}}$　　　　　C. e^{-4}　　　　　D. e^4

57. 函数 $f(x)=\begin{cases}x\sin\dfrac{1}{x}, & x\neq0, \\ 0, & x=0\end{cases}$ 在点 $x=0$ 处(　　)。

　　A. 连续　　　　　　B. 间断　　　　　　C. 无定义　　　　　D. 可导

58. $\lim\limits_{x\to0}\dfrac{x+\sin2x}{2x-\sin x}=$(　　)。

　　A. e^2　　　　　　　B. e^{-2}　　　　　C. 3　　　　　　　D. $\dfrac{1}{2}$

59. $\lim\limits_{x\to2}\dfrac{x^2-3}{x-2}=$(　　)。

　　A. 1　　　　　　　　B. -1　　　　　　C. 0　　　　　　　D. ∞

60. $\lim\limits_{x\to\sqrt{3}}\dfrac{x^2-3}{x^4+x^2+1}=$(　　)。

　　A. 1　　　　　　　　B. -1　　　　　　C. 0　　　　　　　D. $\dfrac{1}{2}$

二、多选题

1. 设 $f(x)=\dfrac{|x|}{x}$，下列结论正确的是(　　)。

  A. $\lim\limits_{x\to 0}f(x)=1$ B. $\lim\limits_{x\to 0}f(x)$不存在

  C. $\lim\limits_{x\to 0^+}f(x)=1$ D. $\lim\limits_{x\to 0^-}f(x)=-1$

2. 下列结论正确的是(　　　)。

  A. $\lim\limits_{x\to +\infty}\arctan x=\dfrac{\pi}{2}$ B. $\lim\limits_{x\to\infty}\arctan x$ 不存在

  C. $\lim\limits_{x\to -\infty}\arctan x=-\dfrac{\pi}{2}$ D. $\lim\limits_{x\to +\infty}\arctan x=-\dfrac{\pi}{2}$

3. 下列结论正确的是(　　　)。

  A. $\lim\limits_{x\to 1}\dfrac{x^2-1}{x-1}=2$ B. $\lim\limits_{x\to 0}\dfrac{x^2-1}{x-1}=1$ C. $\lim\limits_{x\to 2}\dfrac{x^2-1}{x-1}=3$ D. $\lim\limits_{x\to -1}\dfrac{x^2-1}{x-1}=0$

4. 设 $f(x)=\begin{cases}x^2, & x\leqslant 0,\\ x+1, & x>0\end{cases}$，下列结论正确的是(　　　)。

  A. $\lim\limits_{x\to 0^+}f(x)=0$ B. $\lim\limits_{x\to 0^+}f(x)=1$ C. $\lim\limits_{x\to 0^-}f(x)=0$ D. $\lim\limits_{x\to 0^-}f(x)=1$

5. 设 $f(x)=\begin{cases}x^2, & x\leqslant 0,\\ x+1, & x>0\end{cases}$，下列结论正确的是(　　　)。

  A. $\lim\limits_{x\to 0}f(x)$不存在   B. $\lim\limits_{x\to 0^+}f(x)=1$

  C. $\lim\limits_{x\to 1}f(x)=2$ D. $\lim\limits_{x\to 0^-}f(x)=0$

6. 确定函数的两大要素是(　　　)。

  A. 定义域   B. 对应法则   C. 单调性   D. 周期性

7. 对函数 $f(x)=\ln x^2$ 的描述，(　　　)是正确的。

  A. 定义域是$(-\infty,0)\bigcup(0,+\infty)$ B. 过点$(1,0)$

  C. 有界函数   D. 无界函数

8. 对函数 $g(x)=2\ln x$ 的描述，(　　　)是正确的。

  A. 定义域是$(-\infty,0)\bigcup(0,+\infty)$ B. 过点$(1,0)$

  C. 单调增加函数   D. 无界函数

9. 函数 $f(x)=x$ 在其定义域内具有(　　　)。

  A. 单调性   B. 有界性   C. 奇偶性   D. 周期性

10. 函数 $g(x)=\sqrt{x^2}$ 在其定义域内是(　　　)。

  A. 偶函数   B. 关于 y 轴对称

  C. 无界函数   D. 周期函数

11. 函数 $g(x)=x\cdot\sqrt[3]{x-1}$(　　　)。

  A. 过点$(0,0)$ B. 非奇非偶函数

  C. 过点$(1,0)$ D. 与 $f(x)=\sqrt[3]{x^4-x^3}$ 是相同函数

12. 关于函数 $f(x)=1-\cos^2 x$ 的描述，(　　　)是正确的。

  A. $1-\cos^2 x=\sin^2 x$ B. 偶函数

  C. 奇函数   D. 周期函数

13. 关于函数 $g(x)=\sin x$ 的描述，(　　　)是正确的。

    A. $\sin x=\dfrac{1}{\csc x}$　　B. 有界函数　　　C. 奇函数　　　　D. 周期函数

14. 函数 $y=x^3+\cot x$ 是（　　）。

    A. 奇函数　　　　　　　　　　　B. 关于原点对称

    C. 关于 y 轴对称　　　　　　　　D. 经过原点

15. 函数 $y=\tan x$ 是（　　）。

    A. 奇函数　　　　B. 周期函数　　　C. 有界函数　　　D. 无界函数

16. 函数 $y=\ln\dfrac{1+x}{1-x}$ 是（　　）。

    A. 奇函数　　　　B. 偶函数　　　　C. 过点 $(0,0)$　　D. 周期函数

17. 函数 $y=x^2+5x^3\sin x$ 是（　　）。

    A. 奇函数　　　　B. 偶函数　　　　C. 关于 y 轴对称　D. 非奇非偶函数

18. 下列函数中，（　　）是偶函数。

    A. $\dfrac{a^x+a^{-x}}{2}$　　B. $\dfrac{a^x-a^{-x}}{2}$　　C. $\ln\dfrac{1+x}{1-x}$　　D. $|x|$

19. 下列函数中，（　　）是奇函数。

    A. $\dfrac{a^x+a^{-x}}{2}$　　B. $\dfrac{a^x-a^{-x}}{2}$　　C. $\ln\dfrac{1+x}{1-x}$　　D. $\dfrac{|x|}{x}$

20. 当 $x\to0$ 时，以下（　　）函数是无穷小。

    A. $x\sin x$　　　B. x^2　　　　C. $x\sin\dfrac{1}{x}$　　D. x

21. 当 $x\to0$ 时，以下（　　）函数是无穷大。

    A. $\dfrac{1}{\sin x}$　　　B. x^2　　　　C. $\dfrac{1}{x}$　　　D. $\dfrac{1}{x\sin x}$

22. 函数 $f(x)=\dfrac{x^2-1}{x^2-3x+2}$ 的间断点是（　　）。

    A. $x=1$　　　　B. $x=2$　　　　C. $x=3$　　　　D. $x=4$

23. 已知 $f(x)$ 在 $x=2$ 处连续，则有（　　）。

    A. $f(x)$ 在 $x=2$ 处有定义　　　B. $f(x)$ 在 $x=2$ 处左、右极限都存在

    C. $f(x)$ 在 $x=2$ 处极限存在　　　D. $\lim\limits_{x\to2}f(x)=f(2)$

24. 函数 $f(x)=\ln(2-x)$ 的间断点是（　　）。

    A. $x=2$　　　　B. $x=3$　　　　C. $x=4$　　　　D. $x=5$

25. 函数 $f(x)=\begin{cases}x-1, & x\leqslant1,\\ 2-x, & x>1\end{cases}$ 的间断点是 $x=1$，它属于（　　）。

    A. 第一类间断点　B. 跳跃间断点　　C. 第二类间断点　D. 无穷间断点

26. $x=1$ 是函数 $f(x)=\dfrac{1}{(x-1)^2}$ 的（　　）。

    A. 第一类间断点　B. 跳跃间断点　　C. 第二类间断点　D. 无穷间断点

27. 设函数 $f(x)=\begin{cases}x+1, & x\geqslant0,\\ x, & x<0,\end{cases}$ 则函数 $f(x)$ 在点 $x=0$ 处（　　）。

    A. 连续　　　　　B. 间断　　　　　C. 有定义　　　　D. 无定义

28. 函数 $f(x)=\begin{cases} x\sin\dfrac{1}{x}, & x\neq 0, \\ 0, & x=0 \end{cases}$ 在点 $x=0$ 处(　　)。

  A. 连续   B. 间断   C. 有定义   D. 无定义

29. 函数 $f(x)=\begin{cases} -x, & x\leqslant 0, \\ 1+x, & x>0 \end{cases}$ 在点 $x=0$ 处(　　)。

  A. 连续   B. 间断   C. 有定义   D. 无定义

30. 函数 $y=\dfrac{x^2-1}{x-1}$ 在 $x=1$ 处(　　)。

  A. 连续   B. 间断   C. 有定义   D. 无定义

三、判断题

1. 确定函数的两大要素是定义域和值域。   (　　)
2. 确定函数的两大要素是定义域和对应法则。   (　　)
3. 确定函数的两大要素是单调性和周期性。   (　　)
4. 确定函数的两大要素是有界性和奇偶性。   (　　)
5. $f(x)=\ln x^2$ 与 $g(x)=2\ln x$ 不是同一函数。   (　　)
6. $f(x)=x$ 与 $g(x)=\sqrt{x^2}$ 不是同一函数。   (　　)
7. $f(x)=\sqrt[3]{x^4-x^3}$ 与 $g(x)=x\cdot\sqrt[3]{x-1}$ 是同一函数。   (　　)
8. $f(x)=1-\cos^2 x$ 与 $g(x)=\sin x$ 不是同一函数。   (　　)
9. 函数 $y=x^3+\cot x$ 是奇函数。   (　　)
10. 函数 $y=x^3+\cot x$ 是偶函数。   (　　)
11. 函数 $y=\tan x$ 是奇函数。   (　　)
12. 函数 $y=\tan x$ 是偶函数。   (　　)
13. 函数 $y=\ln\dfrac{1+x}{1-x}$ 是奇函数。   (　　)
14. 函数 $y=\ln\dfrac{1+x}{1-x}$ 是偶函数。   (　　)
15. 函数 $y=x^2+5x^3\sin x$ 是奇函数。   (　　)
16. 函数 $y=x^2+5x^3\sin x$ 是偶函数。   (　　)
17. $f(x)=\dfrac{a^x+a^{-x}}{2}$ 是偶函数。   (　　)
18. $f(x)=\dfrac{|x|}{x}$ 是奇函数。   (　　)
19. $y=x^3$ 是单调增加函数。   (　　)
20. $y=\sin x$ 是单调增加函数。   (　　)
21. $y=\sin x$ 是有界函数。   (　　)
22. $y=x^3$ 是奇函数。   (　　)
23. $y=x^3, x\in(0,+\infty)$ 是奇函数。   (　　)
24. 函数 $y=\sqrt[3]{\cot(2x+1)}$ 是由 $y=\sqrt[3]{u}, u=\cot v, v=2x+1$ 复合而成的。 (　　)

25. 函数 $y=\sqrt[3]{\cot(2x+1)}$ 是由 $y=\sqrt[3]{\cot u},u=2x+1$ 复合而成的。 （ ）

26. 函数 $y=\ln 2^x$ 是由 $y=\ln u,u=2^x$ 复合而成的。 （ ）

27. 函数 $y=\ln 2^x$ 是由 $y=2^u,u=\ln x$ 复合而成的。 （ ）

28. 复合函数 $y=5^{\ln(1-x^2)}$ 可分解为 $y=5^u,u=\ln v,v=1-x^2$。 （ ）

29. 复合函数 $y=5^{\ln(1-x^2)}$ 可分解为 $y=\ln u,u=1-v^2,v=5^x$。 （ ）

30. 复合函数 $y=\ln\sin^2(3x+1)$ 可分解为 $y=\ln u,u=\sin v,v=3x+1$。 （ ）

31. 复合函数 $y=\ln\sin^2(3x+1)$ 可分解为 $y=\ln u,u=v^2,v=\sin t,t=3x+1$。 （ ）

32. 已知函数 $f(x)=\begin{cases}-x, & x<0,\\ 1, & x=0,\\ x, & x>0,\end{cases}$ 则 $\lim\limits_{x\to 0}f(x)=0$。 （ ）

33. 设 $f(x)=\begin{cases}x^2, & x\leqslant 0,\\ x+1, & x>0,\end{cases}$ 则 $\lim\limits_{x\to 0^-}f(x)=1$。 （ ）

34. 当 $x\to 0$ 时，x 与 $\sin 2x$ 是高阶无穷小。 （ ）

35. 当 $x\to 0$ 时，x 与 $\sin 2x$ 是低阶无穷小。 （ ）

36. 当 $x\to 0$ 时，x 与 $\sin 2x$ 是等价无穷小。 （ ）

37. 当 $x\to 0$ 时，x 与 $\sin 2x$ 是同阶无穷小。 （ ）

38. 当 $x\to 1$ 时，函数 $f(x)=\dfrac{x+1}{x-1}$ 是无穷大。 （ ）

39. 当 $x\to -1$ 时，函数 $f(x)=\dfrac{x+1}{x-1}$ 是无穷小。 （ ）

40. 当 $x\to 0$ 时，函数 $f(x)=\dfrac{x+1}{x-1}$ 是无穷小。 （ ）

41. 当 $x\to 0$ 时，$\ln(1+x)$ 与 x 是高阶无穷小。 （ ）

42. 当 $x\to 0$ 时，$\ln(1+x)$ 与 x 是低阶无穷小。 （ ）

43. 当 $x\to 0$ 时，$\ln(1+x)$ 与 x 是等价无穷小。 （ ）

44. 已知 $f(x)$ 在 $x=2$ 点处连续，且 $f(2)=5$，则 $\lim\limits_{x\to 2}f(x)=5$。 （ ）

45. 非常大的数是无穷大。 （ ）

46. 函数 $f(x)=\ln(2-x)$ 的连续区间是 $(-\infty,2]$。 （ ）

47. 函数 $f(x)=\ln(2-x)$ 的连续区间是 $(-\infty,2)$。 （ ）

48. $x=1$ 是函数 $f(x)=\dfrac{1}{(x-1)^2}$ 的连续点。 （ ）

49. $x=1$ 是函数 $f(x)=\dfrac{1}{(x-1)^2}$ 的无穷间断点。 （ ）

50. $x=1$ 是函数 $f(x)=\dfrac{1}{(x-1)^2}$ 的可去间断点。 （ ）

51. $x=1$ 是函数 $f(x)=\dfrac{1}{(x-1)^2}$ 的跳跃间断点。 （ ）

52. 设函数 $f(x)=\begin{cases}4x, & 0\leqslant x\leqslant 2,\\ 1+x^2, & 2<x\leqslant 4,\end{cases}$ 则 $x=2$ 是函数 $f(x)$ 的连续点。 （ ）

53. 设函数 $f(x)=\begin{cases}4x, & 0\leqslant x\leqslant 2,\\ 1+x^2, & 2<x\leqslant 4,\end{cases}$ 则 $x=2$ 是函数 $f(x)$ 的可去间断点。 （ ）

54. 设函数 $f(x)=\begin{cases}4x, & 0\leqslant x\leqslant 2, \\ 1+x^2, & 2<x\leqslant 4,\end{cases}$ 则 $x=2$ 是函数 $f(x)$ 的跳跃间断点。　　（　　）

55. 设函数 $f(x)=\begin{cases}4x, & 0\leqslant x\leqslant 2, \\ 1+x^2, & 2<x\leqslant 4,\end{cases}$ 则 $x=2$ 是函数 $f(x)$ 的无穷间断点。　　（　　）

56. 函数 $f(x)=\begin{cases}x\sin\dfrac{1}{x}, & x\neq 0, \\ 0, & x=0\end{cases}$ 在点 $x=0$ 处连续。　　（　　）

57. 函数 $f(x)=\begin{cases}x\sin\dfrac{1}{x}, & x\neq 0, \\ 0, & x=0\end{cases}$ 在点 $x=0$ 处间断。　　（　　）

58. 函数 $y=\begin{cases}-1, & x\geqslant 0 \\ 3, & x<0\end{cases}$ 是初等函数。　　（　　）

59. 分段函数一定是初等函数。　　（　　）

60. 零是无穷小。　　（　　）

四、填空题

1. 确定函数的两个要素是＿＿＿＿＿＿、＿＿＿＿＿＿。

2. 设 a 与 δ 是两个实数，且 $\delta>0$，实数轴上和 a 点的距离小于 δ 的点的全体，称为点 a 的 δ ＿＿＿＿＿＿，记作 $U(a,\delta)$，即 $U(a,\delta)=\{x\,|\,|x-a|<\delta\}$。

3. 设函数 $f(x)$ 的定义域为 D，数集 $X\subset D$，若存在一个正数 M，使得对一切 $x\in X$，恒有 $|f(x)|\leqslant M$ 成立，则称函数 $f(x)$ 在 X 上＿＿＿＿＿＿。

4. 如果函数 $f(x)$ 对于定义域内的任意 x 都满足 $f(-x)=f(x)$，则称 $f(x)$ 为＿＿＿＿＿＿函数。

5. 如果函数 $f(x)$ 对于定义域内的任意 x 都满足 $f(-x)=-f(x)$，则称 $f(x)$ 为＿＿＿＿＿＿函数。

6. 形如 $y=a^x(a>0,a\neq 1)$ 的函数称为＿＿＿＿＿＿函数。

7. 形如 $y=\log_a x(a>0,a\neq 1)$ 的函数称为＿＿＿＿＿＿函数。

8. 形如 $y=x^\mu$ 的函数称为＿＿＿＿＿＿函数。

9. 由基本初等函数与常数经过有限次的四则运算以及有限次的复合运算所构成的可用一个式子表示的函数，称为＿＿＿＿＿＿函数。

10. 若 $\lim\limits_{x\to x_0}f(x)=A$ 存在，则其极限值一定是＿＿＿＿＿＿。

11. 有限个无穷小的和是＿＿＿＿＿＿。

12. 有限个无穷小的积是＿＿＿＿＿＿。

13. 有界函数与无穷小的积是＿＿＿＿＿＿。

14. 设 α、β 是同一变化过程中的两个无穷小，如果 $\lim\limits_{x\to x_0}\dfrac{\beta}{\alpha}=0$，就说 β 是比 α ＿＿＿＿＿＿ 的无穷小，记作 $\beta=o(\alpha)$。

15. 设 α、β 是同一变化过程中的两个无穷小，如果 $\lim\limits_{x\to x_0}\dfrac{\beta}{\alpha}=\infty$，就说 β 是比 α ＿＿＿＿＿＿ 的无穷小。

16. 设 α、β 是同一变化过程中的两个无穷小，如果 $\lim\limits_{x \to x_0} \dfrac{\beta}{\alpha} = c \, (c \neq 0)$，就说 β 与 α 是 _____ 的无穷小。

17. 设 α、β 是同一变化过程中的两个无穷小，如果 $\lim\limits_{x \to x_0} \dfrac{\beta}{\alpha} = 1$，就说 β 与 α 是 _____ 的无穷小，记作 $\alpha \sim \beta$。

18. 当 $x \to 0$ 时，x 与 $\sin 2x$ 是 _____ 无穷小。

19. 当 $x \to 0$ 时，$\ln(1+x)$ 与 x 是 _____ 无穷小。

20. $\lim\limits_{x \to 0} \dfrac{\sin x}{x} =$ _____。

21. $\lim\limits_{x \to \infty} \dfrac{\sin x}{x} =$ _____。

22. 关于间断点，根据左、右极限是否存在，可以分为两大类。左、右极限都存在，称为 _____ 间断点。

23. 关于间断点，根据左、右极限是否存在，可以分为两大类。左、右极限至少有一不存在，称为 _____ 间断点。

24. 在第一类间断点中，左、右极限相等，称为 _____ 间断点。

25. 在第一类间断点中，左、右极限不相等，称为 _____ 间断点。

26. 在第二类间断点中，极限是无穷大时，称为 _____ 间断点。

27. $x = 1$ 是函数 $f(x) = \dfrac{1}{(x-1)^2}$ 的 _____ 间断点。

28. 设函数 $f(x) = \begin{cases} 4x, & 0 \leqslant x \leqslant 2, \\ 1 + x^2, & 2 < x \leqslant 4, \end{cases}$ $x = 2$ 是函数的 _____ 间断点。

29. 函数 $f(x)$ 在点 $x = x_0$ 的某领域内有定义，当 $x \to x_0$ 时极限存在，且 $\lim\limits_{x \to x_0} f(x) = f(x_0)$，称函数 $f(x)$ 在点 $x = x_0$ 处是 _____。

30. 变量 x 从 x_1 变到 x_2，差 $x_2 - x_1$ 称为变量 x 的 _____，记作：$\Delta x = x_2 - x_1$。

五、辨析题

1. 求 $\lim\limits_{x \to 0} x \sin \dfrac{1}{x}$。

解法一：$\lim\limits_{x \to 0} x \sin \dfrac{1}{x} = 0$

解法二：$\lim\limits_{x \to 0} x \sin \dfrac{1}{x} = \lim\limits_{x \to 0} x \cdot \lim\limits_{x \to 0} \sin \dfrac{1}{x} = 0 \cdot \lim\limits_{x \to 0} \sin \dfrac{1}{x} = 0$

解法三：$\lim\limits_{x \to 0} x \sin \dfrac{1}{x} = \lim\limits_{x \to 0} x \cdot \dfrac{1}{x} = 1$

请辨识：（　　）是正确解法；（　　）是错误解法。

2. 求 $\lim\limits_{x \to \infty} \dfrac{\sin x}{x}$。

解法一：$\lim\limits_{x \to \infty} \dfrac{\sin x}{x} = \lim\limits_{x \to \infty} \dfrac{x}{x} = 1$

解法二：$\lim\limits_{x\to\infty}\dfrac{\sin x}{x}=\lim\limits_{x\to\infty}\dfrac{1}{x}\cdot\sin x=0$

解法三：$\lim\limits_{x\to\infty}\dfrac{\sin x}{x}=\lim\limits_{x\to\infty}\dfrac{1}{x}\cdot\lim\limits_{x\to\infty}\sin x=0\cdot\lim\limits_{x\to\infty}\sin x=0$

请辨识：(　　)是正确解法；(　　)是错误解法。

3. 求 $\lim\limits_{x\to 1}\left(\dfrac{1}{1-x}-\dfrac{3}{1-x^3}\right)$。

解法一：$\lim\limits_{x\to 1}\left(\dfrac{1}{1-x}-\dfrac{3}{1-x^3}\right)=\lim\limits_{x\to 1}\dfrac{1}{1-x}-\lim\limits_{x\to 1}\dfrac{3}{1-x^3}=\infty-\infty=0$

解法二：

$$\lim\limits_{x\to 1}\left(\dfrac{1}{1-x}-\dfrac{3}{1-x^3}\right)=\lim\limits_{x\to 1}\dfrac{(1+x+x^2)-3}{1-x^3}$$
$$=\lim\limits_{x\to 1}\dfrac{(x+2)(x-1)}{(1-x)(1+x+x^2)}=\lim\limits_{x\to 1}\dfrac{x+2}{1+x+x^2}=1$$

解法三：

$$\lim\limits_{x\to 1}\left(\dfrac{1}{1-x}-\dfrac{3}{1-x^3}\right)=\lim\limits_{x\to 1}\dfrac{(1+x+x^2)-3}{1-x^3}$$
$$=\lim\limits_{x\to 1}\dfrac{(x+2)(x-1)}{(1-x)(1+x+x^2)}=-\lim\limits_{x\to 1}\dfrac{x+2}{1+x+x^2}=-1$$

请辨识：(　　)是正确解法；(　　)是错误解法。

4. 求 $\lim\limits_{x\to 0^+}x\arctan\dfrac{1}{x}$。

解法一：$\lim\limits_{x\to 0^+}x\arctan\dfrac{1}{x}=\lim\limits_{x\to 0^+}x\cdot\dfrac{1}{x}=1$

解法二：$\lim\limits_{x\to 0^+}x\arctan\dfrac{1}{x}=0$

解法三：由于 $\lim\limits_{x\to 0^+}\arctan\dfrac{1}{x}$ 的极限不存在，所以 $\lim\limits_{x\to 0^+}x\arctan\dfrac{1}{x}$ 极限不存在。

请辨识：(　　)是正确解法；(　　)是错误解法。

5. 求 $\lim\limits_{x\to\infty}\dfrac{2x^3+3x^2+5}{7x^3+4x^2-1}$。

解法一：$\lim\limits_{x\to\infty}\dfrac{2x^3+3x^2+5}{7x^3+4x^2-1}=\dfrac{2\cdot\infty^3+3\cdot\infty^2+5}{7\cdot\infty^3+4\cdot\infty^2-1}=\dfrac{\infty}{\infty}=1$

解法二：$\lim\limits_{x\to\infty}\dfrac{2x^3+3x^2+5}{7x^3+4x^2-1}=\dfrac{2\lim\limits_{x\to\infty}x^3+3\lim\limits_{x\to\infty}x^2+5}{7\lim\limits_{x\to\infty}x^3+4\lim\limits_{x\to\infty}x^2-1}=\dfrac{\infty}{\infty}=1$

解法三：$\lim\limits_{x\to\infty}\dfrac{2x^3+3x^2+5}{7x^3+4x^2-1}=\lim\limits_{x\to\infty}\dfrac{2+\dfrac{3}{x}+\dfrac{5}{x^3}}{7+\dfrac{2}{x}-\dfrac{1}{x^3}}=\dfrac{2+3\lim\limits_{x\to\infty}\dfrac{1}{x}+5\lim\limits_{x\to\infty}\dfrac{1}{x^3}}{7+4\lim\limits_{x\to\infty}\dfrac{1}{x}-\lim\limits_{x\to\infty}\dfrac{1}{x^3}}=\dfrac{2}{7}$

请辨识：(　　)是正确解法；(　　)是错误解法。

6. 求 $\lim\limits_{x\to 0}\dfrac{\tan x}{x}$。

解法一：$\lim\limits_{x\to 0}\dfrac{\tan x}{x}=\lim\limits_{x\to 0}\dfrac{x}{x}=1$

解法二：

$$\lim_{x \to 0} \frac{\tan x}{x} = \lim_{x \to 0} \frac{\sin x}{x} \cdot \frac{1}{\cos x}$$

$$= \lim_{x \to 0} \frac{\sin x}{x} \cdot \lim_{x \to 0} \frac{1}{\cos x} = 1$$

解法三：$\lim\limits_{x \to 0} \dfrac{\tan x}{x} = \dfrac{\lim\limits_{x \to 0} \tan x}{\lim\limits_{x \to 0} x} = \dfrac{0}{0}$，无意义。

请辨识：（　）是正确解法；（　）是错误解法。

7. 求 $\lim\limits_{x \to 0} \dfrac{\sin 2x}{x}$。

解法一：$\lim\limits_{x \to 0} \dfrac{\sin 2x}{x} = \lim\limits_{x \to 0} \dfrac{2x}{x} = 2$

解法二：

$$\lim_{x \to 0} \frac{\sin 2x}{x} = \lim_{x \to 0} \frac{2 \sin x \cos x}{x}$$

$$= 2 \lim_{x \to 0} \frac{\sin x}{x} \cdot \lim_{x \to 0} \cos x = 2$$

解法三：$\lim\limits_{x \to 0} \dfrac{\sin 2x}{x} = \dfrac{\lim\limits_{x \to 0} \sin 2x}{\lim\limits_{x \to 0} x} = \dfrac{0}{0}$，无意义。

请辨识：（　）是正确解法；（　）是错误解法。

8. 求 $\lim\limits_{x \to \pi} \dfrac{\sin x}{\pi - x}$。

解法一：$\lim\limits_{x \to \pi} \dfrac{\sin x}{\pi - x} = \dfrac{\sin \pi}{\pi - \pi} = \infty$

解法二：$\lim\limits_{x \to \pi} \dfrac{\sin x}{\pi - x} \xrightarrow{\text{令} t = \pi - x} \lim\limits_{t \to 0} \dfrac{\sin(\pi - t)}{t} = \lim\limits_{t \to 0} \dfrac{\sin t}{t} = 1$

解法三：$\lim\limits_{x \to \pi} \dfrac{\sin x}{\pi - x} = \dfrac{\lim\limits_{x \to \pi} \sin x}{\pi - \pi} = \dfrac{0}{0} = 1$

请辨识：（　）是正确解法；（　）是错误解法。

9. 求 $\lim\limits_{x \to 0} (1 - 3x)^{\frac{1}{x}}$。

解法一：$\lim\limits_{x \to 0} (1 - 3x)^{\frac{1}{x}} = \lim\limits_{x \to 0} (1 - 3x)^{\frac{1}{-3x}} = e$

解法二：$\lim\limits_{x \to 0} (1 - 3x)^{\frac{1}{x}} = 1^{\infty} = 1$

解法三：$\lim\limits_{x \to 0} (1 - 3x)^{\frac{1}{x}} = \lim\limits_{x \to 0} \left[(1 - 3x)^{\frac{1}{-3x}} \right]^{-3} = e^{-3}$

请辨识：（　）是正确解法；（　）是错误解法。

10. 求 $\lim\limits_{x \to 0} \dfrac{x + \sin 2x}{2x - \sin x}$。

解法一：$\lim\limits_{x \to 0} \dfrac{x + \sin 2x}{2x - \sin x} = \dfrac{0 + \sin 2 \cdot 0}{2 \cdot 0 - \sin 0} = 0$

解法二：$\lim\limits_{x \to 0} \dfrac{x + \sin 2x}{2x - \sin x} = \dfrac{0 + \sin 2 \cdot 0}{2 \cdot 0 - \sin 0} = \infty$

解法三：$\lim\limits_{x\to 0}\dfrac{x+\sin 2x}{2x-\sin x}=\lim\limits_{x\to 0}\dfrac{1+\dfrac{\sin 2x}{x}}{2-\dfrac{\sin x}{x}}=\dfrac{1+2}{2-1}=3$

请辨识：（　　）是正确解法；（　　）是错误解法。

11. 函数 $y=\sqrt[3]{\cot(2x+1)}$ 是由哪些最简式复合而成的？

解法一：函数 $y=\sqrt[3]{\cot(2x+1)}$ 是由 $y=\sqrt[3]{u},u=\cot v,v=2x+1$ 复合而成的。

解法二：函数 $y=\sqrt[3]{\cot(2x+1)}$ 是由 $y=\sqrt[3]{\cot u},u=2x+1$ 复合而成的。

解法三：函数 $y=\sqrt[3]{\cot(2x+1)}$ 是由 $y=\sqrt[3]{u},u=\cot(2x+1)$ 复合而成的。

解法四：函数 $y=\sqrt[3]{\cot(2x+1)}$ 是由 $y=u,u=\sqrt[3]{\cot v},u=2x+1$ 复合而成的。

请辨识：（　　）是正确解法；（　　）是错误解法。

12. 函数 $y=\ln 2^x$ 是由哪些最简式复合而成的？

解法一：函数 $y=\ln 2^x$ 是由 $y=\ln u,u=2^x$ 复合而成的。

解法二：函数 $y=\ln 2^x$ 是由 $y=u,u=\ln v,v=2^x$ 复合而成的。

解法三：函数 $y=\ln 2^x$ 是由 $y=\ln u,u=v,v=2^x$ 复合而成的。

解法四：函数 $y=\ln 2^x$ 是由 $y=\ln u,u=2^v,v=x$ 复合而成的。

请辨识：（　　）是正确解法；（　　）是错误解法。

13. 复合函数 $y=5^{\ln(1-x^2)}$ 如何分解成最简式？

解法一：函数 $y=5^{\ln(1-x^2)}$ 可分解为 $y=5^u,u=\ln v,v=1-x^2$。

解法二：函数 $y=5^{\ln(1-x^2)}$ 可分解为 $y=\ln u,u=1-v^2,v=5^x$。

解法三：函数 $y=5^{\ln(1-x^2)}$ 可分解为 $y=5^u,u=1-v^2,v=\ln x$。

解法四：函数 $y=5^{\ln(1-x^2)}$ 可分解为 $y=\ln u,u=5^v,v=1-x^2$。

请辨识：（　　）是正确解法；（　　）是错误解法。

14. 复合函数 $y=\ln\sin^2(3x+1)$ 如何分解成最简式？

解法一：函数 $y=\ln\sin^2(3x+1)$ 可分解为 $y=\ln u,u=\sin v,v=3x+1$。

解法二：函数 $y=\ln\sin^2(3x+1)$ 可分解为 $y=\ln u,u=\sin(3v+1),v=x^2$。

解法三：函数 $y=\ln\sin^2(3x+1)$ 可分解为 $y=\ln u,u=v^2,v=\sin t,t=3x+1$。

解法四：函数 $y=\ln\sin^2(3x+1)$ 可分解为 $y=\ln u,u=v^2,v=\sin(3x+1)$。

请辨识：（　　）是正确解法；（　　）是错误解法。

15. 求 $\lim\limits_{x\to 0}\dfrac{1-\cos x}{x^2}$。

解法一：$\lim\limits_{x\to 0}\dfrac{1-\cos x}{x^2}=\lim\limits_{x\to 0}\dfrac{2\sin^2\dfrac{x}{2}}{x^2}=\dfrac{1}{2}\lim\limits_{x\to 0}\dfrac{\sin^2\dfrac{x}{2}}{\left(\dfrac{x}{2}\right)^2}=\dfrac{1}{2}\lim\limits_{x\to 0}\left(\dfrac{\sin\dfrac{x}{2}}{\dfrac{x}{2}}\right)^2=\dfrac{1}{2}\times 1^2=\dfrac{1}{2}$

解法二：$\lim\limits_{x\to 0}\dfrac{1-\cos x}{x^2}=\lim\limits_{x\to 0}\dfrac{2\sin^2\dfrac{x}{2}}{x^2}=\lim\limits_{x\to 0}\dfrac{2\cdot\left(\dfrac{x}{2}\right)^2}{x^2}=\dfrac{1}{2}$

解法三：$\lim\limits_{x\to 0}\dfrac{1-\cos x}{x^2}=\dfrac{1-\cos 0}{0^2}=1$

请辨识：（　　）是正确解法；（　　）是错误解法。

16. 求 $\lim\limits_{x\to 0}\dfrac{\sin 3x - \sin x}{x}$。

解法一：$\lim\limits_{x\to 0}\dfrac{\sin 3x - \sin x}{x} = \lim\limits_{x\to 0}\dfrac{\sin 3x}{x} - \lim\limits_{x\to 0}\dfrac{\sin x}{x} = 3 - 1 = 2$

解法二：$\lim\limits_{x\to 0}\dfrac{\sin 3x - \sin x}{x} = \lim\limits_{x\to 0}\dfrac{2\cos 2x \sin x}{x} = 2\lim\limits_{x\to 0}\cos 2x \cdot \lim\limits_{x\to 0}\dfrac{\sin x}{x} = 2 \times 1 \times 1 = 2$

解法三：$\lim\limits_{x\to 0}\dfrac{\sin 3x - \sin x}{x} = \dfrac{\sin 3 \cdot 0 - \sin 0}{0} = 0$

请辨识:（　　）是正确解法;（　　）是错误解法。

17. 求 $\lim\limits_{x\to\infty}\left(\dfrac{3+x}{2+x}\right)^{2x}$。

解法一：将分式 $\dfrac{3+x}{2+x}$ 直接往公式方向拆分。

$$\lim\limits_{x\to\infty}\left(\dfrac{3+x}{2+x}\right)^{2x} = \lim\limits_{x\to\infty}\left[\left(1+\dfrac{1}{x+2}\right)^{x+2}\right]^2\left(1+\dfrac{1}{x+2}\right)^{-4}$$

$$= \lim\limits_{x\to\infty}\left[\left(1+\dfrac{1}{x+2}\right)^{x+2}\right]^2 \lim\limits_{x\to\infty}\left(1+\dfrac{1}{x+2}\right)^{-4} = e^2 \times 1 = e^2$$

解法二：将分式 $\dfrac{3+x}{2+x}$ 分别除以 x，再对分子、分母分别使用公式。

$$\lim\limits_{x\to\infty}\left(\dfrac{3+x}{2+x}\right)^{2x} = \lim\limits_{x\to\infty}\dfrac{\left(1+\dfrac{3}{x}\right)^{2x}}{\left(1+\dfrac{2}{x}\right)^{2x}} = \dfrac{\lim\limits_{x\to\infty}\left[\left(1+\dfrac{1}{\frac{x}{3}}\right)^{\frac{x}{3}}\right]^6}{\lim\limits_{x\to\infty}\left[\left(1+\dfrac{1}{\frac{x}{2}}\right)^{\frac{x}{2}}\right]^4} = \dfrac{e^6}{e^4} = e^2$$

解法三：$\lim\limits_{x\to\infty}\left(\dfrac{3+x}{2+x}\right)^{2x} = \dfrac{\lim\limits_{x\to\infty}(3+x)^{2x}}{\lim\limits_{x\to\infty}(2+x)^{2x}} = \dfrac{\infty}{\infty} = 1$

请辨识:（　　）是正确解法;（　　）是错误解法。

18. 求 $\lim\limits_{x\to\infty}\left(1-\dfrac{1}{x}\right)^x$。

解法一：$\lim\limits_{x\to\infty}\left(1-\dfrac{1}{x}\right)^x = \lim\limits_{x\to\infty}\left[\left(1+\dfrac{1}{-x}\right)^{-x}\right]^{-1} = e^{-1}$

解法二：$\lim\limits_{x\to\infty}\left(1-\dfrac{1}{x}\right)^x = e$

解法三：$\lim\limits_{x\to\infty}\left(1-\dfrac{1}{x}\right)^x = 1^{\infty} = 1$

请辨识:（　　）是正确解法;（　　）是错误解法。

19. 求 $\lim\limits_{x\to\infty}\left(1+\dfrac{1}{x}\right)^{x-3}$。

解法一：$\lim\limits_{x\to\infty}\left(1+\dfrac{1}{x}\right)^{x-3} = \lim\limits_{x\to\infty}\left(1+\dfrac{1}{x}\right)^x \times \left(1+\dfrac{1}{x}\right)^{-3}$

$$= \lim\limits_{x\to\infty}\left(1+\dfrac{1}{x}\right)^x \times \lim\limits_{x\to\infty}\left(1+\dfrac{1}{x}\right)^{-3} = e \times 1 = e$$

解法二:$\lim\limits_{x\to\infty}\left(1+\dfrac{1}{x}\right)^{x-3}=\lim\limits_{x\to\infty}\left(1+\dfrac{1}{x-3}\right)^{x-3}=e$

解法三:$\lim\limits_{x\to\infty}\left(1+\dfrac{1}{x}\right)^{x-3}=\infty^{\infty}=\infty$

请辨识:(　　)是正确解法;(　　)是错误解法。

20. 求$\lim\limits_{x\to2}(x^2+2x-2^x)$。

解法一:$\lim\limits_{x\to2}(x^2+2x-2^x)=\lim\limits_{x\to2}x^2+2\lim\limits_{x\to2}x-\lim\limits_{x\to2}2^x=2^2+2\times2-2^2=4$

解法二:$\lim\limits_{x\to2}(x^2+2x-2^x)=2^2+2\times2-2^2=4$

解法三:$\lim\limits_{x\to2}(x^2+2x-2^x)=x^2+2x-2^x=2^2+2\cdot2-2^2=4$

请辨识:(　　)是正确解法;(　　)是错误解法。

六、看图选项

1. 如图是函数 $y=\arctan x$ 的图形,现有选项:

  A. $\dfrac{\pi}{2}$;   B. $-\dfrac{\pi}{2}$;

  C. 0;   D. 不存在。

通过观察图形,请将正确选项填入空白处。

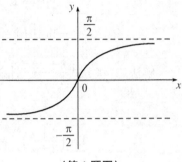

$\lim\limits_{x\to+\infty}\arctan x=(\quad)$

$\lim\limits_{x\to-\infty}\arctan x=(\quad)$

$\lim\limits_{x\to\infty}\arctan x=(\quad)$

$\lim\limits_{x\to0}\arctan x=(\quad)$

(第1题图)

2. 如图是函数 $f(x)=\begin{cases}-x, & x<0,\\1, & x=0,\\x, & x>0\end{cases}$ 的图形,现有

选项:

  A. 0;   B. 1;

  C. 连续的; D. 间断的。

通过观察图形,请将正确选项填入空白处。

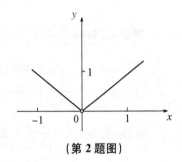

$\lim\limits_{x\to-0}f(x)=(\quad)$

$\lim\limits_{x\to+0}f(x)=(\quad)$

$\lim\limits_{x\to0}f(x)=(\quad)$

函数 $f(x)$ 在 $x=0$ 处是(　　)

(第2题图)

3. 如图是函数 $f(x)=\begin{cases}x^2, & x\leqslant0,\\x+1, & x>0\end{cases}$ 的图形,现有选项:

  A. 0;   B. 1;

  C. 不存在; D. 间断的。

通过观察图形,请将正确选项填入空白处。

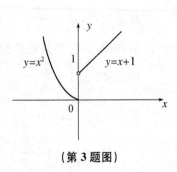

(第3题图)

$$\lim_{x \to -0} f(x) = (\quad\quad)$$

$$\lim_{x \to +0} f(x) = (\quad\quad)$$

$$\lim_{x \to 0} f(x) = (\quad\quad)$$

函数 $f(x)$ 在 $x=0$ 处是（　　　）

4. 如图是函数 $y = \dfrac{x^2-1}{x-1}$ 的图形，现有选项：

　　A. 不存在；　　　　B. 2；

　　C. 连续的；　　　　D. 间断的。

通过观察图形，请将正确选项填入空白处。

$$\lim_{x \to 1^+} y = (\quad\quad)$$

$$\lim_{x \to 1^-} y = (\quad\quad)$$

$$\lim_{x \to 1} y = (\quad\quad)$$

函数 y 在 $x=1$ 处是（　　　）

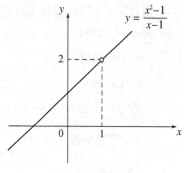

（第 4 题图）

5. 如图是函数 $f(x) = \begin{cases} -x, & x \leqslant 0 \\ 1+x, & x > 0 \end{cases}$ 的图形，现有

选项：

　　A. 0；　　　　　　B. 1；

　　C. 不存在；　　　　D. 间断的。

通过观察图形，请将正确选项填入空白处。

$$\lim_{x \to -0} f(x) = (\quad\quad)$$

$$\lim_{x \to +0} f(x) = (\quad\quad)$$

$$\lim_{x \to 0} f(x) = (\quad\quad)$$

函数 $f(x)$ 在 $x=0$ 处是（　　　）

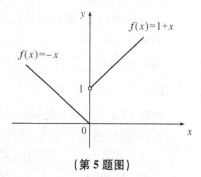

（第 5 题图）

6. 如图是函数 $f(x) = \begin{cases} 2\sqrt{x}, & 0 \leqslant x < 1, \\ 1, & x = 1, \\ 1+x, & x > 1 \end{cases}$ 的图形，现有

选项：

　　A. 不存在；　　　　B. 2；

　　C. 连续的；　　　　D. 间断的。

通过观察图形，请将正确选项填入空白处。

$$\lim_{x \to 1^+} f(x) = (\quad\quad)$$

$$\lim_{x \to 1^-} f(x) = (\quad\quad)$$

$$\lim_{x \to 1} f(x) = (\quad\quad)$$

函数 $f(x)$ 在 $x=1$ 处是（　　　）

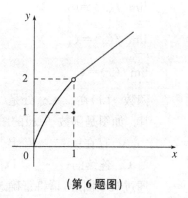

（第 6 题图）

7. 如图是函数 $f(x)=\begin{cases}\dfrac{1}{x}, & x>0,\\ x, & x\leqslant 0\end{cases}$ 的图形,现有选项:

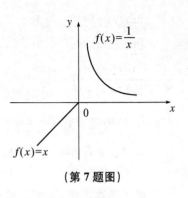

(第 7 题图)

  A. -1;   B. 0;

  C. 不存在;   D. 间断的。

通过观察图形,请将正确选项填入空白处。

$\lim\limits_{x\to-0}f(x)=($ $)$

$\lim\limits_{x\to+0}f(x)=($ $)$

$\lim\limits_{x\to0}f(x)=($ $)$

函数 $f(x)$ 在 $x=0$ 处是( )

8. 如图是函数 $f(x)=\begin{cases}x+1, & x\geqslant0,\\ x, & x<0\end{cases}$ 的图形,现有选项:

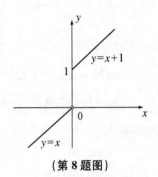

(第 8 题图)

  A. 1;   B. 0;

  C. 不存在;   D. 间断的。

通过观察图形,请将正确选项填入空白处。

$\lim\limits_{x\to-0}f(x)=($ $)$

$\lim\limits_{x\to+0}f(x)=($ $)$

$\lim\limits_{x\to0}f(x)=($ $)$

函数 $f(x)$ 在 $x=0$ 处是( )

9. 如图是函数 $f(x)$ 的图形,现有选项:

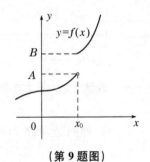

(第 9 题图)

  A. 存在;   B. 不存在;

  C. 连续的;   D. 间断的。

通过观察图形,请将正确选项填入空白处。

$\lim\limits_{x\to x_0^+}f(x)=($ $)$

$\lim\limits_{x\to x_0^-}f(x)=($ $)$

$\lim\limits_{x\to x_0}f(x)=($ $)$

函数 $f(x)$ 在 $x=x_0$ 处是( )

10. 如图是函数 $f(x)$ 的图形,现有选项:

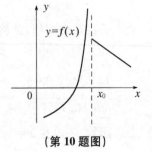

(第 10 题图)

  A. 存在;   B. 不存在;

  C. 连续的;   D. 间断的。

通过观察图形,请将正确选项填入空白处。

$\lim\limits_{x\to x_0^+}f(x)=($ $)$

$\lim\limits_{x\to x_0^-}f(x)=($ $)$

$\lim\limits_{x\to x_0}f(x)=($ $)$

函数 $f(x)$ 在 $x=x_0$ 处是( )

第二章 导数与微分

一、单选题

1. 函数 $f(x)=2x+1$ 的导数 $f'(x)=($)。
   A. 2   B. $2x$ C. -2 D. 4

2. 函数 $y=x^2$ 的导数 $f'(x)=($)。
   A. 2   B. $2x$ C. -2 D. 4

3. 函数 $y=x^2$ 在 $x=2$ 处的导数 $f'(2)=($)。
   A. 2   B. $2x$ C. -2 D. 4

4. 函数 $y=x^3$ 的导数 $y'=($)。
   A. x^3 B. $3x^3$ C. x^2 D. $3x^2$

5. 函数 $y=\sin x$ 的导数 $y'=($)。
   A. $\cos x$ B. $\sin x$ C. $-\sin x$ D. $-\cos x$

6. 函数 $y=\cos x$ 的导数 $y'=($)。
   A. $\cos x$ B. $\sin x$ C. $-\sin x$ D. $-\cos x$

7. 函数 $y=e^x$ 的导数 $y'=($)。
   A. xe^{x-1} B. e^x C. $-xe^{x-1}$ D. $-e^x$

8. 已知某物体沿直线做变速运动,运动规律为 $s=-2t^2+3t+10$(米),则该物体在 $t=3$ (秒)时的速度 $v(3)=($)(米/秒)。
   A. -9 B. 9   C. $-4t+3$ D. $4t-3$

9. 已知某物体沿直线做变速运动,运动规律为 $s=2t^2-3t+6$(米),则该物体在 $t=1$ (秒)时的速度 $v(1)=($)(米/秒)。
   A. $-4t+3$ B. $4t-3$ C. 1   D. -1

10. 函数 $y=x^2+2x$ 在 $x=1$ 处的导数 $y'|_{x=1}=($)。
    A. 4   B. $2x+2$ C. 2   D. 0

11. 函数 $y=\ln 3$ 在 $x=1$ 处的导数 $y'|_{x=1}=($)。
    A. 4   B. 0   C. $\dfrac{1}{3}$ D. $\dfrac{1}{\ln 3}$

12. 设 $f'(x_0)=\dfrac{1}{6}$,则 $\lim\limits_{h\to 0}\dfrac{f(x_0+2h)-f(x_0)}{h}=($)。

    A. 3   B. 6   C. $\dfrac{1}{3}$ D. $\dfrac{1}{6}$

13. 函数 $y=\log_2 x$ 的导数 $y'|_{x=1}=($)。
    A. $\dfrac{1}{x\ln 2}$ B. $2^x\ln 2$ C. $2\ln 2$ D. $\dfrac{1}{\ln 2}$

14. 将一个物体竖直上抛,经过时间 t 秒后,物体上升的高度为 $s=10t-\dfrac{1}{2}gt^2$(米),则物体在 1 秒时的瞬时速度 $v(1)=($　　$)$(米/秒)。

　　A. $10-g$　　　　B. $10-\dfrac{1}{2}gt$　　　　C. $10-gt$　　　　D. $10t-gt$

15. 设 $f'(x_0)=a$,则 $\lim\limits_{h\to 0}\dfrac{f(x_0+3h)-f(x_0)}{h}=($　　$)$。

　　A. a　　　　B. $3a$　　　　C. $\dfrac{a}{3}$　　　　D. $2a$

16. 函数 $y=\log_a x\,(a>0,a\neq 1)$ 的导数 $y'=($　　$)$。

　　A. $\dfrac{1}{x}$　　　　B. a^x　　　　C. $a^x\ln a$　　　　D. $\dfrac{1}{x\ln a}$

17. 函数 $y=a^x\,(a>0,a\neq 1)$ 的导数 $y'=($　　$)$。

　　A. $\dfrac{1}{x}$　　　　B. a^x　　　　C. $a^x\ln a$　　　　D. $\dfrac{1}{x\ln a}$

18. 设函数 $u(x)$、$v(x)$ 在 x 处可导,则 $[u(x)+v(x)]'=($　　$)$。
　　A. $u'(x)-v'(x)$　　　　　　　　　B. $u'(x)v(x)+u(x)v'(x)$
　　C. $\dfrac{u'(x)v(x)-u(x)v'(x)}{v^2(x)}$　　　　D. $u'(x)+v'(x)$

19. 设函数 $u(x)$、$v(x)$ 在 x 处可导,则 $[u(x)-v(x)]'=($　　$)$。
　　A. $u'(x)-v'(x)$　　　　　　　　　B. $u'(x)v(x)+u(x)v'(x)$
　　C. $\dfrac{u'(x)v(x)-u(x)v'(x)}{v^2(x)}$　　　　D. $u'(x)+v'(x)$

20. 设函数 $u(x)$、$v(x)$ 在 x 处可导,则 $[u(x)v(x)]'=($　　$)$。
　　A. $u'(x)-v'(x)$　　　　　　　　　B. $u'(x)v(x)+u(x)v'(x)$
　　C. $\dfrac{u'(x)v(x)-u(x)v'(x)}{v^2(x)}$　　　　D. $u'(x)+v'(x)$

21. 设函数 $u(x)$、$v(x)$ 在 x 处可导,则 $\left[\dfrac{u(x)}{v(x)}\right]'=($　　$)(v(x)\neq 0)$。
　　A. $u'(x)-v'(x)$　　　　　　　　　B. $u'(x)v(x)+u(x)v'(x)$
　　C. $\dfrac{u'(x)v(x)-u(x)v'(x)}{v^2(x)}$　　　　D. $u'(x)+v'(x)$

22. $f(x)=\tan x$ 的导数 $f'(x)=($　　$)$。
　　A. $\sec^2 x$　　　　B. $-\csc x\cot x$　　　　C. $-\csc^2 x$　　　　D. $\sec x\tan x$

23. $f(x)=\cot x$ 的导数 $f'(x)=($　　$)$。
　　A. $\sec^2 x$　　　　B. $-\csc x\cot x$　　　　C. $-\csc^2 x$　　　　D. $\sec x\tan x$

24. $f(x)=\sec x$ 的导数 $f'(x)=($　　$)$。
　　A. $\sec^2 x$　　　　B. $-\csc x\cot x$　　　　C. $-\csc^2 x$　　　　D. $\sec x\tan x$

25. $f(x)=\csc x$ 的导数 $f'(x)=($　　$)$。
　　A. $\sec^2 x$　　　　B. $-\csc x\cot x$　　　　C. $-\csc^2 x$　　　　D. $\sec x\tan x$

26. $f(x)=\arcsin x$ 的导数 $f'(x)=($　　$)$。

A. $\dfrac{1}{\sqrt{1-x^2}}$ 　　　B. $-\dfrac{1}{\sqrt{1-x^2}}$ 　　　C. $-\dfrac{1}{1+x^2}$ 　　　D. $\dfrac{1}{1+x^2}$

27. $f(x)=\arccos x$ 的导数 $f'(x)=($ 　　)。

A. $\dfrac{1}{\sqrt{1-x^2}}$ 　　　B. $-\dfrac{1}{\sqrt{1-x^2}}$ 　　　C. $-\dfrac{1}{1+x^2}$ 　　　D. $\dfrac{1}{1+x^2}$

28. $f(x)=\arctan x$ 的导数 $f'(x)=($ 　　)。

A. $\dfrac{1}{\sqrt{1-x^2}}$ 　　　B. $-\dfrac{1}{\sqrt{1-x^2}}$ 　　　C. $-\dfrac{1}{1+x^2}$ 　　　D. $\dfrac{1}{1+x^2}$

29. $f(x)=\mathrm{arccot}\, x$ 的导数 $f'(x)=($ 　　)。

A. $\dfrac{1}{\sqrt{1-x^2}}$ 　　　B. $-\dfrac{1}{\sqrt{1-x^2}}$ 　　　C. $-\dfrac{1}{1+x^2}$ 　　　D. $\dfrac{1}{1+x^2}$

30. $f(x)=x^{\mu}$（μ 为常数）的导数 $f'(x)=($ 　　)。

A. $\mu x^{\mu-1}$ 　　　B. 1 　　　C. $-\dfrac{1}{x^2}$ 　　　D. $\dfrac{1}{2\sqrt{x}}$

31. $f(x)=x$ 的导数 $f'(x)=($ 　　)。

A. $\mu x^{\mu-1}$ 　　　B. 1 　　　C. $-\dfrac{1}{x^2}$ 　　　D. $\dfrac{1}{2\sqrt{x}}$

32. $f(x)=\dfrac{1}{x}$ 的导数 $f'(x)=($ 　　)。

A. $\mu x^{\mu-1}$ 　　　B. 1 　　　C. $-\dfrac{1}{x^2}$ 　　　D. $\dfrac{1}{2\sqrt{x}}$

33. $f(x)=\sqrt{x}$ 的导数 $f'(x)=($ 　　)。

A. $\mu x^{\mu-1}$ 　　　B. 1 　　　C. $-\dfrac{1}{x^2}$ 　　　D. $\dfrac{1}{2\sqrt{x}}$

34. $f(x)=x\mathrm{e}^x$ 的导数 $f'(x)=($ 　　)。

A. $(1+x)\mathrm{e}^x$ 　　　　　　B. $\mathrm{e}^x(\sin x+\cos x)$

C. $\dfrac{1-\ln x}{x^2}$ 　　　　　　D. $2x+2$

35. $f(x)=\mathrm{e}^x\sin x$ 的导数 $f'(x)=($ 　　)。

A. $(1+x)\mathrm{e}^x$ 　　　　　　B. $\mathrm{e}^x(\sin x+\cos x)$

C. $\dfrac{1-\ln x}{x^2}$ 　　　　　　D. $2x+2$

36. $f(x)=\dfrac{\ln x}{x}$ 的导数 $f'(x)=($ 　　)。

A. $(1+x)\mathrm{e}^x$ 　　　　　　B. $\mathrm{e}^x(\sin x+\cos x)$

C. $\dfrac{1-\ln x}{x^2}$ 　　　　　　D. $2x+2$

37. $f(x)=x^2+2x-\ln 5$ 的导数 $f'(x)=($ 　　)。

A. $(1+x)\mathrm{e}^x$ 　　　　　　B. $\mathrm{e}^x(\sin x+\cos x)$

C. $\dfrac{1-\ln x}{x^2}$ 　　　　　　D. $2x+2$

38. 已知某火电厂某台机组的耗量特性函数为 $F=3+0.3P_G+0.0015P_G^2$,其中 $F(t/h)$,P_G(MW),则其耗量特性率为(　　)。

    A. $0.3+0.003P_G$　　　　　　　　B. $10\ 000(0.78+2t)$

    C. $5\ 957\ 200$　　　　　　　　　　D. $487\ 800$

39. 设某细菌种群的初始总量为 $10\ 000$,t 小时后,该种群 $y(t)=10\ 000(1+0.78t+t^2)$,则该种群数量 $y(t)$ 的变化率 $y'(t)$ 为(　　)。

    A. $0.3+0.003P_G$　　　　　　　　B. $10\ 000(0.78+2t)$

    C. $5\ 957\ 200$　　　　　　　　　　D. $487\ 800$

40. $f(x)=x^3+4x^2-6x+2$ 的导数 $f'(x)=$(　　)。

    A. $(2+x)xe^x$　　　　　　　　　B. $e^x(\cos x-\sin x)$

    C. $\dfrac{1-x\ln x}{xe^x}$　　　　　　　　D. $3x^2+8x-6$

41. $f(x)=x^2e^x$ 的导数 $f'(x)=$(　　)。

    A. $(2+x)xe^x$　　　　　　　　　B. $e^x(\cos x-\sin x)$

    C. $\dfrac{1-x\ln x}{xe^x}$　　　　　　　　D. $3x^2+8x-6$

42. $f(x)=e^x\cos x$ 的导数 $f'(x)=$(　　)。

    A. $(2+x)xe^x$　　　　　　　　　B. $e^x(\cos x-\sin x)$

    C. $\dfrac{1-x\ln x}{xe^x}$　　　　　　　　D. $3x^2+8x-6$

43. $f(x)=\dfrac{\ln x}{e^x}$ 的导数 $f'(x)=$(　　)。

    A. $(2+x)xe^x$　　　　　　　　　B. $e^x(\cos x-\sin x)$

    C. $\dfrac{1-x\ln x}{xe^x}$　　　　　　　　D. $3x^2+8x-6$

44. $f(x)=\dfrac{x^2}{e^x}$ 的导数 $f'(x)=$(　　)。

    A. $\tan x+x\sec^2 x-2\sec x\tan x$　　　B. $12x^2+\dfrac{4}{x^3}$

    C. $x\left(4+\dfrac{5}{2}\sqrt{x}\right)$　　　　　　　D. $\dfrac{2x-x^2}{e^x}$

45. $f(x)=4x^3-\dfrac{2}{x^2}+5$ 的导数 $f'(x)=$(　　)。

    A. $\tan x+x\sec^2 x-2\sec x\tan x$　　　B. $12x^2+\dfrac{4}{x^3}$

    C. $x\left(4+\dfrac{5}{2}\sqrt{x}\right)$　　　　　　　D. $\dfrac{2x-x^2}{e^x}$

46. $f(x)=x^2(2+\sqrt{x})$ 的导数 $f'(x)=$(　　)。

    A. $\tan x+x\sec^2 x-2\sec x\tan x$　　　B. $12x^2+\dfrac{4}{x^3}$

    C. $x\left(4+\dfrac{5}{2}\sqrt{x}\right)$　　　　　　　D. $\dfrac{2x-x^2}{e^x}$

47. $f(x)=x\tan x-2\sec x$ 的导数 $f'(x)=($　　　)。

　　A. $\tan x+x\sec^2 x-2\sec x\tan x$　　　　B. $12x^2+\dfrac{4}{x^3}$

　　C. $x\left(4+\dfrac{5}{2}\sqrt{x}\right)$　　　　　　D. $\dfrac{2x-x^2}{e^x}$

48. $f(x)=\sin x\cos x$ 的导数 $f'\left(\dfrac{\pi}{4}\right)=($　　　)。

　　A. $\dfrac{1}{2}$　　　　　B. 0　　　　C. $-\dfrac{1}{18}$　　　D. $\dfrac{3}{25}$

49. $f(x)=\dfrac{3}{5-x}$ 的导数 $f'(0)=($　　　)。

　　A. $\dfrac{1}{2}$　　　　　B. 0　　　　C. $-\dfrac{1}{18}$　　　D. $\dfrac{3}{25}$

50. 设物体以初速度 v_0 做上抛运动,其运动方程为:$s=v_0 t-\dfrac{1}{2}gt^2,(v_0>2,$且为常数$)$,则该物体在 t 时刻的速度为(　　　)。

　　A. v_0-gt　　　　B. $\dfrac{v_0}{g}$　　　　C. $\dfrac{v_0^2}{2g}$　　　D. $\dfrac{v_0^2}{g}$

51. 设物体以初速度 v_0 做上抛运动,其运动方程为:$s=v_0 t-\dfrac{1}{2}gt^2,(v_0>2,$且为常数$)$,则质点在(　　　)时刻的速度为 0。

　　A. v_0-gt　　　　B. $\dfrac{v_0}{g}$　　　　C. $\dfrac{v_0^2}{2g}$　　　D. $\dfrac{v_0^2}{g}$

52. 设物体以初速度 v_0 做上抛运动,其运动方程为:$s=v_0 t-\dfrac{1}{2}gt^2,(v_0>2,$且为常数$)$,则质点向上运动的最大高度为(　　　)。

　　A. v_0-gt　　　　B. $\dfrac{v_0}{g}$　　　　C. $\dfrac{v_0^2}{2g}$　　　D. $\dfrac{v_0^2}{g}$

53. 若某导体的电量(C)与时间(s)的函数关系为 $Q=2t^2+4$,则其电流强度 $i(t)=$(　　　)。

　　A. $4t(A)$　　　B. $4t+4(A)$　　　C. $20(A)$　　　D. $24(A)$

54. 若某导体的电量与时间的函数关系为 $Q=2t^2+4t+1(C)$,则 $t=5(s)$ 时的电流强度 $i(5)=($　　　)。

　　A. $4t(A)$　　　B. $4t+4(A)$　　　C. $20(A)$　　　D. $24(A)$

55. $y=e^{x^3}$ 的导数 $y'=($　　　)。

　　A. $-e^{x^3}$　　　B. $3x^2 e^{x^3}$　　　C. e^{x^3}　　　D. $-3x^2 e^{x^3}$

56. $y=(x^2-3x+2)^4$ 的导数 $y'=($　　　)。

　　A. $(x^2-3x+2)^4$　　　　　　B. $(x^2-3x+2)^3$

　　C. $4(x^2-3x+2)^3$　　　　　　D. $4(2x-3)(x^2-3x+2)^3$

57. 若函数 $y=x^3+3x^2-9x+2$,则 $y''=($　　　)。

　　A. $6x+6$　　　B. $3x^2-6x-9$　　　C. $3x^2+6x-9$　　　D. $6x-6$

58. 若函数 $y=\ln x$，则 $y''=($)。

    A. $\dfrac{2}{x^3}$ B. $\ln x$ C. $\dfrac{1}{x}$ D. $-\dfrac{1}{x^2}$

59. 函数 $y=x^2-3x+1$ 的微分 $\mathrm{d}y=($)。

    A. $(2x-3)\mathrm{d}x$ B. $2x-3$ C. $(2x+3)\mathrm{d}x$ D. $2x+3$

60. 函数 $y=e^x$ 的微分 $\mathrm{d}y=($)。

    A. e^x B. $e^x\mathrm{d}x$ C. $-e^x\mathrm{d}x$ D. $-e^x$

61. 函数 $y=\sin x$ 的微分 $\mathrm{d}y=($)。

    A. $\sin x$ B. $\cos x$ C. $-\sin x\mathrm{d}x$ D. $\cos x\mathrm{d}x$

62. 函数 $y=\cos x$ 的微分 $\mathrm{d}y=($)。

    A. $\sin x$ B. $\cos x$ C. $-\sin x\mathrm{d}x$ D. $\cos x\mathrm{d}x$

63. 在括号内填入适当的函数，使 $\mathrm{d}($ $)=3x^2\mathrm{d}x$ 成立。

    A. x^3+C B. $\tan x+C$ C. $\arcsin x+C$ D. $\arctan x+C$

64. 在括号内填入适当的函数，使 $\mathrm{d}($ $)=\dfrac{1}{\sqrt{1-x^2}}\mathrm{d}x$ 成立。

    A. x^3+C B. $\tan x+C$ C. $\arcsin x+C$ D. $\arctan x+C$

65. 在括号内填入适当的函数，使 $\mathrm{d}($ $)=\dfrac{1}{1+x^2}\mathrm{d}x$ 成立。

    A. x^3+C B. $\tan x+C$ C. $\arcsin x+C$ D. $\arctan x+C$

66. 由近似值公式 $f(x)\approx f(0)+f'(0)x$（其中 $|x|$ 很小）得 $\sin x\approx($)。

    A. x B. $1+x$ C. $1+\dfrac{x}{n}$ D. $2x$

67. 由近似值公式 $f(x)\approx f(0)+f'(0)x$（其中 $|x|$ 很小）得 $e^x\approx($)。

    A. x B. $1+x$ C. $1+\dfrac{x}{n}$ D. $2x$

68. 由近似值公式 $f(x)\approx f(0)+f'(0)x$（其中 $|x|$ 很小）得 $\ln(1+x)\approx($)。

    A. x B. $1+x$ C. $1+\dfrac{x}{n}$ D. $2x$

69. 由近似值公式 $f(x)\approx f(0)+f'(0)x$（其中 $|x|$ 很小）得 $\sqrt[n]{1+x}\approx($)。

    A. x B. $1+x$ C. $1+\dfrac{x}{n}$ D. $2x$

70. $e^{0.01}\approx($)

    A. $1.01e$ B. 1.01 C. e D. 0.01

二、多选题

1. 下列哪些函数的导数为 $2x($)。

    A. x^2 B. $2x^2+1$

    C. x^2-e D. x^2+C（C 为任意常数）

2. 下列哪些函数的导数为 $3x^2($)。

    A. x^3 B. x^3-5

　　C. $-x^3+e^2$　　　　　　　　　　D. x^3+C(C 为任意常数)

3. 下列哪些曲线满足 $y'|_{x=1}=2$(　　)。

　　A. $y=x^2$　　　　　　　　　　　B. $y=x^2+2$

　　C. $y=x^3-\ln 3$　　　　　　　　D. $y=x^2+C$(C 为任意常数)

4. 下列哪些曲线满足 $y'|_{x=x_0}=3x_0^2$(　　)。

　　A. $y=x^3$　　　　　　　　　　　B. $y=x^2+1$

　　C. $y=x^3-e$　　　　　　　　　　D. $y=x^3+C$(C 为任意常数)

5. 下列哪些直线过点 $M(0,1)$,且 $y'|_{x=0}\neq 1$(　　)。

　　A. $y=x+1$　　　B. $y=-ex+1$　　　C. $y=-x+1$　　　D. $y=ex+1$

6. 下列哪些直线与曲线 $y=x^3$ 在点 $M(1,1)$处的切线相交(　　)。

　　A. $y=3x$　　　　　　　　　　　B. $y=3x-2$

　　C. $y=-\dfrac{1}{3}x+\dfrac{4}{3}$　　　　　　　D. $y=-\dfrac{1}{3}x$

7. 下列哪些函数的导数满足 $f'(0)=1$(　　)。

　　A. $y=x-2$　　　B. $y=e^x$　　　C. $\dfrac{1}{3}x^3+1$　　　D. $\dfrac{1}{2}x^2-1$

8. 下列哪些函数的导数满足 $f'(1)=1$(　　)。

　　A. $y=x-2$　　　B. $y=e^x$　　　C. $\dfrac{1}{3}x^3-2$　　　D. $\dfrac{1}{2}x^2+1$

9. 下列哪些函数的导数满足 $f'(1)=1$(　　)。

　　A. $y=x+1$　　　B. $y=2\arctan x$　　　C. $\dfrac{1}{3}x^3+5$　　　D. $\dfrac{1}{2}x^2-2$

10. 下列哪些函数的导数满足 $f'(1)=1$(　　)。

　　A. $y=\ln x$　　　B. $y=x$　　　C. x^3-x^2　　　D. x^2-x

11. 下列哪些函数的导数满足 $f'(x)=0$(　　)。

　　A. $y=\ln 2$　　　B. $y=e^2$　　　C. $\sin 2$　　　D. $\cos x$

12. 下列哪些做变速直线运动的物体的速度满足 $v(1)=1$(　　)。

　　A. $s=\sin t+2$　　B. $s=t+2$　　　C. $s=t^3-t^2+2$　　D. $s=t^2-t+5$

13. 设 $f'(x_0)=a$,则下列等式成立的是(　　)。

　　A. $\lim\limits_{h\to 0}\dfrac{f(x_0+2h)-f(x_0)}{h}=2a$

　　B. $\lim\limits_{h\to 0}\dfrac{f(x_0-2h)-f(x_0)}{h}=-2a$

　　C. $\lim\limits_{h\to 0}\dfrac{f(x_0-h)-f(x_0)}{h}=a$

　　D. $\lim\limits_{h\to 0}\dfrac{f(x_0+h)-f(x_0)}{h}=a$

14. 下列哪些函数求导需用法则 $[u\pm v]'=u'\pm v'$(　　)。

　　A. $y=\sin x+e^x$　　B. $y=e^x\sin x$　　　C. $\sin x-x^2$　　　D. $x^2\cos x$

15. 下列哪些函数求导需用法则 $[uv]'=u'v+uv'$(　　)。

　　A. $y=\sin x+e^x$　　B. $y=e^x\sin x$　　　C. $\sin x-x^2$　　　D. $x^2\cos x$

16. 下列哪些函数的导数 $f'(x)=(2+x)xe^x$（　　）。

    A. $f(x)=x^2e^x$ B. $f(x)=e^x(\cos x-\sin x)$

    C. $f(x)=x^2e^x+e^{-x}$ D. $f(x)=x^2e^x+e$

17. 下列哪些函数的导数 $f'(x)=e^x(\cos x-\sin x)$（　　）。

    A. $f(x)=e^x\cos x$ B. $f(x)=e^x\cos x-\sin 2$

    C. $f(x)=e^x\sin x$ D. $f(x)=e^x\sin x-\sin 2$

18. 下列哪些函数的导数 $f'(x)=e^x(\cos x+\sin x)$（　　）。

    A. $f(x)=e^x\cos x$ B. $f(x)=e^x\cos x-\sin 2$

    C. $f(x)=e^x\sin x$ D. $f(x)=e^x\sin x-\sin 2$

19. 下列哪些函数满足 $dy|_{x=0}=2dx$（　　）。

    A. $\sin 2x$ B. $\ln(1+2x)$ C. $\tan x$ D. e^{2x}

20. 下列哪些函数满足 $dy|_{x=1}=dx$（　　）。

    A. x^2-e^x B. x^2-x+1 C. $\dfrac{1}{3}x^3$ D. e^{x-1}

三、判断题

1. 曲线 $y=f(x)$ 上过点 $M(x_0,f(x_0))$ 的切线斜率为 $k=f'(x_0)$。　　　　　　　　（　　）

2. 曲线 $y=f(x)$ 上过点 $M(x_0,f(x_0))$ 的切线斜率为 $k=f'(x)$。　　　　　　　　（　　）

3. 曲线 $y=f(x)$ 过点 $M(x_0,f(x_0))$ 的切线方程为 $y-f(x_0)=f'(x_0)(x-x_0)$。

                                                         （　　）

4. 曲线 $y=f(x)$ 过点 $M(x_0,f(x_0))$ 的法线方程为 $y-f(x_0)=-\dfrac{1}{f'(x_0)}(x-x_0)$ $(f'(x_0)\neq0)$。　　　　　　　　　　　　　　　　　　　　　　　　　　　　　　（　　）

5. 抛物线 $y=x^2$ 上过点 $M(2,4)$ 的切线方程为 $y=4x+4$。　　　　　　　　　（　　）

6. 曲线 $y=e^x$ 上过点 $M(0,1)$ 的切线方程是 $y=x+1$。　　　　　　　　　　（　　）

7. 曲线 $y=\ln x$ 上过点 $M(1,0)$ 的法线方程是 $y=x$。　　　　　　　　　　　（　　）

8. 已知某物体沿着直线运动,其运动方程为 $s=s(t)$（米）,则该物体在时刻 t_0（秒）的瞬时速度为 $v(t_0)=s'(t_0)$（米/秒）。　　　　　　　　　　　　　　　　　　　　（　　）

9. 设流过导体横切面的电量 Q(C)与时间 t(s)的关系为 $Q=Q(t)$,则导体在 t_0 秒时刻的电流强度为 $i(t_0)=Q'(t_0)$(A)。　　　　　　　　　　　　　　　　　　　　（　　）

10. 若 $f(x)=\ln x$,则 $f'\left(\dfrac{1}{2}\right)=\dfrac{1}{2}$。　　　　　　　　　　　　　　　　（　　）

11. 已知某水电厂某台机组的耗量特性函数为 $Q=5+P_{GH}+0.002P_{GH}^2$,其中 Q(m³/s),P_{GH}(MW),则其耗量特性率为 $Q'(t)=1+0.04P_{GH}$。　　　　　　　　　　　（　　）

12. 若物体运动的位置函数为 $s=s(t)$,则该物体运动的加速度是物体运动的位置函数 $s=s(t)$ 对时间 t 的二阶导数。　　　　　　　　　　　　　　　　　　　　　　（　　）

13. 设物体的运动方程为 $s=t^3+3t^2-12t+4$,则 $v(2)=3t^2+6t,a(2)=18$。　（　　）

14. 设函数 $y=f(x)$ 在点 x 处可导,则 $dy=y'dx$ 或 $dy=f'(x)dx$。　　　　（　　）

15. 设曲线 $y=f(x)$ 上过点 $M(x_0,f(x_0))$ 的切线为 MT,则函数 $y=f(x)$ 在点 x_0 处的微分,在几何上表示当 x 在 x_0 取得增量 Δx 时,切线 MT 上的纵坐标的增量。（　　）

16. $d(2+C)=2xdx$。 　　　　　　　　　　　　　　　　（　　　）

17. $d(e^{-x}+C)=e^{-x}dx$。 　　　　　　　　　　　　　（　　　）

18. $d(x^3+C)=3x^2dx$。 　　　　　　　　　　　　　　（　　　）

19. $d(2\sqrt{x}+C)=\dfrac{1}{\sqrt{x}}dx$。 　　　　　　　　　（　　　）

20. $d(\ln(1+x)+C)=\dfrac{1}{1+x}dx$。 　　　　　　　（　　　）

21. $d(-2e^{-2x}+C)=e^{-2x}dx$。 　　　　　　　　　（　　　）

22. $d(-2\cos 2x+C)=\sin 2xdx$。 　　　　　　　　（　　　）

23. 函数 $f(x)$ 在点 x_0 处可导必在点 x_0 处连续。 　　（　　　）

24. 函数 $f(x)$ 在点 x_0 处连续必定在点 x_0 处可导。 　（　　　）

25. 已知某物体沿着直线运动，其运动方程为 $s=t^2+2t(\mathrm{m})$，则该物体在时刻 $t=2(\mathrm{s})$ 的瞬时速度 $v(2)=6(\mathrm{m/s})$。 　　　　　　　　　　（　　　）

26. 设流过导体横切面的电量 $Q(\mathrm{C})$ 与时间 $t(\mathrm{s})$ 的关系为 $Q=t^2+6t$，则导体在 2 s 时刻的电流强度为 6(A)。 　　　　　　　　　　　　（　　　）

27. 函数 $f(x)$ 在点 x_0 处可导，则 $f(x)$ 在点 x_0 处必可微。 （　　　）

28. 若 $f(x)=e^x$，则 $f'(0)=1$。 　　　　　　　　　（　　　）

29. $\ln(1+0.0001)\approx 0.0001$。 　　　　　　　　　（　　　）

30. $\sqrt{1.05}\approx 1.05$。 　　　　　　　　　　　　（　　　）

31. 若 $y=x^3-x^2$，则 $y'=3x^2-2x$。 　　　　　　（　　　）

32. 若 $y=x^3-x^2$，则 $y'(0)=0$。 　　　　　　　（　　　）

33. 若 $y=x^3-x^2$，则 $y'(0)=1$。 　　　　　　　（　　　）

34. 若 $y=x^3-x^2$，则 $y'(1)=1$。 　　　　　　　（　　　）

35. 若 $y=x^3-x^2$，则 $y'(1)=0$。 　　　　　　　（　　　）

36. 若 $y=e^x-\sin x$，则 $dy=(e^x-\cos x)dx$。 　　（　　　）

37. 若 $y=e^x-\sin x$，则 $dy|_{x=0}=0$。 　　　　　（　　　）

38. 若 $y=e^x-\sin x$，则 $dy|_{x=0}=dx$。 　　　　　（　　　）

39. 若 $y=e^x-\ln x$，则 $dy|_{x=1}=(e-1)dx$。 　　（　　　）

40. 若 $y=e^x-\ln x$，则 $dy|_{x=1}=0$。 　　　　　（　　　）

四、辨析题

1. 求 $y=x^2e^x$ 的导数 y'。

解法一：$y'=(x^2)'(e^x)'=2xe^x$

解法二：$y'=(x^2)'e^x+x^2(e^x)'=2xe^x+x^2e^x=x(2+x)e^x$

请辨识：（　　　）是正确解法；（　　　）是错误解法。

2. 求 $y=x^2\sin x$ 的导数 y'。

解法一：$y'=(x^2)'(\sin x)'=2x\cos x$

解法二：$y'=(x^2)'\sin x+x^2(\sin x)'=2x\sin x+x^2\cos x=x(2\sin x+x\cos x)$

请辨识：（　　　）是正确解法；（　　　）是错误解法。

3. 求 $y = e^x \sin x$ 的导数 y'。

解法一：$y' = (e^x)' \sin x + e^x (\sin x)' = e^x \sin x + e^x \cos x = e^x (\sin x + \cos x)$

解法二：$y' = (e^x)'(\sin x)' = e^x \cos x$

请辨识：(　　)是正确解法；(　　)是错误解法。

4. 求 $y = x^2 \ln x$ 的导数 y'。

解法一：$y' = (x^2)' \ln x + x^2 (\ln x)' = 2x \ln x + x = x(2\ln x + 1)$

解法二：$y' = (x^2)'(\ln x)' = 2$

请辨识：(　　)是正确解法；(　　)是错误解法。

5. 求 $y = \dfrac{x^2}{e^x}$ 的导数 y'。

解法一：$y' = \dfrac{(x^2)'}{(e^x)'} = \dfrac{2x}{e^x}$

解法二：$y' = (x^2)' \dfrac{1}{e^x} + x^2 \left(\dfrac{1}{e^x}\right)' = 2x \dfrac{1}{e^x} + x^2 \dfrac{-e^x}{e^{2x}} = \dfrac{x(2-x)}{e^x}$

解法三：$y' = \dfrac{2x e^x - x^2 e^x}{e^{2x}} = \dfrac{x(2-x)}{e^x}$

解法四：$y' = \dfrac{2x e^x + x^2 e^x}{e^{2x}} = \dfrac{x(2+x)}{e^x}$

请辨识：(　　)是正确解法；(　　)是错误解法。

6. 求 $y = \dfrac{\ln x}{e^x}$ 的导数 y'。

解法一：$y' = \dfrac{(\ln x)'}{(e^x)'} = \dfrac{1}{x e^x}$

解法二：$y' = (\ln x)' \dfrac{1}{e^x} + \ln x \left(\dfrac{1}{e^x}\right)' = \dfrac{1}{x e^x} + \ln x \left(\dfrac{-e^x}{e^{2x}}\right) = \dfrac{1 - x \ln x}{e^x}$

解法三：$y' = \dfrac{\dfrac{1}{x} e^x - \ln x e^x}{e^{2x}} = \dfrac{1 - x \ln x}{x e^x}$

解法四：$y' = \dfrac{\dfrac{1}{x} e^x + \ln x e^x}{e^{2x}} = \dfrac{1 + x \ln x}{x e^x}$

请辨识：(　　)是正确解法；(　　)是错误解法。

7. 求 $y = \dfrac{\sin x}{e^x}$ 的导数 y'。

解法一：$y' = \dfrac{(\sin x)'}{(e^x)'} = \dfrac{\cos x}{e^x}$

解法二：$y' = (\sin x)' \dfrac{1}{e^x} + \sin x \left(\dfrac{1}{e^x}\right)' = \cos x \dfrac{1}{e^x} + \sin x \left(\dfrac{-e^x}{e^{2x}}\right) = \dfrac{\cos x - \sin x}{e^x}$

解法三：$y' = \dfrac{\cos x e^x - \sin x e^x}{e^{2x}} = \dfrac{\cos x - \sin x}{e^x}$

解法四：$y' = \dfrac{\cos x e^x + \sin x e^x}{e^{2x}} = \dfrac{\cos x + \sin x}{e^x}$

请辨识：(　　)是正确解法；(　　)是错误解法。

8. 求 $y=\dfrac{x^2}{\ln x}$ 的导数 y'。

解法一：$y'=\dfrac{(x^2)'}{(\ln x)'}=2x^2$

解法二：$y'=\dfrac{2x\ln x-x^2\cdot\dfrac{1}{x}}{\ln^2 x}=\dfrac{x(2\ln x-1)}{\ln^2 x}$

解法三：$y'=\dfrac{2x\ln x+x^2\cdot\dfrac{1}{x}}{\ln^2 x}=\dfrac{x(2\ln x+1)}{\ln^2 x}$

请辨识：（   ）是正确解法；（   ）是错误解法。

9. 求 $y=e^{x^3}$ 的导数 y'。

解法一：$y'=(e^{x^3})'_{x^3}(x^3)'_x=3x^2 e^{x^3}$

解法二：$y'=(e^{x^3})'=e^{x^3}$

请辨识：（   ）是正确解法；（   ）是错误解法。

10. 求 $y=\sin^3(x^2+1)$ 的导数 y'。

解法一：$y'=3\sin^2(x^2+1)\times[\sin(x^2+1)]'=3\sin^2(x^2+1)\cos(x^2+1)(x^2+1)'$
$\qquad\quad =6x\sin^2(x^2+1)\cos(x^2+1)$

解法二：$y'=3\sin^2(x^2+1)\times[\sin(x^2+1)]'=3\sin^2(x^2+1)\cos(x^2+1)(x^2+1)'$
$\qquad\quad =3x\sin(x^2+1)\sin 2(x^2+1)$

解法三：$y'=\cos^3(x^2+1)\times(x^2+1)'=2x\cos^3(x^2+1)$

请辨识：（   ）是正确解法；（   ）是错误解法。

11. 求 $y=(x^2-3x+2)^4$ 的导数 y'。

解法一：$y'=4(x^2-3x+2)^3(2x-3)$

解法二：$y'=4(x^2-3x+2)^3$

请辨识：（   ）是正确解法；（   ）是错误解法。

12. 求 $y=e^{-(x^2+2)}$ 的导数。

解法一：$y'=e^{(-x^2+2)}\times(-2x)=-2xe^{(-x^2+2)}$

解法二：$y'=e^{(-x^2+2)}$

请辨识：（   ）是正确解法；（   ）是错误解法。

13. 求 $y=\dfrac{x}{\sqrt{1+x^2}}$ 的导数。

解法一：$y'=\dfrac{\sqrt{1+x^2}-x\dfrac{1}{2\sqrt{1+x^2}}\times 2x}{1+x^2}=\dfrac{1}{(1+x^2)\sqrt{1+x^2}}$

解法二：$y'=\dfrac{1}{\sqrt{1+x^2}}+x\dfrac{0-\dfrac{1}{2\sqrt{1+x^2}}\times 2x}{1+x^2}=\dfrac{1}{(1+x^2)\sqrt{1+x^2}}$

解法三：$y'=\dfrac{\sqrt{1+x^2}-x\dfrac{1}{2\sqrt{1+x^2}}}{1+x^2}\times 2x=\dfrac{x(2x^2-x+2)}{(1+x^2)\sqrt{1+x^2}}$

解法四:$y' = \dfrac{\sqrt{1+x^2} - x\dfrac{1}{2}\dfrac{1}{\sqrt{1+x^2}}}{1+x^2} = \dfrac{(1+x^2-x)}{2(1+x^2)\sqrt{1+x^2}}$

请辨识:(　　)是正确解法;(　　)是错误解法。

14. 求 $y = x^4 + 2x + e^x + \ln 3$ 的微分。

解法一:$dy = y'dx = (x^4+2x+e^x+\ln 3)'dx = \left(4x^3+2+e^x+\dfrac{1}{3}\right)dx$

解法二:$dy = y'dx = (x^4+2x+e^x+\ln 3)'dx = (4x^3+2+e^x)dx$

解法三:因为 $y' = 4x^3+2+e^x$,所以 $dy = (4x^3+2+e^x)dx$

解法四:因为 $y' = 4x^3+2+e^x+\dfrac{1}{3}$,所以 $dy = 4x^3+2+e^x+\dfrac{1}{3}$

解法五:$dy = d(x^4+2x+e^x+\ln 3) = d(x^4)+d(2x)+d(e^x)+d(\ln 3)$
$$= 4x^3 dx+2dx+e^x dx+\dfrac{1}{3}dx = \left(4x^3+2+e^x+\dfrac{1}{3}\right)dx$$

请辨识:(　　)是正确解法;(　　)是错误解法。

15. 求 $y = 5\cos 3x$ 的微分。

解法一:$dy = y'dx = (5\cos 3x)'dx = -5\sin 3x dx$

解法二:$dy = y'dx = (5\cos 3x)'dx = -15\sin 3x dx$

解法三:$dy = -5\sin 3x d(3x) = -15\sin 3x dx$

解法四:因为 $y' = -15\sin 3x$,所以 $dy = -15\sin 3x dx$

解法五:$dy = -15\sin 3x$

请辨识:(　　)是正确解法;(　　)是错误解法。

16. 求 $y = x\sin 2x$ 的微分。

解法一:因为 $y' = \sin 2x + x\cos 2x$,所以 $dy = (\sin 2x + x\cos 2x)dx$

解法二:因为 $y' = \sin 2x + 2x\cos 2x$,所以 $dy = (\sin 2x + 2x\cos 2x)dx$

解法三:$dy = \sin 2x dx + x d(\sin 2x) = \sin 2x dx + x\cos 2x d(2x)$
$$= (\sin 2x + 2x\cos 2x)dx$$

解法四:$dy = \sin 2x dx + x d(\sin 2x) = \sin 2x dx + x\cos 2x dx$
$$= (\sin 2x + x\cos 2x)dx$$

请辨识:(　　)是正确解法;(　　)是错误解法。

17. 求 $y = [\ln(1-x)]^2$ 的微分。

解法一:因为 $y' = 2\ln(1-x)\times\dfrac{1}{1-x}\times(-1) = \dfrac{2\ln(1-x)}{x-1}$,所以 $dy = \dfrac{2\ln(1-x)}{x-1}dx$

解法二:因为 $y' = 2\ln(1-x)\times\dfrac{1}{1-x} = \dfrac{2\ln(1-x)}{1-x}$,所以 $dy = \dfrac{2\ln(1-x)}{1-x}dx$

解法三:$dy = d[\ln(1-x)]^2 = 2\ln(1-x)d\ln(1-x)$
$$= 2\ln(1-x)\times\dfrac{1}{1-x}d(1-x) = \dfrac{2\ln(1-x)}{x-1}dx$$

解法四:$dy = d[\ln(1-x)]^2 = 2\ln(1-x)d\ln(1-x)$
$$= 2\ln(1-x)\times\dfrac{1}{1-x}dx = \dfrac{2\ln(1-x)}{1-x}dx$$

请辨识:(　　)是正确解法;(　　)是错误解法。

18. 求 $y=\tan^2(1+2x^2)$ 的微分。

解法一:因为 $y'=2\tan(1+2x^2)\times\sec^2(1+2x^2)\times(4x)=8x\tan(1+2x^2)\sec^2(1+2x^2)$

所以 $\mathrm{d}y=8x\tan(1+2x^2)\sec^2(1+2x^2)\mathrm{d}x$

解法二:$\mathrm{d}y=\mathrm{d}[\tan^2(1+2x^2)]=2\tan(1+2x^2)\mathrm{d}[\tan(1+2x^2)]$

$\qquad\qquad=2\tan(1+2x^2)\sec^2(1+2x^2)\mathrm{d}(1+2x^2)=8x\tan(1+2x^2)\sec^2(1+2x^2)\mathrm{d}x$

解法三:$\mathrm{d}y=\mathrm{d}[\tan^2(1+2x^2)]=2\tan(1+2x^2)\mathrm{d}[\tan(1+2x^2)]$

$\qquad\qquad=2\tan(1+2x^2)\sec^2(1+2x^2)\mathrm{d}(1+2x^2)=8x\tan(1+2x^2)\sec^2(1+2x^2)$

请辨识:(　　)是正确解法;(　　)是错误解法。

第三章　导数的应用

一、单选题

1. 如果函数 $y=f(x)$ 在闭区间 $[a,b]$ 上连续，在开区间 (a,b) 内可导，且 $f(a)=f(b)$，则在 (a,b) 内至少存在一点 ξ，使得 $f'(\xi)=($ 　　)。

    A. 0　　　　　　　B. $\dfrac{3}{2}$　　　　　　C. $\dfrac{f(b)-f(a)}{b-a}$　　D. $C(C$ 为一常数$)$

2. 函数 $y=x^2-3x-4$ 在区间 $[-1,4]$ 上满足罗尔定理的 $\xi=($ 　　)。

    A. 0　　　　　　　B. $\dfrac{3}{2}$　　　　　　C. $\dfrac{f(b)-f(a)}{b-a}$　　D. $C(C$ 为一常数$)$

3. 如果函数 $y=f(x)$ 在闭区间 $[a,b]$ 上连续，在开区间 (a,b) 内可导，则在 (a,b) 内，至少存在一点 ξ，使得 $f'(\xi)=($ 　　)。

    A. 0　　　　　　　B. $\dfrac{3}{2}$　　　　　　C. $\dfrac{f(b)-f(a)}{b-a}$　　D. $C(C$ 为一常数$)$

4. 如果在区间 (a,b) 内，函数 $y=f(x)$ 的导数 $f'(x)\equiv0$，那么在区间 (a,b) 内函数 $f(x)=($ 　　)。

    A. 0　　　　　　　B. $\dfrac{3}{2}$　　　　　　C. $\dfrac{f(b)-f(a)}{b-a}$　　D. $C(C$ 为一常数$)$

5. 如果在区间 (a,b) 内，$f'(x)\equiv g'(x)$，则在区间 (a,b) 内，$f(x)=g(x)+($ 　　)。

    A. $e-1$　　　　　B. $\dfrac{\pi}{2}$　　　　　C. $\sqrt{\dfrac{4-\pi}{\pi}}$　　D. $C(C$ 为一常数$)$

6. 函数 $f(x)=\ln x$，在闭区间 $[1,e]$ 上满足拉格朗日中值定理的 $\xi=($ 　　)。

    A. $e-1$　　　　　B. $\dfrac{\pi}{2}$　　　　　C. $\sqrt{\dfrac{4-\pi}{\pi}}$　　D. $C(C$ 为一常数$)$

7. 函数 $y=\sin x$ 在区间 $\left[\dfrac{\pi}{4},\dfrac{3\pi}{4}\right]$ 上满足罗尔定理的 $\xi=($ 　　)。

    A. $e-1$　　　　　B. $\dfrac{\pi}{2}$　　　　　C. $\sqrt{\dfrac{4-\pi}{\pi}}$　　D. $C(C$ 为一常数$)$

8. 函数 $y=\arctan x$ 在区间 $[0,1]$ 上满足拉格朗日中值定理的 $\xi=($ 　　)。

    A. $e-1$　　　　　B. $\dfrac{\pi}{2}$　　　　　C. $\sqrt{\dfrac{4-\pi}{\pi}}$　　D. $C(C$ 为一常数$)$

9. $\lim\limits_{x\to1}\dfrac{x-1}{x^2+2x-3}=($ 　　)。

    A. $\dfrac{1}{4}$　　　　　B. 2　　　　　　C. 0　　　　　　D. ∞

10. $\lim\limits_{x\to\infty}\dfrac{2x^3-1}{x^3+2x-3}=($ 　　)。

    A. $\dfrac{1}{4}$ B. 2   C. 0   D. ∞

11. $\lim\limits_{x\to+\infty}\dfrac{\ln(x+1)}{e^x}=($)。

    A. $\dfrac{1}{4}$ B. 2   C. 0   D. ∞

12. $\lim\limits_{x\to0}\dfrac{\ln(1+4x)}{x^2}=($)。

    A. $\dfrac{1}{4}$ B. 2   C. 0   D. ∞

13. $\lim\limits_{x\to0^+}x\ln x=($)。

    A. $-\dfrac{1}{2}$ B. 2   C. 1   D. 0

14. $\lim\limits_{x\to0}\left(\dfrac{1}{e^x-1}-\dfrac{1}{x}\right)=($)。

    A. $-\dfrac{1}{2}$ B. 2   C. 1   D. 0

15. $\lim\limits_{x\to0^+}x^x=($)。

    A. $-\dfrac{1}{2}$ B. 2   C. 1   D. 0

16. $\lim\limits_{x\to\frac{\pi}{2}}\dfrac{\cos x}{x-\dfrac{\pi}{2}}=($)。

    A. $\dfrac{1}{2}$ B. -1 C. $\dfrac{3}{2}$ D. 2

17. $\lim\limits_{x\to\infty}\dfrac{x^2-x+2}{2x^2-x+1}=($)。

    A. $\dfrac{1}{2}$ B. -1 C. $\dfrac{3}{2}$ D. 2

18. $\lim\limits_{x\to1}\dfrac{x^3-3x+2}{x^3-x^2-x+1}=($)。

    A. $\dfrac{1}{2}$ B. -1 C. $\dfrac{3}{2}$ D. 2

19. $\lim\limits_{x\to0}\dfrac{e^x-e^{-x}}{\sin x}=($)。

    A. $\dfrac{1}{2}$ B. -1 C. $\dfrac{3}{2}$ D. 2

20. $\lim\limits_{x\to0}x\cot x=($)。

    A. $\dfrac{1}{2}$ B. $\cos a$ C. 1   D. $\ln\dfrac{a}{b}$

21. $\lim\limits_{x\to a}\dfrac{\sin x-\sin a}{x-a}=($)。

    A. $\dfrac{1}{2}$ B. $\cos a$ C. 1   D. $\ln\dfrac{a}{b}$

22. $\lim\limits_{x\to 0}\dfrac{a^x-b^x}{x}=($　　)。

　　A. $\dfrac{1}{2}$　　　　　　B. $\cos a$　　　　C. 1　　　　D. $\ln\dfrac{a}{b}$。

23. $\lim\limits_{x\to 1}\left(\dfrac{1}{x-1}-\dfrac{2}{x^2-1}\right)=($　　)。

　　A. $\dfrac{1}{2}$　　　　　　B. $\cos a$　　　　C. 1　　　　D. $\ln\dfrac{a}{b}$

24. 函数 $y=x^3-3x^2-9x+1$ 的单调递增区间为(　　)。
　　A. $(-\infty,-1)$　　　　　　　　B. $(3,+\infty)$
　　C. $(-1,3)$　　　　　　　　　　D. $(-\infty,-1)$和$(3,+\infty)$

25. 函数 $y=x^3-3x^2-9x+1$ 的单调递减区间为(　　)。
　　A. $(-\infty,-1)$　　　　　　　　B. $(3,+\infty)$
　　C. $(-1,3)$　　　　　　　　　　D. $(-\infty,-1)$和$(3,+\infty)$

26. 函数 $y=\dfrac{3}{8}x^{\frac{8}{3}}-\dfrac{3}{2}x^{\frac{2}{3}}$ 的单调递减区间为(　　)。

　　A. $(-1,0)$　　　　　　　　　　B. $(0,1)$
　　C. $(-1,0)$和$(1,+\infty)$　　　　D. $(-\infty,-1)$和$(0,1)$

27. 函数 $y=\dfrac{3}{8}x^{\frac{8}{3}}-\dfrac{3}{2}x^{\frac{2}{3}}$ 的单调递增区间为(　　)。

　　A. $(-1,0)$　　　　　　　　　　B. $(0,1)$
　　C. $(-1,0)$和$(1,+\infty)$　　　　D. $(-\infty,-1)$和$(0,1)$

28. 函数 $y=x^3-6x^2+9x+5$ 的驻点有(　　)。
　　A. $x=1$　　　B. $x=0$　　　C. $x=-1$　　　D. $x=5$

29. 函数 $y=x^3-6x^2+9x+5$ 的驻点有(　　)。
　　A. $x=3$　　　B. $x=0$　　　C. $x=-1$　　　D. $x=5$

30. 函数 $y=x^3-6x^2+9x+5$ 的极大值为(　　)。
　　A. $y(3)=5$　　　B. $y(1)=9$　　　C. $y(0)=5$　　　D. $y(-1)=-11$

31. 函数 $y=x^3-6x^2+9x+5$ 的极小值为(　　)。
　　A. $y(3)=5$　　　B. $y(1)=9$　　　C. $y(0)=5$　　　D. $y(-1)=-11$

32. 函数 $y=x^3$ 的驻点是(　　)。
　　A. $x=1$　　　B. $x=0$　　　C. $x=-1$　　　D. $x=5$

33. 函数 $y=x^3-3x^2-9x+14$ 的驻点有(　　)。
　　A. $x=1$　　　B. $x=0$　　　C. $x=-1$　　　D. $x=5$

34. 函数 $y=x^3-3x^2-9x+14$ 的驻点有(　　)。
　　A. $x=1$　　　B. $x=0$　　　C. $x=5$　　　D. $x=3$

35. 函数 $y=x^3-3x^2-9x+14$ 的极大值是(　　)。
　　A. $y(3)=-13$　　B. $y(1)=3$　　C. $y(0)=14$　　D. $y(-1)=19$

36. 函数 $y=x^3-3x^2-9x+14$ 的极小值是(　　)。
　　A. $y(3)=-13$　　B. $y(1)=3$　　C. $y(0)=14$　　D. $y(-1)=19$。

37. 函数 $y=2x^3-3x^2$ 的驻点有(　　)。

    A. $x=2$ B. $x=0$ C. $x=-1$ D. $x=3$

38. 函数 $y=2x^3-3x^2$ 的驻点有(　　)。

    A. $x=2$ B. $x=1$ C. $x=-1$ D. $x=3$

39. 函数 $y=2x^3-3x^2$ 的极大值是(　　)。

    A. $y(0)=0$ B. $y(1)=-1$ C. $y(2)=4$ D. $y(-1)=-5$

40. 函数 $y=2x^3-3x^2$ 的极小值是(　　)。

    A. $y(0)=0$ B. $y(1)=-1$ C. $y(2)=4$ D. $y(-1)=-5$

41. 函数 $y=x^3-3x^2-9x+1$ 在 $[-2,2]$ 上的最大值是(　　)。

    A. $y(3)=-26$ B. $y(-2)=-1$ C. $y(2)=-21$ D. $y(-1)=6$

42. 函数 $y=x^3-3x^2-9x+1$ 在 $[-2,2]$ 上的最小值是(　　)。

    A. $y(3)=-26$ B. $y(-2)=-1$ C. $y(2)=-21$ D. $y(-1)=6$

43. 函数 $y=2x^3-3x^2$ 在 $[-1,4]$ 上的最小值是(　　)。

    A. $y(0)=0$ B. $y(1)=-1$ C. $y(4)=80$ D. $y(-1)=-5$

44. 函数 $y=2x^3-3x^2$ 在 $[-1,4]$ 上的最大值是(　　)。

    A. $y(0)=0$ B. $y(1)=-1$ C. $y(4)=80$ D. $y(-1)=-5$

45. 函数 $y=\frac{1}{3}x^3-x^2-3x+9$ 在 $[-2,2]$ 上的最小值是(　　)。

    A. $y(-2)=\frac{25}{3}$ B. $y(2)=\frac{5}{3}$ C. $y(3)=0$ D. $y(-1)=\frac{32}{3}$

46. 函数 $y=\frac{1}{3}x^3-x^2-3x+9$ 在 $[-2,2]$ 上的最大值是(　　)。

    A. $y(-2)=\frac{25}{3}$ B. $y(2)=\frac{5}{3}$ C. $y(3)=0$ D. $y(-1)=\frac{32}{3}$

47. 曲线 $y=x^3-6x^2+9x+1$ 的拐点为(　　)。

    A. $(2,3)$ B. $(1,5)$ C. $(3,1)$ D. $(0,1)$

48. 曲线 $y=(x-2)e^x$ 拐点为(　　)。

    A. $(0,-2)$ B. $(1,-e)$ C. $(2,0)$ D. $(3,e^3)$

49. 曲线 $y=2x\ln x-x^2$ 拐点为(　　)。

    A. $(e,2e-e^2)$ B. $(1,-1)$ C. $(2,4\ln 2-4)$ D. $(3,6\ln 3-9)$

50. 曲线 $y=x^3-3x$ 拐点为(　　)。

    A. $(0,0)$ B. $(-1,2)$ C. $(1,-2)$ D. $(2,2)$

二、多选题

1. 函数 $y=x^3-3x^2-9x+1$ 的极值点为(　　)。

    A. $x=-1$ B. $x=0$ C. $x=1$ D. $x=3$

2. 函数 $y=\frac{3}{8}x^{\frac{8}{3}}-\frac{3}{2}x^{\frac{2}{3}}$ 的驻点为(　　)。

    A. $x=-1$ B. $x=3$ C. $x=0$ D. $x=1$

3. 函数 $y=\frac{3}{8}x^{\frac{8}{3}}-\frac{3}{2}x^{\frac{2}{3}}$ 的极值点为(　　)。

A. $x=-1$ B. $x=3$ C. $x=0$ D. $x=1$

4. 函数 $y=x^3-3x+1$ 的驻点是(　　)。

     A. $x=-1$ B. $x=0$ C. $x=1$ D. $x=3$

5. 函数 $y=x^3-3x+1$ 的极值点是(　　)。

     A. $x=1$ B. $x=0$ C. $x=-1$ D. $x=3$

6. 函数 $y=x^3-4x-2$ 的驻点是(　　)。

     A. $x=1$ B. $x=-\dfrac{2\sqrt{3}}{3}$ C. $x=-1$ D. $x=\dfrac{2\sqrt{3}}{3}$

7. 函数 $y=x^3-4x-2$ 的极值点是(　　)。

     A. $x=-1$ B. $x=-\dfrac{2\sqrt{3}}{3}$ C. $x=1$ D. $x=\dfrac{2\sqrt{3}}{3}$

8. 函数 $y=2x^3-3x^2$ 的驻点是(　　)。

     A. $x=2$ B. $x=0$ C. $x=-1$ D. $x=1$

9. 函数 $y=2x^3-3x^2$ 的极值点是(　　)。

     A. $x=-1$ B. $x=0$ C. $x=1$ D. $x=2$

10. 函数 $y=\dfrac{1}{3}x^3-x^2-3x+9$ 的驻点是(　　)。

     A. $x=-1$ B. $x=0$ C. $x=1$ D. $x=3$

11. 函数 $y=2x^3-9x^2+12x-3$ 的极值点是(　　)。

     A. $x=1.5$ B. $x=0$ C. $x=1$ D. $x=2$

12. 曲线 $y=\dfrac{1}{4}x^4-x^3-\dfrac{9}{2}x^2+x+1$ 的拐点是(　　)。

     A. $\left(-1,-\dfrac{13}{4}\right)$ B. $\left(3,-43\dfrac{1}{4}\right)$ C. $(0,1)$ D. $\left(1,-\dfrac{13}{4}\right)$

13. 曲线 $y=\dfrac{1}{4}x^4-\dfrac{3}{2}x^2$ 的拐点是(　　)。

     A. $\left(-1,-\dfrac{5}{4}\right)$ B. $\left(1,-\dfrac{5}{4}\right)$ C. $(0,0)$ D. $\left(3,\dfrac{27}{4}\right)$

14. 函数 $y=x^3$ 在区间 $(-\infty,0)$ 内(　　)。

     A. 单调递增   B. 单调递减   C. 图形为凸   D. 图形为凹

15. 函数 $y=x^3$ 在区间 $(0,+\infty)$ 内(　　)。

     A. 单调递增   B. 单调递减   C. 图形为凸   D. 图形为凹

16. 函数 $y=\sin x$ 在区间 $\left(0,\dfrac{\pi}{2}\right)$ 内(　　)。

     A. 单调递增   B. 单调递减   C. 图形为凸   D. 图形为凹

17. 函数 $y=\sin x$ 在区间 $\left(\dfrac{\pi}{2},\pi\right)$ 内(　　)。

     A. 单调递增   B. 单调递减   C. 图形为凸   D. 图形为凹

18. 函数 $y=\sin x$ 在区间 $\left(\pi,\dfrac{3\pi}{2}\right)$ 内(　　)。

     A. 单调递增   B. 单调递减   C. 图形为凸   D. 图形为凹

19. 函数 $y = \sin x$ 在区间 $\left(\dfrac{3\pi}{2}, 2\pi\right)$ 内（ ）。

    A. 单调递增   B. 单调递减   C. 图形为凸   D. 图形为凹

20. 函数 $y = \cos x$ 在区间 $\left(0, \dfrac{\pi}{2}\right)$ 内（ ）。

    A. 单调递增   B. 单调递减   C. 图形为凸   D. 图形为凹

21. 函数 $y = \cos x$ 在区间 $\left(\dfrac{\pi}{2}, \pi\right)$ 内（ ）。

    A. 单调递增   B. 单调递减   C. 图形为凸   D. 图形为凹

22. 函数 $y = \cos x$ 在区间 $\left(\pi, \dfrac{3\pi}{2}\right)$ 内（ ）。

    A. 单调递增   B. 单调递减   C. 图形为凸   D. 图形为凹

23. 函数 $y = \cos x$ 在区间 $\left(\dfrac{3\pi}{2}, 2\pi\right)$ 内（ ）。

    A. 单调递增   B. 单调递减   C. 图形为凸   D. 图形为凹

24. 函数 $y = e^x$ 在区间 $(-\infty, +\infty)$ 内（ ）。

    A. 单调递增   B. 单调递减   C. 图形为凸   D. 图形为凹

25. 函数 $y = e^{-x}$ 在区间 $(-\infty, +\infty)$ 内（ ）。

    A. 单调递增   B. 单调递减   C. 图形为凸   D. 图形为凹

26. 函数 $y = x^3 + 6x^2 - 15x + 1$ 在 $(-\infty, -5)$ 内（ ）。

    A. 单调递增   B. 单调递减   C. 图形为凸   D. 图形为凹

27. 函数 $y = x^3 + 6x^2 - 15x + 1$ 在 $(-5, -2)$ 内（ ）。

    A. 单调递增   B. 单调递减   C. 图形为凸   D. 图形为凹

28. 函数 $y = x^3 + 6x^2 - 15x + 1$ 在 $(-2, 1)$ 内（ ）。

    A. 单调递增   B. 单调递减   C. 图形为凸   D. 图形为凹

29. 函数 $y = x^3 + 6x^2 - 15x + 1$ 在 $(1, +\infty)$ 内为（ ）。

    A. 单调递增   B. 单调递减   C. 图形为凸   D. 图形为凹

30. 函数 $y = xe^x$ 在 $(-\infty, -2)$ 内（ ）。

    A. 单调递增   B. 单调递减   C. 图形为凸   D. 图形为凹

31. 函数 $y = xe^x$ 在 $(-2, -1)$ 内（ ）。

    A. 单调递增   B. 单调递减   C. 图形为凸   D. 图形为凹

32. 函数 $y = xe^x$ 在 $(-1, +\infty)$ 内（ ）。

    A. 单调递增   B. 单调递减   C. 图形为凸   D. 图形为凹

33. 函数 $y = x^3 - 6x^2 + 9x + 1$ 在 $(-\infty, 1)$ 内（ ）。

    A. 单调递增   B. 单调递减   C. 图形为凸   D. 图形为凹

34. 函数曲线 $y = x^3 - 6x^2 + 9x + 1$ 在 $(1, 2)$ 内（ ）。

    A. 单调递增   B. 单调递减   C. 图形为凸   D. 图形为凹

35. 函数 $y = x^3 - 6x^2 + 9x + 1$ 在 $(2, 3)$ 内（ ）。

    A. 单调递增   B. 单调递减   C. 图形为凸   D. 图形为凹

36. 函数 $y = x^3 - 6x^2 + 9x + 1$ 在 $(3, +\infty)$ 内（ ）。

    A. 单调递增   B. 单调递减   C. 图形为凸   D. 图形为凹

37. 函数 $y=(x-2)e^x$ 在 $(-\infty,0)$ 内（　　）。

    A. 单调递增   B. 单调递减   C. 图形为凸   D. 图形为凹

38. 函数 $y=(x-2)e^x$ 在 $(0,1)$ 内（　　）。

    A. 单调递增   B. 单调递减   C. 图形为凸   D. 图形为凹

39. 函数 $y=(x-2)e^x$ 在 $(1,+\infty)$ 内（　　）。

    A. 单调递增   B. 单调递减   C. 图形为凸   D. 图形为凹

40. 函数 $y=\ln(x+1)$ 在 $(-1,+\infty)$ 内（　　）。

    A. 单调递增   B. 单调递减   C. 图形为凸   D. 图形为凹

41. 函数 $y=x^3-3x$ 在 $(-\infty,-1)$ 内（　　）。

    A. 单调递增   B. 单调递减   C. 图形为凸   D. 图形为凹

42. 函数 $y=x^3-3x$ 在 $(-1,0)$ 内（　　）。

    A. 单调递增   B. 单调递减   C. 图形为凸   D. 图形为凹

43. 函数 $y=x^3-3x$ 在 $(0,1)$ 内（　　）。

    A. 单调递增   B. 单调递减   C. 图形为凸   D. 图形为凹

44. 函数 $y=x^3-3x$ 在 $(1,+\infty)$ 内（　　）。

    A. 单调递增   B. 单调递减   C. 图形为凸   D. 图形为凹

45. 函数 $y=x^3-3x^2+1$ 在 $(-\infty,0)$ 内（　　）。

    A. 单调递增   B. 单调递减   C. 图形为凸   D. 图形为凹

46. 函数 $y=x^3-3x^2+1$ 在 $(0,1)$ 内（　　）。

    A. 单调递增   B. 单调递减   C. 图形为凸   D. 图形为凹

47. 函数 $y=x^3-3x^2+1$ 在 $(1,2)$ 内（　　）。

    A. 单调递增   B. 单调递减   C. 图形为凸   D. 图形为凹

48. 函数 $y=x^3-3x^2+1$ 在 $(2,+\infty)$ 内（　　）。

    A. 单调递增   B. 单调递减   C. 图形为凸   D. 图形为凹

49. 函数 $y=\arctan x$ 在 $(-\infty,0)$ 内（　　）。

    A. 单调递增   B. 单调递减   C. 图形为凸   D. 图形为凹

50. 函数 $y=\arctan x$ 在 $(0,+\infty)$ 内（　　）。

    A. 单调递增   B. 单调递减   C. 图形为凸   D. 图形为凹

三、判断题

1. 如果函数 $y=f(x)$ 在闭区间 $[a,b]$ 上连续，在开区间 (a,b) 内可导，且 $f(a)=f(b)$，则在 (a,b) 内至少存在一点 ξ，使得 $f'(\xi)=0$。   （　　）

2. 如果函数 $y=f(x)$ 在闭区间 $[a,b]$ 上连续，在开区间 (a,b) 内可导，且 $f(a)=f(b)$，则在 (a,b) 内至少存在一点 ξ，使得 $f(\xi)=0$。   （　　）

3. 如果函数 $y=f(x)$ 在闭区间 $[a,b]$ 上连续，在开区间 (a,b) 内可导，则在 (a,b) 内，至少存在一点 ξ，使得 $f'(\xi)=\dfrac{f(b)-f(a)}{b-a}$。   （　　）

4. 如果函数 $y=f(x)$ 在闭区间 $[a,b]$ 上连续，在开区间 (a,b) 内可导，则在 (a,b) 内，至

少存在一点 ξ,使得 $f(b)-f(a)=f'(\xi)(b-a)$。 （　　）

5. 如果函数 $y=f(x)$ 在闭区间 $[a,b]$ 上连续,在开区间 (a,b) 内可导,则在 (a,b) 内,至少存在一点 ξ,使得 $f(\xi)=\dfrac{f(b)-f(a)}{b-a}$。 （　　）

6. 如果函数 $y=f(x)$ 在闭区间 $[a,b]$ 上连续,在开区间 (a,b) 内可导,则在 (a,b) 内,至少存在一点 ξ,使得 $f(b)-f(a)=f(\xi)(b-a)$。 （　　）

7. 如果 $f(x)$、$g(x)$ 满足条件：

(1) $\lim\limits_{x\to x_0} f(x)=\lim\limits_{x\to x_0} g(x)=0$（或 ∞）;

(2) 在点 x_0 的某一去心邻域内 $f(x)$、$g(x)$ 可导,且 $g'(x)\neq 0$;

(3) $\lim\limits_{x\to x_0}\dfrac{f'(x)}{g'(x)}=A$（或为 ∞）。

则 $\lim\limits_{x\to x_0}\dfrac{f(x)}{g(x)}=\lim\limits_{x\to x_0}\dfrac{f'(x)}{g'(x)}=A$（或为 ∞）。 （　　）

8. $\lim\limits_{x\to 0}\dfrac{\cos x}{x^2}=\lim\limits_{x\to 0}\dfrac{-\sin x}{2x}=-\dfrac{1}{2}$。 （　　）

9. $\lim\limits_{x\to\infty}\dfrac{x+\sin x}{x-\sin x}=\lim\limits_{x\to\infty}\dfrac{1+\cos x}{1-\cos x}$ 不存在。 （　　）

10. $\lim\limits_{x\to 0}\dfrac{x^2\sin\dfrac{1}{x}}{\sin x}=\lim\limits_{x\to 0}\dfrac{x}{\sin x}\times x\sin\dfrac{1}{x}=\lim\limits_{x\to 0}\dfrac{x}{\sin x}\times\lim\limits_{x\to 0}x\sin\dfrac{1}{x}=1\times 0=0$。 （　　）

11. $\lim\limits_{x\to 0}\dfrac{x-\sin x}{\tan x^3}=\lim\limits_{x\to 0}\dfrac{x-\sin x}{x^3}=\lim\limits_{x\to 0}\dfrac{1-\cos x}{3x^2}=\lim\limits_{x\to 0}\dfrac{\sin x}{6x}=\dfrac{1}{6}$。 （　　）

12. 若函数 $y=f(x)$ 在 (a,b) 内可导,且在 (a,b) 内 $y'>0$,则函数 $y=f(x)$ 在 (a,b) 内单调递增。 （　　）

13. 若函数 $y=f(x)$ 在 (a,b) 内可导,且在 (a,b) 内 $y'>0$,则函数 $y=f(x)$ 在 (a,b) 内单调递减。 （　　）

14. 若函数 $y=f(x)$ 在 (a,b) 内可导,且在 (a,b) 内 $y'<0$,则函数 $y=f(x)$ 在 (a,b) 内单调递减。 （　　）

15. 若函数 $y=f(x)$ 在 (a,b) 内可导,且在 (a,b) 内 $y'<0$,则函数 $y=f(x)$ 在 (a,b) 内单调递增。 （　　）

16. 函数 $y=x^3$ 是单调递增函数。 （　　）

17. 函数 $y=e^x$ 在 $(-\infty,+\infty)$ 内单调递增。 （　　）

18. 设函数 $f(x)$ 在点 x_0 处可导,且 $f(x_0)$ 为极值,则 $f'(x_0)=0$。 （　　）

19. 设函数 $f(x)$ 在点 x_0 处可导,且 $f(x_0)$ 为极值,则 $f'(x_0)\neq 0$。 （　　）

20. 函数 $y=x^3$ 存在极值。 （　　）

21. 函数的极大值一定大于函数的极小值。 （　　）

22. 设函数 $y=f(x)$ 在 $[a,b]$ 上连续,在 (a,b) 内有一阶和二阶导数,且在 (a,b) 内 $y''>0$,则曲线 $y=f(x)$ 在 $[a,b]$ 上是凹的。 （　　）

23. 设函数 $y=f(x)$ 在 $[a,b]$ 上连续,在 (a,b) 内有一阶和二阶导数,且在 (a,b) 内 $y''<0$,则曲线 $y=f(x)$ 在 $[a,b]$ 上是凸的。 （　　）

24. 设函数 $y=f(x)$ 在 $[a,b]$ 上连续,在 (a,b) 内有一阶和二阶导数,且在 (a,b) 内

$y''>0$,则曲线 $y=f(x)$ 在 $[a,b]$ 上是凸的。 （　　）

25. 设函数 $y=f(x)$ 在 $[a,b]$ 上连续,在 (a,b) 内有一阶和二阶导数,且在 (a,b) 内 $y''<0$,则曲线 $y=f(x)$ 在 $[a,b]$ 上是凹的。 （　　）

26. 曲线 $y=\ln(x+1)$ 在 $(-1,+\infty)$ 内为凹。 （　　）

27. 曲线 $y=x-\ln(x+1)$ 在 $(-1,+\infty)$ 内为凸。 （　　）

28. 若点 $(1,4)$ 是曲线 $y=ax^3+bx^2$ 的拐点,则 $(a,b)=(-2,6)$。 （　　）

29. 函数 $y=\arctan x$ 在 $(-\infty,0)$ 内图形为凹增。 （　　）

30. 函数 $y=\arctan x$ 在 $(-\infty,0)$ 内图形为凸增。 （　　）

31. 函数 $y=\arctan x$ 在 $(0,+\infty)$ 内图形为凹增。 （　　）

32. 函数 $y=\arctan x$ 在 $(0,+\infty)$ 内图形为凸增。 （　　）

33. 函数 $y=e^x$ 在 $(-\infty,+\infty)$ 内图形为凹增。 （　　）

34. 函数 $y=e^x$ 在 $(-\infty,+\infty)$ 内图形为凸增。 （　　）

35. 函数 $y=e^{-x}$ 在 $(-\infty,+\infty)$ 内图形为凹减。 （　　）

36. 函数 $y=e^{-x}$ 在 $(-\infty,+\infty)$ 内图形为凸减。 （　　）

37. 函数 $y=x^3$ 在 $(-\infty,0)$ 内图形为凹增。 （　　）

38. 函数 $y=x^3$ 在 $(-\infty,0)$ 内图形为凸增。 （　　）

39. 函数 $y=x^3$ 在 $(0,+\infty)$ 内图形为凹增。 （　　）

40. 函数 $y=x^3$ 在 $(0,+\infty)$ 内图形为凸增。 （　　）

四、填空题

1. 设函数 $f(x)$ 在 x_0 的某个领域内有定义,如果对于该邻域内的任意一点 $x(x\neq x_0)$,均有 $f(x_0)>f(x)$,则 $f(x_0)$ 为函数 $f(x)$ 的_____。

2. 设函数 $f(x)$ 在 x_0 的某个领域内有定义,如果对于该邻域内的任意一点 $x(x\neq x_0)$,均有 $f(x_0)>f(x)$,则 x_0 为函数 $f(x)$ 的_____。

3. 设函数 $f(x)$ 在 x_0 的某个领域内有定义,如果对于该邻域内的任意一点 $x(x\neq x_0)$,均有 $f(x_0)<f(x)$,则 $f(x_0)$ 为函数 $f(x)$ 的_____。

4. 设函数 $f(x)$ 在 x_0 的某个领域内有定义,如果对于该邻域内的任意一点 $x(x\neq x_0)$,均有 $f(x_0)<f(x)$,则 x_0 为函数 $f(x)$ 的_____。

5. 函数 $f(x)$ 的_____可能是函数 $f(x)$ 的极值点。

6. 设函数 $f(x)$ 在点 x_0 的某一去心邻域内可导,$f'(x_0)=0$ 或 $f'(x_0)$ 不存在,且当 $x<x_0$ 时,$f'(x)>0$,当 $x>x_0$ 时,$f'(x)<0$,则 $f(x_0)$ 是 $f(x)$ 的_____。

7. 设函数 $f(x)$ 在点 x_0 的某一去心邻域内可导,$f'(x_0)=0$ 或 $f'(x_0)$ 不存在,且当 $x<x_0$ 时,$f'(x)<0$,当 $x>x_0$ 时,$f'(x)>0$,则 $f(x_0)$ 是 $f(x)$ 的_____。

8. 若曲线 $y=f(x)$ 在某区间内位于任一点切线的_____,则该曲线在此区间内是凹的;反之,若曲线位于任一点切线的_____,则该曲线在此区间内是凸的。

9. 函数 $y=\ln(x+1)$ 在 $(-1,+\infty)$ 内图形为_____。

10. 函数 $y=x-\ln(1+x)$ 在 $(-1,+\infty)$ 内图形为_____。

11. 连续曲线上凹弧与凸弧的分界点称为曲线的_____。

12. 函数 $y=x^3$ 在区间 $(-\infty,+\infty)$ 内单调_____。

13. 函数 $y=x^3$ 在区间 $(-\infty,0)$ 内图形为_____。

14. 函数 $y=x^3$ 在区间 $(0,+\infty)$ 内图形为_____。

15. 函数 $y=\mathrm{e}^x$ 在区间 $(-\infty,+\infty)$ 内单调_____。

16. 函数 $y=\mathrm{e}^x$ 在区间 $(-\infty,+\infty)$ 内图形为_____。

17. 函数 $y=2^x$ 在区间 $(-\infty,+\infty)$ 内单调_____。

18. 函数 $y=2^x$ 在区间 $(-\infty,+\infty)$ 内图形为_____。

19. 函数 $y=\mathrm{e}^{-x}$ 在区间 $(-\infty,+\infty)$ 内单调_____。

20. 函数 $y=\mathrm{e}^{-x}$ 在区间 $(-\infty,+\infty)$ 内图形为_____。

21. 函数 $y=2^{-x}$ 在区间 $(-\infty,+\infty)$ 内单调_____。

22. 函数 $y=2^{-x}$ 在区间 $(-\infty,+\infty)$ 内图形为_____。

23. 函数 $y=\ln x$ 在区间 $(0,+\infty)$ 内单调_____。

24. 函数 $y=\ln x$ 在区间 $(0,+\infty)$ 内图形为_____。

25. 函数 $y=\lg x$ 在区间 $(0,+\infty)$ 内单调_____。

26. 函数 $y=\lg x$ 在区间 $(0,+\infty)$ 内图形为_____。

27. 函数 $y=\sin x$ 在区间 $\left(2k\pi-\dfrac{\pi}{2},2k\pi+\dfrac{\pi}{2}\right),k\in\mathbf{Z}$ 内单调_____。

28. 函数 $y=\sin x$ 在区间 $(2k\pi,2k\pi+\pi),k\in\mathbf{Z}$ 内图形为_____。

29. 函数 $y=\sin x$ 在区间 $\left(2k\pi+\dfrac{\pi}{2},2k\pi+\dfrac{3\pi}{2}\right),k\in\mathbf{Z}$ 内单调_____。

30. 函数 $y=\sin x$ 在区间 $(2k\pi-\pi,2k\pi),k\in\mathbf{Z}$ 内图形为_____。

31. 函数 $y=\tan x$ 在区间 $\left(k\pi-\dfrac{\pi}{2},k\pi+\dfrac{\pi}{2}\right),k\in\mathbf{Z}$ 内单调_____。

32. 函数 $y=\tan x$ 在区间 $\left(k\pi-\dfrac{\pi}{2},k\pi\right),k\in\mathbf{Z}$ 内图形为_____。

33. 函数 $y=\tan x$ 在区间 $\left(k\pi,k\pi+\dfrac{\pi}{2}\right),k\in\mathbf{Z}$ 内图形为_____。

34. 函数 $y=\arctan x$ 在区间 $(-\infty,+\infty)$ 内单调_____。

35. 函数 $y=\arctan x$ 在区间 $(-\infty,0)$ 内图形为_____。

36. 函数 $y=\arctan x$ 在区间 $(0,+\infty)$ 内图形为_____。

37. 函数 $y=x^3+6x^2-15x+1$ 在 $(-\infty,-5)$ 和 $(1,+\infty)$ 内单调_____。

38. 函数 $y=x^3+6x^2-15x+1$ 在 $(5,1)$ 内单调_____。

39. 函数 $y=x^3+6x^2-15x+1$ 在 $(-2,+\infty)$ 内图形为_____。

40. 函数 $y=x^3+6x^2-15x+1$ 在 $(-\infty,-2)$ 内图形为_____。

41. 函数 $y=x\mathrm{e}^x$ 在 $(-\infty,-1)$ 内单调_____。

42. 函数 $y=x\mathrm{e}^x$ 在 $(-1,+\infty)$ 内单调_____。

43. 函数 $y=x\mathrm{e}^x$ 在 $(-\infty,-2)$ 内图形为_____。

44. 函数 $y=x\mathrm{e}^x$ 在 $(-2,+\infty)$ 内图形为_____。

45. 函数 $y=\ln(x+1)$ 在 $(-1,+\infty)$ 内单调_____。

46. 函数 $y=\sqrt[3]{x}$ 在 $(-\infty,0)$ 内图形为_____。

47. 函数 $y=\sqrt[3]{x}$ 在 $(0,+\infty)$ 内图形为_____。

48. 点 $(2,2\mathrm{e}^{-2})$ 为曲线 $y=x\mathrm{e}^{-x}$ 的_____点。

第四章 不定积分

一、单选题

1. $\int x^{\mu}\mathrm{d}x = ($ $)(\mu \neq -1)$。

   A. $\dfrac{1}{\mu+1}x^{\mu+1}$　　　B. $\dfrac{1}{\mu+1}x^{\mu+1}+C$　　C. $|x|$　　　　D. $|x|+C$

2. $\int \mathrm{d}x = ($ $)$。

   A. x　　　　　　B. $x+1$　　　　　C. $x-1$　　　　D. $x+C$

3. $\int x\mathrm{d}x = ($ $)$。

   A. x^2　　　　　　B. $\dfrac{1}{2}x^2$　　　　C. $\dfrac{1}{2}x^2+C$　　D. x

4. $\int \sqrt{x}\mathrm{d}x = =($ $)$。

   A. $\dfrac{2}{3x\sqrt{x}}$　　　　B. $\dfrac{2x\sqrt{x}}{3}$　　　C. $\dfrac{2}{3x\sqrt{x}}+C$　　D. $\dfrac{2}{3}x^{\frac{3}{2}}+C$

5. $\int \dfrac{1}{\sqrt{x}}\mathrm{d}x = ($ $)$。

   A. $2\sqrt{x}+C$　　　B. $\dfrac{3}{\sqrt{x}}+C$　　　C. $\dfrac{2}{\sqrt{x}}+C$　　　D. $\dfrac{1}{\sqrt{x}}+C$

6. $\int x \cdot \sqrt[3]{x^2}\mathrm{d}x = ($ $)$。

   A. $\dfrac{3}{8}x^{\frac{8}{3}}+C$　　B. $x^{\frac{8}{3}}+C$　　　C. $\dfrac{8}{3}x^{\frac{3}{8}}+C$　　D. $x^{\frac{3}{8}}+C$

7. $\int \dfrac{1}{x}\mathrm{d}x = ($ $)$。

   A. $\ln x+C$　　　B. $\ln|x|+C$　　　C. $\dfrac{1}{x^2}+C$　　　D. $\dfrac{1}{\sqrt{x}}+C$

8. $\int \sin x\mathrm{d}x = ($ $)$。

   A. $\sin x+C$　　B. $\cos x+C$　　　C. $-\sin x+C$　　D. $-\cos x+C$

9. $\int \sin(-x)\mathrm{d}x = ($ $)$。

   A. $\sin x+C$　　　B. $\cos x+C$　　　C. $-\sin x+C$　　D. $-\cos x+C$

10. $\int \cos x\mathrm{d}x = ($ $)$。

A. $\sin x + C$　　　B. $\cos x + C$　　　C. $-\sin x + C$　　　D. $-\cos x + C$

11. $\int \cos(-x)\mathrm{d}x = (\quad)$。

A. $\sin x + C$　　　B. $\cos x + C$　　　C. $-\sin x + C$　　　D. $-\cos x + C$

12. $\int \sin 2x\,\mathrm{d}x = (\quad)$。

A. $\dfrac{1}{2}\sin 2x + C$　　B. $\dfrac{1}{2}\cos 2x + C$　　C. $-\dfrac{1}{2}\sin 2x + C$　　D. $-\dfrac{1}{2}\cos 2x + C$

13. $\int \cos 2x\,\mathrm{d}x = (\quad)$。

A. $\dfrac{1}{2}\sin 2x + C$　　B. $\dfrac{1}{2}\cos 2x + C$　　C. $-\dfrac{1}{2}\sin 2x + C$　　D. $-\dfrac{1}{2}\cos 2x + C$

14. $\int \dfrac{1}{\cos^2 x}\mathrm{d}x = (\quad)$。

A. $\sin x + C$　　　B. $-\sin x + C$　　　C. $\tan x + C$　　　D. $-\tan x + C$

15. $\int \sec^2 x\,\mathrm{d}x = (\quad)$。

A. $\sin x + C$　　　B. $-\sin x + C$　　　C. $\tan x + C$　　　D. $-\tan x + C$

16. $\int \dfrac{1}{\sin^2 x}\mathrm{d}x = (\quad)$。

A. $\cos x + C$　　　B. $-\cos x + C$　　　C. $\cot x + C$　　　D. $-\cot x + C$

17. $\int \csc^2 x\,\mathrm{d}x = (\quad)$。

A. $\cos x + C$　　　B. $-\cos x + C$　　　C. $\cot x + C$　　　D. $-\cot x + C$

18. $\int \dfrac{1}{\sin^2 x + \cos^2 x}\mathrm{d}x = (\quad)$。

A. $x + C$　　　　　　　　　　　B. $\tan x + \cot x + C$

C. $\ln|\sin x| + \ln|\cos x| + C$　　　D. $\dfrac{1}{\sin x} + \dfrac{1}{\cos x} + C$

19. $\int \sec x\tan x\,\mathrm{d}x = (\quad)$。

A. $\sec x + C$　　　B. $-\sec x + C$　　　C. $\tan x + C$　　　D. $-\tan x + C$

20. $\int \csc x\cot x\,\mathrm{d}x = (\quad)$。

A. $\csc x + C$　　　B. $-\csc x + C$　　　C. $\cot x + C$　　　D. $-\cot x + C$

21. $\int \mathrm{e}^x\mathrm{d}x = (\quad)$。

A. $\mathrm{e}^x + C$　　　B. e^x　　　C. $\mathrm{e}^{-x} + C$　　　D. $-\mathrm{e}^{-x} + C$

22. $\int \mathrm{e}^{-x}\mathrm{d}x = (\quad)$。

A. $\mathrm{e}^x + C$　　　B. e^x　　　C. $\mathrm{e}^{-x} + C$　　　D. $-\mathrm{e}^{-x} + C$

23. $\int \mathrm{e}^{2x}\mathrm{d}x = (\quad)$。

A. $\mathrm{e}^{2x} + C$　　　B. $\dfrac{1}{2}\mathrm{e}^{2x} + C$　　　C. $\dfrac{1}{2}\mathrm{e}^{-2x} + C$　　　D. $-\dfrac{1}{2}\mathrm{e}^{-2x} + C$

24. $\int e^{-2x} dx = ($)。

A. $e^{2x}+C$ B. $\dfrac{1}{2}e^{2x}+C$ C. $\dfrac{1}{2}e^{-2x}+C$ D. $-\dfrac{1}{2}e^{-2x}+C$

25. $\int 2^x dx = ($)。

A. 2^x+C B. 2^x C. $\dfrac{2^x}{\ln 2}+C$ D. $-\dfrac{2^{-x}}{\ln 2}+C$

26. $\int 2^{-x} dx = ($)。

A. $2^{-x}+C$ B. 2^{-x} C. $\dfrac{2^{-x}}{\ln 2}+C$ D. $-\dfrac{2^{-x}}{\ln 2}+C$

27. $\int 3^x dx = ($)。

A. 3^x+C B. 3^x C. $\dfrac{3^x}{\ln 3}+C$ D. $-\dfrac{3^{-x}}{\ln 3}+C$

28. $\int 3^{-x} dx = ($)。

A. 3^x+C B. 3^x C. $\dfrac{3^x}{\ln 3}+C$ D. $-\dfrac{3^x}{\ln 3}+C$

29. $\int \dfrac{1}{\sqrt{1-x^2}} dx = ($)。

A. $\arcsin x+C$ B. $-\arcsin x+C$ C. $\arctan x+C$ D. $-\arctan x+C$

30. $\int \dfrac{1}{\sqrt{1-x^2}} dx = ($)。

A. $\arccos x+C$ B. $-\arccos x+C$ C. $\arctan x+C$ D. $-\arctan x+C$

31. $\int \dfrac{1}{1+x^2} dx = ($)。

A. $\arcsin x+C$ B. $-\arcsin x+C$ C. $\arctan x+C$ D. $-\arctan x+C$

32. $\int \dfrac{1}{1+x^2} dx = ($)。

A. $\arcsin x+C$ B. $-\arcsin x+C$ C. $\text{arccot}\, x+C$ D. $-\text{arccot}\, x+C$

33. 通过点$(1,2)$,斜率为$2x$的曲线方程是( )。

A. $y=x^2-1$ B. $y=x^2$ C. $y=x^2+\dfrac{1}{2}$ D. $y=x^2+1$

34. $d\left[\int f(x) dx\right] = ($)。

A. $f(x)$ B. $f(x)+C$ C. $f(x)dx$ D. $f'(x)$

35. $\int F'(x) dx = ($)。

A. $F(x)$ B. $F(x)+C$ C. $f(x)$ D. $f(x)+C$

36. $\int \left(\dfrac{d}{dx}\arctan x\right) dx = ($)。

A. $\arctan x+dx$ B. $\arctan x+C$ C. $\arctan x$ D. $\dfrac{d\arctan x}{dx}$

37. $\int (e^x \cos x)' dx = ($)。

　　A. $e^x \cos x + C$　　B. $e^x \cos x$　　C. $e^x \cos x dx$　　D. $(e^x \cos x)'$

38. $\left[\int \arcsin x dx\right]' = ($)。

　　A. $\arcsin x + C$　　B. $\arcsin x$　　C. $\arcsin x dx$　　D. $(\arcsin x)'$

39. $\dfrac{d}{dx}\left[\int \arccos \sqrt{x^2+1} dx\right] = ($)。

　　A. $\arccos \sqrt{x^2+1} + C$　　　　B. $\arccos \sqrt{x^2+1}$

　　C. $\arccos \sqrt{x^2+1} dx$　　　　D. $\sqrt{x^2+1}$

40. 已知 $f(x)=2^x+x^2$，则 $\int f'(x)dx = ($)。

　　A. $2^x + C$　　B. $x^2 + C$　　C. $2^x + x^2 + C$　　D. $2^x + x^2$

41. 已知 $\int f(x)dx = x\ln x - x + C$，则 $f(x) = ($)。

　　A. $x\ln x$　　B. $-x$　　C. $\ln x$　　D. $x\ln x - x$

42. 若 $\int f(x)dx = 2^x + x + C$，则 $f(x) = ($)。

　　A. $\dfrac{2^x}{\ln x} + \dfrac{1}{2}x^2$　　B. $2^x\ln 2 + 1$　　C. $2^{x+1}+1$　　D. 2^x+1

43. $d\left[\int a^{-2x} dx\right] = ($)。

　　A. a^{-2x}　　B. $-2a^{-2x}\ln a dx$　　C. $a^{-2x}dx$　　D. $a^{-2x}dx + C$

44. 若 $f'(x)$存在且连续，则 $\left[\int df(x)\right]' = ($)。

　　A. $f(x)$　　B. $f(x)+C$　　C. $f'(x)+C$　　D. $f'(x)$

45. 函数 $f(x)=2^x$ 的全部原函数是( )。

　　A. $2^x\ln 2$　　B. $\dfrac{2^x}{\ln 2}$　　C. $2^x\ln 2 + C$　　D. $\dfrac{2^x}{\ln 2} + C$

46. 函数 $f(x)=\dfrac{1}{\sqrt{x}}$的全部原函数是( )。

　　A. $2\sqrt{x}$　　B. $\sqrt{x}$　　C. $2\sqrt{x}+C$　　D. $\sqrt{x}+C$

47. 如果函数 $f(x)$有原函数，它就有( )原函数。

　　A. 一个　　B. 两个　　C. 三个　　D. 无穷多个

48. 如果函数 $f(x)$有原函数，那么它的任意两个原函数的差为( )。

　　A. 0　　B. 常数　　C. $f(x)$　　D. $F(x)$

49. 已知 $\int f(x)dx = F(x)+C$，则 $\int \dfrac{1}{x}f(\ln x)dx = ($)。

　　A. $F(\ln x)$　　B. $F(\ln x)+C$　　C. $\dfrac{1}{x}F(\ln x)+C$　　D. $F\left(\dfrac{1}{x}\right)+C$

50. $\int \left(2^x + \dfrac{1}{\sin^2 x} - \csc x\cot x\right)dx = ($)。

A. $e^x - 2\sin x + 2x + C$

B. $\dfrac{2^x}{\ln 2} - \cot x + \csc x + C$

C. $\dfrac{1}{2}x^2 + \cos x + \ln|x| + C$

D. $\ln|x| + \arcsin x - \arctan x + C$

51. $\displaystyle\int \left(x - \sin x + \dfrac{1}{x} \right) \mathrm{d}x = (\qquad)$。

A. $e^x - 2\sin x + 2x + C$

B. $\dfrac{2^x}{\ln 2} - \cot x + \csc x + C$

C. $\dfrac{1}{2}x^2 + \cos x + \ln|x| + C$

D. $\ln|x| + \arcsin x - \arctan x + C$

52. $\displaystyle\int (e^x - 2\cos x + 2) \mathrm{d}x = (\qquad)$。

A. $e^x - 2\sin x + 2x + C$

B. $\dfrac{2^x}{\ln 2} - \cot x + \csc x + C$

C. $\dfrac{1}{2}x^2 + \cos x + \ln|x| + C$

D. $\ln|x| + \arcsin x - \arctan x + C$

53. $\displaystyle\int \left(\dfrac{1}{x} + \dfrac{1}{\sqrt{1-x^2}} - \dfrac{1}{1+x^2} \right) \mathrm{d}x = (\qquad)$。

A. $e^x - 2\sin x + 2x + C$

B. $\dfrac{2^x}{\ln 2} - \cot x + \csc x + C$

C. $\dfrac{1}{2}x^2 + \cos x + \ln|x| + C$

D. $\ln|x| + \arcsin x - \arctan x + C$

54. $\displaystyle\int \left(3^x - \dfrac{1}{x^2} + \dfrac{1}{\cos^2 x} \right) \mathrm{d}x = (\qquad)$。

A. $-\dfrac{2^{-x} + 2^x}{\ln 2} + C$

B. $\tan x - \arctan x + \dfrac{2}{3}x^{\frac{3}{2}} + C$

C. $\dfrac{3^x}{\ln 3} + \dfrac{1}{x} + \tan x + C$

D. $3x + 2\sqrt{x} + 2\ln|x| + C$

55. $\displaystyle\int \left(\sec^2 x - \dfrac{1}{1+x^2} + \sqrt{x} \right) \mathrm{d}x = (\qquad)$。

A. $-\dfrac{2^{-x} + 2^x}{\ln 2} + C$

B. $\tan x - \arctan x + \dfrac{2}{3}x^{\frac{3}{2}} + C$

C. $\dfrac{3^x}{\ln 3} + \dfrac{1}{x} + \tan x + C$

D. $3x + 2\sqrt{x} + 2\ln|x| + C$

56. $\displaystyle\int \dfrac{3x^2 - x\sqrt{x} + 2x}{x^2} \mathrm{d}x = (\qquad)$。

A. $-\dfrac{-2^{-x} + 2^x}{\ln 2} + C$

B. $\tan x - \arctan x + \dfrac{2}{3}x^{\frac{3}{2}} + C$

C. $\dfrac{3^x}{\ln 3} + \dfrac{1}{x} + \tan x + C$

D. $3x + 2\sqrt{x} + 2\ln|x| + C$

57. $\displaystyle\int \dfrac{2^x - 8^x}{4^x} \mathrm{d}x = (\qquad)$。

A. $-\dfrac{2^{-x} + 2^x}{\ln 2} + C$

B. $\tan x - \arctan x + \dfrac{2}{3}x^{\frac{3}{2}} + C$

C. $\dfrac{3^x}{\ln 3}+\dfrac{1}{x}+\tan x+C$　　　　　　D. $3x+2\sqrt{x}+2\ln|x|+C$

58. $\int (x^2+1)\sqrt{x}\,\mathrm{d}x=(\qquad)$。

　A. $\dfrac{2}{7}x^{\frac{7}{2}}+\dfrac{2}{3}x^{\frac{3}{2}}+C$　　　　　　B. $x+2\ln|x|-\dfrac{1}{x}+C$

　C. $\ln|x|-2\arctan x+C$　　　　　　D. $\arctan x-\dfrac{1}{x}+C$

59. $\int \left(\dfrac{x+1}{x}\right)^2\mathrm{d}x=(\qquad)$。

　A. $\dfrac{2}{7}x^{\frac{7}{2}}+\dfrac{2}{3}x^{\frac{3}{2}}+C$　　　　　　B. $x+2\ln|x|-\dfrac{1}{x}+C$

　C. $\ln|x|-2\arctan x+C$　　　　　　D. $\arctan x-\dfrac{1}{x}+C$

60. $\int \dfrac{(x-1)^2}{x(x^2+1)}\mathrm{d}x=(\qquad)$。

　A. $\dfrac{2}{7}x^{\frac{7}{2}}+\dfrac{2}{3}x^{\frac{3}{2}}+C$　　　　　　B. $x+2\ln|x|-\dfrac{1}{x}+C$

　C. $\ln|x|-2\arctan x+C$　　　　　　D. $\arctan x-\dfrac{1}{x}+C$

61. $\int \dfrac{1+2x^2}{x^2(1+x^2)}\mathrm{d}x=(\qquad)$。

　A. $\dfrac{2}{7}x^{\frac{7}{2}}+\dfrac{2}{3}x^{\frac{3}{2}}+C$　　　　　　B. $x+2\ln|x|-\dfrac{1}{x}+C$

　C. $\ln|x|-2\arctan x+C$　　　　　　D. $\arctan x-\dfrac{1}{x}+C$

62. $\int \cos(2x-5)\mathrm{d}x=(\qquad)$。

　A. $\dfrac{1}{2}\sin(2x-5)+C$　　　　　　B. $\dfrac{1}{2}\mathrm{e}^{x^2-2}+C$

　C. $\sqrt{2+x^2}+C$　　　　　　D. $\dfrac{1}{2}\cos(1-2x)+C$

63. $\int \sin(1-2x)\mathrm{d}x=(\qquad)$。

　A. $\dfrac{1}{2}\sin(2x-5)+C$　　　　　　B. $\dfrac{1}{2}\mathrm{e}^{x^2-2}+C$

　C. $\sqrt{2+x^2}+C$　　　　　　D. $\dfrac{1}{2}\cos(1-2x)+C$

64. $\int x\mathrm{e}^{x^2-2}\mathrm{d}x=(\qquad)$。

　A. $\dfrac{1}{2}\sin(2x-5)+C$　　　　　　B. $\dfrac{1}{2}\mathrm{e}^{x^2-2}+C$

　C. $\sqrt{2+x^2}+C$　　　　　　D. $\dfrac{1}{2}\cos(1-2x)+C$

65. $\int \dfrac{x}{\sqrt{2+x^2}}\mathrm{d}x=(\qquad)$。

A. $\frac{1}{2}\sin(2x-5)+C$ B. $\frac{1}{2}e^{x^2-2}+C$

C. $\sqrt{2+x^2}+C$ D. $\frac{1}{2}\cos(1-2x)+C$

66. $\int x\sqrt{x^2-6}\,dx=(\quad)$。

A. $\arctan e^x+C$ B. $\cot\frac{1}{x}+C$

C. $\frac{1}{2}\arctan x^2+C$ D. $\frac{1}{3}(x^2-6)^{\frac{3}{2}}+C$

67. $\int\frac{x}{x^4+1}\,dx=(\quad)$。

A. $\arctan e^x+C$ B. $\cot\frac{1}{x}+C$

C. $\frac{1}{2}\arctan x^2+C$ D. $\frac{1}{3}(x^2-6)^{\frac{3}{2}}+C$

68. $\int\frac{e^x}{1+e^{2x}}\,dx=(\quad)$。

A. $\arctan e^x+C$ B. $\cot\frac{1}{x}+C$

C. $\frac{1}{2}\arctan x^2+C$ D. $\frac{1}{3}(x^2-6)^{\frac{3}{2}}+C$

69. $\int\frac{\csc^2\frac{1}{x}}{x^2}\,dx=(\quad)$。

A. $\arctan e^x+C$ B. $\cot\frac{1}{x}+C$

C. $\frac{1}{2}\arctan x^2+C$ D. $\frac{1}{3}(x^2-6)^{\frac{3}{2}}+C$

70. $\int\frac{1}{\sqrt{x}(1+\sqrt{x})}\,dx=(\quad)$。

A. $2\arctan\sqrt{x}+C$ B. $2\ln(1+\sqrt{x})+C$

C. $2\tan\sqrt{x}+C$ D. $-2\cos\sqrt{x}+C$

二、多选题

1. 斜率为 $2x$ 的曲线方程是(　　)。

A. $y=x^2-1$ B. $y=x^2$ C. $y=x^2+\frac{1}{2}$ D. $y=x^2+1$

2. 函数 $f(x)=\frac{1}{\sqrt{x}}$ 的原函数是(　　)。

A. $2\sqrt{x}$ B. $2\sqrt{x}+1$ C. $2\sqrt{x}-1$ D. $2\sqrt{x}-\sqrt{3}$

3. 函数 $f(x)=x^2$ 的原函数是(　　)。

A. $2x$ B. $2x+1$ C. $\frac{1}{3}x^3$ D. $\frac{1}{3}x^3+1$

4. 函数 $f(x)=\mathrm{e}^x$ 的原函数是（　　）。

    A. e^x B. e^x-1 C. e^{-x} D. $\mathrm{e}^{-x}-1$

5. 函数 $f(x)=\dfrac{1}{x}$ 的原函数是（　　）。

    A. $\ln|x|$ B. $\ln|x|+1$ C. $\ln|x|-1$ D. $\dfrac{1}{x^2}$

6. $\displaystyle\int \mathrm{d}x=$（　　）。

    A. $\displaystyle\int(\sin^2 x+\cos^2 x)\mathrm{d}x$ B. $\displaystyle\int(\sec^2 x-\tan^2 x)\mathrm{d}x$

    C. $\displaystyle\int(\csc^2 x-\cot^2 x)\mathrm{d}x$ D. $x+C$

7. $\displaystyle\int x\cdot\sqrt[3]{x^2}\,\mathrm{d}x=$（　　）。

    A. $\displaystyle\int x^{\frac{5}{3}}\mathrm{d}x$ B. $\displaystyle\int x^{\frac{5}{2}}\mathrm{d}x$ C. $\dfrac{3}{8}x^{\frac{3}{8}}+C$ D. $\dfrac{3}{8}x^{\frac{8}{3}}+C$

8. $\displaystyle\int x\sqrt{x}\,\mathrm{d}x=$（　　）。

    A. $\displaystyle\int x^{\frac{3}{2}}\mathrm{d}x$ B. $\displaystyle\int x^{\frac{2}{3}}\mathrm{d}x$ C. $\dfrac{2}{5}x^{\frac{5}{2}}+C$ D. $\dfrac{2}{5}x^{\frac{2}{5}}+C$

9. $\displaystyle\int 2^x \mathrm{e}^x \mathrm{d}x=$（　　）。

    A. $\displaystyle\int(2\mathrm{e})^x\mathrm{d}x$ B. $\displaystyle\int 2^x\mathrm{d}x\cdot\int \mathrm{e}^x\mathrm{d}x$ C. $\dfrac{2^x\mathrm{e}^x}{1+\ln 2}+C$ D. $\dfrac{(2\mathrm{e})^x}{\ln(2\mathrm{e})}+C$

10. $\displaystyle\int \tan x\,\mathrm{d}x=$（　　）。

    A. $\displaystyle\int \dfrac{\sin x}{\cos x}\mathrm{d}x$ B. $\displaystyle\int \dfrac{\cos x}{\sin x}\mathrm{d}x$ C. $\displaystyle\int \dfrac{1}{\cot x}\mathrm{d}x$ D. $-\ln|\cos x|+C$

11. $\displaystyle\int \cot x\,\mathrm{d}x=$（　　）。

    A. $\displaystyle\int \dfrac{\sin x}{\cos x}\mathrm{d}x$ B. $\displaystyle\int \dfrac{\cos x}{\sin x}\mathrm{d}x$ C. $\displaystyle\int \dfrac{1}{\tan x}\mathrm{d}x$ D. $-\ln|\sin x|+C$

12. $\displaystyle\int \sin 2x\,\mathrm{d}x=$（　　）。

    A. $\dfrac{1}{2}\sin 2x+C$ B. $-\dfrac{1}{2}\cos 2x+C$ C. $\sin^2 x+C$ D. $-\cos^2 x+C$

13. $\displaystyle\int \dfrac{1}{\sqrt{1-x^2}}\mathrm{d}x=$（　　）。

    A. $\arcsin x+C$ B. $-\arccos x+C$ C. $\arctan x+C$ D. $-\operatorname{arccot} x+C$

14. $\displaystyle\int \dfrac{1}{1+x^2}\mathrm{d}x=$（　　）。

    A. $\arcsin x+C$ B. $-\arccos x+C$ C. $\arctan x+C$ D. $-\operatorname{arccot} x+C$

15. $\tan x+C=$（　　）。

    A. $\displaystyle\int \sec^2 x\,\mathrm{d}x$ B. $\displaystyle\int \csc^2 x\,\mathrm{d}x$ C. $\displaystyle\int \dfrac{1}{\sin^2 x}\mathrm{d}x$ D. $\displaystyle\int \dfrac{1}{\cos^2 x}\mathrm{d}x$

16. $-\cot x + C = ($　　$)$。

　　A. $\int \sec^2 x \mathrm{d}x$　　　B. $\int \csc^2 x \mathrm{d}x$　　　C. $\int \dfrac{1}{\sin^2 x} \mathrm{d}x$　　　D. $\int \dfrac{1}{\cos^2 x} \mathrm{d}x$

17. $\mathrm{d}x = ($　　$)$。

　　A. $\mathrm{d}(x-9)$　　　B. $\dfrac{1}{2} \mathrm{d}(2x-9)$　　　C. $\dfrac{1}{a} \mathrm{d}(ax+C)$　　　D. $x+C$

18. $x\mathrm{d}x = ($　　$)$。

　　A. $\dfrac{1}{2} \mathrm{d}(x^2)$　　　B. $\mathrm{d}\left(\dfrac{1}{2} x^2\right)$　　　C. $\dfrac{1}{a} \mathrm{d}(ax^2+C)$　　　D. $\mathrm{d}\left(\dfrac{1}{2} x^2 - 1\right)$

19. $\dfrac{1}{x} \mathrm{d}x = ($　　$)$，其中 $x > 0$。

　　A. $\mathrm{d}(\ln x + C)$　　　B. $\mathrm{d}(\ln x - 1)$　　　C. $\mathrm{d}(\ln x)$　　　D. $\mathrm{d}(\ln x + 1)$

20. $\dfrac{1}{\sqrt{x}} \mathrm{d}x ($　　$)$。

　　A. $2\mathrm{d}(\sqrt{x} + C)$　　　B. $2\mathrm{d}(\sqrt{x})$　　　C. $2\mathrm{d}(2\sqrt{x})$　　　D. $\mathrm{d}(2\sqrt{x})$

21. $\dfrac{1}{x^2} \mathrm{d}x = ($　　$)$。

　　A. $\mathrm{d}\left(\dfrac{1}{x} + C\right)$　　　B. $-\mathrm{d}\left(\dfrac{1}{x} + C\right)$　　　C. $\mathrm{d}\left(\dfrac{1}{x}\right)$　　　D. $-\mathrm{d}\left(\dfrac{1}{x}\right)$

22. $\dfrac{1}{1+x^2} \mathrm{d}x = ($　　$)$。

　　A. $\mathrm{d}(\arctan x + C)$　　　　　　　B. $-\mathrm{d}(\operatorname{arccot} x + C)$

　　C. $\mathrm{d}(\arctan x)$　　　　　　　　　D. $-\mathrm{d}(\operatorname{arccot} x)$

23. $\dfrac{1}{\sqrt{1-x^2}} \mathrm{d}x = ($　　$)$。

　　A. $\mathrm{d}(\arcsin x)$　　　　　　　　　B. $-\mathrm{d}(\arccos x)$

　　C. $\mathrm{d}(\arcsin x + 1)$　　　　　　　D. $-\mathrm{d}(\arccos x + 1)$

24. $\mathrm{e}^x \mathrm{d}x = ($　　$)$。

　　A. $\mathrm{d}(\mathrm{e}^x)$　　　B. $\mathrm{d}(\mathrm{e}^x - 1)$　　　C. $\mathrm{d}(\mathrm{e}^x + 1)$　　　D. $-\mathrm{d}(\mathrm{e}^{-x})$

25. $\cos x \mathrm{d}x = ($　　$)$。

　　A. $\dfrac{1}{\sec x} \mathrm{d}x$　　　B. $\dfrac{1}{\csc x} \mathrm{d}x$　　　C. $\mathrm{d}(\sin x)$　　　D. $\mathrm{d}(\cos x)$

26. $\sin x \mathrm{d}x = ($　　$)$。

　　A. $\dfrac{1}{\sec x} \mathrm{d}x$　　　B. $\dfrac{1}{\csc x} \mathrm{d}x$　　　C. $\mathrm{d}(-\cos x)$　　　D. $-\mathrm{d}(\cos x)$

27. $\sec^2 x \mathrm{d}x = ($　　$)$。

　　A. $\dfrac{\sec x}{\cos x} \mathrm{d}x$　　　B. $\dfrac{1}{\cos^2 x} \mathrm{d}x$　　　C. $\mathrm{d}(\tan x)$　　　D. $\mathrm{d}(\tan x + C)$

28. $\csc^2 x \mathrm{d}x = ($　　$)$。

　　A. $\dfrac{1}{\sin^2 x} \mathrm{d}x$　　　B. $\dfrac{\csc x}{\sin x} \mathrm{d}x$　　　C. $-\mathrm{d}(\cot x)$　　　D. $\mathrm{d}(-\cot x)$

29. $\sec x \tan x \mathrm{d}x = ($　　$)$。

A. $d(\sec x)$ B. $d(\sec x+1)$ C. $d(\sec x-1)$ D. $d(\sec x+C)$

30. $\csc x\cot x\mathrm{d}x=(\quad)$。

A. $-d(\csc x)$ B. $-d(\csc x+1)$ C. $-d(\csc x-1)$ D. $-d(\csc x+C)$

三、判断题

1. $\int x^\mu\mathrm{d}x=\dfrac{1}{\mu+1}x^{\mu+1}+C$。 （　）

2. $\int x^\mu\mathrm{d}x=\dfrac{1}{\mu+1}x^{\mu+1}+C(\mu\neq-1)$。 （　）

3. $\int\dfrac{1}{\sqrt{x}}\mathrm{d}x=\sqrt{x}+C$。 （　）

4. $\int\dfrac{1}{\sqrt{x}}\mathrm{d}x=2\sqrt{x}+C$。 （　）

5. $\int\dfrac{1}{x}\mathrm{d}x=\ln x+C$。 （　）

6. $\int\dfrac{1}{x}\mathrm{d}x=\ln|x|+C$。 （　）

7. $\int\sin(-x)\mathrm{d}x=-\sin x+C$。 （　）

8. $\int\sin(-x)\mathrm{d}x=\cos x+C$。 （　）

9. $\int\cos(-x)\mathrm{d}x=\sin x+C$。 （　）

10. $\int\cos(-x)\mathrm{d}x=\sin(-x)+C$。 （　）

11. $\int\mathrm{e}^{-x}\mathrm{d}x=\mathrm{e}^{-x}+C$。 （　）

12. $\int\mathrm{e}^{-x}\mathrm{d}x=-\mathrm{e}^{-x}+C$。 （　）

13. $\int\mathrm{e}^{2x}\mathrm{d}x=\mathrm{e}^{2x}+C$。 （　）

14. $\int\mathrm{e}^{2x}\mathrm{d}x=\dfrac{1}{2}\mathrm{e}^{2x}+C$。 （　）

15. $\int2^x\mathrm{d}x=2^x+C$。 （　）

16. $\int2^x\mathrm{d}x=\dfrac{2^x}{\ln 2}+C$。 （　）

17. $\int\dfrac{1}{\sqrt{1-x^2}}\mathrm{d}x=\arcsin x+C$。 （　）

18. $\int\dfrac{1}{\sqrt{1-x^2}}\mathrm{d}x=-\arccos x+C$。 （　）

19. $\int\dfrac{1}{\sqrt{1-x^2}}\mathrm{d}x=\arctan x+C$。 （　）

20. $\int \dfrac{1}{\sqrt{1-x^2}}\mathrm{d}x = -\operatorname{arccot} x + C$。 （ ）

21. $\int \dfrac{1}{1+x^2}\mathrm{d}x = \arcsin x + C$。 （ ）

22. $\int \dfrac{1}{1+x^2}\mathrm{d}x = -\arccos x + C$。 （ ）

23. $\int \dfrac{1}{1+x^2}\mathrm{d}x = \arctan x + C$。 （ ）

24. $\int \dfrac{1}{1+x^2}\mathrm{d}x = -\operatorname{arccot} x + C$。 （ ）

25. 通过点 $(1,2)$，斜率为 $2x$ 的曲线方程是 $y = x^2$。 （ ）

26. 通过点 $(1,2)$，斜率为 $2x$ 的曲线方程是 $y = x^2 + 1$。 （ ）

27. $\mathrm{d}\left[\int f(x)\mathrm{d}x\right] = f(x)\mathrm{d}x$。 （ ）

28. $\mathrm{d}\left[\int f(x)\mathrm{d}x\right] = f'(x)$。 （ ）

29. $\mathrm{d}\left[\int f(x)\mathrm{d}x\right] = f(x)$。 （ ）

30. $\int F'(x)\mathrm{d}x = F(x)$。 （ ）

31. $\int F'(x)\mathrm{d}x = F(x) + C$。 （ ）

32. $\int \left(\dfrac{\mathrm{d}}{\mathrm{d}x}\arctan x\right)\mathrm{d}x = \arctan x\,\mathrm{d}x$。 （ ）

33. $\int \left(\dfrac{\mathrm{d}}{\mathrm{d}x}\arctan x\right)\mathrm{d}x = \arctan x + C$。 （ ）

34. $\int \left(\dfrac{\mathrm{d}}{\mathrm{d}x}\arctan x\right)\mathrm{d}x = \dfrac{\mathrm{d}\arctan x}{\mathrm{d}x}$。 （ ）

35. $\int (\mathrm{e}^x\cos x)'\,\mathrm{d}x = \mathrm{e}^x\cos x + C$。 （ ）

36. $\int (\mathrm{e}^x\cos x)'\,\mathrm{d}x = \mathrm{e}^x\cos x$。 （ ）

37. $\int (\mathrm{e}^x\cos x)'\,\mathrm{d}x = \mathrm{e}^x\cos x\,\mathrm{d}x$。 （ ）

38. $\int (\mathrm{e}^x\cos x)'\,\mathrm{d}x = (\mathrm{e}^x\cos x)'$。 （ ）

39. $\left[\int \arcsin x\,\mathrm{d}x\right]' = \arcsin x + C$。 （ ）

40. $\left[\int \arcsin x\,\mathrm{d}x\right]' = \arcsin x\,\mathrm{d}x$。 （ ）

41. $\left[\int \arcsin x\,\mathrm{d}x\right]' = (\arcsin x)'$。 （ ）

42. $\left[\int \arcsin x\,\mathrm{d}x\right]' = \arcsin x$。 （ ）

43. $\dfrac{\mathrm{d}}{\mathrm{d}x}\left[\int \arccos\sqrt{x^2+1}\,\mathrm{d}x\right] = \arccos\sqrt{x^2+1} + C$。 （ ）

44. $\dfrac{\mathrm{d}}{\mathrm{d}x}\left[\displaystyle\int \arccos \sqrt{x^2+1}\,\mathrm{d}x\right]=\sqrt{x^2+1}$。　　　　　　　　（　　）

45. $\dfrac{\mathrm{d}}{\mathrm{d}x}\left[\displaystyle\int \arccos \sqrt{x^2+1}\,\mathrm{d}x\right]=\arccos \sqrt{x^2+1}$。　　　　（　　）

46. $\dfrac{\mathrm{d}}{\mathrm{d}x}\left[\displaystyle\int \arccos \sqrt{x^2+1}\,\mathrm{d}x\right]=\arccos \sqrt{x^2+1}\,\mathrm{d}x$。　　　　（　　）

47. 已知 $f(x)=2^x+x^2$，则 $\displaystyle\int f'(x)\mathrm{d}x=2^x+x^2+C$。　　　　（　　）

48. 已知 $\displaystyle\int f(x)\mathrm{d}x=x\ln x-x+C$，则 $f(x)=\ln x$。　　　　（　　）

49. 函数 $f(x)=2^x$ 的全部原函数为 $\dfrac{2^x}{\ln 2}+C$。　　　　（　　）

50. 函数 $f(x)=2^x$ 的全部原函数为 $2^x\ln 2+C$。　　　　（　　）

51. 如果函数 $f(x)$ 有原函数，那么它就有无穷多个原函数。　　　　（　　）

52. 如果函数 $f(x)$ 有原函数，那么它的任意两个原函数的差为常数。　　　　（　　）

53. 如果函数 $f(x)$ 有原函数，那么它的任意两个原函数的差为零。　　　　（　　）

54. 如果函数 $f(x)$ 有原函数，那么它的任意两个原函数的差为 $f(x)$。　　　　（　　）

55. 如果函数 $f(x)$ 有原函数，那么它的任意两个原函数的差为 $F(x)$。　　　　（　　）

56. 已知 $f'(x)=g'(x)$，则 $f(x)=g(x)$。　　　　（　　）

57. 已知 $f'(x)=g'(x)$，则 $f(x)=g(x)+C$。　　　　（　　）

58. 已知 $f(x)=g(x)+C$，则 $f'(x)=g'(x)$。　　　　（　　）

59. 已知 $f(x)=g(x)+C$，则 $f'(x)=g'(x)+C$。　　　　（　　）

60. $\displaystyle\int (x+\sin x)\mathrm{d}x=\displaystyle\int x+\sin x\,\mathrm{d}x$。　　　　（　　）

61. $\displaystyle\int x\sec^2 x\,\mathrm{d}x=x\displaystyle\int \sec^2 x\,\mathrm{d}x$。　　　　（　　）

62. $\displaystyle\int \dfrac{1}{1+x^2}\mathrm{d}(x^2)=\arctan x+C$。　　　　（　　）

63. $\displaystyle\int \dfrac{1}{1+\mathrm{e}^x}\mathrm{d}x=\ln |1+\mathrm{e}^x|+C$。　　　　（　　）

64. $\displaystyle\int \dfrac{\ln x}{x}\mathrm{d}x=\displaystyle\int \dfrac{1}{x}\mathrm{d}\left(\dfrac{1}{x}\right)$。　　　　（　　）

65. $\displaystyle\int \dfrac{\arcsin x}{\sqrt{1-x^2}}\mathrm{d}x=\displaystyle\int \arcsin x\,\mathrm{d}(\arcsin x)$。　　　　（　　）

66. $\displaystyle\int \sin^2 x\,\mathrm{d}x=\dfrac{1}{3}\sin^3 x+C$。　　　　（　　）

67. $\displaystyle\int \dfrac{1}{\sqrt{x}(1+x)}\mathrm{d}x=2\arctan \sqrt{x}+C$。　　　　（　　）

68. $\displaystyle\int \dfrac{1}{\sqrt{x}\cos^2 \sqrt{x}}\mathrm{d}x=-2\cos x+C$。　　　　（　　）

69. $\displaystyle\int \dfrac{\sin \sqrt{x}}{\sqrt{x}}\mathrm{d}x=2\tan x+C$。　　　　（　　）

70. $\int \dfrac{1}{x\ln x}\mathrm{d}x = \ln|\ln x|+C$。 （　　）

四、填空题

1. $f(x)$ 是定义在区间 I 上的函数,如果存在函数 $F(x)$,对于区间 I 上任意一点 x,都有 $F'(x)=f(x)$ 或 $\mathrm{d}F(x)=f(x)\mathrm{d}x$,则称函数 $F(x)$ 为 $f(x)$ 在区间 I 上的一个_____。

2. 一个函数的原函数不是_____。

3. 若 $F(x)$ 是 $f(x)$ 的一个原函数,则 $F(x)+C$ 也是 $f(x)$ 的_____。

4. 若 $F(x)$ 是 $f(x)$ 的一个原函数,则 $F(x)+C$(其中 C 是任意常数)表达了 $f(x)$ _____的原函数。

5. 设函数 $F(x)$ 是 $f(x)$ 的一个原函数,则 $f(x)$ 所有的原函数 $F(x)+C$(其中 C 是任意常数)称为 $f(x)$ 的_____,记作 $\int f(x)\mathrm{d}x = F(x)+C$。

6. 在不定积分 $\int f(x)\mathrm{d}x$ 符号中,"$\int$"称为_____。

7. 在不定积分 $\int f(x)\mathrm{d}x$ 符号中,"x"称为_____。

8. 在不定积分 $\int f(x)\mathrm{d}x$ 符号中,"$f(x)$"称为_____。

9. 在不定积分 $\int f(x)\mathrm{d}x$ 符号中,"$f(x)\mathrm{d}x$"称为_____。

10. 在等式 $\int f(x)\mathrm{d}x = F(x)+C$ 中,"C"称为_____。

11. 被积函数中_____可提到积分符号外面,即
$$\int kf(x)\mathrm{d}x = k\int f(x)\mathrm{d}x(k\neq 0)$$

13. 可积函数的和(差)的不定积分_____各个函数不定积分的和(差),即
$$\int[f(x)\pm g(x)]\mathrm{d}x = \int f(x)\mathrm{d}x \pm \int g(x)\mathrm{d}x$$

13. 不定积分 $\int f(x)\mathrm{d}x = F(x)+C$ 表达的是原函数族,它的图像是一族曲线,称为_____。

14. 积分曲线族中的任何一条曲线,都可由其中一条曲线沿 y 轴_____所得。

15. 在同一横坐标 x_0 处,每一条积分曲线上相应点的切线_____,这就是不定积分的几何意义。

16. 在求不定积分的有关问题时,可以直接根据_____和性质求出结果。或者,将被积函数经过恒等变换,再利用积分基本公式和性质求出结果。这样的积分方法叫作**直接积分法**。

17. 在求不定积分的有关问题时,可以直接根据积分基本公式和性质求出结果。或者,将被积函数经过_____,再利用积分基本公式和性质求出结果。这样的积分方法叫作**直接积分法**。

18. 在求不定积分的有关问题时，可以直接根据积分基本公式和性质求出结果。或者，将被积函数经过恒等变换，再利用积分基本公式和性质求出结果。这样的积分方法叫作_____。

19. 设 $\int f(u)\mathrm{d}u = F(u) + C$，且函数 $u = \varphi(x)$ 可导，则 $\int f[\varphi(x)]\varphi'(x)\mathrm{d}x = F[\varphi(x)] + C$。这种求不定积分的方法，称为_____或凑微法。

20. 设 $\int f(u)\mathrm{d}u = F(u) + C$，且函数 $u = \varphi(x)$ 可导，则 $\int f[\varphi(x)]\varphi'(x)\mathrm{d}x = F[\varphi(x)] + C$。这种求不定积分的方法，称为第一类换元积分法或_____。

五、辨析题

1. 求 $\int k\mathrm{d}x$。

解法一：当 $k \neq 0$ 时，$\int k\mathrm{d}x = k\int \mathrm{d}x = kx + C$

当 $k = 0$ 时，$\int k\mathrm{d}x = \int 0\mathrm{d}x = C$

解法二：$\int k\mathrm{d}x = \dfrac{1}{2}k^2 + C$

请辨识：（　　）是正确解法；（　　）是错误解法。

2. 求 $\int\left(\dfrac{\mathrm{d}}{\mathrm{d}x}\arctan x\right)\mathrm{d}x$。

解法一：$\int\left(\dfrac{\mathrm{d}}{\mathrm{d}x}\arctan x\right)\mathrm{d}x = \arctan x\mathrm{d}x + C$

解法二：$\int\left(\dfrac{\mathrm{d}}{\mathrm{d}x}\arctan x\right)\mathrm{d}x = \int \mathrm{d}(\arctan x) = \arctan x$

解法三：$\int\left(\dfrac{\mathrm{d}}{\mathrm{d}x}\arctan x\right)\mathrm{d}x = \int \mathrm{d}(\arctan x) = \arctan x + C$

请辨识：（　　）是正确解法；（　　）是错误解法。

3. 求 $\int \dfrac{1}{x}\mathrm{d}x$。

解法一：因为 $(\ln x)' = \dfrac{1}{x}$，所以 $\int \dfrac{1}{x}\mathrm{d}x = \ln x + C$

解法二：因为 $[\ln(-x)]' = \dfrac{1}{-x} \times (-x)' = \dfrac{1}{x}$，所以 $\int \dfrac{1}{x}\mathrm{d}x = \ln(-x) + C$

解法三：因为 $x \neq 0$，所以分别讨论当 $x > 0$ 时，$(\ln x)' = \dfrac{1}{x}$，故 $\int \dfrac{1}{x}\mathrm{d}x = \ln x + C$；

当 $x < 0$ 时，$(\ln -x)' = \dfrac{1}{x}$，故 $\int \dfrac{1}{x}\mathrm{d}x = \ln(-x) + C$；

于是 $\int \dfrac{1}{x}\mathrm{d}x = \ln|x| + C$

请辨识：（　　）是正确解法；（　　）是错误解法。

4. 已知 $f(x) = 3^x + x^3$，求 $\int f'(x)\mathrm{d}x$。

解法一：$\displaystyle\int f'(x)\mathrm{d}x = \int \mathrm{d}(f(x)) = f(x) = 3^x + x^3$

解法二：因为 $f'(x) = (3^x + x^3)' = 3^x \ln 3 + 3x^2$，所以

$$\int f'(x)\mathrm{d}x = \int (3^x \ln 3 + 3x^2)\mathrm{d}x$$

$$= \int 3^x \ln 3\, \mathrm{d}x + \int 3x^2 \mathrm{d}x = 3^x + 3x^3 + C$$

解法三：因为 $f'(x) = (3^x + x^3)' = \dfrac{3^x}{\ln 3} + 3x^2$，所以

$$\int f'(x)\mathrm{d}x = \int \left(\frac{3^x}{\ln 3} + 3x^3\right)\mathrm{d}x$$

$$= \int \frac{3^x}{\ln 3}\mathrm{d}x + \int 3x^2 \mathrm{d}x = \frac{3^x}{\ln 3} + x^3 + C$$

解法四：$\displaystyle\int f'(x)\mathrm{d}x = \int \mathrm{d}(f(x)) = f(x) + C = 3^x + x^3 + C$

请辨识：(　　)是正确解法；(　　)是错误解法。

5. 求 $\mathrm{d}\left[\displaystyle\int a^{-2x}\mathrm{d}x\right]$。

解法一：$\mathrm{d}\left[\displaystyle\int a^{-2x}\mathrm{d}x\right] = a^{-2x}\mathrm{d}x + C$

解法二：

$$\mathrm{d}\left[\int a^{-2x}\mathrm{d}x\right] = \mathrm{d}\left[-\frac{1}{2}\int a^{-2x}\mathrm{d}(-2x)\right]$$

$$= -\frac{1}{2}\mathrm{d}\left[\int a^{-2x}\mathrm{d}(-2x)\right] = -\frac{1}{2}a^{-2x}$$

解法三：$\mathrm{d}\left[\displaystyle\int a^{-2x}\mathrm{d}x\right] = a^{-2x}\mathrm{d}x$

请辨识：(　　)是正确解法；(　　)是错误解法。

6. 求 $\displaystyle\int \frac{1}{(\sin 2x)^2}\mathrm{d}x$。

解法一：

$$\int \frac{1}{(\sin 2x)^2}\mathrm{d}x = \int \frac{1}{(2\sin x\cos x)^2}\mathrm{d}x = \frac{1}{4}\int \frac{1}{\sin^2 x\cos^2 x}\mathrm{d}x$$

$$= \frac{1}{4}\int \frac{\sin^2 x + \cos^2 x}{\sin^2 x\cos^2 x}\mathrm{d}x = \frac{1}{4}\int \left(\frac{1}{\cos^2 x} + \frac{1}{\sin^2 x}\right)\mathrm{d}x$$

$$= \frac{1}{4}\int \frac{1}{\cos^2 x}\mathrm{d}x + \frac{1}{4}\int \frac{1}{\sin^2 x}\mathrm{d}x = \frac{1}{4}\tan x - \frac{1}{4}\cot x + C$$

解法二：$\displaystyle\int \frac{1}{(\sin 2x)^2}\mathrm{d}x = \frac{1}{2}\int \frac{1}{\sin^2 2x}\mathrm{d}(2x) = -\frac{1}{2}\cot 2x + C$

解法三：$\displaystyle\int \frac{1}{(\sin 2x)^2}\mathrm{d}x = \frac{1}{2}\int \frac{1}{\sin^2 2x}\mathrm{d}(2x) = \frac{1}{2}\int \sec^2 2x\, \mathrm{d}(2x) = \frac{1}{2}\tan 2x + C$

请辨识：(　　)是正确解法；(　　)是错误解法。

7. 求 $\displaystyle\int \left(x - \sin x + \frac{1}{x}\right)\mathrm{d}x$。

解法一：

$$\int\left(x-\sin x+\frac{1}{x}\right)\mathrm{d}x=\int x\mathrm{d}x-\int\sin x\mathrm{d}x+\int\frac{1}{x}\mathrm{d}x$$
$$=x^2-\cos x+\ln x+C$$

解法二：

$$\int\left(x-\sin x+\frac{1}{x}\right)\mathrm{d}x=\int x\mathrm{d}x-\int\sin x\mathrm{d}x+\int\frac{1}{x}\mathrm{d}x$$
$$=\frac{1}{2}x^2-\cos x+\ln x+C$$

解法三：

$$\int\left(x-\sin x+\frac{1}{x}\right)\mathrm{d}x=\int x\mathrm{d}x-\int\sin x\mathrm{d}x+\int\frac{1}{x}\mathrm{d}x$$
$$=x^2+\cos x+\ln(-x)+C$$

解法四：

$$\int\left(x-\sin x+\frac{1}{x}\right)\mathrm{d}x=\int x\mathrm{d}x-\int\sin x\mathrm{d}x+\int\frac{1}{x}\mathrm{d}x$$
$$=\frac{1}{2}x^2+\cos x+\ln|x|+C$$

请辨识：(　　)是正确解法；(　　)是错误解法。

8. 求 $\int\left(2^x+\dfrac{1}{\sin^2 x}+\csc x\cot x\right)\mathrm{d}x$。

解法一：

$$\int\left(2^x+\frac{1}{\sin^2 x}+\csc x\cot x\right)\mathrm{d}x+\int 2^x\mathrm{d}x+\int\frac{1}{\sin^2 x}\mathrm{d}x+\int\csc x\cot x\mathrm{d}x$$
$$=2^x\ln 2+\cot x+\csc x+C$$

解法二：

$$\int\left(2^x+\frac{1}{\sin^2 x}+\csc x\cot x\right)\mathrm{d}x+\int 2^x\mathrm{d}x+\int\frac{1}{\sin^2 x}\mathrm{d}x+\int\csc x\cot x\mathrm{d}x$$
$$=\frac{2^x}{\ln 2}+\cot x+\csc x+C$$

解法三：

$$\int\left(2^x+\frac{1}{\sin^2 x}+\csc x\cot x\right)\mathrm{d}x=\int 2^x\mathrm{d}x+\int\frac{1}{\sin^2 x}\mathrm{d}x+\int\csc x\cot x\mathrm{d}x$$
$$=2^x\ln 2-\cot x+\csc x+C$$

解法四：

$$\int\left(2^x+\frac{1}{\sin^2 x}+\csc x\cot x\right)\mathrm{d}x=\int 2^x\mathrm{d}x+\int\frac{1}{\sin^2 x}\mathrm{d}x+\int\csc x\cot x\mathrm{d}x$$
$$=\frac{2^x}{\ln 2}-\cot x-\csc x+C$$

请辨识：(　　)是正确解法；(　　)是错误解法。

9. 求 $\int\left(\dfrac{1}{\sqrt{1-x^2}}+\dfrac{1}{1+x^2}+\cos x\right)\mathrm{d}x$。

解法一:

$$\int\left(\frac{1}{\sqrt{1-x^2}}+\frac{1}{1+x^2}+\cos x\right)\mathrm{d}x=\int\frac{1}{\sqrt{1-x^2}}\mathrm{d}x+\int\frac{1}{1+x^2}\mathrm{d}x+\int\cos x\mathrm{d}x$$

$$=\arcsin x+\arctan x+\sin x+C$$

解法二:

$$\int\left(\frac{1}{\sqrt{1-x^2}}+\frac{1}{1+x^2}+\cos x\right)\mathrm{d}x=\int\frac{1}{\sqrt{1-x^2}}\mathrm{d}x+\int\frac{1}{1+x^2}\mathrm{d}x+\int\cos x\mathrm{d}x$$

$$=-\arccos x+\arctan x+\sin x+C$$

解法三:

$$\int\left(\frac{1}{\sqrt{1-x^2}}+\frac{1}{1+x^2}+\cos x\right)\mathrm{d}x=\int\frac{1}{\sqrt{1-x^2}}\mathrm{d}x+\int\frac{1}{1+x^2}\mathrm{d}x+\int\cos x\mathrm{d}x$$

$$=\arcsin x-\text{arccot}\,x+\sin x+C$$

解法四:

$$\int\left(\frac{1}{\sqrt{1-x^2}}+\frac{1}{1+x^2}+\cos x\right)\mathrm{d}x=\int\frac{1}{\sqrt{1-x^2}}\mathrm{d}x+\int\frac{1}{1+x^2}\mathrm{d}x+\int\cos x\mathrm{d}x$$

$$=-\arccos x-\text{arccot}\,x-\sin x+C$$

请辨识:(　　)是正确解法;(　　)是错误解法。

10. 求 $\int\dfrac{1+2x^2}{x^2(1+x^2)}\mathrm{d}x$。

解法一:

$$\int\frac{1+2x^2}{x^2(1+x^2)}\mathrm{d}x=\int\frac{(1+x^2)+x^2}{x^2(1+x^2)}\mathrm{d}x$$

$$=\int\frac{1}{x^2}\mathrm{d}x+\int\frac{1}{1+x^2}\mathrm{d}x=-\frac{1}{x}+\arctan x+C$$

解法二:

$$\int\frac{1+2x^2}{x^2(1+x^2)}\mathrm{d}x=\int\frac{(1+x^2)+x^2}{x^2(1+x^2)}\mathrm{d}x$$

$$=\int\frac{1}{x^2}\mathrm{d}x+\int\frac{1}{1+x^2}\mathrm{d}x=\frac{1}{x}+\arctan x+C$$

解法三:

$$\int\frac{1+2x^2}{x^2(1+x^2)}\mathrm{d}x=\int\frac{(1+x^2)+x^2}{x^2(1+x^2)}\mathrm{d}x$$

$$=\int\frac{1}{x^2}\mathrm{d}x+\int\frac{1}{1+x^2}\mathrm{d}x=-\frac{1}{x}-\text{arccot}\,x+C$$

解法四:

$$\int\frac{1+2x^2}{x^2(1+x^2)}\mathrm{d}x=\int\frac{(1+x^2)+x^2}{x^2(1+x^2)}\mathrm{d}x$$

$$=\int\frac{1}{x^2}\mathrm{d}x+\int\frac{1}{1+x^2}\mathrm{d}x=\frac{1}{x}+\text{arccot}\,x+C$$

请辨识:(　　)是正确解法;(　　)是错误解法。

11. 求 $\int(\mathrm{e}^{-x}+9)\mathrm{d}x$。

解法一：$\int (e^{-x}+9)\mathrm{d}x = \int e^{-x}\mathrm{d}x + 9\int \mathrm{d}x = e^{-x}+9x+C$

解法二：$\int (e^{-x}+9)\mathrm{d}x = \int e^{-x}\mathrm{d}x + 9\int \mathrm{d}x = e^{-x}+9+C$

解法三：$\int (e^{-x}+9)\mathrm{d}x = \int e^{-x}\mathrm{d}x + 9\int \mathrm{d}x = -e^{-x}+9x+C$

解法四：$\int (e^{-x}+9)\mathrm{d}x = \int e^{-x}\mathrm{d}x + 9\int \mathrm{d}x = e^{-x}+9+C$

请辨识：（　　）是正确解法；（　　）是错误解法。

12. 求 $\int \left(\dfrac{2}{\sqrt{x}} + \dfrac{x\sqrt{x}}{2} - \dfrac{2}{\sqrt[3]{x^2}} \right)\mathrm{d}x$。

解法一：

$$\int \left(\frac{2}{\sqrt{x}} + \frac{x\sqrt{x}}{2} - \frac{2}{\sqrt[3]{x^2}} \right)\mathrm{d}x = \int \frac{2}{\sqrt{x}}\mathrm{d}x + \int \frac{x\sqrt{x}}{2}\mathrm{d}x - \int \frac{2}{\sqrt[3]{x^2}}\mathrm{d}x$$
$$= 2\int x^{-\frac{1}{2}}\mathrm{d}x + \frac{1}{2}\int x^{\frac{3}{2}}\mathrm{d}x - 2\int x^{-\frac{2}{3}}\mathrm{d}x = 4x^{\frac{1}{2}} + \frac{1}{3}x^{\frac{3}{2}} - 6x^{\frac{1}{3}}+C$$

解法二：

$$\int \left(\frac{2}{\sqrt{x}} + \frac{x\sqrt{x}}{2} - \frac{2}{\sqrt[3]{x^2}} \right)\mathrm{d}x = \int \frac{2}{\sqrt{x}}\mathrm{d}x + \int \frac{x\sqrt{x}}{2}\mathrm{d}x - \int \frac{2}{\sqrt[3]{x^2}}\mathrm{d}x$$
$$= 2\int x^{-\frac{1}{2}}\mathrm{d}x + \frac{1}{2}\int x^{\frac{3}{2}}\mathrm{d}x - 2\int x^{-\frac{2}{3}}\mathrm{d}x = 4x^{\frac{1}{2}} + \frac{1}{5}x^{\frac{5}{2}} - 6x^{\frac{1}{3}}+C$$

解法三：

$$\int \left(\frac{2}{\sqrt{x}} + \frac{x\sqrt{x}}{2} - \frac{2}{\sqrt[3]{x^2}} \right)\mathrm{d}x = \int \frac{2}{\sqrt{x}}\mathrm{d}x + \int \frac{x\sqrt{x}}{2}\mathrm{d}x - \int \frac{2}{\sqrt[3]{x^2}}\mathrm{d}x$$
$$= 2\int x^{-\frac{1}{2}}\mathrm{d}x + \frac{1}{2}\int x^{\frac{3}{2}}\mathrm{d}x - 2\int x^{-\frac{2}{3}}\mathrm{d}x = 4\sqrt{x} + \frac{1}{5}\sqrt{x^5} - 6\sqrt[3]{x}+C$$

解法四：

$$\int \left(\frac{2}{\sqrt{x}} + \frac{x\sqrt{x}}{2} - \frac{2}{\sqrt[3]{x^2}} \right)\mathrm{d}x = \int \frac{2}{\sqrt{x}}\mathrm{d}x + \int \frac{x\sqrt{x}}{2}\mathrm{d}x - \int \frac{2}{\sqrt[3]{x^2}}\mathrm{d}x$$
$$= 2\int x^{-\frac{1}{2}}\mathrm{d}x + \frac{1}{2}\int x^{\frac{3}{2}}\mathrm{d}x - 2\int x^{-\frac{2}{3}}\mathrm{d}x = -x^{\frac{1}{2}} + \frac{3}{4}x^{\frac{5}{2}} - \frac{4}{3}x^{\frac{1}{3}}+C$$

请辨识：（　　）是正确解法；（　　）是错误解法。

13. 求 $\int \dfrac{3x^4+3x^2-1}{x^2+1}\mathrm{d}x$。

解法一：

$$\int \frac{3x^4+3x^2-1}{x^2+1}\mathrm{d}x = \int \frac{3x^2(x^2+1)-1}{x^2+1}\mathrm{d}x$$
$$= \int 3x^2\mathrm{d}x - \int \frac{1}{x^2+1}\mathrm{d}x = x^3 - \arctan x + C$$

解法二：

$$\int \frac{3x^4+3x^2-1}{x^2+1}\mathrm{d}x = \int \frac{3x^2(x^2+1)-1}{x^2+1}\mathrm{d}x$$

$$= 3 \int x^2 \, dx - \int \frac{1}{x^2+1} dx = 3x^3 - \arctan x + C$$

解法三：

$$\int \frac{3x^4 + 3x^2 - 1}{x^2 + 1} dx = \int \frac{3x^2(x^2+1) - 1}{x^2+1} dx$$

$$= 3x^2 \, dx - \int \frac{1}{x^2+1} dx = x^3 + \operatorname{arccot} x + C$$

解法四：

$$\int \frac{3x^4 + 3x^2 - 1}{x^2 + 1} dx = \int \frac{3x^2(x^2+1) - 1}{x^2+1} dx$$

$$= \int 3x^2 \, dx - \int \frac{1}{x^2+1} dx = x^3 - \operatorname{arccot} x + C$$

请辨识：(　　)是正确解法；(　　)是错误解法。

14. 求 $\int \dfrac{3 \times 2^x - 5 \times 3^x}{3^x} dx$。

解法一：

$$\int \frac{3 \times 2^x - 5 \times 3^x}{3^x} dx = \int \left[3 \times \left(\frac{2}{3} \right)^x - 5 \right] dx$$

$$= 3 \int \left(\frac{2}{3} \right)^x dx - 5 \int dx = \frac{3 \times \left(\frac{2}{3} \right)^x}{\ln \frac{2}{3}} - 5x + C$$

$$= \frac{2^x}{3^{x-1}(\ln 2 - \ln 3)} - 5x + C$$

解法二：

$$\int \frac{3 \times 2^x - 5 \times 3^x}{3^x} dx = \int \left[3 \times \left(\frac{2}{3} \right)^x - 5 \right] dx$$

$$= 3 \int \left(\frac{2}{3} \right)^x dx - 5 \int dx = \frac{3 \times \left(\frac{2}{3} \right)^x}{\ln \frac{2}{3}} - 5x + C$$

$$= \frac{3 \times 2^x}{3^x(\ln 2 - \ln 3)} - 5x + C$$

解法三：

$$\int \frac{3 \times 2^x - 5 \times 3^x}{3^x} dx = \int \left[3 \times \left(\frac{2}{3} \right)^x - 5 \right] dx$$

$$= 3 \int \left(\frac{2}{3} \right)^x dx - 5 \int dx = \frac{3 \times \left(\frac{2}{3} \right)^x}{\ln \frac{2}{3}} - 5x + C$$

$$= \frac{2^x}{3^{x-1}}(\ln 2 - \ln 3) - 5x + C$$

解法四：

$$\int \frac{3 \times 2^x - 5 \times 3^x}{3^x} dx = \int \left[3 \times \left(\frac{2}{3} \right)^x - 5 \right] dx$$

$$= 3\int\left(\frac{2}{3}\right)^x \mathrm{d}x - 5\int \mathrm{d}x = \frac{3\times\left(\frac{2}{3}\right)^x}{\ln\frac{2}{3}} - 5x + C$$

$$= \frac{2^x}{3^{x-1}(\ln 3 - \ln 2)} - 5x + C$$

请辨识:(　　)是正确解法;(　　)是错误解法。

15. 求 $\int \mathrm{e}^x\left(1 - \dfrac{\mathrm{e}^{-x}}{\sqrt[3]{x}}\right)\mathrm{d}x$。

解法一:

$$\int \mathrm{e}^x\left(1 - \frac{\mathrm{e}^{-x}}{\sqrt[3]{x}}\right)\mathrm{d}x = \int\left(\mathrm{e}^x - \frac{1}{\sqrt[3]{x}}\right)\mathrm{d}x$$

$$= \int \mathrm{e}^x \mathrm{d}x - \int \frac{1}{\sqrt[3]{x}}\mathrm{d}x = \mathrm{e}^x - \frac{2}{3}\sqrt[3]{x^2} + C$$

解法二:

$$\int \mathrm{e}^x\left(1 - \frac{\mathrm{e}^{-x}}{\sqrt[3]{x}}\right)\mathrm{d}x = \int\left(\mathrm{e}^x - \frac{1}{\sqrt[3]{x}}\right)\mathrm{d}x$$

$$= \int \mathrm{e}^x \mathrm{d}x - \int \frac{1}{\sqrt[3]{x}}\mathrm{d}x = \mathrm{e}^x + \frac{2}{3}\sqrt[3]{x^2} + C$$

解法三:

$$\int \mathrm{e}^x\left(1 - \frac{\mathrm{e}^{-x}}{\sqrt[3]{x}}\right)\mathrm{d}x = \int\left(\mathrm{e}^x - \frac{1}{\sqrt[3]{x}}\right)\mathrm{d}x$$

$$= \int \mathrm{e}^x \mathrm{d}x - \int \frac{1}{\sqrt[3]{x}}\mathrm{d}x = \mathrm{e}^x - \frac{3}{2}\sqrt[3]{x^2} + C$$

解法四:

$$\int \mathrm{e}^x\left(1 - \frac{\mathrm{e}^{-x}}{\sqrt[3]{x}}\right)\mathrm{d}x = \int\left(\mathrm{e}^x - \frac{1}{\sqrt[3]{x}}\right)\mathrm{d}x$$

$$= \int \mathrm{e}^x \mathrm{d}x - \int \frac{1}{\sqrt[3]{x}}\mathrm{d}x = \mathrm{e}^x - \frac{1}{3}\sqrt[3]{x^2} + C$$

请辨识:(　　)是正确解法;(　　)是错误解法。

16. 求 $\int \dfrac{(x-1)^2}{x(x^2+1)}\mathrm{d}x$。

解法一:

$$\int \frac{(x-1)^2}{x(x^2+1)}\mathrm{d}x = \int \frac{x^2 - 2x + 1}{x(x^2+1)}\mathrm{d}x$$

$$= \int \frac{1}{x^2}\mathrm{d}x - 2\int \frac{1}{x^2+1}\mathrm{d}x = -\frac{1}{x} - 2\arctan x + C$$

解法二:

$$\int \frac{(x-1)^2}{x(x^2+1)}\mathrm{d}x = \int \frac{x^2 - 2x + 1}{x(x^2+1)}\mathrm{d}x$$

$$= \int \frac{1}{x}\mathrm{d}x - 2\int \frac{1}{x^2+1}\mathrm{d}x = \ln x - 2\arctan x + C$$

解法三：

$$\int \frac{(x-1)^2}{x(x^2+1)}dx = \int \frac{x^2-2x+1}{x(x^2+1)}dx$$

$$= \int \frac{1}{x}dx - 2\int \frac{1}{x^2+1}dx = \ln|x| - 2\arctan x + C$$

解法四：

$$\int \frac{(x-1)^2}{x(x^2+1)}dx = \int \frac{x^2-2x+1}{x(x^2+1)}dx$$

$$= \int \frac{1}{x}dx - 2\int \frac{1}{x^2+1}dx = \ln|x| + 2\arctan x + C$$

请辨识：(　　)是正确解法；(　　)是错误解法。

17. 求 $\int \cos^2 \frac{x}{2}dx$。

解法一：

$$\int \cos^2 \frac{x}{2}dx = \int \frac{1+\cos x}{2}dx$$

$$= \frac{1}{2}\int dx + \frac{1}{2}\int \cos x dx = \frac{1}{2}x + \frac{1}{2}\sin x + C$$

解法二：

$$\int \cos^2 \frac{x}{2}dx = \int \frac{1-\cos x}{2}dx$$

$$= \frac{1}{2}\int dx - \frac{1}{2}\int \cos x dx = \frac{1}{2}x - \frac{1}{2}\sin x + C$$

解法三：

$$\int \cos^2 \frac{x}{2}dx = \int \frac{1+\cos x}{2}dx$$

$$= \frac{1}{2}\int dx + \frac{1}{2}\int \cos x dx = \frac{1}{2}x - \frac{1}{2}\sin x + C$$

解法四：

$$\int \cos^2 \frac{x}{2}dx = \int \frac{1+\cos x}{2}dx$$

$$= \frac{1}{2}\int dx + \frac{1}{2}\int \cos x dx = \frac{1}{2} + \frac{1}{2}\sin x + C$$

请辨识：(　　)是正确解法；(　　)是错误解法。

18. 求 $\int \frac{1+\cos^2 x}{1+\cos 2x}dx$。

解法一：

$$\int \frac{1+\cos^2 x}{1+\cos 2x}dx = \int \frac{1+\cos^2 x}{2\cos^2 x}dx$$

$$= \frac{1}{2}\int \frac{1}{\cos^2 x}dx + \frac{1}{2}\int dx = \frac{1}{2}\tan x + \frac{1}{2}x$$

解法二：

$$\int \frac{1+\cos^2 x}{1+\cos 2x}dx = \int \frac{1+\cos^2 x}{2\cos^2 x}dx$$

$$= \frac{1}{2} \int \frac{1}{\cos^2 x} \mathrm{d}x + \frac{1}{2} \int \mathrm{d}x = \frac{1}{2} \tan x + \frac{1}{2} x + C$$

解法三：

$$\int \frac{1+\cos^2 x}{1+\cos 2x} \mathrm{d}x = \int \frac{1+\cos^2 x}{2\cos^2 x} \mathrm{d}x$$

$$= \frac{1}{2} \int \frac{1}{\cos^2 x} \mathrm{d}x + \frac{1}{2} \int \mathrm{d}x = \frac{1}{2} \tan x + \frac{1}{2} x - C$$

解法四：

$$\int \frac{1+\cos^2 x}{1+\cos 2x} \mathrm{d}x = \int \frac{1+\cos^2 x}{\cos^2 x} \mathrm{d}x$$

$$= \int \frac{1}{\cos^2 x} \mathrm{d}x + \int \mathrm{d}x = \tan x + x + C$$

请辨识：(　　)是正确解法；(　　)是错误解法。

19. 求 $\int \frac{\cos 2x}{\sin^2 x \cos^2 x} \mathrm{d}x$。

解法一：

$$\int \frac{\cos 2x}{\sin^2 x \cos^2 x} \mathrm{d}x = \int \frac{\cos^2 x - \sin^2 x}{\sin^2 x \cos^2 x} \mathrm{d}x$$

$$= \int \frac{1}{\sin^2 x} \mathrm{d}x - \int \frac{1}{\cos^2 x} \mathrm{d}x = \cot x - \tan x + C$$

解法二：

$$\int \frac{\cos 2x}{\sin^2 x \cos^2 x} \mathrm{d}x = \int \frac{\cos^2 x - \sin^2 x}{\sin^2 x \cos^2 x} \mathrm{d}x$$

$$= \int \frac{1}{\sin^2 x} \mathrm{d}x - \int \frac{1}{\cos^2 x} \mathrm{d}x = -\cot x - \tan x + C$$

解法三：

$$\int \frac{\cos 2x}{\sin^2 x \cos^2 x} \mathrm{d}x = \int \frac{\cos^2 x - \sin^2 x}{\sin^2 x \cos^2 x} \mathrm{d}x$$

$$= \int \frac{1}{\sin^2 x} \mathrm{d}x - \int \frac{1}{\cos^2 x} \mathrm{d}x = \tan x + \cot x + C$$

请辨识：(　　)是正确解法；(　　)是错误解法。

20. 求 $\int \frac{1}{1+\cos 2x} \mathrm{d}x$。

解法一：$\int \frac{1}{1+\cos 2x} \mathrm{d}x = \int \frac{1}{2\cos^2 x} \mathrm{d}x = \frac{1}{2} \int \sec^2 x \mathrm{d}x = \frac{1}{2} \tan x + C$

解法二：$\int \frac{1}{1+\cos 2x} \mathrm{d}x = \int \frac{1}{2\sin^2 x} \mathrm{d}x = \frac{1}{2} \int \csc^2 x \mathrm{d}x = -\frac{1}{2} \cot x + C$

解法三：$\int \frac{1}{1+\cos 2x} \mathrm{d}x = \int \frac{1}{2\cos^2 x} \mathrm{d}x = \frac{1}{2} \int \mathrm{ces}^2 x \mathrm{d}x = -\frac{1}{2} \cot x + C$

解法四：$\int \frac{1}{1+\cos 2x} \mathrm{d}x = \int \frac{1}{2\cos^2 x} \mathrm{d}x = \frac{1}{2} \int \sec^2 x \mathrm{d}x = \frac{1}{2} \mathrm{can}\, x + C$

请辨识：(　　)是正确解法；(　　)是错误解法。

六、排序题

1. A：如果存在函数 $F(x)$

B：则称函数 $F(x)$ 为 $f(x)$ 在区间 I 上的一个原函数

C：对于区间 I 上任意一点 x

D：设 $f(x)$ 是定义在区间 I 上的函数

E：都有 $F'(x)=f(x)$ 或 $\mathrm{d}F(x)=f(x)\mathrm{d}x$

上述是关于原函数的描述，打乱了顺序，请将正确描述的序号填入。

(　　)(　　)(　　)(　　)

2. A：设函数 $F(x)$ 是 $f(x)$ 的一个原函数

B：(其中 C 是任意常数)

C：则 $f(x)$ 所有的原函数 $F(x)+C$

D：称为 $f(x)$ 的不定积分

E：记作 $\int f(x)\mathrm{d}x = F(x)+C$

上述是关于不定积分的描述，打乱了顺序，请将正确描述的序号填入。

(　　)(　　)(　　)(　　)

3. A：或者，将被积函数经过恒等变换

B：在求不定积分的有关问题时

C：这样的积分方法叫作直接积分法

D：再利用积分基本公式和性质求出结果

E：可以直接根据积分基本公式和性质求出结果

上述是关于直接积分法的描述，打乱了顺序，请将正确描述的序号填入。

(　　)(　　)(　　)(　　)

4. A：称为第一类换元积分法或凑微法

B：这种求不定积分的方法

C：设 $\int f(u)\mathrm{d}u = F(u)+C$

D：且函数 $u=\varphi(x)$ 可导

E：则 $\int f[\varphi(x)]\varphi'(x)\mathrm{d}x = F[\varphi(x)]+C$

上述是关于第一类换元积分法的描述，打乱了顺序，请将正确描述的序号填入。

(　　)(　　)(　　)(　　)

5. A：$-\dfrac{1}{x}+\arctan x+C$

B：$\int \dfrac{(1+x^2)+x^2}{x^2(1+x^2)}\mathrm{d}x$

C：$\int \dfrac{1}{x^2}\mathrm{d}x + \int \dfrac{1}{1+x^2}\mathrm{d}x$

上述是关于不定积分 $\int \dfrac{1+2x^2}{x^2(1+x^2)}\mathrm{d}x$ 的计算过程，打乱了顺序，请将正确顺序的序号填入。

$$\int \frac{1+2x^2}{x^2(1+x^2)}dx = (\qquad) = (\qquad) = (\qquad)$$

6. A: $\int \frac{2}{\sqrt{x}}dx + \int \frac{x\sqrt{x}}{2}dx - \int \frac{2}{\sqrt[3]{x^2}}dx$

B: $2\int x^{-\frac{1}{2}}dx + \frac{1}{2}\int x^{\frac{3}{2}}dx - 2\int x^{-\frac{2}{3}}dx$

C: $4x^{\frac{1}{2}} + \frac{1}{5}x^{\frac{5}{2}} - 6x^{\frac{1}{3}} + C$

上述是关于不定积分 $\int\left(\frac{2}{\sqrt{x}} + \frac{x\sqrt{x}}{2} - \frac{2}{\sqrt[3]{x^2}}\right)dx$ 的计算过程,打乱了顺序,请将正确顺序的序号填入。

$$\int\left(\frac{2}{\sqrt{x}} + \frac{x\sqrt{x}}{2} - \frac{2}{\sqrt[3]{x^2}}\right)dx = (\qquad) = (\qquad) = (\qquad)$$

7. A: $\int \frac{3x^2(x^2+1)-1}{x^2+1}dx$

B: $x^3 - \arctan x + C$

C: $\int 3x^2 dx - \int \frac{1}{x^2+1}dx$

上述是关于不定积分 $\int \frac{3x^4+3x^2-1}{x^2+1}dx$ 的计算过程,打乱了顺序,请将正确顺序的序号填入。

$$\int \frac{3x^4+3x^2-1}{x^2+1}dx = (\qquad) = (\qquad) = (\qquad)$$

8. A: $e^x - \frac{3}{2}\sqrt[3]{x^2} + C$

B: $\int e^x dx - \int \frac{1}{\sqrt[3]{x}}dx$

C: $\int\left(e^x - \frac{1}{\sqrt[3]{x}}\right)dx$

上述是关于不定积分 $\int e^x\left(1 - \frac{e^{-x}}{\sqrt[3]{x}}\right)dx$ 的计算过程,打乱了顺序,请将正确顺序的序号填入。

$$\int e^x\left(1 - \frac{e^{-x}}{\sqrt[3]{x}}\right)dx = (\qquad) = (\qquad) = (\qquad)$$

9. A: $\int \frac{1}{x}dx - 2\int \frac{1}{x^2+1}dx$

B: $\ln|x| - 2\arctan x + C$

C: $\int \frac{x^2-2x+1}{x(x^2+1)}dx$

上述是关于不定积分 $\int \frac{(x-1)^2}{x(x^2+1)}dx$ 的计算过程,打乱了顺序,请将正确顺序的序号填入。

$$\int \frac{(x-1)^2}{x(x^2+1)}dx = (\qquad) = (\qquad) = (\qquad)$$

10. A: $\dfrac{1}{2}\int dx + \dfrac{1}{2}\int \cos x dx$

B: $\displaystyle\int \dfrac{1+\cos x}{2}dx$

C: $\dfrac{1}{2}x + \dfrac{1}{2}\sin x + C$

上述是关于不定积分 $\displaystyle\int \cos^2 \dfrac{x}{2}dx$ 的计算过程,打乱了顺序,请将正确顺序的序号填入。

$$\int \cos^2 \frac{x}{2}dx = (\qquad) = (\qquad) = (\qquad)$$

第五章 定积分及其应用

一、单选题

1. 在直角坐标系中,由连续曲线 $y=f(x)>0$,直线 $x=a,x=b,y=0$ 所围成的图形,称为(　　)。

　　A. 正方形　　　　　B. 长方形　　　　　C. 三角形　　　　　D. 曲边梯形

2. 由曲线 $y=x^3$ 与直线 $x=1,x=4$ 及 x 轴所围成的曲边梯形的面积 A,用定积分表示为(　　)。

　　A. $A=\int_0^1 x^3 \mathrm{d}x$　　　B. $A=\int_0^4 x^3 \mathrm{d}x$　　　C. $A=\int_1^4 x^3 \mathrm{d}x$　　　D. $A=\int_4^1 x^3 \mathrm{d}x$

3. 已知变速直线运动的速度 $v(t)=2t^2-t$,物体由 1 秒运动到 4 秒时间内经过的路程,用定积分表示为(　　)。

　　A. $\int_0^1 (2t^2-t)\mathrm{d}t$　　　　　　　　　B. $\int_1^4 (2t^2-t)\mathrm{d}t$

　　C. $\int_1^4 (2t^2-t)\mathrm{d}x$　　　　　　　　　D. $\int_4^1 (2t^2-t)\mathrm{d}t$

4. 在定积分定义 $\int_a^b f(x)\mathrm{d}x = \lim\limits_{\lambda \to 0}\sum\limits_{i=1}^n f(\xi_i)\Delta x_i$ 中(　　)。

　　A. $[a,b]$ 必须 n 等分,ξ_i 是 $[x_{i-1},x_i]$ 端点。

　　B. $[a,b]$ 可任意分法,ξ_i 必须是 $[x_{i-1},x_i]$ 端点。

　　C. $[a,b]$ 可任意分法,$\lambda = \max\limits_{1\leq i\leq n}\{\Delta x_i\} \to 0$,$\xi_i$ 可在 $[x_{i-1},x_i]$ 内任取。

　　D. $[a,b]$ 必须等分,$\lambda = \max\limits_{1\leq i\leq n}\{\Delta x_i\} \to 0$,$\xi_i$ 可在 $[x_{i-1},x_i]$ 内任取。

5. 在定积分符号 $\int_a^b f(x)\mathrm{d}x$ 中,$f(x)$ 叫作(　　)。

　　A. 被积函数　　　B. 被积表达式　　　C. 积分变量　　　D. 积分区间

6. 在定积分符号 $\int_a^b f(x)\mathrm{d}x$ 中,$f(x)\mathrm{d}x$ 叫作(　　)。

　　A. 被积函数　　　B. 被积表达式　　　C. 积分变量　　　D. 积分区间

7. 定积分 $\int_0^{\frac{\pi}{2}} \sin x^2 \mathrm{d}x$ 的被积函数是(　　)。

　　A. $\sin x^2$　　　B. $\sin^2 x^2$　　　C. $\sin^2 x$　　　D. $\sin x^2 \mathrm{d}x$

8. 定积分 $\int_0^{\frac{\pi}{2}} \sin x^2 \mathrm{d}x$ 的被积表达式是(　　)。

　　A. $\sin x^2$　　　B. $\sin^2 x^2$　　　C. $\sin^2 x$　　　D. $\sin x^2 \mathrm{d}x$

9. 在定积分符号 $\int_a^b f(x)\mathrm{d}x$ 中,x 叫作(　　)。

A. 被积函数　　　B. 被积表达式　　　C. 积分变量　　　D. 积分区间

10. 在定积分符号 $\int_a^b f(x)\mathrm{d}x$ 中,$[a,b]$叫作(　　)。

A. 被积函数　　　B. 被积表达式　　　C. 积分变量　　　D. 积分区间

11. 定积分 $\int_2^4 (x^2+1)\mathrm{d}x$ 的积分区间为(　　)。

A. $(0,2)$　　　B. $[0,2]$　　　C. $[2,4]$　　　D. $(2,4)$

12. 在定积分符号 $\int_a^b f(x)\mathrm{d}x$ 中,a 叫作(　　)。

A. 积分上限　　　B. 积分下限　　　C. 积分变量　　　D. 积分区间

13. 在定积分符号 $\int_a^b f(x)\mathrm{d}x$ 中,b 叫作(　　)。

A. 积分上限　　　B. 积分下限　　　C. 积分变量　　　D. 积分区间

14. 在 $\int_{-1}^0 (x^3-2x)\mathrm{d}x$ 中 -1 是积分的(　　)。

A. 上限　　　B. 下限　　　C. 积分变量　　　D. 被积分函数

15. 在 $\int_{-1}^0 (x^3-2x)\mathrm{d}x$ 中 0 是积分的(　　)。

A. 上限　　　B. 下限　　　C. 积分变量　　　D. 被积分函数

16. 初等函数在其定义域内都有定积分,函数定积分存在就说它是(　　)。

A. 可导的　　　B. 可微的　　　C. 可积的　　　D. 可函的

17. 可积函数和的积分(　　)积分的和。

A. 等于　　　B. 不等于　　　C. 大于　　　D. 小于

18. 可积函数差的积分(　　)积分的差。

A. 等于　　　B. 不等于　　　C. 大于　　　D. 小于

19. 可积函数积的积分(　　)积分的积。

A. 等于　　　B. 不等于　　　C. 大于　　　D. 小于

20. 可积函数商的积分(　　)积分的商。

A. 等于　　　B. 不等于　　　C. 大于　　　D. 小于

21. (　　)可提到积分符号外面。

A. 被积函数　　　B. 被积表达式　　　C. 非零常数因子　　　D. 积分变量

22. 如果在区间$[a,b]$上有 $f(x)\leqslant g(x)$,那么 $\int_a^b f(x)\mathrm{d}x$(　　)$\int_a^b g(x)\mathrm{d}x$。

A. $>$　　　B. $<$　　　C. $=$　　　D. $\leqslant$

23. 利用定积分的性质,比较大小:$\int_1^2 \ln x\mathrm{d}x$(　　)$\int_1^2 \ln^2 x\mathrm{d}x$。

A. $>$　　　B. $<$　　　C. $=$　　　D. $\leqslant$

24. 利用定积分的性质,比较大小:$\int_0^1 x\mathrm{d}x$(　　)$\int_0^1 x^2\mathrm{d}x$。

A. $>$　　　B. $<$　　　C. $=$　　　D. $\leqslant$

25. 利用定积分的性质,比较大小:$\int_0^1 (1+x)\mathrm{d}x$(　　)$\int_0^1 e^x\mathrm{d}x$。

A. $>$ B. $<$ C. $=$ D. $\geqslant$

26. 利用定积分的性质,比较大小:$\int_0^{\frac{\pi}{2}} x \mathrm{d}x($ $)\int_0^{\frac{\pi}{2}} \sin x \mathrm{d}x$。

    A. $>$ B. $<$ C. $=$ D. $\leqslant$

27. 设在 $[a,b]$ 上 $f(x) \geqslant 0$,则 $\int_a^b f(x)\mathrm{d}x($)。

    A. $\geqslant 0$ B. $\leqslant 0$ C. $=0$ D. $<$

28. 如果 $f(x)=1$,那么一定有 $\int_a^b \mathrm{d}x = ($)。

    A. 0 B. 1 C. $b-a$ D. $a-b$

29. 如果 $f(x)$ 在闭区间 $[a,b]$ 上连续,则至少存在一点 $\xi \in [a,b]$,使得 $\int_a^b f(x)\mathrm{d}x = ($)。

    A. $f(\xi)(b-a)$ B. $f(\xi)(a-b)$ C. $b-a$ D. $a-b$

30. 设 $\int_{-1}^1 3f(x)\mathrm{d}x = 18$,则 $\int_{-1}^1 f(x)\mathrm{d}x = ($)。

    A. 2 B. 3 C. 6 D. 18

31. 设 $\int_1^{-1} f(x)\mathrm{d}x = -6$,$\int_{-1}^3 f(x)\mathrm{d}x = 4$,则 $\int_1^3 f(x)\mathrm{d}x = ($)。

    A. 2 B. 3 C. -2 D. -3

32. 设 $\int_{-1}^1 f(x)\mathrm{d}x = 6$,$\int_{-1}^3 f(x)\mathrm{d}x = 4$,则 $\int_1^3 f(x)\mathrm{d}x = ($)。

    A. 2 B. 3 C. -2 D. -3

33. 设 $\int_{-1}^3 g(x)\mathrm{d}x = 3$,则 $\int_3^{-1} g(x)\mathrm{d}x = ($)。

    A. 2 B. 3 C. -2 D. -3

34. 若 $f(x)$ 在 $[a,b]$ 上连续,且 $\int_a^b f(x)\mathrm{d}x = 0$,则 $\int_a^b [f(x)+1]\mathrm{d}x = ($)。

    A. 0 B. 1 C. 2 D. $b-a$

35. 若 $f(x)$ 在 $[1,2]$ 上连续,且 $\int_1^2 f(x)\mathrm{d}x = 0$,则 $\int_1^2 [f(x)+1]\mathrm{d}x = ($)。

    A. 0 B. 1 C. 2 D. 3

36. 若 $f(x)$ 在 $[1,4]$ 上连续,且 $\int_1^4 f(x)\mathrm{d}x = 0$,则 $\int_1^4 [f(x)+1]\mathrm{d}x = ($)。

    A. 0 B. 1 C. 2 D. 3

37. 若 $\int_a^b \dfrac{f(x)}{f(x)+g(x)}\mathrm{d}x = 1$,则 $\int_a^b \dfrac{g(x)}{f(x)+g(x)}\mathrm{d}x = ($)。

    A. $b-a$ B. $b-a-1$ C. $b-a+1$ D. $b+a+1$

38. 若 $\int_0^1 \dfrac{f(x)}{f(x)+g(x)}\mathrm{d}x = 1$,则 $\int_0^1 \dfrac{g(x)}{f(x)+g(x)}\mathrm{d}x = ($)。

    A. 0 B. 1 C. 2 D. 3

39. 若 $\int_0^2 \dfrac{f(x)}{f(x)+g(x)}\mathrm{d}x = 1$,则 $\int_0^2 \dfrac{g(x)}{f(x)+g(x)}\mathrm{d}x = ($)。

A. 0　　　　　　　B. 1　　　　　　　C. 2　　　　　　　D. 3

40. 若 $\int_1^2 \dfrac{f(x)}{f(x)+g(x)}\mathrm{d}x = 1$，则 $\int_1^2 \dfrac{g(x)}{f(x)+g(x)}\mathrm{d}x = ($ 　　 $)$。

A. 0　　　　　　　B. 1　　　　　　　C. 2　　　　　　　D. 3

41. 如果函数 $f(x)$ 在区间 $[a,b]$ 上连续，则变上限积分 $\varphi(x)=\int_a^x f(t)\mathrm{d}t$ 在区间 $[a,b]$ 上(　)，且导数为 $\varphi'(x)=f(x)$。

A. 可导　　　　　B. 一定是分段函数　　C. 一定是常数　　D. 间断

42. 如果函数 $F(x)$ 在区间 $[a,b]$ 上连续，则函数 $\varphi(x)=\int_a^x f(t)\mathrm{d}t$ 是函数 $f(x)$ 在区间 $[a,b]$ 上的一个(　)。

A. 幂函数　　　　　B. 指数函数　　　　C. 原函数　　　　D. 三角函数

43. 如果函数 $F(x)$ 是连续函数 $f(x)$ 在区间 $[a,b]$ 上的原函数，则 $\int_a^b f(x)\mathrm{d}x = ($ 　　 $)$。

A. $f(b)-f(a)$　　B. $f(a)-f(b)$　　C. $F(b)-F(a)$　　D. $F(a)-F(b)$

44. $\dfrac{\mathrm{d}}{\mathrm{d}x}\int_0^1 \cos x^2\,\mathrm{d}x = ($ 　　 $)$。

A. 0　　　　　　　B. 1　　　　　　　C. 2　　　　　　　D. 3

45. $\dfrac{\mathrm{d}}{\mathrm{d}x}\int_0^1 x^2\,\mathrm{d}x = ($ 　　 $)$。

A. $\dfrac{1}{3}$　　　　　B. 0　　　　　　　C. 1　　　　　　　D. 2

46. 设 $\varPhi(x)=\int_0^x \tan u\,\mathrm{d}u$，则 $\varPhi'\!\left(\dfrac{\pi}{4}\right)=($ 　　 $)$。

A. 0　　　　　　　B. 1　　　　　　　C. 2　　　　　　　D. 3

47. $\dfrac{\mathrm{d}}{\mathrm{d}x}\int_{x^3}^b \ln(3+t)\,\mathrm{d}t = ($ 　　 $)$。

A. $-3x^2\ln(3+x^3)$　　B. 1　　　　　C. 2　　　　　D. 3

48. $f(x)$ 连续，$x\geqslant 0$，且 $\int_0^x f(t)\mathrm{d}t = x$，则 $f(3)=($ 　　 $)$。

A. $\dfrac{1}{3}$　　　　　B. 0　　　　　　　C. 2　　　　　　　D. 1

49. $f(x)$ 连续，$x\geqslant 0$，且 $\int_0^{x^2} f(t)\mathrm{d}x = x$，则 $f(1)=($ 　　 $)$。

A. $\dfrac{1}{2}$　　　　　B. 0　　　　　　　C. 2　　　　　　　D. 1

50. 若 $f(x)=\int_0^x \sin t\,\mathrm{d}t$，则 $f'(x)=($ 　　 $)$。

A. $\sin x$　　　　B. $-x+\dfrac{1}{2}\sin 2x$　　C. $\dfrac{\sqrt{1+x}}{2\sqrt{x}}$　　D. $-\sqrt{1+x^2}$

51. 若 $f(x)=\int_0^x \sin t^2\,\mathrm{d}t$，则 $f'(x)=($ 　　 $)$。

A. $\dfrac{1}{2}$　　　　　B. 1　　　　　　　C. $\sin x$　　　　　D. $\sin x^2$

52. $\lim\limits_{x\to 0}\dfrac{\displaystyle\int_0^x \cos t^2\,\mathrm{d}t}{x}=(\qquad)$。

　　A. $\dfrac{1}{2}$　　　　　　B. 1　　　　　　C. $\cos x^2$　　　　D. $\dfrac{1}{x}$

53. $\lim\limits_{x\to 0}\dfrac{\displaystyle\int_0^x \ln(1+t)\,\mathrm{d}t}{x}=(\qquad)$。

　　A. $\dfrac{1}{2}$　　　　　　B. 0　　　　　　C. $\ln(1+x)$　　　D. $\dfrac{\ln(1+x)}{x}$

54. 设 $f(x)$ 有连续的导数，$f(b)=5$，$f(a)=3$，则 $\displaystyle\int_a^b f'(x)\,\mathrm{d}x=(\qquad)$。

　　A. 0　　　　　　B. 1　　　　　　C. 2　　　　　　D. 3

55. 设 $f(x)$ 可导，且 $f(0)=0$，$f'(0)=2$，则 $\lim\limits_{x\to 0}\dfrac{\displaystyle\int_0^x f(t)\,\mathrm{d}t}{x^2}=(\qquad)$。

　　A. 0　　　　　　B. 1　　　　　　C. 2　　　　　　D. 4

56. 设 $f(x)$ 在 $[-a,a]$ 上是偶函数，则定积分 $\displaystyle\int_{-a}^a f(x)\,\mathrm{d}x$ 等于（　　）。

　　A. 0　　　　　　B. $2\displaystyle\int_0^a f(x)\,\mathrm{d}x$　　C. $-\displaystyle\int_{-a}^a f(x)\,\mathrm{d}x$　　D. 1

57. 设 $f(x)$ 在 $[-a,a]$ 上是奇函数，则定积分 $\displaystyle\int_{-a}^a f(x)\,\mathrm{d}x$ 等于（　　）。

　　A. 0　　　　　　B. $2\displaystyle\int_0^a f(x)\,\mathrm{d}x$　　C. $-\displaystyle\int_{-a}^a f(x)\,\mathrm{d}x$　　D. 1

58. $\displaystyle\int_0^1 (4x^3-3x^2+1)\,\mathrm{d}x=(\qquad)$。

　　A. 1　　　　　　B. $\dfrac{11}{12}$　　　　　C. $\dfrac{2}{3}(5\sqrt{2}-4)$　　D. $\dfrac{37}{10}$

59. $\displaystyle\int_0^1 (2x^2-\sqrt[3]{x}+1)\,\mathrm{d}x=(\qquad)$。

　　A. 1　　　　　　B. $\dfrac{11}{12}$　　　　　C. $\dfrac{2}{3}(5\sqrt{2}-4)$　　D. $\dfrac{37}{10}$

60. $\displaystyle\int_1^2 \left(x^2-\dfrac{1}{x}\right)^2\,\mathrm{d}x=(\qquad)$。

　　A. 1　　　　　　B. $\dfrac{11}{12}$　　　　　C. $\dfrac{2}{3}(5\sqrt{2}-4)$　　D. $\dfrac{37}{10}$

61. $\displaystyle\int_0^2 (4x-\mathrm{e}^x)\,\mathrm{d}x=(\qquad)$。

　　A. $\dfrac{\pi}{2}+1$　　　B. $9-\mathrm{e}^2$　　　C. $\dfrac{\pi}{2}-1$　　　D. $\mathrm{e}-\dfrac{2}{3}$

62. $\displaystyle\int_0^1 (x^2+\mathrm{e}^x)\,\mathrm{d}x=(\qquad)$。

　　A. $\dfrac{\pi}{2}+1$　　　B. $9-\mathrm{e}^2$　　　C. $\dfrac{\pi}{2}-1$　　　D. $\mathrm{e}-\dfrac{2}{3}$

63. $\int_{-1}^{0} \dfrac{3x^4 + 3x^2 + 1}{x^2 + 1} \mathrm{d}x = ($ 　　 $)$。

    A. $\dfrac{\pi}{2}$ 　　　　　　B. $\dfrac{\pi}{4}$ 　　　　　　C. $1 + \dfrac{\pi}{4}$ 　　　　　　D. $1 + \dfrac{\pi}{2}$

64. $\int_{0}^{\frac{\pi}{2}} 2\cos^2 \dfrac{x}{2} \mathrm{d}x = ($ 　　 $)$。

    A. $\dfrac{\pi}{2} + 1$ 　　　　B. $9 - \mathrm{e}^2$ 　　　　C. $\dfrac{\pi}{2} - 1$ 　　　　D. $\mathrm{e} - \dfrac{2}{3}$

65. $\int_{0}^{\frac{\pi}{2}} 2\sin^2 \dfrac{x}{2} \mathrm{d}x = ($ 　　 $)$。

    A. $\dfrac{\pi}{2} + 1$ 　　　　B. $9 - \mathrm{e}^2$ 　　　　C. $\dfrac{\pi}{2} - 1$ 　　　　D. $\mathrm{e} - \dfrac{2}{3}$

66. $\int_{0}^{\frac{\pi}{4}} \sin x \mathrm{d}x = ($ 　　 $)$。

    A. 0 　　　　　　B. $\dfrac{\pi}{4}$ 　　　　　　C. $1 - \dfrac{\sqrt{2}}{2}$ 　　　　D. $1 + \dfrac{\pi}{2}$

67. $\int_{\frac{\pi}{4}}^{\frac{\pi}{2}} \cos x \mathrm{d}x = ($ 　　 $)$。

    A. $\dfrac{\pi}{4}$ 　　　　　　B. $\dfrac{\pi}{2}$ 　　　　　　C. $1 - \dfrac{\sqrt{2}}{2}$ 　　　　D. $1 + \dfrac{\pi}{2}$

68. $\int_{-1}^{2} x^3 \mathrm{d}x = ($ 　　 $)$。

    A. $1 - \dfrac{\pi}{4}$ 　　　　B. $\dfrac{15}{4}$ 　　　　　　C. $\dfrac{29}{6}$ 　　　　　　D. $\dfrac{\pi}{6}$

69. $\int_{1}^{2} \left(x + \dfrac{1}{x} \right)^2 \mathrm{d}x = ($ 　　 $)$。

    A. $1 - \dfrac{\pi}{4}$ 　　　　B. $\dfrac{15}{4}$ 　　　　　　C. $\dfrac{29}{6}$ 　　　　　　D. $\dfrac{\pi}{6}$

70. $\int_{0}^{\frac{1}{2}} \dfrac{1}{\sqrt{1 - x^2}} \mathrm{d}x = ($ 　　 $)$。

    A. $1 - \dfrac{\pi}{4}$ 　　　　B. $\dfrac{15}{4}$ 　　　　　　C. $\dfrac{29}{6}$ 　　　　　　D. $\dfrac{\pi}{6}$

71. $\int_{0}^{1} \dfrac{x^2}{1 + x^2} \mathrm{d}x = ($ 　　 $)$。

    A. $1 - \dfrac{\pi}{4}$ 　　　　B. $\dfrac{15}{4}$ 　　　　　　C. $\dfrac{29}{6}$ 　　　　　　D. $\dfrac{\pi}{6}$

72. $\int_{0}^{2} (x^2 - 2x) \mathrm{d}x = ($ 　　 $)$。

    A. $-\mathrm{e}^{\frac{1}{2}} + \mathrm{e}$ 　　B. $\dfrac{4}{3}$ 　　　　　　C. $-\dfrac{4}{3}$ 　　　　　D. $1 - \dfrac{\pi}{4}$

73. 若 $f(x) = \begin{cases} x^2 + 2, & \text{当 } x \leqslant 1 \text{ 时}, \\ 4 - x, & \text{当 } x > 1 \text{ 时}, \end{cases}$ 则 $\int_{0}^{3} f(x) \mathrm{d}x = ($ 　　 $)$。

    A. $2\sqrt{2}$ 　　　　　B. $\dfrac{19}{3}$ 　　　　　　C. $3 + \mathrm{e}$ 　　　　　D. 1

74. 若 $f(x) = \begin{cases} x+1, & x \leqslant 1, \\ \frac{1}{2}x^2, & x > 1, \end{cases}$ 则 $\int_0^2 f(x)\mathrm{d}x = ($　　$)$。

    A. $\frac{8}{3}$　　　　　B. $\frac{19}{3}$　　　　　C. $3+\mathrm{e}$　　　　D. 1

75. 由曲线 $y = 1-x^2, y = 0$ 所围成图形的面积是($　　$)。

    A. $\frac{4}{3}$　　　　　B. $\frac{1}{6}$　　　　　C. 0　　　　　D. 3

76. 由曲线 $y = x^2, y = x$ 所围成图形的面积是($　　$)。

    A. $\frac{4}{3}$　　　　　B. $\frac{1}{6}$　　　　　C. 1　　　　　D. 2

77. 由曲线 $y_1 = \sin x, y_2 = \cos x$ 与直线 $x = 0, x = \frac{\pi}{2}$ 所围成图形的面积是($　　$)。

    A. 0　　　　　B. 1　　　　　C. 2　　　　　D. $2(\sqrt{2}-1)$

78. 椭圆 $\frac{x^2}{a^2} + \frac{y^2}{b^2} = 1(a > 0, b > 0)$ 所围成图形的面积是($　　$)。

    A. πab　　　　B. $\frac{\pi ab}{2}$　　　　C. $\frac{\pi ab}{3}$　　　　D. $\frac{\pi ab}{4}$

79. 由曲线 $y = x^2 - 4, y = 0$,绕 x 轴旋转所得的旋转体的体积为($　　$)。

    A. $\frac{4}{3}$　　　　　B. $\frac{1}{6}$　　　　　C. $\frac{512\pi}{15}$　　　　D. $\frac{3\pi}{10}$

80. 由曲线 $y^2 = x, x^2 = y$,绕 y 轴旋转所得的旋转体的体积为($　　$)。

    A. $\frac{4}{3}$　　　　　B. $\frac{1}{6}$　　　　　C. $\frac{512\pi}{15}$　　　　D. $\frac{3\pi}{10}$

二、多选题

1. 定积分表示的是一个数,它的值只取决于($　　$)与($　　$),而与积分变量用什么字母表示无关,即 $\int_a^b f(x)\mathrm{d}x = \int_a^b f(t)\mathrm{d}t$。

    A. 被积函数　　　B. 积分区间　　　　C. 积分变量　　　D. 积分常量

2. 定积分的定义可由"($　　$)、($　　$)、($　　$)、($　　$)"这样四个环节来记忆。

    A. 划分区间　　　B. 取近似值　　　　C. 求和式　　　　D. 取极限

3. 设函数 $f(x)$ 在区间 $[a,b]$ 上连续,$x \in [a,b]$,当 x 在区间 $[a,b]$ 上任意变动时,定积分 $\int_a^x f(t)\mathrm{d}t$ 的值被唯一确定,这样在区间 $[a,b]$ 上就产生了一个新的函数 $\varphi(x) = \int_a^x f(t)\mathrm{d}t$,我们把这个函数称为($　　$)。

    A. 原函数　　　　　B. 幂函数　　　　C. 积分上限函数　D. 变上限积分

4. 如果函数 $f(x)$ 在区间 $[a,b]$ 上连续,则变上限积分 $\varphi(x) = \int_a^x f(t)\mathrm{d}t$ 在区间 $[a,b]$ 上一定是($　　$)。

    A. 可导的　　　　　　　　　　B. 可微的

    C. 是 $f(x)$ 的一个原函数　　　D. 连续的

5. 在定积分定义 $\int_a^b f(x)\mathrm{d}x = \lim\limits_{\lambda \to 0}\sum\limits_{i=1}^{n} f(\xi_i)\Delta x_i$ 中(　　)。

    A. $[a,b]$ 可任意分法　　　　　　　　　　B. ξ_i 可在 $[x_{i-1},x_i]$ 内任取

    C. $\lambda = \max\limits_{1 \leqslant i \leqslant n}\{\Delta x_i\} \to 0$　　　　　　　D. 极限存在称可积

6. 如果 $\int_{-1}^1 f(x)\mathrm{d}x = 6, \int_{-1}^3 f(x)\mathrm{d}x = 4$, 则 $\int_1^3 f(x)\mathrm{d}x = -2$。在计算过程中,使用了定积分的(　　)性质。

    A. $\int_a^b f(x)\mathrm{d}x = -\int_b^a f(x)\mathrm{d}x$　　　　B. $\int_a^b f(x)\mathrm{d}x = \int_a^c f(x)\mathrm{d}x + \int_c^b f(x)\mathrm{d}x$

    C. $\int_a^b \mathrm{d}x = b - a$　　　　　　　　　　D. 积分中值定理

7. 定积分 $\int_0^1 (4x^3 - 3x^2 + 1)\mathrm{d}x = 1$, 计算过程中,使用了定积分的(　　)性质。

    A. $\int_a^b [f(x) \pm g(x)]\mathrm{d}x = \int_a^b f(x)\mathrm{d}x \pm \int_a^b g(x)\mathrm{d}x$

    B. $\int_a^b kf(x)\mathrm{d}x = k\int_a^b f(x)\mathrm{d}x$

    C. $\int_a^b f(x)\mathrm{d}x = \int_a^c f(x)\mathrm{d}x + \int_c^b f(x)\mathrm{d}x$

    D. $\int_a^b \mathrm{d}x = b - a$

8. 定积分 $\int_0^1 (2x^2 - \sqrt[3]{x} + 1)\mathrm{d}x = \dfrac{11}{12}$, 计算过程中,使用了定积分的(　　)性质。

    A. $\int_a^b [f(x) \pm g(x)]\mathrm{d}x = \int_a^b f(x)\mathrm{d}x \pm \int_a^b g(x)\mathrm{d}x$

    B. $\int_a^b kf(x)\mathrm{d}x = k\int_a^b f(x)\mathrm{d}x$

    C. $\int_a^b f(x)\mathrm{d}x = \int_a^c f(x)\mathrm{d}x + \int_c^b f(x)\mathrm{d}x$

    D. $\int_a^b \mathrm{d}x = b - a$

9. 定积分 $\int_1^2 \left(x^2 - \dfrac{1}{x}\right)^2 \mathrm{d}x = \dfrac{37}{10}$, 计算过程中,使用了以下(　　)公式。

    A. $(a-b)^2 = a^2 - 2ab + b^2$　　　　　　B. $(a-b)^3 = a^3 - 3a^2b + 3ab^2 - b^3$

    C. $\int x^\mu \mathrm{d}x = \dfrac{1}{\mu+1}x^{\mu+1} + C$　　　　D. $\int \dfrac{1}{x}\mathrm{d}x = \ln|x| + C$

10. 定积分 $\int_0^2 (4x - \mathrm{e}^x)\mathrm{d}x = 9 - \mathrm{e}^2$, 计算过程中,可使用的不定积分公式有(　　)。

    A. $\int \dfrac{1}{x}\mathrm{d}x = \ln|x| + C$　　　　　　B. $\int x^\mu \mathrm{d}x = \dfrac{1}{\mu+1}x^{\mu+1} + C$

    C. $\int \mathrm{e}^x \mathrm{d}x = \mathrm{e}^x + C$　　　　　　　D. $\int \sin x\,\mathrm{d}x = -\cos x + C$

11. 定积分 $\int_{-1}^0 \dfrac{3x^4 + 3x^2 + 1}{x^2 + 1}\mathrm{d}x = 1 + \dfrac{\pi}{4}$, 计算过程中,使用了以下(　　)等式。

A. $\int x^\mu \mathrm{d}x = \dfrac{1}{\mu+1}x^{\mu+1}+C$　　　　B. $\int_a^b kf(x)\mathrm{d}x = k\int_a^b f(x)\mathrm{d}x$

C. $\int \dfrac{1}{x^2+1}\mathrm{d}x = \arctan x + C$　　　D. $\arctan(-1) = -\dfrac{\pi}{4}$

12. 定积分 $\int_0^{\frac{\pi}{2}} 2\cos^2\dfrac{x}{2}\mathrm{d}x = \dfrac{\pi}{2}+1$，计算过程中，使用了以下（　　）等式。

 A. $1+\cos x = 2\cos^2\dfrac{x}{2}$　　　　　B. $1-\cos x = 2\sin^2\dfrac{x}{2}$

 C. $\int \cos x\mathrm{d}x = \sin x + C$　　　　D. $\int \mathrm{d}x = x + C$

13. 定积分 $\int_0^{\frac{\pi}{2}} 2\sin^2\dfrac{x}{2}\mathrm{d}x = \dfrac{\pi}{2}-1$，计算过程中，使用了以下（　　）等式。

 A. $1+\cos x = 2\cos^2\dfrac{x}{2}$　　　　　B. $1-\cos x = 2\sin^2\dfrac{x}{2}$

 C. $\int \cos x\mathrm{d}x = \sin x + C$　　　　D. $\int \mathrm{d}x = x + C$

14. 定积分 $\int_1^2 \left(x+\dfrac{1}{x}\right)^2\mathrm{d}x = \dfrac{29}{6}$，计算过程中，使用了以下（　　）等式。

 A. $\int_a^b [f(x)\pm g(x)]\mathrm{d}x = \int_a^b f(x)\mathrm{d}x \pm \int_a^b g(x)\mathrm{d}x$

 B. $\int_a^b kf(x)\mathrm{d}x = k\int_a^b f(x)\mathrm{d}x$

 C. $\int \dfrac{1}{x^2+1}\mathrm{d}x = \arctan x + C$

 D. $(a+b)^2 = a^2+2ab+b^2$

15. 定积分 $\int_0^{\frac{1}{2}} \dfrac{1}{\sqrt{1-x^2}}\mathrm{d}x = \dfrac{\pi}{6}$，计算过程中，使用了以下（　　）等式。

 A. $\int_a^b [f(x)\pm g(x)]\mathrm{d}x = \int_a^b f(x)\mathrm{d}x \pm \int_a^b g(x)\mathrm{d}x$

 B. $\int_a^b kf(x)\mathrm{d}x = k\int_a^b f(x)\mathrm{d}x$

 C. $\int \dfrac{1}{\sqrt{1-x^2}}\mathrm{d}x = \arcsin x + C$

 D. $\arcsin\dfrac{1}{2} = \dfrac{\pi}{6}$

16. 定积分 $\int_0^1 \dfrac{x^2}{1+x^2}\mathrm{d}x = 1-\dfrac{\pi}{4}$，计算过程中，使用了以下（　　）等式。

 A. $\int \dfrac{1}{1+x^2}\mathrm{d}x = \arctan x + C$　　　B. $\int \mathrm{d}x = x + C$

 C. $\arctan 1 = \dfrac{\pi}{4}$　　　　　　　D. $\arctan 0 = 0$

17. 定积分 $\int_0^2 (x^2-2x)\mathrm{d}x = -\dfrac{4}{3}$，计算过程中，使用了以下（　　）等式。

A. $\int_a^b [f(x) \pm g(x)]dx = \int_a^b f(x)dx \pm \int_a^b g(x)dx$

B. $\int_a^b kf(x)dx = k\int_a^b f(x)dx$

C. $\int x^\mu dx = \dfrac{1}{\mu+1}x^{\mu+1} + C$

D. $\int dx = x + C$

18. 若 $f(x) = \begin{cases} x^2+2, & \text{当 } x \leqslant 1 \text{ 时}, \\ 4-x, & \text{当 } x > 1 \text{ 时}, \end{cases}$ 则 $\int_0^3 f(x) = \dfrac{19}{3}$。计算过程中,可使用以下( )等式。

A. $\int_a^b [f(x) \pm g(x)]dx = \int_a^b f(x)dx \pm \int_a^b g(x)dx$

B. $\int_a^b kf(x)dx = k\int_a^b f(x)dx$

C. $\int_a^b f(x)dx = \int_a^c f(x)dx + \int_c^b f(x)dx$

D. $\int x^\mu dx = \dfrac{1}{\mu+1}x^{\mu+1} + C$

19. 若 $f(x) = \begin{cases} x+1, & x \leqslant 1, \\ \dfrac{1}{2}x^2, & x > 1, \end{cases}$ 则 $\int_0^2 f(x)dx = \dfrac{8}{3}$。计算过程中,可使用以下( )等式。

A. $\int_a^b [f(x) \pm g(x)]dx = \int_a^b f(x)dx \pm \int_a^b g(x)dx$

B. $\int_a^b kf(x)dx = k\int_a^b f(x)dx$

C. $\int_a^b f(x)dx = \int_a^c f(x)dx + \int_c^b f(x)dx$

D. $\int x^\mu dx = \dfrac{1}{\mu+1}x^{\mu+1} + C$

20. 定积分的微元法,可解决( )问题。

A. 直角坐标系下平面图形的面积　　B. 极坐标系下平面图形的面积

C. 旋转体的体积　　　　　　　　　D. 平行截面面积已知的立体的体积

三、判断题

1. 在直角坐标系中,由连续曲线 $y = f(x) > 0$,直线 $x = a, x = b, y = 0$ 所围成的图形称为曲边梯形。　　　　　　　　　　　　　　　　　　　　　　　　　　　( )

2. 在直角坐标系中,由连续曲线 $y = f(x) > 0$,直线 $x = a, x = b, y = 0$ 所围成的图形称为三角形。　　　　　　　　　　　　　　　　　　　　　　　　　　　　( )

3. 设由曲线 $y = x^3$ 与直线 $x = 1, x = 4$ 及 x 轴所围成的曲边梯形的面积是 A,用定积分表示是 $A = \int_1^4 x^3 dx$。　　　　　　　　　　　　　　　　　　　　　　( )

4. 已知变速直线运动的速度 $v(t) = 2t^2 - 1$,物体由 1 秒运动到 4 秒所经过的路程,用定

积分表示是 $\int_1^4 (2t^2 - t)\mathrm{d}x$。 （ ）

5. 已知变速直线运动的速度 $v(t)=2t^2-t$，物体由 1 秒运动到 4 秒所经过的路程，用定积分表示是 $\int_1^4 (2t^2 - t)\mathrm{d}t$。 （ ）

6. 在定积分定义 $\int_a^b f(x)\mathrm{d}x = \lim_{\lambda \to 0} \sum_{i=1}^n f(\xi)\Delta x_i$ 中，要求 $[a,b]$ 必须 n 等分，ξ_i 必须是 $[x_{i-1}, x_i]$ 的端点。 （ ）

7. 在定积分定义 $\int_a^b f(x)\mathrm{d}x = \lim_{\lambda \to 0} \sum_{i=1}^n f(\xi_i)\Delta x_i$ 中，$[a,b]$ 可任意分法，ξ_i 可在 $[x_{i-1}, x_i]$ 内任取，$\lambda = \max_{1 \leq i \leq n}\{\Delta x_i\} \to 0$。 （ ）

8. 在定积分符号 $\int_a^b f(x)\mathrm{d}x$ 中，$f(x)$ 叫作被积函数。 （ ）

9. 在定积分符号 $\int_a^b f(x)\mathrm{d}x$ 中，$f(x)$ 叫作被积表达式。 （ ）

10. 在定积分符号 $\int_a^b f(x)\mathrm{d}x$ 中，$f(x)\mathrm{d}x$ 叫作被积函数。 （ ）

11. 在定积分符号 $\int_a^b f(x)\mathrm{d}x$ 中，$f(x)\mathrm{d}x$ 叫作被积表达式。 （ ）

12. 定积分 $\int_2^4 (x^2+1)\mathrm{d}x$ 的积分区间为 $[2,4]$。 （ ）

13. 定积分 $\int_2^4 (x^2+1)\mathrm{d}x$ 的积分区间为 $(2,4)$。 （ ）

14. 初等函数在其定义域内都有定积分，函数定积分存在就说它是可积的。 （ ）
15. 可积函数和（差）的积分等于积分的和（差）。 （ ）
16. 可积函数积的积分等于积分的积。 （ ）
17. 非零常数因子可提到积分符号外面。 （ ）
18. 积分变量可提到积分符号外面。 （ ）

19. 如果在区间 $[a,b]$ 上有 $f(x) \leq g(x)$，那么 $\int_a^b f(x)\mathrm{d}x \leq \int_a^b g(x)\mathrm{d}x$。 （ ）

20. 如果在区间 $[a,b]$ 上有 $f(x) \leq g(x)$，那么 $\int_a^b f(x)\mathrm{d}x > \int_a^b g(x)\mathrm{d}x$。 （ ）

21. $\int_a^b \mathrm{d}x = 1$。 （ ）

22. $\int_a^b \mathrm{d}x = b-a$。 （ ）

23. 如果 $f(x)$ 在闭区间 $[a,b]$ 上连续，则至少存在一点 $\xi \in [a,b]$，使得 $\int_a^b f(x)\mathrm{d}x = f(\xi)(b-a)$。 （ ）

24. 如果 $f(x)$ 在闭区间 $[a,b]$ 上连续，则至少存在一点 $\xi \in [a,b]$，使得 $\int_a^b f(x)\mathrm{d}x = f(\xi)(a-b)$。 （ ）

25. 如果函数 $f(x)$ 在区间 $[a,b]$ 上连续，则变上限积分 $\varphi(x) = \int_a^x f(t)\mathrm{d}t$ 在区间 $[a,b]$

上可微,且微分为 $d[\varphi(x)] = f(x)dx$。　　　　　　　　　　（　　）

26. 如果函数 $f(x)$ 在区间 $[a,b]$ 上连续,则变上限积分 $\varphi(x) = \int_a^x f(t)dt$ 在区间 $[a,b]$ 上可导,且导数为 $\varphi'(x) = f(x)$。　　　　　　　　　　（　　）

27. 如果函数 $f(x)$ 在区间 $[a,b]$ 上连续,则函数 $\varphi(x) = \int_a^x f(t)dt$ 是函数 $f(x)$ 在区间 $[a,b]$ 上的一个原函数。　　　　　　　　　　（　　）

28. 如果函数 $F(x)$ 是连续函数 $f(x)$ 在区间 $[a,b]$ 上的一个原函数,则 $\int_a^b f(x)dx = F(b) - F(a)$。　　　　　　　　　　（　　）

29. 如果函数 $F(x)$ 是连续函数 $f(x)$ 在区间 $[a,b]$ 上的一个原函数,则 $\int_a^b f(x)dx = F(a) - F(b)$。　　　　　　　　　　（　　）

30. $\dfrac{d}{dx}\int_0^1 \cos x^2 dx = 0$。　　　　　　　　　　（　　）

31. $\dfrac{d}{dx}\int_0^1 \cos x^2 dx = \cos x^2$。　　　　　　　　　　（　　）

32. $\dfrac{d}{dx}\int_0^1 x^2 dx = x^2$。　　　　　　　　　　（　　）

33. $\dfrac{d}{dx}\int_0^1 x^2 dx = 0$。　　　　　　　　　　（　　）

34. $\dfrac{d}{dx}\int_{x^3}^b \ln(3+t)dt = 0$。　　　　　　　　　　（　　）

35. $\dfrac{d}{dx}\int_{x^3}^b \ln(3+t)dt = -3x^2\ln(3+x^3)$。　　　　　　　　　　（　　）

36. 若 $f(x) = \int_0^x \sin t\,dt$,则 $f'(x) = \sin x$。　　　　　　　　　　（　　）

37. 若 $f(x) = \int_0^x \sin t^2 dt$,则 $f'(x) = \sin x^2$。　　　　　　　　　　（　　）

38. $\lim\limits_{x\to 0}\dfrac{\int_0^x \cos t^2 dt}{x} = \dfrac{1}{x}$　　　　　　　　　　（　　）

39. $\lim\limits_{x\to 0}\dfrac{\int_0^x \ln(1+t)dt}{x} = \dfrac{\ln(1+x)}{x}$　　　　　　　　　　（　　）

40. 设 $f(x)$ 有连续的导数, $f(b) = 5, f(a) = 3$,则 $\int_a^b f'(x)dx = 2$。　　（　　）

41. 设 $f(x)$ 在 $[-a,a]$ 上是偶函数,则定积分 $\int_{-a}^a f(x)dx = 2\int_0^a f(x)dx$。　（　　）

42. 设 $f(x)$ 在 $[-a,a]$ 上是偶函数,则定积分 $\int_{-a}^a f(x)dx = 0$。　　（　　）

43. 设 $f(x)$ 在 $[-a,a]$ 上是奇函数,则定积分 $\int_{-a}^a f(x)dx = 2\int_0^a f(x)dx$。　（　　）

44. 设 $f(x)$ 在 $[-a,a]$ 上是奇函数,则定积分 $\int_{-a}^a f(x)dx = 0$。　　（　　）

45. $\int_0^1 (4x^3 - 3x^2 + 1)dx = 1$ 　　　　　　　　　　　　　　　　（　　）

46. $\int_0^1 (4x - e^x)dx = 9 - e$ 　　　　　　　　　　　　　　　　　（　　）

47. $\int_0^{\frac{\pi}{2}} 2\cos^2 \frac{x}{2}dx = \frac{\pi}{2} + 1$ 　　　　　　　　　　　　　　　（　　）

48. $\int_0^{\frac{\pi}{2}} 2\sin^2 \frac{x}{2}dx = \frac{\pi}{2} - 1$ 　　　　　　　　　　　　　　　（　　）

49. $\int_0^{\frac{\pi}{4}} \sin x dx = \frac{\pi}{4}$ 　　　　　　　　　　　　　　　　　　　（　　）

50. 若 $f(x) = \begin{cases} x^2 + 2, & \text{当 } x \leqslant 1 \text{ 时,} \\ 4 - x, & \text{当 } x > 1 \text{ 时,} \end{cases}$ 则 $\int_0^3 f(x)dx = 3 + e$。　（　　）

51. 由曲线 $y = 1 - x^2, y = 0$ 所围成图形的面积是 $\frac{4}{3}$。　　　　　　（　　）

52. 由曲线 $y = x^2, y = x$ 所围成图形的面积是 $\frac{1}{6}$。　　　　　　　　（　　）

53. 由曲线 $y_1 = \sin x, y_2 = \cos x$ 与直线 $x = 0, x = \frac{\pi}{2}$ 所围成图形的面积是 $2(\sqrt{2} - 1)$。

　　　　　　　　　　　　　　　　　　　　　　　　　　　　　（　　）

54. 椭圆 $\frac{x^2}{a^2} + \frac{y^2}{b^2} = 1 (a > 0, b > 0)$ 所围成图形的面积是 πab。　　（　　）

55. 由曲线 $y = x^2 - 4, y = 0$，绕 x 轴旋转所得的旋转体的体积是 $\frac{512\pi}{15}$。　（　　）

四、填空题

1. 在直角坐系中,由连续曲线 $y = f(x) > 0$,直线 $x = a, x = b, y = 0$ 所围成的图形称为_____。

2. 定积分符号 $\int_a^b f(x)dx$ 中, $f(x)$ 叫作_____。

3. 定积分符号 $\int_a^b f(x)dx$ 中, $f(x)dx$ 叫作_____。

4. 定积分符号 $\int_a^b f(x)dx$ 中, x 叫作_____。

5. 定积分符号 $\int_a^b f(x)dx$ 中, $[a, b]$ 叫作_____。

6. 定积分符号 $\int_a^b f(x)dx$ 中, a 叫作_____。

7. 定积分符号 $\int_a^b f(x)dx$ 中, b 叫作_____。

8. 定积分表示的是一个数,它的值只取决于_____与_____,而与积分变量用什么字母表示无关。

9. 定积分与被积函数与积分区间有关,而与_____无关。

10. 如果 $f(x)$ 在 $[a, b]$ 上有正有负,那么积分值就是曲线 $y = f(x)$ 在 x 轴上方和 x 轴下方部分面积的_____。

11. 函数和(差)的积分_____积分的和(差),即 $\int_a^b [f(x) \pm g(x)]\mathrm{d}x = \int_a^b f(x)\mathrm{d}x \pm \int_a^b f(x)\mathrm{d}x$。

12. _____可提到积分符号外面,即 $\int_a^b kf(x)\mathrm{d}x = k\int_a^b f(x)\mathrm{d}x$。

13. 设函数 $f(x)$ 在区间 $[a,b]$ 上连续,$x\in[a,b]$,当 x 在区间 $[a,b]$ 上任意变动时,定积分 $\int_a^x f(t)\mathrm{d}t$ 的值被唯一确定,这样在区间 $[a,b]$ 上就产生了一个新的函数 $\varphi(x) = \int_a^x f(t)\mathrm{d}t$,我们把这个函数称为_____。

14. 如果函数 $f(x)$ 在区间 $[a,b]$ 上连续,则函数 $\varphi(x) = \int_a^x f(t)\mathrm{d}t$ 是函数 $f(x)$ 在区间 $[a,b]$ 上的一个_____。

15. 如果函数 $F(x)$ 是连续函数 $f(x)$ 在区间 $[a,b]$ 上的一个原函数,则 $\int_a^b f(x)\mathrm{d}x = F(b) - F(a)$,该等式是积分学中的一个基本公式,称为_____。

16. 初等函数在其_____内都有定积分,函数定积分存在就说它是可积的。

17. 初等函数在其定义域内都有定积分,函数定积分存在就说它是_____。

18. 等式 $\int_a^b f(x)\mathrm{d}x = \int_a^c f(x)\mathrm{d}x + \int_c^b f(x)\mathrm{d}x$ (其中 C 为某一数)反映了定积分的性质,我们把它称为_____。

19. 如果 $f(x)$ 在闭区间 $[a,b]$ 上连续,则至少存在一点 $\xi\in[a,b]$,使得 $\int_a^b f(x)\mathrm{d}x = f(\xi)(b-a)$。定积分的这个性质,我们把它叫作_____。

20. 如果函数 $f(x)$ 在区间 $[a,b]$ 上连续,则变上限积分 $\varphi(x) = \int_a^x f(t)\mathrm{d}t$ 在区间 $[a,b]$ 上_____,且导数为 $\varphi'(x) = f(x)$。

21. 任何连续函数在闭区间上都有原函数,它的_____就是它的一个原函数。

22. 若 $f(x)$ 在 $[-a,a]$ 上连续且为_____,则 $\int_{-a}^a f(x)\mathrm{d}x = 2\int_0^a f(x)\mathrm{d}x$。

23. 若 $f(x)$ 在 $[-a,a]$ 上连续且为_____,则 $\int_{-a}^a f(x)\mathrm{d}x = 0$。

24. 函数相乘的定积分_____定积分相乘。

25. 函数相除的定积分_____定积分相除,即使分母不恒为 0。